Canova und die Tradition

Italien
in Geschichte und Gegenwart

Herausgegeben von
Luigi Vittorio Ferraris, Erik Jayme,
Günter Trautmann(†), Hartmut Ullrich

Band 26

PETER LANG
Frankfurt am Main · Berlin · Bern · Bruxelles · New York · Oxford · Wien

Yvonne zu Dohna

Canova und die Tradition

Kunstpolitik am päpstlichen Hof

PETER LANG
Europäischer Verlag der Wissenschaften

Bibliografische Information der Deutschen Nationalbibliothek
Die Deutsche Nationalbibliothek verzeichnet diese Publikation in der Deutschen Nationalbibliografie; detaillierte bibliografische Daten sind im Internet über <http://www.d-nb.de> abrufbar.

Zugl.: Karlsruhe, Univ., Diss., 2000

Umschlagabbildung:
Antonio Canova,
Portraitmedaille von Antonio de Fabris, 1827.

Abdruck mit freundlicher Genehmigung
von Markus Wesche, München.

D 90
ISSN 0945-1846
ISBN 3-631-55116-9

www.peterlang.de

Meinen Eltern in Dankbarkeit

Vorwort

Die vorliegende Untersuchung ist aus meinem Studium der Rechtswissenschaften und der Kunstgeschichte an der Universität Heidelberg hervorgewachsen. Das Interesse Erik Jaymes für Canovas Tätigkeit als Kunstrechtspolitiker und das meines Lehrers Hans Belting für die Geschichte des Museums bestimmten die Wahl des Themas und die Richtung der Arbeit. Das Promotionsstipendium der Bibliotheca Hertziana und die Gespräche mit den Direktoren Christoph Luitpold Frommel und Matthias Winner trugen dann entscheidend zum Gelingen des Projektes bei. Als Zweitgutachter verfolgte Ch. L. Frommel von Anfang an die Entwicklung der Arbeit, die im Jahr 2000 von der Hochschule für Gestaltung in Karlsruhe als Promotionsschrift angenommen wurde.

Édouard Pommier, Letizia Norci Cagiano, Steffi Roettgen und Orietta Rossi Pinelli danke ich für ihre inspirierende Anteilnahme am Fortgang der Arbeit, Samuel Vitali und Tobias Kämpf für zahlreiche Hinweise und freundschaftliche Gespräche. Ganz besonders danke ich Kristina Herrmann Fiore und Elisabeth Garms, die meinen Blick auf Canovas Denken schärften und sich der Mühe unterzogen, das gesamte Manuskript zu überprüfen und mit vielen Anregungen zu bereichern. Maria-Antonietta De Angelis verdanke ich die Kenntnis der Archivalien, Paolo Liverani unterstützte mich bei meinen Recherchen in den Vatikanischen Museen und Björn Ewald half bei der Identifizierung der archäologischen Stücke. Matthias Barth danke ich für die Akribie, mit der er die Endfassung korrigierte, und für zahlreiche bibliographische Hinweise, Beáta Kazimírová für ihre Hilfe bei der Endredaktion. Erik Jayme und Conte Luigi Vittorio Ferraris trugen entscheidend zur Publikation des Textes bei, der sich von der Dissertation nur durch geringfügige Ergänzungen unterscheidet. Eine wertvolle Hilfe war mir sicherlich die Bearbeitung von Ernst Steinmanns unveröffentlichtem Manuskript über den französischen Kunstraub Napoleons, das in Kürze von der Bibliotheca Hertziana im Internet publiziert werden wird. Schließlich danke ich meinen Eltern und meinem Mann, deren ermutigende und kritische Begleitung wesentlich zum Entstehen der Arbeit beigetragen haben.

Inhaltsverzeichnis

Ein Herz voll Liebe dringt in alle Wesen
ein Herz voll Eifer strebt in jede Höhe

Einleitung

Das komplexe Wechselverhältnis zwischen Canovas Persönlichkeit, seinem Künstlertum, seinen Museumsprojekten und seiner Kunstpolitik ist bislang noch nicht umfassend dargestellt worden. Dies versucht die vorliegende Arbeit zu leisten. Wie kein anderer trug Canova zur Sonderstellung Roms in der europäischen Museums- und Akademie-Politik des frühen 19. Jahrhunderts bei.

Wenn auch im Veneto geboren und erzogen, bekannte er sich seit seinen ersten römischen Jahren doch mehr und mehr zu dieser Stadt, ihrer Geschichte und ihrer Tradition und stellte sich bewußt in die Deszendenz von Bramante, Raffael, Michelangelo und Bernini, von denen keiner aus Rom stammte, die jedoch diese Tradition wieder erneuert hatten. Nicht umsonst berief sich auch Pius VII. immer wieder auf das ‚Goldene Zeitalter' Leos X. und auf Raffael. Letztlich sah sich Canova in einer ähnlich defensiven Lage wie der Papst, der Nachfolger Petri und der Imperatoren, der seinen Glauben, sein Amt und seinen Besitz durch die französische Besatzung gefährdet, verunglimpft und gedemütigt sah, ohne doch je seine Mission zu verraten. Es gab nun nicht mehr nur einen Glauben, sondern wechselnde Ideologien, nicht mehr nur eine Norm, sondern Tendenzen und Moden, die sich mit der Zeit, den Nationen, den sozialen Schichten veränderten. Dieses Bekenntnis zu einer klassischen Norm verband Canova nicht nur mit dem Papst und der römischen Kurie, sondern auch mit Winckelmann, Goethe, Wilhelm von Humboldt oder Quatremère de Quincy.

Diese Norm war an der Antike und an Rom orientiert und viel mehr als nur ein rein ästhetischer Kanon. Sie war der Maßstab eines Menschenbildes, einer Identität, eines Ethos, wie dies Canovas mutige Gespräche mit Napoleon aufs anschaulichste bezeugen. Der Korse war Italiener genug, um Canovas Anliegen zu spüren, und wenn er Rom nach Paris transferieren und auch zur kulturellen Metropole eines europäischen Imperiums erheben wollte, dann weil er sich als den berufeneren Erben der römischen Imperatoren sah. Er suchte nach einer Legitimation, die ihm Denons universalhistorisches Museum nicht bieten konnte, die er aber von der Präsenz der berühmtesten antiken Statuen und der Verherrlichung durch den aus dieser Tradition hervorgewachsenen Canova erhoffte.

Bei aller Meisterschaft erzielen Canovas Werke heute nicht mehr die Wirkung eines Goya oder selbst eines David und Ingres und wirken auf manchen kühl, pathetisch, ja süßlich und forciert, doch ihre Bedeutung ist unbestritten und dies ganz besonders in ihrer politischen Wirkung, wie im Folgenden ausgeführt wird. Eindrucksvoll erscheinen seine Verantwortlichkeit, sein Mut und sein Einsatz für die Erhaltung und Wiederherstellung der großen römischen Tradition. Gerade diese menschliche Größe in allen Lebensbereichen zeichnete ihn gegenüber Goya oder David aus, ob er sich nun von den dilettantischen Antikenschwärmern seiner engeren Umgebung distanzierte und auch Meistern wie Bernini oder dem Studium der Natur Gerechtigkeit widerfahren ließ, ob er sich mit stolzer Würde den Pressionen der Besatzer widersetzte, ob er mit eigenen Mitteln zum Aufbau des Museo Chiaramonti und zum Unterhalt der Accademia di San Luca beitrug, Napoleon die Unrechtmäßigkeit nicht nur des Kunstraubes, sondern seiner gesamten Eroberungspolitik vorzuhalten wagte oder aber schließlich als Repräsentant der Kurie nach Paris zog, um die Kunstwerke zurückzugewinnen und dies nur durch seine Freundschaft mit William Richard Hamilton erreichte. All dies ist nicht mit einer rein kunsthistorischen Betrachtung zu erfassen, und so bleibt der Blick stets auf den ganzen Menschen gerichtet.

In den ersten Kapiteln wird versucht, die über Canova vorliegenden Informationen[1] zu sammeln und über das bisher Gesagte hinaus seinen Einsatz für die Kunst in einzelnen Aspekten zu konkretisieren, und so sollen die Ideen und Überzeugungen, die ingeniöse Kunstpolitik und die diplomatischen Schachzüge Canovas, die die Rückführung der Kunstwerke aus Paris und die neuen Museumsprojekte ermöglichten, Schritt für Schritt verfolgt werden.[2] Der zweite Teil ist der Planung der Pinakothek und vor allem des Braccio Nuovo gewidmet, dessen ikonographisches Programm unmittelbar auf den Kunstraub und die Rückkehr der Kunstwerke anzuspielen scheint.[3]

Die Interpretation dieser beiden neuen Museen führt dann zu einer umfassenderen Deutung des im Auftrag und nach den Vorstellungen Canovas ausgeführten Freskenzyklus in den Lünetten des Museo Chiaramonti. Canova war offen genug, in den Nazarenern und ihrer Rückbesinnung auf den frühen Raffael und die Freskotechnik der Renaissance eine Möglichkeit für die Erneuerung der vertrocknen-

---

1 Canova wurden bereits zu seinen Lebzeiten zahlreiche Biographien gewidmet und versucht, seine kulturpolitische Bedeutung für das 18. und 19. Jahrhundert zu untermauern. Zuletzt wies Christopher M. S. Johns auf Canovas Bedeutung für die Museen hin (Johns 1998).

2 Massimiliano Pavan beleuchtete Canovas Rolle während der französischen Besetzung (1809–1814) durch zahlreiche neue Archivfunde (Pavan 1998).

3 Die Situation der römischen Museen während der Restauration erörterte Carlo Pietrangeli, den einzelnen Museen, insbesondere dem Museo Chiaramonti und dem Braccio Nuovo, widmete sich Maria-Antonietta De Angelis. Die Museumsgeschichte zur Zeit Canovas behandelten Andrea Emiliani, Paolo Liverani und Ranieri Varese in ihren Beiträgen für den Kongreß in Bassano del Grappa im Oktober 1999. Hiervon unterscheidet sich die vorliegende Untersuchung nicht zuletzt durch die Konzentration auf Canovas Persönlichkeit und sein Wirken.

den Kunst zu erblicken, auch wenn diese Bewegung von sektiererisch auftretenden Deutschen ausging. Ähnlich wie Goethe verstand er Tradition nicht unter nationalen oder politischen Gesichtspunkten, sondern als Bekenntnis zu einem gemeinsamen Ideal, und so waren ihm auch die archaisierenden Tendenzen der Nazarener weniger suspekt als Goethe, der ihren frömmlerischen Medioevalismus witterte.

Gerade als Zeugnis von Canovas Selbstdarstellung und der Entwicklung der Malerei nach der Rückkehr der Kunstwerke ist der Zyklus höchst aufschlußreich. Jede einzelne Lünette zeigt eine von Canovas kulturpolitischen Aktivitäten, ob es sich nun um die Rückkehr der Kunstwerke, die Einrichtung des Museo Chiaramonti, die Trennung der attischen Kunstwerke von den ägyptischen,[4] den Zusammenschluß der Accademia di San Luca mit der Archäologischen Akademie oder die Verherrlichung der drei Künste handelt. Canova ehrt dort auch seine Freunde Gavin und William Hamilton, der ihm bei der Rückkehr der Kunstwerke geholfen hatte. Fast jede Lünette enthält eine Anspielung auf sein Wirken, sein Denken und seinen Geschmack. Das Programm wurde bisher stets auf Consalvi zurückgeführt, läßt sich aber nur aus den Ideen Canovas verstehen. Der Zyklus bedeutete somit eine ganz außergewöhnliche Neuerung. Nachdem im Vatikan bisher ausschließlich die Taten und die Vorstellungen der Päpste verewigt worden waren, dominiert nun erstmals in einem ganzen Freskenzyklus die Persönlichkeit eines einzigen Künstlers. In einem Museum, das er selbst gegründet hatte, das aber im Bereich des Papstpalastes lag, durfte sich Canova nicht nur zu Rom, zum Papst und zur abendländischen Tradition bekennen, sondern auch zu bestimmten Tendenzen der Kunst. Er tat dies in aller Öffentlichkeit, ja versuchte sogar, die Fresken als didaktisches Mittel einzusetzen.[5]

---

4 Renato Lefevre untersuchte die Rolle des Künstlers bei der Entstehung der Ägyptischen Sammlung (Lefevre 1941; Lefevre 1947; Lefevre 1948).

5 Zu diesem Phänomen des ‚public access to artworks' vgl. Erik Jayme in seinem Vortrag *Globalization in art law: clash of interests and international tendencies* an der Vanderbilt Law School anläßlich der Burch Lecture 2005.

I. Die Anfänge und ersten künstlerischen Eindrücke

Am 5. November 1779 traf der zweiundzwanzigjährige Canova in Begleitung des venezianischen Architekten Giovanni Antonio Selva, des Radierers Pietro Marco Vitali und des flämischen Malers Pierre Joseph La Fontaine in Rom ein.[6] Obwohl Canova nach der Ausstellung seiner „Dädalus und Ikarus"-Gruppe in der Accademia auf eine erfolgreiche Laufbahn in Venedig hoffen konnte, zog es ihn nach Rom. Die kulturelle Bedeutung der Stadt hatte besonders durch Anton Raphael Mengs und Johann Joachim Winckelmann neue Aktualität erhalten.[7] Sie hatten den Blick auf die antike Kunst Roms grundlegend verändert und damit das Kunstschaffen der Stadt für die nächsten Jahrzehnte geprägt. In den Museen sollte die Antike ihren angemessenen Platz erhalten. In diesem Sinne hatten Clemens XIV. und Pius VI. den Künstlern, Intellektuellen, Gelehrten, Pilgern und Reisenden aus aller Welt die antiken Kunstwerke in Museen zugänglich gemacht und damit der Stadt als Zentrum abendländischer Bildung zu einer neuen Dimension verholfen. Während dieser Blütezeit lernte auch Canova die Stadt Rom kennen. Gerade für einen italienischen Künstler war eine solche Reise selbstverständlich, da Rom zu dieser Zeit noch immer als die hohe Schule der Kunst galt.

Canovas erste Reise hatte jedoch auch einen politischen Hintergrund. Der Botschafter der Serenissima beim Heiligen Stuhl, der Cavaliere Gerolamo Zulian, war sein Gönner und hoffte, einen Künstler aus ihm zu machen, der dem Prestige Venedigs förderlich sein würde.[8] Die strenge Aufsicht Zulians, der ihn des öfteren darauf hinwies, was er sich anschauen sollte, oder ihn für sich Stücke einkaufen ließ,[9] veränderte Canovas Geschmack und sein Auftreten. Zulian ebnete ihm den Weg zum Erfolg, forderte ihn auf, Schnellkurse in Hochitalienisch, Französisch und Englisch zu nehmen, und bedrängte ihn, Aktstudien in Pompeo Batonis Akademie zu betreiben.[10] Er stellte ihm einen Sekretär zur Verfügung, der ihm

6 Canova, Viaggio, S. 27–28; Honour 1994, S. 55.

7 Roettgen 1999. In ihrer Einleitung gibt sie einen umfassenden Einblick in die Veränderungen der Zeit.

8 Pavanello spricht von Venedigs „last attempt to revive its own myth" (übersetzt und zitiert nach Johns 1998, S. 51).

9 De Paoli 1998, S. 19ff.

10 Johns 1998, S. 51. Die Unterstützung Canovas aus Venedig ist bei G. C. Argan, *Da Hogarth a Picasso: L'arte moderna in Europa*, Mailand 1983, S. 211–212 beschrieben.

die Grundzüge der antiken Mythologie beibrachte. Von ihm ließ sich Canova während seiner Arbeit vorlesen. Der Botschafter hoffte, Canova umfassend zu bilden und mit dem Geschmack der Stadt vertraut zu machen. Trotz Zulians großen Einflusses distanzierte sich Canova von dessen Antikenschwärmerei und erklärte ihm, seine wichtigste Inspirationsquelle sei die Natur.

Canova erzählt in seinem Tagebuch von einem Besuch im Cortile delle Statue, wo Zulian, dessen Neffe und Lodovico Rezzonico, Procuratore della Stola d'oro dal Maggior Consiglio in Venedig, die Stücke überschwenglich priesen: „... intesi un mondo di addulazioni e di coglionerie, che quasi mi faceva male."[11] Dilettantische Urteile waren ihm zuwider, auch wenn sie von zweien seiner wichtigsten Auftraggeber kamen. Der Abate Bonaiuti, Canovas inoffizieller Tutor in Mythologie und Altertumskunde,[12] riet ihm, dem Lob des Botschafters stets beizupflichten, wenn ihm an dessen weiterer Unterstützung gelegen sei.[13] Außerdem sei Canovas kritische Einstellung zur Antike von Venedig bis nach Rom gedrungen und übel vermerkt worden. Habe er denn wirklich geäußert, er brauche die antiken Statuen nicht zu studieren, weil ihm seine natürliche Begabung genüge? Der Abate hielt ihm einen langen Vortrag über das Studium der antiken Skulpturen und erklärte, Canova solle nie Statuen nach eigener Erfindung anfertigen. Er werde einen Maler suchen, der ihm „il Bello dell'antico" erklären werde. Wir kennen die Antwort Canovas nicht, doch vertraute er seinem Tagebuch an, sein Gegenüber habe weniger von Kunst begriffen, als er meine.[14]

Einige Tage nach dem Besuch bei Bonaiuti ging Canova ins Museo Pio-Clementino, um dort nach Antiken zu zeichnen.[15] Giovanni Battista Ponfredi, der Direktor der Pontificia Officina dei Mosaici,[16] ermöglichte ihm den freien Eintritt, und Canova beschloß, sich nun regelmäßig dort aufzuhalten. Das Museo Pio-Clementino war zu jener Zeit zum Zentrum des klassizistischen Geschmacks und zum Treffpunkt aller Künstler geworden, die nach Antiken zeichneten. Die Überfülle von Antiken im Kapitolinischen Museum hatte 1769/1770 die Einrichtung eines neuen Museums im Vatikan notwendig gemacht. Das Museo Pio-

---

11 Canova, Viaggio, S. 28: „... dove sta l'Appolo, L'Aoconte, Antinoo, Paride, un certo Imperatore vestito come ercole et altre ..."; Honour 1994, S. 56 (fol. 33v); Winner 1998, S. 227.

12 Honour 1994, S. 56 (fol. 34v–35r); Johns 1998, S. 17. Der Vorname Bonaiutis wird in der Quelle nicht genannt. Johns erwägt, in dieser Person den Graveur Ignazio di Paolo Bonaiuti zu sehen, der in den 1770er und 1780er Jahren in Rom arbeitete (Johns 1998, S. 202). Honour 1994, S. 445 listet die Namensnennungen unter „Bonaiuti Ercole" auf.

13 Winner 1998, S. 230–231.

14 Siehe dazu ausführlich Winner 1998, S. 231; Canova, Viaggio, S. 29.

15 Canova, Viaggio, S. 39.

16 Pavan 1975, S. 210.

Clementino war aus dem 1771 begonnenen Museo Clementino hervorgegangen und galt als modernstes Museum Europas. Giovan Angelo Braschi, der spätere Papst Pius VI., hatte schon 1766–1773 unter Clemens XIV. als „Tesoriere Generale“ und später als Kardinal die Arbeiten im Museum beaufsichtigt und darf als eigentlicher Initiator und Ideator des Museo Pio-Clementino gelten,[17] das 1771 bis 1794 von den Architekten Alessandro Dori, Michelangelo Simonetti und seit 1784 von Camporese erbaut und unter Pius VI. vollendet wurde (Abb. 1). Mit diesem Papst hatte für die vatikanischen Sammlungen eine neue Phase begonnen. Man sprach zum ersten Mal von einem „Museo“ und zeichnete es durch einen großen eigenen Eingang aus. Wie das Kapitolinische Museum seit 1734 war nun auch das Museo Pio-Clementino ein öffentlicher Ort geworden. Wenn auch nicht für jedermann zugänglich, stand es doch allen interessierten Künstlern und Bewunderern offen.[18]

Canova lernte dieses Museum nicht nur in seinem vollen Glanze kennen, sondern konnte auch seine bauliche Entwicklung verfolgen. Im Jahre 1780, ein Jahr nach seinem ersten Besuch im Museum, wurden die Sala Rotonda, die Sala a Croce Greca und die Scala Simonetti gebaut und in der Folgezeit eingerichtet. Die Wände der kleinen Säle wurden mit kostbarsten Marmorarten und ihre Böden mit polychromen antiken Mosaiken aus der römischen Campagna geschmückt, um den Eindruck einer antiken Villa hervorzurufen und die Architektur durch antike Säulen, Kapitelle und Mosaiken der antiken Skulptur anzupassen.[19] Hatten schon Meister wie Bramante oder Pirro Ligorio[20] das Belvedere antiken Vorbildern angenähert und mit Statuennischen versehen, so versuchte man nun, die Skulpturen in regelrechten Tempeln aufzustellen und die Kunstwerke wieder in einen Kontext zu stellen, der dem ursprünglichen entsprach. Nach dem Vorbild der Villa Albani war die Ausstattung des Museo Pio-Clementino nach Themen gegliedert und an den Ausstellungsstücken orientiert, die genau restauriert worden waren. Auf Winckelmanns Einfluß ging letztlich auch die tiefgreifende Umstrukturierung der Antikensammlungen zurück, die der Archäologe Giovanni Battista Visconti im Museo Pio-Clementino zum Abschluß brachte.[21]

---

17 Roettgen 1980, S. 189; Pietrangeli 1985, S. 47; Liverani 1998, S. 28; Liverani 2004, S. 75–102.

18 Cagiano 1997, S. 359.

19 Liverani 1998, S. 31ff.; Pietrangeli 1985, S. 61ff.

20 F.-E. Keller, „Die Umwandlung des Antikengartens zum Statuenhof durch das architektonische Ornament Pirro Ligorios“, in: *Il Cortile delle Statue: der Statuenhof des Belvedere im Vatikan.* Akten des Internationalen Kongresses zu Ehren von Richard Krautheimer (Rom, 21.–23. Oktober 1992), hrsg. von M. Winner, B. Andreae, C. Pietrangeli, Mainz 1998, S. 411–420.

21 Sforza 1923.

Canova erlebte das Museum zu einer Zeit, als Giovanni Battista Visconti gemeinsam mit seinem Sohn Ennio Quirino Visconti den Katalog vorbereitete.[22] Die antiquarische, historisch-philologische Museumskunde, wie sie etwa Francesco Bianchini, der „Presidente delle Antichità,"[23] zu Beginn des 18. Jahrhunderts unter Clemens XI. betrieben hatte, war durch Winckelmanns entwicklungsgeschichtliche Betrachtungsweise ergänzt, ja abgelöst worden.[24] Bianchini hatte das Museo Ecclesiastico aufgebaut und historisch-apologetische Projekte entwickelt, sie jedoch aus finanziellen Gründen nicht verwirklichen können.[25] Winckelmann, der dann ab 1763 als Präsident aller Altertümer in und um Rom auch für die Antiken im Vatikan verantwortlich war, wollte anhand der Meisterwerke die „Geschichte der Kunst" demonstrieren und stützte sich dabei vor allem auf ästhetisch-formale Kriterien.[26] Als Kommissar der Altertümer und damit Nachfolger Winckelmanns schuf Visconti einen angemessenen Rahmen für die antiken Kunstwerke und stellte nur „pezzi eccellenti" aus, die in Qualität, Größe und Material aufeinander abgestimmt waren.[27] Visconti legte das Gewicht sowohl auf den ästhetischen als auch auf den historischen Wert der Stücke. Es durften keine Fragmente ausgestellt werden.[28] Die vatikanischen Antikensammlungen

---

22 Gallo 1991, S. 48–59.

23 F. de Ficoroni, *Le vestigia e rarità di Roma antica*, Rom 1744, I, S. 193; Pietrangeli 1985, S. 29: „uno degli eruditi più notevoli vissuti a Roma nel 700". Bianchini war humanistisch gebildet und hatte Kontakt zu Newton und Leibniz. F. Uglietti, *Un erudito veronese alle soglie del Settecento: Mons. Francesco Bianchini, 1662–1729*, Verona 1986; *Francesco Bianchini (1662–1729) und die europäische gelehrte Welt um 1700*, hrsg. von V. Kockel und B. Sölch, Berlin 2005.

24 Liverani 1998, S. 29.

25 Ch. Hülsen, „Il ‚Museo ecclesiastico' di Clemente XI Albani", in: *Bullettino della Commissione Archeologica Comunale di Roma*, serie terza, 18 (1890), S. 260–277; B. Sölch, „Das ‚Museo Ecclesiastico': Beginn einer neuen Sammlungsära im Vatikan", in: *Francesco Bianchini (1662–1729) und die europäische gelehrte Welt um 1700*, hrsg. von V. Kockel und B. Sölch, Berlin 2005, S. 179–205; B. Sölch, *Francesco Bianchini (1662–1729) und die Anfänge öffentlicher Museen in Rom*, München 2006.

26 Winckelmann schlug in der Villa Albani die chronologische Aufstellung vor. Kardinal Albani hatte die Realisation nicht erlaubt. Visconti indessen griff diese Ideen auf.

27 Gallo 1991, 1997.

28 Gallo 1997. Visconti 1782–1807; nur der erste Band stammt von Giovanni Battista, alle übrigen von seinem Sohn Ennio Quirino, der auch am ersten Band mitgearbeitet hatte; S. Ferri, „Elogio degli aspetti positivi di E. Q. Visconti", in: *La Critica d'Arte*, 2, 5–6, XI–XII (1937), S. 226–235. Zu Giovanni Battista Visconti (1722–1784) vgl. S. Howard, in: *The Dictionary of Art*, hrsg. von J. Turner, London, New York 1996, S. 612–613, zu Ennio Qurino Visconti (1751–1818) F. Cappellatti, ebd. S. 613.

standen also bis dahin weitgehend unter dem Einfluß von Gelehrten, denen es wie Vater und Sohn Visconti im Museo Pio-Clementino gelang, den archäologischen Besitz der neuen Museen zum Allgemeingut Europas zu machen. Die päpstliche Sammlung hatte sich in ein Museum verwandelt und brachte zum Ausdruck, wie sehr die Päpste die Antike schätzten.[29] Sie empfingen dort sogar wichtige Persönlichkeiten wie etwa Pius VI. den protestantischen König Gustav III. von Schweden.

Das Museum sollte aber nicht nur zum Ruhm des Papstes beitragen, die antike Welt zu neuem Leben erwecken und damit die Größe der Stadt und ihrer Geschichte demonstrieren, sondern, wie die Inschrift über dem Eingang zur Bibliothek bezeugt, auch zum Studium auffordern: MVSEVM . PIVM. / AD . BONARVM . ARTIVM . STVDIVM / ET . VATICANI . PALATII . ORNAMENTVM / PIVS . SEXTVS . PONT . MAX / A . FVNDAMENTIS . EXSTRVXIT / ET . CVM . CLEMENTINO / PARVIS . INNOCENTII . VIII . ÆDIBVS . CIRCVMSCRIPTO / CONIVNXIT / AC . VTRVMQVE / INGENTI . VETERVM . MONVMENTORVM / ILLATA . COPIA / MVNIFICENTISSIME . LOCVPLETAVIT / A . D . MDCCLXXXIV . PONTIFICATVS . SVI . X .[30] (Pius VI., Pontifex Maximus, hat das Museum Pium von Grund auf errichtet zum Studium der Künste und Wissenschaften und zur Zierde des Vatikanischen Palastes, er hat es mit dem eng begrenzten Museum Clementinum in den kleinen Gebäuden Innozenz' VIII. vereinigt und es auf freigebigste Weise bereichert durch die dargebrachte ungeheure Fülle antiker Monumente. Im Jahre des Herrn 1784, im 10. Jahre seines Pontifikats). Diese Inschrift wurde durch eine andere am Eingang des Cortile del Belvedere ergänzt, die wahrscheinlich auf das Jahr 1782 zurückgeht: PIVS . SEXTVS . PONTIFEX . MAXIMVS / STATVIS . ET . MONVMENTIS . VETERVM . VNDIQVE . CONQVISITIS / MVSEVM . PIVM . A . FVNDAMENTIS . EXTRVXIT / CLEMENTINVM . ABSOLVIT / ARTIVM . INGENVARVM . INCREMENTO[31] (Pius VI., Pontifex Maximus, hat das Museum Pium mit den Statuen und Monumenten der Alten, die von allen Seiten herbeigebracht worden waren, von Grund auf errichtet und das Museum Clementinum durch Vermehrung der würdigen Künste vollendet). Das Museo Pio-Clementino wurde zu einer Pflichtstation der Grand Tour und vermittelte den Reisenden und Künstlern jenes Bildungserlebnis, das Winckelmann in seinem Standardwerk beschrieben hatte.[32]

---

29 Gezeigt in einer Lünette im Museo Chiaramonti; dazu ausführlicher S. 173.

30 Forcella 1875, S. 193 Nr. 721.

31 Forcella 1875, S. 188 Nr. 696 (ohne Datierung; eingeordnet zwischen Inschriften aus den Jahren 1776 und 1777).

32 Vgl. Winckelmann 1764, S. 384ff.; Winckelmann 2002, S. 735ff., 750ff.; P. Liverani, „The Museo Pio-Clementino at the time of the Grand Tour", in: *Journal of the*

Dennoch hatte das ganz nach klassizistischem Geschmack eingerichtete Museum mit seinen prachtvollen, durch Blickachsen verbundenen Räumen noch einen Rest des barocken Palastes bewahrt. Diese Mischung aus überlieferten und modernen Formen, aus Palastbau und klassizistischem Museum machte auf Canova besonderen Eindruck. Auch die Fülle antiker Originale, die er in Venedig nur als Gipsabgüsse kennengelernt hatte, faszinierte ihn und veränderte seinen Blick auf die Kunst grundlegend. Erst hier entwickelte sich sein Verständnis für die antike Kunst und ihre Aufstellung. Diese Erlebnisse im Museo Pio-Clementino sollten seine Ansichten für immer prägen. Er zeigte Zulian nun des öfteren seine Skizzen, besonders die des „Apoll von Belvedere",[33] wie um seinen schlechten Ruf, er orientiere sich nur an der Natur, zu revidieren.[34]

history of collections, 12 (2000), S. 151–159; *Grand Tour: the lure of Italy in the eighteenth century* (Ausst. Kat., London, Tate Gallery, 10. Oktober 1996 – 5. Januar 1997), hrsg. von A. Wilton u.a., London 1996; Garms 1987, S. 127ff.

33 Canova, Viaggio, S. 42.

34 Winner 1998, S. 231.

II. „Perseus“ als Auftakt zur Erneuerung der Tradition

Während der folgenden Jahre erwarb sich Canova ein umfangreiches Wissen in alter Geschichte, Mythologie und Archäologie[35] und legte sich eine eigene Bibliothek zu. Zulian förderte nicht nur seine künstlerischen Fähigkeiten, sondern nahm auch besonderen Einfluß auf sein Auftreten. Er wußte, daß es Canova erst dann möglich sein würde, in Kontakt zu höheren Gesellschaftskreisen zu treten. Zulian stellte ihn wohlhabenden englischen Sammlern und Persönlichkeiten von politischem Rang vor. Besonders Gavin Hamilton, der der klassizistischen Reformbewegung anhing, sollte Canovas künstlerische Entwicklung entscheidend beeinflussen. Am 28. Dezember 1779 hatte der Senator Abbondio Rezzonico mit einem großen Bankett den neuen Musiksaal im Senatorenpalast eingeweiht. Bei dieser Gelegenheit lernte Canova Gavin Hamilton kennen.[36] Canova vertraute auf seinen feinen Geschmack und sein scharfsinniges Urteil. Er fand in ihm einen Menschen, der ihn an die Ideale Winckelmanns heranführte und ohne den er im ehrgeizigen Gerangel der Künstler Roms nicht hätte bestehen können.[37] Zulian, der mit Genugtuung Canovas Fortschritte registrierte, verschaffte ihm eine Pension, damit er noch länger in Rom bleiben konnte, und ließ ihn am 22. Juni 1780 nach Venedig zurückkehren, wo Canova einige begonnene Werke beendete, um, nachdem er seine Werkstatt aufgelöst hatte, endgültig nach Rom überzusiedeln.

Im Jahr 1780 ließ Canova eine Gipskopie seiner ersten Figurengruppe „Dädalus und Ikarus“ von Venedig nach Rom bringen (Abb. 2). Er führte sie den dortigen Interessenten und Künstlern vor, um sich bekannt zu machen. Die römischen Künstler standen Canova noch kritisch gegenüber, sei es, weil sie von seiner distanzierten Einstellung zur Antike gehört hatten, sei es, weil er kein Römer war. Von venezianischen Künstlern wie Giovanni Volpato, Francesco Piranesi oder Piero Antonio Novelli wurde er jedoch herzlich aufgenommen. Canova interessierte vor allem die Meinung Hamiltons, „... essendo uomo molto ingienuo, e in-

35 Missirini 1825, S. 75ff.

36 Zu dem schottischen Maler und Archäologen siehe auch D. Irwin, „Gavin Hamilton: Archaeologist, Painter, and Dealer“, in: *The Art Bulletin*, 44 (1962), S. 87–102; J. L. Williams, *Gavin Hamilton 1723–1798*, Edinburgh 1994; A. Cesareo, „Gavin Hamilton (1723–1798): ‚a gentleman of probity, knowledge and real taste‘“, in: *Saggi e memorie di storia dell'arte*, 26 (2002 [2003]), S. 211–322.

37 Refice 1952, S. 221–224, mit deren Bewertung, das Verhältnis der beiden sei oberflächlich gewesen, Johns nicht übereinstimmt (Johns 1998, S. 226, Anm. 4).

tendentissimo della buona strada ...".[38] Als dieser die Gruppe sah, lobte er besonders den „sorgfältigen Ausdruck der Natur", riet Canova jedoch, neben dem Studium der Natur das der Antike nicht zu vernachlässigen.[39]

Als Zulian 1781 ihm einen großen Marmorblock schenkte, machte sich Canova daran, eine „Theseus-Minotaurus"-Gruppe zu entwerfen,[40] die dem klassizistischen Stilideal gerecht werden sollte, und vertraute dem Urteil seines Freundes Hamilton mehr als dem eigenen (Abb. 3). Er nahm sich vor, den venezianischen Naturalismus, den dieser vorsichtig kritisierte, hinter sich zu lassen. Canova suchte den Kontakt zu den wichtigsten bildenden Künstlern, Theoretikern und Förderern des Klassizismus, die seinen Umgang mit der Antike prägten. Dazu gehörte auch Francesco Milizia, Architekt und seit 1768 als Haupt der sogenannten ‚Rigoristi' unter den Kunsttheoretikern Mittelpunkt der römischen Kunstszene. Canova besuchte ihn des öfteren gemeinsam mit Gavin Hamilton und Pietro Vitali, einem Schüler Domenico Cunegos, der Hamiltons Werk graphisch reproduzierte. Canova studierte nun die pompejanischen Wandmalereien und die klassische Skulptur der Antike und zog literarische Quellen zu Rate.[41] Darüber hinaus beschäftigte er sich mit der Analyse zeitgenössischer Werke.[42] Auf einer Reise nach Pompeji und Paestum, die er mit seinem Freund, dem Architekten Selva, unternahm, konnte er sein Verständnis der antiken Kunst vertiefen. Im Jahre 1782 wurde die „Theseus-Minotaurus"-Gruppe beendet. Ihr Erfolg war groß, auch wenn sie dem Direktor der Académie Française, Louis Lagrenée, nicht gefiel. Nicht nur Hamilton, sondern auch Quatremère de Quincy, ein enger Freund Canovas, äußerte sich begeistert: „... le premier exemple donné à Rome de la véritable résurrection du style, du système et des principes de l'antiquité".[43] Zulians Pläne waren damit in Erfüllung gegangen. Die „Theseus-Minotaurus"-Gruppe wurde zu einer Sensation und begründete einen neuen Stil der europäischen Skulptur. Ähnlich wie man zuvor den „Parnaß" von Mengs in der Villa Albani[44] zum höchsten Ideal der klassizistischen Malerei erhoben hatte, wurde nun Canovas „Theseus" als die erste Skulptur des neuen klassischen Stils gefeiert. Sie gewann internationale Bedeutung und erleichterte es Zulian, ein Stipendium für den

38 Canova, Viaggio, S. 137.

39 Honour 1969, S. 1–4; Licht 1983, S. 143.

40 *The Age of Neo-Classicism: the fourteenth exhibition of the Council of Europe* (Ausst. Kat., London, The Royal Academy and the Victoria and Albert Museum, 9. September – 19. November 1972), London 1972, S. 307; Zeitler 1954, S. 76–81; Licht 1983, S. 159–162; Varese 2001, S. CLXI.

41 Honour 1969, S. 7.

42 Die Forschung hat dies im einzelnen nachgewiesen (besonders Honour 1969, S. 7).

43 Quatremère 1834, S. 33.

44 Johns 1998, S. 53.

Künstler zu erwirken. Die Begründung lautete, in Rom könne er seine Fähigkeiten perfektionieren und somit der venezianischen Republik zu neuem Glanz verhelfen.[45] Man feierte ihn als den „neuen Phidias".

Immer häufiger lobte man nun die Nähe von Canovas Werken zur Antike. So schrieb Carlo Gastone della Torre di Rezzonico aus Neapel über „Adonis und Venus": „... per farne degne parole in prosa e verso, cosicché vedesse l'Italia, che se risorgono nel suo beato seno gli emuli della Grecia nell'arti buone, non mancano eziandio pensatori e poeti che sanno tingere di grecanica venustà ed evidenza il nostro idioma".[46] Auch in den folgenden Jahren spiegelte sich die Begeisterung für Canovas Werke in der Literatur. Saverio Bettinelli rühmte, Canova habe „i prodigi del Greco e del Romano scalpello" übertroffen.[47] Die „Hebe",[48] an der Canova seit 1796 arbeitete,[49] fand 1799 in den Sonetten Pindemontes ein rühmendes Echo: „O Canova immortal, che indietro lassi / L'Italico Scarpello, e il Greco arrivi ...".[50] Man verglich nicht nur seine Werke, sondern sogar seine Werkstatt mit antiken Vorbildern. Quatremère de Quincy schreibt: „Das Ganze wekt eine Vorstellung von den Werkstätten der alten Künstler, in denen die Götter- und Heroenbilder der Grichen ihr Dasein empfingen."[51] Nur

---

45 Zitiert bei Johns 1998, S. 54, nach einem Originaldokument bei J. S. Memes, *Memoirs of Antonio Canova, with a critical analysis of his works, and an historical view of modern sculpture*, Edinburgh 1825, S. 291–292: „might in Rome perfect himself in his profession, and reflect honor on the republic".

46 Biblioteca Canoviana, I, S. 75–76; zitiert nach Pavan 1975, S. 201.

47 Delfico Diodoro (Pseudonym für: Saverio Bettinelli), *Lettere su le belle arti publicate nelle nozze Barbarigo-Pisani: lettere XX di una dama ad una sua amica su le belle arti di Diodoro Delfico*, Venedig 1793; zitiert nach Pavan 1975, S. 201.

48 Für den Grafen Albrizzi; seit 1878 in Berlin (*Nationalgalerie Berlin: das XIX. Jahrhundert. Bestandskatalog der Skulpturen*, hrsg. von B. Maaz, Leipzig 2006, I, S. 149–150 Nr. 155).

49 D'Este 1864, S. 315; Gualandi 1868, S. 19; Pavan 1975, S. 203; Varese 2001, S. CLXV.

50 Biblioteca Canoviana, IV, S. 21. Ippolito Pindemontes Gedicht zitiert nach Albrizzi 1809, S. XXV. Pavan 1975, S. 203.

51 Fernow 1806, S. 18. Quatremères Bericht stammt von 1803, dürfte aber schon den Werkstattbetrieb um 1799 beschreiben (Fernow 1806, S. 17–18): „In Canova's Werkstat die mehrere geräumige Studiensäle umfasst findet sich beinahe Alles beisammen, was von heutiger Skulptur in Rom zu sehen ist; sie allein enthält mehr Arbeiten, als die Werkstätten aller übrigen Bildhauer zusammengenommen. Man sieht dort immer neue Werke unter den Meisseln der Arbeiter hervorgehen, andere bereits vollendet, andere der Beendigung nahe, und auch von den bereits versendeten findet man noch die Gipse aufgestellt, so dass man so ziemlich Canova's ganze Kunst von ihrem Entstehen bis jezt in seinen Studiensälen beisammen sieht, welches den Besuch derselben noch interessanter und lehrreicher macht. ... man glaubt sich in ein blühendes Zeitalter der Kunst versezt"; vgl. Ost 1970, S. 48.

Canova traute man eine Erneuerung der Kunst zu, und diese ging Hand in Hand mit einer Politisierung seiner Werke.

Mit dem Kunstraub veränderte sich der Blick der Öffentlichkeit auf Canovas Skulpturen, ja einige seiner nach dem Kunstraub entstandenen Werke wurden sogar zu politischen Symbolen. Schon 1794 hatte Canova die Gefahr der Revolution für Venedig wie für ganz Italien vorausgesehen. Piemont war von den Franzosen bereits annektiert, und Canova spielte mit dem Gedanken, nach Amerika auszuwandern.[52]

Napoleon, der 1796 den Oberbefehl über die französische Armee in Italien übernommen hatte, schonte bei seiner systematischen Plünderung des ganzen Landes auch Rom nicht. Die Stadt hatte nicht einmal durch den Sacco di Roma eine solche Fülle von Monumenten, Archivbeständen, Bibliotheken und Medaillen eingebüßt,[53] wobei die Kunstwerke den wesentlichen Bestandteil der Beute bildeten. Es wird überliefert, daß die französische Armee stets von Kunstkennern, wenn nicht sogar vom Direktor des Louvre selbst, begleitet gewesen sei, um gleich an Ort und Stelle die wertvollsten Stücke für den Louvre auszuwählen. Noch nie zuvor hatten Gelehrte von Ruf ihr Wissen in den Dienst der Beraubung eines eroberten Landes gestellt. Französische Offiziere gaben sogar gelegentlich selbst zu, der Krieg gegen Italien werde nur um des Raubes willen geführt. Die Gründe für ein solches Vorgehen waren schon in einer Erklärung des Direktoriums vom 7. Mai 1796 beschrieben worden: Italien verdanke den Schönen Künsten zum großen Teil seine Reichtümer und seinen Ruhm, nun sei aber die Zeit gekommen, wo sein Reichtum nach Frankreich übersiedeln müsse.[54] „Rome n'est

---

52 Johns 1998, S. 9. Der Brief mit dieser Idee an Giuseppe Falier vom 28. März 1794 ist teilweise zitiert bei Pavanello/Praz 1976, S. 84.

53 Müntz 1894, S. 481–497; Müntz 1896, S. 481–508; Schlitter 1901, S. 108–122; Saunier 1902; D. Mackay Quynn, „The Art Confiscations of the Napoleonic Wars", in: *The American Historical Review*, 50 (1945), S. 437–460; Wescher 1976, S. 54.

54 Lazare Carnot erklärte für das Exekutivdirektorium in einem Schreiben an Napoleon vom 7.5.1796: „Le Directoire exécutif est persuadé, citoyen général, que vous regardez la gloire des beaux arts comme attachée à celle de l'armée que vous commandez. L'Italie leur doit en grande partie ses richesses et son illustration; mais le temps est arrivé où leur règne doit passer en France ... Le Muséum national doit renfermer les monumens les plus célèbres de tous les arts, et vous ne négligerez pas de l'enrichir de ceux qu'il attend des conquêtes actuelles de l'armée d'Italie, et de celles qui lui sont encore réservées." (*Correspondance inédite officielle et confidentielle de Napoléon Bonaparte ... en Italie*, hrsg. von Ch.-Th. Beauvais, Paris 1819, I, S. 155–156). In der Proklamation Napoleons an die Armee nach der Einnahme Mantuas heißt es: „Ihr habt das Museum in Paris bereichert um mehr als 300 Stücke, Meisterwerke alter und neuer italienischer Kunst, die Früchte von dreißig Zeitaltern." (Hauptquartier Bassano, 10. März 1797. Übersetzt von D. Wenzlik, *Die Na-*

plus dans Rome. Elle est toute à Paris", hieß es in den Liedern der Armee.[55] Wie früher Rom, so sollte jetzt Frankreich die Welt regieren und Paris zum ‚caput mundi' werden. Rom war aus diesem Grunde noch viel unmittelbarer als andere europäische Städte von den napoleonischen Beutezügen betroffen.

In einem Brief an Talleyrand beschreibt der französische Minister François Cacault die Situation Roms unter Pius VII.: „Le passage de la révolution est déjà oublié, mais Rome diminue et se dépeuple. Cette ville a perdu toutes les sources étrangères de sa grandeur et le Pape la moitié de son État ... Les pauvres et les malheureux y surpassent toute proportion".[56] Diese Veränderungen waren auf die große finanzielle Krise der Stadt zurückzuführen. Eine große Anzahl von Kardinälen und Adligen war ins Exil gegangen und damit auch viele Künstler ohne Aufträge.

Trotz der schwierigen Umstände verweigerte Canova die Zusammenarbeit mit der neuen Regierung. Er, der in seinen Briefen nur selten über trockene und alltägliche Mitteilungen hinausging, äußerte sich nun erstmals in leidenschaftlicheren Worten und überwand die Zurückhaltung und Gehemmtheit, für die er bekannt war. In den Briefen an D'Este erklärt er, wie bitter der Abtransport der Kunstwerke für die Stadt Rom und auch für die wirtschaftliche Situation des Papstes und ganz besonders der Künstler sei, die in Rom arbeiteten.[57]

In der Hoffnung, ihnen helfen zu können, akzeptierte Canova 1797 die Wahl in ein von den Republikanern geplantes Institut zur Förderung der Künste und Wissenschaften. Bei der Gründungsversammlung im Vatikan kam es jedoch zum Eklat. Aufgefordert, nach dem neuen republikanischen Ritus jeglicher monarchischer Herrschaft ewigen Haß zu schwören, erhob sich der Künstler und sprach im heimischen Dialekt den berühmten Satz: „mi non odio nissun" – „ich hasse niemanden" – und verließ die Versammlung.[58] Aus Sorge um seine persönliche Sicherheit verlangte er trotz aller Beteuerungen, man werde ihn schützen, seinen Paß, um die Stadt verlassen zu können.[59] Kurz nach seiner Abreise stürmte die republikanische Menge seine Werkstatt, um das Modell des Königs Ferdinand

poleonischen Kriege, Sonderband 1. Napoleon Bonaparte: Proklamationen und Ansprachen an die Armee, Hamburg 2000, S. 13).

55 De la Chambre 1681. Für die Literaturangabe danke ich K. Herrmann Fiore.

56 Johns 1998, S. 76, S. 213. Dieser Brief trägt ein Datum nach dem Revolutionskalender: „11 nivôse An X" (Montaiglon/Guiffrey 1908, S. 341 Nr. 9899; 1. Januar 1802).

57 D'Este 1864, S. 86.

58 Malamani 1911, S. 64; Pavan 1975, S. 202.

59 Johns 1998, S. 74.

IV. von Neapel zu zerstören. Der Pöbel konnte nur durch die Polizei daran gehindert werden.[60]

Der Abschied von Rom und die Übersiedlung nach Possagno fielen Canova schwer.[61] Mehr noch als die Entfernung von seiner Arbeitsstätte bedrückte ihn das Schicksal Italiens. 1797 wurde Venedig von den Truppen Napoleons besetzt und eine demokratische Republik ausgerufen. Canovas Pension wurde unter der französischen Besetzung nicht fortgesetzt. Seine tiefe Besorgnis über die Geschehnisse in Venedig zeigt ein Brief vom 20. April 1797 an Selva.[62] In der Hoffnung, seine Pension von der neuen Österreichischen Regierung wiederzuerlangen, reiste er gemeinsam mit dem venezianischen Senator Lodovico Rezzonico von Possagno nach Wien. Dort empfing man ihn mit großem Wohlwollen und bat ihn, zu bleiben und Mitglied der Akademie zu werden. Kaiser Franz II. bestätigte Canovas Pension für den Fall, daß dieser sechs Monate des Jahres in Wien leben würde. In der Hoffnung, irgendwann einmal wieder die Arbeit in seiner römischen Werkstatt aufnehmen zu können, lehnte er das großzügige Angebot ab und kehrte nach Possagno zurück.

Wie schon nach seiner Übersiedlung von Venedig nach Rom begann nun in Possagno eine neue Phase seines Lebens. Viele Werke dieser Epoche können als Ausdruck seiner inneren Betroffenheit verstanden werden. Weil ihm der Marmor fehlte, konzentrierte er sich mehr auf die Malerei. In seinen wenigen vollendeten Werken befaßt er sich mit mythologischen und religiösen Themen wie dem Tod, der Trauer und dem Wahnsinn.[63] Das 1799 entstandene Bild „Herkules tötet seine Kinder", auf dem Herkules das wahnsinnig gewordene „Frankreich" verkörpert, war Ausdruck seiner tiefen Depression (Abb. 4).[64]

Als der Consiglio Generale von Verona 1799 Canova um ein Monument bat, um die Vertreibung der Franzosen zu feiern, bot Canova seine Gruppe „Herkules und Lichas" an (Abb. 5). Der neapolitanische Prinz Onorato Gaetani D'Aragona hatte am 22. April 1795 eine Gruppe des „genere forte" bestellt, die „Herkules und Lichas" darstellen sollte. Zur Vorbereitung hatte Canova die „Trachinerinnen" des Euripides, den „Herkules" von Seneca und die „Metamorphosen" des Ovid studiert: „È una tragedia sublime, e la penna d'Euripide può invidiarla, a

60 Malamani 1911, S. 61.
61 Meyer 1889, S. 73.
62 *Antonio Canova: opere a Possagno e nel Veneto,* hrsg. von G. Vinco Da Sesso und P. Marton, Bassano del Grappa 1992, S. 33.
63 Johns 1998, S. 75.
64 Stefani 1992, S. 58. Das Bild befindet sich heute in Bassano del Grappa, Museo-Biblioteca e Archivio.

ragione, al vostro scalpello", schrieb ihm Melchiorre Cesarotti über die Gruppe.[65] Die politischen Umstände zwangen Gaetani jedoch, auf die Figur zu verzichten. Dann verlangten die Franzosen einen Herkules für Verona, der „getta la Monarchia al vento", und dachten ebenfalls an Canovas „Herkules und Lichas". Doch die Stadt Verona konnte sich nach den Kriegsschäden eine solche Ausgabe nicht leisten. Obwohl es sich um ein hochpolitisches Kunstwerk handelte, erlaubte es beiden gegnerischen Parteien, sich in ihm wiederzuerkennen.

Eine weitere Figur verdient in diesem Zusammenhang besondere Beachtung: der „Perseus" aus dem Jahr 1800 (Abb. 6). In ihm spiegelten sich nicht nur politische, sondern auch ästhetische wie museums- und kulturpolitische Veränderungen.[66] Er wurde zum Symbol für die gesamte Umwälzung Roms nach dem Kunstraub. Als ihn Canova unter dem Eindruck des Verlustes aller Kunstschätze vollendet hatte und das Interesse des Akademiedirektors aus Mailand bekannt geworden war, verbot ein gerade erlassenes päpstliches Dekret die Ausfuhr dieser sowie aller antiken Statuen. Der „Perseus" wurde also wie die wertvollsten Antiken geschützt. Ähnlich mußten sich der Fürst Torlonia und seine Erben gegenüber der Regierung verpflichten, „Herkules und Lichas" niemals außer Landes zu bringen. Zum ersten Mal wurden nun auch zeitgenössische Kunstwerke an ihren römischen Standort gebunden.[67]

Papst Pius VII. kaufte den „Perseus" zusammen mit den „Faustkämpfern" und nahm alle drei 1802 in die vatikanischen Sammlungen auf.[68] Schon gegen Ende

---

65 *Lettere di uomini illustri ad Antonio Canova, pubblicate per le nobilissime nozze Avogaro-Michel*, Bassano 1865, S. 14, zitiert nach Pavan 1975, S. 201. Später hatte Canova das Gipsmodell mit einem „incontro grande" beendet; Canova, Lettere S. 30, zitiert nach Pavan 1975, S. 201. Vgl. Johns 1998, S. 124ff.; Varese 2001, S. CLXVII.

66 Zu dieser Skulptur äußerten sich: Winner 1998, S. 249ff.; Belting 1998; Pinelli 1983, S. 421ff.

67 Die „Herkules und Lichas"-Gruppe war schließlich von dem römischen Bankier Giovanni Torlonia erworben worden, der sie in seinem Palast in einer aufwendig ausgestatteten Galerie aufstellte. Als der Palazzo Torlonia in der Piazza Venezia abgerissen wurde, übernahm der italienische Staat die Statuengruppe. Sie wurde der Galleria Nazionale d'Arte Moderna im Palazzo Corsini übergeben, wo sie sich noch heute befindet. Hartmann 1967, S. 28–34; Malamani 1911, S. 190; Jayme 1992, S. 18, der Anm. 53 die große Wirkung der Skulptur auf Goethe erwähnt.

68 Zum „Perseus" siehe Pavanello/Praz 1976, S. 104 Nr. 121; die Skulptur wurde 1800–1801 ausgeführt und vom Papst für 3.000 Zecchini gekauft. Zu „Kreugas" siehe Pavanello/Praz 1976, S. 105 Nr. 126, fertiggestellt 1801 und vom Papst für 2.500 Zecchini gekauft. Zu „Damoxenos" siehe Pavanello/Praz 1976, S. 106 Nr. 129. Er wurde von Canova 1802 zum Verkauf für 16.000 Piastre, also 8.000 Zecchini, angeboten, A.S.R. Cam. II., Antichità delle Belle Arti, b. 6, n. 188; Pietrangeli 1985, S. 118; Varese 2001, S. CLXVI.

des vorangegangenen Jahrhunderts war sein künstlerischer Ruhm so gewachsen, daß in den öffentlichen Journalen in Paris das letzte Modell von Canova zur Kenntnis genommen wurde. Die höchste künstlerische Auszeichnung erfuhr Canova jedoch erst, als die Statue auf den leeren Sockel des „Apoll von Belvedere" gestellt wurde.

Fernow, Befürworter Thorvaldsens und schärfster Kritiker Canovas, verglich den „Perseus" mit dem „Apoll von Belvedere",[69] stellte aber in Gedanken an den verehrten Thorvaldsen auch alle kritischen Punkte heraus und schreibt: „Es giebt nur einen reinen, musterhaften Stil, so wie es nur einen guten und richtigen Geschmak giebt".[70] Canova lege wie Mengs nur Wert auf die einzelnen schönen Teile, nicht aber auf die notwendige Gesamtgestalt.[71] Dieser „undogmatischere Klassizismus" Italiens, jenes „all'antica", das aus der Geschichte heraus begriffen werden muß, stand dem Willen zur strengen Form entgegen. Fernow erregte sich: „... jenes Urteil der römischen Kunstrichter, daß Canovas Werke den Antiken gleichzusetzen seien, (hätte) der jetzt regierende Papst, ein gefälliger alter Mann, durch That und Wort bekräftigen wollen", und bestätigte damit eine allgemeine Meinung. Andere ereiferten sich, wie man es habe wagen können, seine Figur an diesen Ort zu stellen.[72] Der „Perseus" wurde zum Tagesgespräch der Gebildeten Europas und entfachte die Streitfrage, ob es sich wie beim „Apoll von Belvedere" um einen Gott handle.[73]

Jedenfalls wollte Canova alles andere als eine Kopie anfertigen und sah darin auch nicht seine Aufgabe als Bildhauer. Die Nachfrage nach Gipsabgüssen und Kopien antiker Statuen in den verschiedensten Materialien hatte aufgrund der seit dem Ende des 18. Jahrhunderts geltenden strengen Ausfuhrbestimmungen seither noch zugenommen.[74] Schon 1794 hatte Canova das glänzende Angebot eines amerikanischen Auftraggebers ausgeschlagen, den „Apoll von Belvedere" zu kopieren.[75] Er lehnte nicht nur das mechanische Kopieren, sondern auch die imitierende Anlehnung an das Original ab, weil ihn seine venezianische Ausbildung und seine Inspiration davon überzeugt hatten, daß man nicht „mit Kälte imitieren" dürfe. Vielmehr komme es darauf an, „consultare i capi d'opera dell'arte per studio, confrontandoli con la natura, per quindi rilevarne i pregi, e servirsene

---

69 Fernow 1806, S. 196–206.
70 Fernow 1806, S. 35; genaue Unterscheidung zwischen „Apoll von Belvedere" und Canovas „Perseus" bei Pinelli 1983, S. 425–430.
71 Ost 1970, S. 30.
72 Winner 1998, S. 250.
73 Winner 1998, S. 250.
74 Steindl 1993, S. 34.
75 Winner 1998, S. 231; Licht 1983, S. 273.

all'uso proprio, e formarne poi un tutto che servir possa al soggetto che si vuole esprimere, come hanno praticato i Greci, scegliendo dalla natura il più bello."[76]

Canova stellte sich damit nicht unbedingt der Auffassung Winckelmanns entgegen, der glaubte, man könne erst durch die Nachahmung griechischer Kunstwerke die Schönheiten der Natur entdecken: „Die Kenner und Nachahmer der griechischen Werke finden in ihren Meisterstücken nicht allein die schönste Natur, sondern noch mehr als Natur, das ist, gewisse idealische Schönheiten derselben, die ... von Bildern bloß im Verstande entworfen, gemacht sind."[77] Obwohl Canova das Kopieren als eine wichtige Vorübung ansah, fand er in Berninis Werken die wahrhafte Umsetzung der Antike.[78] Schon der junge Bernini hatte jahrelang Antiken studiert,[79] kopiert, vermessen und seinen Schülern geraten, sich niemals auf das Abzeichnen zu beschränken, sondern nebenbei immer selbständig zu arbeiten,[80] um die kreativen Kräfte nicht verkümmern zu lassen und das Gesehene in die eigene Sprache zu übersetzen. Bernini pflegte seinen Gegenstand in einer Unzahl von Zeichnungen festzuhalten, um dann sein Werk unabhängig von diesen Vorarbeiten neu zu „erfinden", als hätten diese die Funktion, ein Bild in ihm vorzubereiten.

Auch Canova legte großen Wert auf die eigene Erfindung und die Fähigkeit, über die Idee des antiken Vorbildes hinauszugehen. Quatremère de Quincy berichtet, wie selbstbewußt sich Canova mit der Antike gemessen habe.[81] Canovas Notizen bezeugen, daß er sich, nachdem er nach antiken Statuen gezeichnet hatte, abends auf sein Zimmer im Palazzo Venezia zurückzog, um zu „erfinden", wie er es nannte: „... mi misi a inventare".[82] Er fühlte sich durch einen unbekannten Holländer bestätigt, den „Baron Torte", der ihm riet, niemals das Arbeiten nach ei-

---

76 D'Este 1864, S. 20; Winner 1998, S. 231ff. Schon die Alten hatten überliefert, die Malerei und die Bildhauerkunst seien mit der Zeichnung, dem Umriß, erfunden worden. Federico Zuccari war Ende des 16. Jahrhunderts in seiner Akademie dieser ursprünglich antiken Idee gefolgt, und noch Winckelmann sah den Ursprung der Künste im Umriß, mit dem man nicht nur die Erscheinung der Statue aufnehme, sondern auch deren Wesen. „Die ältesten Nachrichten lehren uns, daß die ersten Figuren vorgestellet, was ein Mensch ist, nicht wie er uns erscheint, dessen Umkreis, nicht dessen Ansicht." (Winckelmann 1764, S. 4; Winckelmann 2002, S. 4).

77 Winckelmann 1756, S. 4.

78 Diese Arbeiten waren in seinen Augen Ausdruck einer Idee, die sich immer auf der Natur gründe. Gerade in seinen späteren Werken sah Canova seine Vorbilder nicht nur in der Antike, sondern auch in der Natur. So nimmt er nicht die Pferde vom Parthenon als Vorbild, sondern erschießt ein Pferd, läßt es erkalten und macht davon einen Abdruck.

79 Herrmann Fiore 1997, S. 80.

80 Winner 1998, S. 232.

81 Quatremère 1834, S. 99; Winner 1998, S. 234.

82 Canova, Viaggio, S. 43; Winner 1998, S. 232.

gener Erfindung zu vernachlässigen: „... non debbo tralasciare di fare sempre opere d'invenzione guardando gia le regole delle statue Antiche".[83] So erklären sich seine heftigen Reaktionen gegen das Kopieren von Antiken in einer Zeit, in der das Kopieren zu sehr in den Vordergrund gerückt war und das „freie Erfinden" auf Ablehnung stieß.

Canova bewunderte die „Apoll und Daphne"-Gruppe der Villa Borghese, weil Bernini dort den Apoll in Bewegung versetzt hatte.[84] Doch während Bernini den antiken Vorbildern Natürlichkeit und Bewegung zu verleihen versucht hatte, folgte Canova Quatremères Vorschlag einer „imitation idéale", der „idée de perfection et de beauté".[85] Mit dem „Perseus" wollte er ein Äquivalent des „Apoll von Belvedere" schaffen und die Schönheit der geraubten Statue übertreffen, und dieser Anspruch wurde durch die Aufstellung an der Stelle des geraubten „Apoll" noch unterstrichen.

Der „Perseus" wurde zu einem Symbol und verkörperte ein neues Ideal, das sich von der Antike grundsätzlich unterschied. Die Reisenden bewunderten ihn, wie während der vorangegangenen Jahrhunderte den „Apoll", als modernen Gipfel der Kunst (Abb. 7). Dem „höchsten Ideal der Kunst" konkrete Gestalt gegeben, ohne das von Winckelmann beschriebene Werk kopiert zu haben, war in den Augen der Zeitgenossen eine der größten Leistungen Canovas.[86] Er hatte bewiesen, daß die griechische Kunst in der Gegenwart weiterlebte.[87] Stendhal sah hingegen im „Perseus" das Schönheitsideal des frühen 19. Jahrhunderts erfüllt, das das antike Ideal abgelöst hatte.[88]

Canovas „Perseus" wurde darüber hinaus zum Mahnmal gegen den napoleonischen Kunstraub. So wie der „Apoll von Belvedere" Siegesbewußtsein verkörpert hatte, so erschien Canovas jugendlicher Held mit dem gezückten Schwert und dem versteinernden Medusenhaupt als der siegreiche Rächer, als „der Genius Roms",[89] und dies mag in der Tat Canovas Gemütszustand bei der Herstellung der Statue entsprochen haben.[90] Nach dem Kunstraub war sein Tun von einer Sehnsucht nach grundlegender Erneuerung erfüllt. Immer hatte er seine politischen Ideen schon in Metaphern zum Ausdruck gebracht. Seinem „Perseus" legte

83 Canova, Viaggio, S. 48; Winner 1998, S. 233.
84 Winner 1998, S. 244, 251.
85 Quatremère 1834, S. 34–35; Winner 1998, S. 234.
86 Licht 1983, S. 185. Winckelmann hatte den Apoll als „das höchste Ideal der Kunst unter allen Werken des Alterthums" bezeichnet (Winckelmann 1764, S. 392; Winckelmann 2002, S. 780).
87 Steindl 1993, S. 110.
88 Belting 1998, S. 82.
89 Meyer 1898, S. 48.
90 Stefani 1990, S. 65.

er ein Schriftstück bei, in dem er die phrygische Mütze des Helden – aktuelles Symbol politischen Freiheitsstrebens – als die im Mythos erwähnte Tarnkappe bezeichnete, um damit die politische Allusion zu negieren. Doch blieb sein Werk zweideutig und wurde weiterhin von vielen als Monument der politischen Befreiung und des Aufbruchs in eine neue Epoche der Künste angesehen.[91]

Canova hatte nach dem Kunstraub mit seinen eigenen Kunstwerken und ganz besonders mit dem „Perseus" die Tradition der Stadt Rom und ihrer Künste wieder ins Bewußtsein gerufen und damit zu einer Erneuerung der Kunst in Rom beigetragen. Der wachsende Stolz auf die kulturellen Leistungen Italiens förderte nun mehr und mehr die künstlerischen Aktivitäten auch der jüngeren Generati-

---

91 Ein weiteres Kunstwerk, das im Paragone zu einer antiken Statue entstand und in seiner Modernität als ein „nationales" angesehen wurde, war die 1803 bestellte „Venere Italica". Siehe dazu Jayme 1992, S. 17; Ost 1970, S. 26. Sie entstand im Auftrag des Königs von Etrurien und war als Kopie der „Venus Medici" geplant, die Napoleon aus dem Palazzo Pitti in Florenz geraubt hatte. Canova weigerte sich wiederum, lediglich eine Kopie herzustellen. Er nahm den Auftrag aber unter der Bedingung an, das Original variieren zu dürfen. In einem Brief teilt er seinem Auftraggeber mit, er habe mit der gewünschten Kopie begonnen und sei durch diese Arbeit dazu angeregt worden, sich an einer Venus eigener Erfindung zu versuchen. Wir finden hier genau die Einstellung bestätigt, die ihm bei seiner Ankunft in Rom solche Probleme bereitet hatte, das Bedürfnis, selbst zu erfinden. Neben der Kopie schuf er also eine „moderne" Venus und hoffte, daß sie anstelle der Kopie angenommen werde. Es gibt keinen Hinweis darauf, ob er die Kopie jemals fertigstellte. Jedenfalls nahm der Hof in Florenz die Neuschöpfung anstelle der Kopie an. Der Erfolg war groß. Als sie Foscolo sah, schrieb er: „ho visitata, e rivisitata, e amoreggiata, e baciata, e – ma che nessuno il risappia – ho anche una volta accarezzata questa Venere nuova." Am 19. Mai 1812 berichtet Canova seinem Freund Quatremère de Quincy über den Erfolg der Statue und fügt ein anonymes Sonett bei, das mit den Versen endet: „Non fonte mi cangiò, non la mia stella / Né rinacqui dal mare: Italo fabbro / Quando vita mi diè / Mi fe' più bella." (Jayme 1992, S. 17; Jayme 1994a, S. 205).

Canovas neue Klassik übersetzte die antike Kunst in die subjektive Empfindsamkeit der beginnenden Moderne. Details wie die hochgesteckten Haare oder die Draperie verleihen Canovas „Venus" einen menschlichen, anziehenden, fast modischen Charakter. Daß die Schöpfung eines zeitgenössischen italienischen Künstlers mit dem berühmten griechischen Werk konkurrieren, ja es sogar anstelle einer Kopie ersetzen konnte, hatte über die ästhetische Bedeutung hinaus eine patriotische und politische Bedeutung, die Canovas Skulptur zum Gegenstand nationalen Stolzes machte. Mehr noch, seine „Venus" wurde spontan als „Venere Italica" begrüßt und verband die römische Antike mit der Gegenwart im Sinne des nationalen Prestiges. Man sah in ihr die werdende Kulturnation verkörpert, die Verbindung zwischen „Alt" und „Neu". So hatte Canova mehr erreicht, als nur der „Antike" eine „moderne" Form zu verleihen. Canovas Kunst wurde auch hier wieder Ersatz für das, was Italien als Heiligstes geraubt worden war, und hatte ein neues Ideal geschaffen.

on.[92] Canovas Kunst erhielt somit auch eine erzieherische Bedeutung und schloß darin wiederum an Winckelmann an.

Dieser war von den Ideen der Aufklärung geprägt und ähnlich wie Rousseau von der Vision einer umfassenden Erneuerung der Kunst erfüllt gewesen. Winckelmanns Einsatz für eine neue Kunst ging daher Hand in Hand mit einem Plädoyer für eine politische Erneuerung. Gegen die „Verkünstelung" und Immoralität des Ancien Régime setzte er die Reinheit und Idealität der griechischen Lebensweise. Er suchte in den „Alten" ein Vorbild für die angestrebte und ersehnte Freiheit. Winckelmann schwebte eine verändernde Wirkung der Kunst auf das Leben vor. Die Kunst sollte nicht von der Wahrheit des Lebens wegführen, sondern als Vorbild für das Leben zur „Natur" und zur Freiheit zurückkehren.[93] Es war die Vision eines neuen Goldenen Zeitalters.[94] Winckelmann begründete das Ideal und die idealen Entstehungsbedingungen der griechischen Kunst mit der neu gewonnenen politischen Freiheit dieses Volkes.[95] Auch die Beschreibung des „Torso" vom Belvedere wird zum Beweis für die zurückgewonnene Freiheit der Griechen und die durch sie ermöglichte Kunstblüte.[96] Winckelmann sah in der griechischen Kunst die Grundlage einer moralisch-pädagogischen Erneuerung. Überzeugt vom Primat der griechischen Kunst trug er auch in Rom maßgeblich zur Ausbildung eines auf Griechenland hin ausgerichteten Klassizismus bei, einer Gesinnung, die die Stadt dann nach dem Bekanntwerden der Elgin Marbles eines Teils ihrer Bedeutung beraubte.[97]

Für Canova hingegen umfaßte die Antike stets auch und vor allem Rom und gab der Stadt ihre unauslöschliche Kraft. Mochte Napoleon auch noch so viele Schätze aus Rom wegschleppen, Canovas „Perseus" bezeugte, daß Roms künstlerische Ausstrahlung nie versiegen und die Stadt ihre europäische Bedeutung behalten werde.

Somit war Paris zwar das neue Kunstzentrum geworden, Rom jedoch die Inspirationsquelle der Künstler geblieben. In einem Brief vom Jahre 1802 an den Außenminister in Paris geht der Botschafter François Cacault auf die französi-

---

92 Licht 1983, S. 24.

93 Rahn 1993, S. 143.

94 Winckelmann 1764, S. 331; Winckelmann 2002, S. 628; Osterkamp 1998, S. 456; Rahn 1993, S. 143ff.

95 Winckelmann 1764, S. 316; Winckelmann 2002, S. 602: „... erhellet, daß es die Freyheit gewesen, durch welche die Kunst empor gebracht wurde".

96 Winckelmann 1764, S. 371; Winckelmann 2002, S. 718; Osterkamp 1998, S. 457. Zum Torso R. Wünsche, „Torso vom Belvedere", in: *Il Cortile delle Statue: der Statuenhof des Belvedere im Vatikan.* Akten des Internationalen Kongresses zu Ehren von Richard Krautheimer (Rom, 21.–23. Oktober 1992), hrsg. von M. Winner, B. Andreae, C. Pietrangeli, Mainz 1998, S. 287–314.

97 Fröhlich 1998, S. 13.

sche Akademie in Rom ein und vergleicht die beiden Städte und ihre Künstler. Kein französischer Künstler reiche an einen Maler wie Mengs oder einen Bildhauer wie Canova heran. Auch fragt er ironisch, was wohl die französische Regierung plane, um Künstler so zu erziehen, daß sie den Ruhm der Genannten übertreffen könnten. Auch wenn er diese Frage zum Hauptproblem der französischen Kulturpolitik erhob, war er selbst davon überzeugt, daß Frankreich zwar über große Künstler verfüge, diese aber nicht angemessen ausgebildet und deshalb in Europa nicht gefragt seien. Im Gegensatz zu Canova arbeiteten sie nur für Frankreich.[98] Auch in Italien, Österreich, England und sogar in den Vereinigten Staaten hatte Canova keinen wirklichen Rivalen. Wenn man andere gegen ihn auszuspielen versuchte, war dies nur ein Versuch, eine neue Mode zu kreieren. Den Verantwortlichen in Frankreich war klar, daß Paris, um die Vormachtstellung in Europa zu erhalten, Rom kulturell vereinnahmen müsse.[99]

---

98 Johns 1998, S. 12; Perot 1980, S. 228.
99 Johns 1998, S. 12.

III. Der Einsatz zum Schutz der Kunstwerke

Canova galt nun nicht nur als der größte Bildhauer Europas und als Vorbild der jungen Künstler, sondern, wie Wilhelm von Humboldt in anderem Zusammenhang an Goethe schrieb, auch menschlich als große Stütze für die Erhaltung der Traditionen Roms. Während Ennio Quirino Visconti nach dem Kunstraub nach Paris übergesiedelt und nie mehr nach Rom zurückgekehrt sei, weil er in Paris genügend Material zum Forschen fand,[100] habe Canova Italien nie verlassen, da er dies als Verrat empfunden hätte.[101] Seine Treue, sein hohes Ethos und sein geradliniger Charakter waren ebenso wertvoll wie seine künstlerischen Fähigkeiten.[102] Man vermutet, Canova habe 1801 das Angebot Napoleons, in Paris zu bleiben und Direktor des Louvre zu werden, abgelehnt,[103] obwohl es ihn in seiner trostlosen Situation gelockt haben muß. Canovas Bindung an Rom war nicht nur emotionaler Natur. Nur in dieser Stadt fand er die Inspiration für seine Arbeit und die Grundlage für sein künstlerisches Schaffen. Er liebte und verehrte Rom und war bereit, sich mit allen Mitteln für den Bestand der Stadt einzusetzen, da er nur dort die für das künstlerische Schaffen ideale Atmosphäre spürte.

Canovas Treue zu Rom und seinen Künsten und sein Ruhm als „neuer Phidias“ erklären seine Ernennung zum Generaldirektor der vatikanischen Sammlungen. Das Edikt des Procamerlengo, Kardinal Doria Pamphilj, vom 1. Oktober 1802 besagt: „Sono state queste le riflessioni, che dappresso all'illustre esempio, che la S(anta) M(emoria) di Leone X, diede nella persona del gran Raffaello d'Urbino, ci hanno recentemente determinati ad eleggere l'incomparabile Scultore Canova, emulo dei Fidia, e dei Prassitili, come quello lo fù degli Apelli, e dei Zeusi, in Ispettore generale di tutte le Belle Arti ...“. Wie einst Leo X. Raffael, den Nachahmer von Apelles und Zeuxis, habe man jetzt Canova, den Nachahmer von Phidias und Praxiteles, zum Generalinspektor aller Schönen Künste gewählt, um die große Tradition der Stadt und der Künste zu fördern. In der Verordnung heißt es weiter, Canova unterstehe in seiner Position nur der Kontrolle des Pap-

100 Er wurde dort 1803 zum Konservator der antiken Skulpturen ernannt (Sforza 1923, S. 128).

101 Brief von Wilhelm von Humboldt an Goethe vom 23. August 1804 (in: *Goethes Briefwechsel mit Wilhelm und Alexander v. Humboldt*, hrsg. von L. Geiger, Berlin 1909, S. 181–191).

102 Johns 1998, S. 15.

103 Lelièvre 1993, S. 107.

stes und besitze unumschränkte Gewalt über die Aufsicht der Kunstwerke,[104] die der Aufbewahrung, der Verbreitung und dem Schutz der bildenden Kunst dienen solle, und dies bis an sein Lebensende.

Nachdem Canova im Januar 1802 vom Papst zum Cavaliere geschlagen worden war,[105] übrigens die einzige Ehrung, die er jemals akzeptierte,[106] ernannte man ihn am 10. August desselben Jahres zum „Ispettore Generale delle Belle Arti dello Stato della chiesa, dell'Accademia di San Luca, dei Musei Vaticani e del Campidoglio" auf Lebenszeit, also nicht nur zum Leiter aller mit Kunst befaßten Institutionen des Kirchenstaates, sondern auch zum Schiedsrichter bei der Auffindung, beim Verkauf und der Ausfuhr von Kunstwerken.[107] Darüber hinaus war Canovas Rat auch bei der Lösung städtebaulicher Veränderungen gefragt.[108]

Canovas Einsatz für Rom war engstens mit der politischen Situation der Stadt und mit dem Gesetz des Kardinals Giuseppe Doria Pamphilj vom 1. Oktober 1802 verknüpft.[109] In diesem Gesetz wurde er nicht nur zum Generaldirektor ernannt, sondern auch Entscheidendes für die Kultur- und Museumspolitik festge-

---

104 Jonsson 1986, S. 16–17. Canova unterstand direkt dem Camerlengo, dem zweitmächtigsten Mann im Staat. Das Edikt des Kardinals Pamphilj ist vollständig wiedergegeben bei Emiliani 1978, S. 110–125 und Emiliani 1996, S. 86–96 (obiges Zitat S. 87), siehe auch Pinelli/Emiliani/Scolaro 1989, S. 171–187.

105 Rosini 1830, S. 36; Johns 1998, S. 65.

106 Während der Zeremonie legte der Papst persönlich dem Künstler den Orden um den Hals, ein Akt, der damals starken Eindruck machte. Sogar der französische Minister Cacault bemerkte dies in seinem Brief vom 27. Januar 1802: „Sa Sainteté a fait appeller il y a quelques jours dans ses appartemens M. Canova, célèbre sculpteur vénitien établi à Rome. Elle l'a entretenu avec affection et lui a attaché à sa boutonnière l'ordre de l'Éperon; ensuite elle l'a embrassé et l'a déclaré cavalier de cet ordre. Le brevet qui a été remis à cet effet à M. Canova renferme l'éloge le plus distingué de son talent et de sa singulière modestie" (Montaiglon/Guiffrey 1908, S. 349–350; vgl. Johns 1998, S. 65–66, S. 211).

107 Der Brief des Procamerlengo Kardinal Doria Pamphilj an Canova bei D'Este 1864, S. 120–122, Chirografo della Santità di Nostro Signore Papa Pio VII sulle Antichità e Belle Arti in Roma e nello Stato Ecclesiastico, con Editto del ... Signor Cardinal Giuseppe Doria Pamphilj. A.S.V. S.P.A., com., 1445 (1815), fol. 35–42; Fea 1802, S. 115–117; Zusammenfassung bei Pietrangeli 1985, S. 118–120. Das Originaldokument Pius' VII. von 1802 befindet sich in der Accademia di San Luca.

108 Canova hatte 1802 eine Arbeit über die Aufstellung der „Rossebändiger" veröffentlicht, an der man sich bei der Neuaufstellung des Obelisken auf dem Quirinal orientierte. Es handelt sich um eine bedeutende Rekonstruktion, die bis heute ihre Gültigkeit besitzt. Canova hatte die „Rossebändiger" mit den Darstellungen auf dem Parthenonfries verglichen. Er veröffentlichte seine Neuheit in einem Flugblatt. Genauer dazu A. Thielemann (Hertziana) in seiner Arbeit *Der „thätige Held": die Rezeption der Rossebändiger vom Quirinal von der Mitte des 18. bis zur Mitte des 20. Jahrhunderts.*

109 De Angelis 1994, S. 189; Pietrangeli 1985, S. 118.

legt.[110] Es soll den Folgen des napoleonischen Raubes entgegenwirken und den kulturellen Wiederaufbau der Stadt fördern. Das Gesetz war eine Reaktion auf den durch Napoleon gebrochenen „Kriegsrechtssatz“, die allgemeine Verantwortung für den gemeinsamen Besitz der Kunstschätze, die sich im 18. Jahrhundert verbreitet hatte, und stellte damit eine Wende in der Geschichte des italienischen Kulturgüterschutzes dar.

Zu Beginn des 18. Jahrhunderts, als sich der Kunst- und Antikenhandel zur vornehmlichen Einnahmequelle des Kirchenstaates entwickelt hatte, war man großzügig mit Ausfuhrgenehmigungen umgegangen. Der politische Einfluß des Kardinals Albani hatte Exportprobleme erleichtert.[111] Mit dem Gesetz von 1802 wollte man dem seit der „Grand Tour“ immer stärker werdenden und durch den Kunstraub noch vermehrten Verlust von Kunstwerken entgegenwirken.[112] Obwohl die Kunsthändler gegen die Ausfuhrbeschränkungen protestierten, waren weitere Maßnahmen erforderlich, um die Sammlungen zu erhalten.

Im Gesetz von 1802 war bereits eine Tendenz angelegt, die den Kulturgüterschutz bis heute bestimmt: die Denkmäler im Innern zu schützen und dennoch einen kontrollierten Handel zu ermöglichen. Erst dieses Gesetz machte die Entstehung des Museo Chiaramonti möglich, da es den Verkauf von Inschriften ins Ausland verhinderte. Canova hatte die Möglichkeit, diese dann zu kaufen und damit der Stadt zu erhalten. Das Museum wurde somit zu einem Auffangbecken für die künstlerischen Zeugnisse der Vergangenheit, die entweder aus den Ausgrabungen oder aus römischen Privatsammlungen stammten.[113] Das Edikt von 1802 verhinderte somit den Abgang der Kunstwerke ins Ausland und bot gleichzeitig den Museen die Möglichkeit, sie aufzukaufen. Somit entstand eine Art von Kreislauf. Die Ausfuhr wurde limitiert, der Antikenhandel im Inland gleichzeitig jedoch nicht unterdrückt, so daß der Stadt ihre wichtigsten Kunstwerke erhalten blieben.

---

110 Rossi Pinelli 1978/1979, S. 27–40, bes. S. 37.

111 Haskell/Penny 1981, S. 62; Gross 1990, S. 361.

112 Die Situation der römischen Sammelaktivitäten nach der römischen Republik 1798/1799 bei G. G. De Rossi in: „Lettera sopra il restauro“, in: *Nuovo Giornale di Letterati*, 12 (1826), S. 123–134.

113 Pietrangeli 1985, S. 121.

IV. Der Verzicht auf Meisterwerke: das Museo Chiaramonti als Ort der Förderung junger Künstler

Mit der Ernennung Canovas zum Generaldirektor der vatikanischen Sammlungen war nun ein Künstler an die Spitze des Museums getreten, das zuvor immer von Gelehrten geleitet worden war. Canova standen als Ispettore Generale folgende Mitarbeiter zur Seite: Alessandro D'Este[114] als Sekretär des Ispettorato, Raffaele Stern als Architekt,[115] Vincenzo Camuccini als Inspektor der Gemälde[116] und Antonio D'Este[117] als Direktor der Vatikanischen Museen.

---

114 Alessandro D'Este (Rom, 1783–1826), Sohn des Bildhauers Antonio D'Este (1754–1837), dessen Schüler wie auch Canovas, begann seine Karriere als Steinmetz der Palazzi Vaticani, assistierte seinem Vater 1802–1805 im Museo Chiaramonti, zu dessen Vizedirektor er 1805 ernannt wurde, amtierte unter der französischen Besetzung von 1809 bis 1814 als Vizekustode der Kaiserlichen Vatikanischen Museen und stieg 1815 aufgrund einer Entscheidung des Maggiordomo Kardinal Naro zum „Sotto direttore" auf (Pietrangeli 1985, S. 126). Canova rief ihn anläßlich der Verhandlungen zur Rückführung der Kunstwerke 1815 nach Paris. Vgl. P. Mariuz, „D'Este, Alessandro", in: *Dizionario biografico degli Italiani*, XXXIX, Rom 1991, S. 424–425; N. Lübbren, „Este (ii)", in: *The Dictionary of Art*, hrsg. von J. Turner, X, London, New York 1996, S. 527; E. Debenedetti, „D'Este, Alessandro", in: *Saur Allgemeines Künstler-Lexikon*, XXVI, München, Leipzig 2000, S. 446–447. Ein Neffe von Antonio D'Este, ebenfalls mit Namen Alessandro D'Este, besorgte die Herausgabe der Erinnerungen an Canova: *Memorie di Antonio Canova: Scritte da Antonio d'Este e pubblicate per cura di Alessandro d'Este con note e documenti*, Florenz 1864. Sie stellen eine ganz wesentliche Quelle dar. Der Kupferstecher und Zeichner Giuseppe D'Este (1779 bis nach 1837?), Sohn von Antonio und Bruder von Alessandro D'Este, war ab 1805 – im Auftrag Canovas – an der Neuordnung und Einrichtung des Museo Chiraramonti beteiligt (E. Debenedetti, „D'Este, Giuseppe", in: *Saur Allgemeines Künstler-Lexikon*, XXVI, München, Leipzig 2000, S. 449).

115 Raffaele Stern (Rom, 1774–1820), Architekt und Professor an der Accademia di San Luca, für den Braccio Nuovo und für einige Restaurierungen (Kolosseum, Titusbogen) unter dem Pontifikat Pius' VII. verantwortlich (siehe Brues 1958).

116 Vincenzo Camuccini (Rom, 1771–1844), „Ispettore delle Pitture" im „Commissariato delle antichità", einer der wichtigsten Vertreter der neoklassischen Malerei. Er widmete sich speziell religiösen oder historischen Bildern. Bemerkenswert sind auch seine Porträts.

117 Der Bildhauer Antonio D'Este (Venedig, 1754 – Rom, 1837) stand bereits 1764 in seiner Heimatstadt im Kontakt mit Canova, wurde dessen Vertrauter und half ihm 1787 auch in der Leitung seiner Werkstatt. 1773 war er nach Rom gekommen, wo er als Restaurator im Vatikanischen Museum arbeitete. 1805 folgte die Ernennung zum

Doch die ersten Jahre nach seiner Ernennung waren durch die Folgen des napoleonischen Kunstraubes und des Vertrags von Tolentino bestimmt. Die Stadt war kulturell ausgeblutet und die Situation der Museen für die Verantwortlichen den Verhältnissen entsprechend ungünstig: Die Sammlungen waren ihrer wertvollsten Kunstwerke beraubt, das Museo Pio-Clementino stand leer, und nur wenige Stücke waren im Museo Sacro und Museo Profano verblieben.[118] Viele geraubte Kunstwerke wurden auf Veranlassung Canovas durch Gipskopien, einige durch neue Skulpturen ersetzt. Anstelle des berühmten „Nil" hatte man beispielsweise nur dessen Kopf in einer Kopie aus Gips aufgestellt. In der Sala Rotonda blieben einige Nischen leer, und die Sala delle Muse verwandelte sich in eine Gipsothek. Die Pinakothek war so geplündert, daß nicht mehr genügend Bilder für eine neue Sammlung zur Verfügung standen. Canova verteilte gemeinsam mit Carlo Fea den Rest auf die Räume des päpstlichen Palastes.[119] Die drei an die Galleria dei Candelabri angrenzenden Säle gestaltete er neu, indem er die Aufstellung der Skulpturen veränderte.[120] In der Galleria delle Carte Geografiche wurden Hermen aufgestellt. Außerdem ließ Canova die vier Ecknischen des Cortile delle Statue schließen, so daß man von der Mitte des Hofes aus die dort untergebrachten Skulpturen nicht mehr sehen konnte (Abb. 8).[121] Diese Figuren, damals nur der Gipsabguß des „Laokoon" und Canovas „Perseus", wurden nunmehr nur noch aus den Laternen über den Ecknischen belichtet.[122] Dieses Oberlicht war schon in den griechischen Tempeln vorgebildet und wurde dann auch im Louvre angewendet. Canova kannte es aus dem Pantheon und sicher auch aus der frisch ausgegrabenen „Domus Aurea" des Nero, wo das Licht von oben schräg in die Nischen herabfällt. Durch die Schließung der Nischen brachte er eine ähnliche Wirkung hervor, die erst im Jahre 1956 rückgängig gemacht wurde, als man die Wände wieder entfernte.[123]

Direktor des Museo Chiaramonti und 1815 die zum Direktor der Vatikanischen Museen, allerdings war er stets Canova unterstellt (Pietrangeli 1985, S. 126; P. Mariuz, „D'Este, Antonio", in: *Dizionario biografico degli Italiani*, XXXIX, Rom 1991, S. 425–429; N. Lübbren, „Este (ii)", in: *The Dictionary of Art*, hrsg. von J. Turner, X, London, New York 1996, S. 527; E. Debenedetti, „D'Este, Antonio", in: *Saur Allgemeines Künstler-Lexikon*, XXVI, München, Leipzig 2000, S. 447–449).

118 Pietrangeli 1985, S. 144.

119 Moroni 1847, S. 95.

120 A.S.M.V. cart. III, Palazzo Ruspoli.

121 Pietrangeli 1985, S. 126; Liverani 1998, S. 39.

122 Pietrangeli 1985, S. 120.

123 Pietrangeli 1985, S. 146.

Neben diesen kleineren Veränderungen widmete sich Canova vor allem der Einrichtung eines neuen Antikenmuseums.[124] Als der Papst Pius VII. Chiaramonti ihm 1805 neben einem Haus und einer Werkstatt die jährliche Summe von 400 Scudi in Silber zusprach, trat er das Geld an die Accademia di San Luca ab, lehnte jedoch das Atelier ab und regte statt dessen den Papst zur Einrichtung eines neuen Antikenmuseums an.[125] Es war das wichtigste vatikanische Projekt der Zeit unmittelbar nach dem Kunstraub. Doch Canova schlug dem Papst nicht nur die Gründung eines neuen Museums vor, sondern stiftete für dieses auch zahlreiche antike Inschriften, die ursprünglich die Villa Giustiniani am Lateran geschmückt hatten.[126] Diese Stücke sollten zunächst an einen französischen Architekten verkauft werden. Mit dem Exportverbot von 1802 wurde dieser Verkauf annulliert, so daß Canova die Inschriften kaufen und dem Papst für dessen neues Museum schenken konnte.

Der Papst dachte zunächst nur an eine Erweiterung des Museo Pio-Clementino. Canova hatte dort seine ersten künstlerischem Eindrücke empfangen und die Entwicklung des Museums verfolgen können. Es war das erste eigenständige moderne Museum antiker Skulptur im Vatikan und diente auch als Vorbild für die Antikensäle des Musée Napoléon in Paris, die nun gleichzeitig mit den von Canova geplanten entstanden.

Canova wurde bei der Einrichtung des neuen Museums von zwei Ideen geleitet. Einerseits wollte er den Wünschen des Papstes entsprechen und an die Tradition der vatikanischen Antikenmuseen anknüpfen, andererseits aber auch in Konkurrenz zu den Pariser Ideen treten. Canova leitete das Projekt zusammen mit seinem Freund und Vertrauten Antonio D'Este. Im Jahre 1805 sind zum ersten Mal Arbeiten an diesem neuen Museum, dem „nuovo bracchio", vermerkt.[127] Diesen Namen erhielt das neue Museum im Unterschied zum bestehenden Museo Pio-Clementino. Später wurde es dann nach dem Papst benannt, der es gegründet hatte: Museo Chiaramonti. D'Este berichtet, Canova sei regelmäßig beim Museum vorbeigekommen, um nach den Arbeiten zu schauen, die bis in das Jahr 1807

---

124 Bereits 1801 war Carlo Fea zum Verantwortlichen für die Antiken und die Ausgrabungen ernannt worden. Zwischen den beiden gab es Absprachen, doch blieb Canova stets die größere Autorität. Zu Fea und seinen Aufgaben als Commissario delle antichità (ab 10. April 1801) siehe Rossi Pinelli 1978/1979, S. 27–40; R. T. Ridley, „Fea, Carlo", in: *Dizionario biografico degli Italiani*, XLV, Rom 1995, S. 518–528; zum Einkauf und zu Restaurierungsfragen siehe Rossi Pinelli 1981, S. 41–56.

125 Moroni 1847, S. 93ff.; D'Este 1864, S. 431 Nr. 80.

126 D'Este 1864, S. 113; Jayme 1992, S. 19–20.

127 Auch das unveröffentlichte Tagebuch Chigis vom 14. November 1805 sagt: „Questa mattina sono stato in compagnia dell'arch. Palazzi a vedere il nuovo braccio del Museo Clementino che si sta eseguendo nel corridoio di Belvedere."

hinein andauerten.[128] Die Inschrift[129] am Anfang des östlichen Korridors des Cortile delle Pigna erinnert an Canovas Rolle: PIVS . VII . PONT . MAX . / ADITVM . INGENTI . MVRO . PERFORATO . AD . BIBLIOTHECAM / ET . MVSEVM . VATICANVM . RECTA . REGIONE . PATEFECIT / AMBVLACRVM . IVLIANVM . FVLCIMENTIS . CONTRA . LABEM . FORNICIS . SVBIECTIS / FENESTRIS . LATIS . SPECVLARIBVS . OBDVCTIS . PAVIMENTO . REFECTO / PARIETIBVS . SCRIPTIS . MARMORIBVS . OMNIS . GENERIS . INCRVSTATIS / OPERE . CVLTVQVE . SPLENDIDIORE . RENOVAVIT / BIBLIOTHECAM . MAGNIFICENTISS . ET . SVMPTVOSIS . LIBRIS / DONARIISQVE . LOCVPLETAVIT / MVSEVM . ITEM . NOVVM . DEDIT . ET . CANOVAM . MVSEO . PRAEFECIT / A . MDCCCVII . PONT . VIII (Pius VII., Pontifex Maximus, hat den Zugang zur Bibliothek und zum Vatikanischen Museum in gerader Linie geöffnet, nachdem durch die starke Mauer hindurchgebrochen worden war; er hat, in überaus glänzender Arbeit und Pflege, die Julianische Galerie wiederhergestellt durch Anbringung von Stützen auf den darunter liegenden Bögen, um sie gegen Einsturz zu sichern, durch Bedeckung der breiten Maueröffnungen mit Gläsern, durch Erneuerung des Bodens, durch Ausstattung der mit Marmor verkleideten Wände mit Schriften aller Art; die Bibliothek hat er mit prachtvollsten und kostspieligen Büchern und Geschenken bereichert, in gleicher Weise hat er das neue Museum dargeboten und Canova als Leiter über das Museum eingesetzt. Im Jahre 1807, im 8. Jahre seines Pontifikats).

1. Einrichtung

Heute wirkt das Museum wie eine Sackgasse. Ursprünglich lag es auf dem Weg vom päpstlichen Palast zu den Sammlungen im Belvedere und war die erste große Antikengalerie im Vatikan. Das Museo Chiaramonti wurde in einem Teil der „Corridoio del Bramante“ oder auch „Corridoio della Libreria“ genannten Portiken eingerichtet, deren offene Arkaden erst unter Clemens XIV. geschlossen worden waren (Abb. 9).[130] Der Boden war damals noch von einfachen Tonfliesen bedeckt[131] und erhielt erst unter Pius IX. seinen jetzigen Belag. Zunächst war dort die Inschriftensammlung untergebracht, die der Epigraphiker Gaetano Mari-

128 D'Este 1864, S. 132; Francia 1960, S. 9.
129 Forcella 1875, S. 200 Nr. 754.
130 Pietrangeli 1985, S. 121.
131 Nach Frommel 1998, S. 53: von A. da Sangallo d. J.

ni zusammengestellt hatte und die dann in die südliche Fortsetzung des Portikus, die heutige „Galleria Lapidaria", verlegt wurde.[132]

Das Museo Chiaramonti entstand nicht lange nach der Einrichtung der „Grande Galerie" des Musée Napoléon. So wie Bramantes Korridor den alten Papstpalast mit dem Belvedere Innozenz' VIII. verbunden hatte, so hatten nun Percier und Fontaine den Pavillon de Marsan mit dem eigentlichen Louvre durch einen hundert Meter langen Gang verbunden, die „Grande Galerie", und diese mit Oberlicht versehen und in Travéen aufgeteilt. Ähnlich besteht die Galerie des Museo Chiaramonti aus einem langen Gang, dessen wenig strukturierte Wände den einzelnen Skulpturen keinen Rahmen zuwiesen. Die Galerie war zu schmal, um wie die „Grande Galerie" durch im Gebälk verkröpfte Säulen in Travéen unterteilt zu werden. Die Rhythmisierung wurde hier durch die Vor- und Zurücknahme flacher Wandabschnitte und die Schaffung gleichgroßer Kompartimente erreicht. Die Gewölbe dieser Kompartimente sind alternierend glatt und durch fingierte Kassetten geschmückt.

Es wurde also in Rom eine Statuengalerie nach dem Geschmack der Zeit geschaffen, die sich mit der „Grande Galerie" des Musée Napoléon messen konnte. Aus der ursprünglich geplanten Erweiterung des Museo Pio-Clementino entwikkelte sich ein eigenständiger Museumskomplex, dessen Andersartigkeit nicht nur in den architektonischen Formen, sondern auch in der Einrichtung des Museums Ausdruck fand.

Die ursprüngliche Aufstellung der Statuen im Museo Chiaramonti aus dem Jahre 1808 besteht heute nicht mehr. Die Stücke wurden 1821, als das von dem Architekten Raffaele Stern geplante neue Antikenmuseum, der Braccio Nuovo, eingerichtet wurde, neu verteilt. Im Archivio Storico dei Musei Vaticani hat sich jedoch ein *Elenco di tutti l'oggetti d'antichità esistenti nel novo braccio del Museo Chiaramonti al Vaticano, collocati e disposti per comando della Santità di N. S. Papa Pio VII felicemente Regnante con la direz.ne del Sig.r Cav.r Canova* vom Juli 1808 erhalten, also eine handschriftliche Beschreibung des Museums.[133] Ebenfalls 1808 erschien der erste Band des großen Werkes, das der Commissario delle Antichità, Filippo Aurelio Visconti, wie Ennio Quirino ein Sohn Giovanni Battista Viscontis, und Giuseppe Antonio Guattani über das Museo Chiaramonti verfaßten, aber wegen der französischen Besetzung Roms nicht vollenden konnten.[134]

---

132 Dieses Ereignis ist auf einem Fresko in der Galleria Clementina der Biblioteca Vaticana dargestellt (Pietrangeli 1985, S. 121).

133 De Angelis 1993, S. 83; A.S.M.V., b. IV.

134 *Il Museo Chiaramonti aggiunto al Pio-Clementino da N. S. Pio VII P. M., con l'esplicazione de Sigg. F. A. Visconti e G. A. Guattani*, Rom 1808.

Die damalige Anzahl von 1080 Exponaten entsprach ungefähr der heutigen. Davon stammten 21 aus anderen Teilen des Museums, standen 82 bereits in den Räumlichkeiten des neuen Museums und waren die übrigen durch Ausgrabungen oder Ankauf zusammengetragen worden. Alle Werke, die Canova und Antonio D'Este kauften, wurden im Archiv des vatikanischen Museums genau nach Herkunft, Verkäufer, Zeitpunkt des Erwerbs und Preis aufgeführt.[135] Diese Listen lassen jedoch vermuten, daß zahlreiche Einkäufe von undurchsichtigen Transaktionen begleitet waren. Die geforderten Preise wurden von Canova und D'Este, die die Skulpturen nach der technischen Qualität in drei Klassen unterteilten, auf ein Drittel oder die Hälfte reduziert. Der Erhaltungszustand war ihnen weniger wichtig.[136] Gelegentlich schätzten sie Stücke etwa aufgrund ihrer spärlichen Kenntnisse der griechischen Kunst auch zu niedrig ein. Richtlinie beim Erwerb war immer die Größe des Stückes; außerdem durften die Stücke vorher nicht einer Restaurierung unterzogen worden sein.

Im Museo Chiaramonti ließ Canova die Antiken, meist Büsten und Statuen, entlang den Wänden geradlinig aufstellen, wobei jeweils drei große Figuren mit einer kleineren Gruppe von Büsten auf Konsolen abwechselten. Daneben gab es verschiedene Tiere, drei Vasen, zwei Aschenurnen und ein Mosaik. Tische, auf denen die Büsten aufgereiht waren, wurden meist mit Hermen dekoriert. Es war kein Zufall, daß Ennio Quirino Visconti zur gleichen Zeit in Paris ein Buch über die römischen und griechischen Bildnisse publizierte. Visconti stand in enger Verbindung mit Canova. Er könnte Canova zur Büstengalerie inspiriert haben. Möglicherweise wollte Canova damit auch an die Tradition des Kapitolinischen Museums anknüpfen, das als erstes öffentliches Antikenmuseum in Europa im Jahre 1734 unter Clemens XII. Corsini die römischen Büsten aus dem Besitz des Kardinals Alessandro Albani ausgestellt hatte, und zwar bereits ähnlich wie dann später im Museo Chiaramonti.

Canova hatte bis zu diesem Zeitpunkt wenig Erfahrung in der Einrichtung von Museen sammeln können. In den neunziger Jahren des 18. Jahrhunderts war er von Zulian beauftragt worden, dessen Sammlung zu konzipieren.[137] Canova hielt sich dabei streng an Zulians Vorstellungen und folgte den Plänen Selvas und nicht so sehr eigenen.[138]

Canovas Entwurf für die Neugestaltung der Statuario Pubblico in Venedig wurde nie verwirklicht, erhielt jedoch große Bedeutung für die räumliche Gestal-

---

135 Siehe zu Ankaufskriterien und Provenienzen De Angelis 1993, S. 84ff.; S. 90ff.; A.S.M.V., b. 1, fasc. 2–3.

136 De Angelis 1993, S. 86.

137 De Paoli 1998, S. 19ff.

138 De Paoli 1998, S. 30ff. hat den Briefwechsel zwischen Canova und Zulian sowie Canova und Selva in Bezug auf das geplante „museo" abgedruckt.

tung des Museo Chiaramonti.[139] Auch dort standen die Statuen an den Wänden aufgereiht und wechselten sich mit Büsten geschmückten Konsolen ab.

Außergewöhnlich ist, daß Architekturfragmente als Einzelstücke oder sogar als Konsolen für die unzähligen Porträtköpfe an der Wand befestigt wurden. In die Wände oberhalb der Konsolen wurden Reliefs eingelassen, die den einzigen Schmuck des eher kargen Korridors bildeten, da es an den Wänden und am Boden weder schmückende Mosaike noch kostbaren Marmor gab. Es war das erste Mal, daß im Vatikanischen Museum Architekturfragmente ausgestellt wurden. Man fand im Museo Chiaramonti Torsi von mittlerer Größe, die auf Kapitellen standen. Jahre später erläuterte Canova in einer Rede vom 18. Juni 1816 zur Wiedereröffnung der Accademia di Archeologia indirekt sein Ausstellungskonzept: „Ogni pietra, per cosi dire, di questa capitale, richiama lo sguardo, le cure, la penna del letterato e dell'antiquario".[140] Er wollte deutlich machen, daß jedes kleinste antike Werk nicht nur aus akademischen Gründen notwendig sei, sondern Teil eines großen Ganzen darstelle. Rom sei ein großes Museum und nur in seiner Einheit verständlich. Schon von Anfang an war es Canovas Anliegen, die Bedeutung dieser Stadt und ihre unveränderliche Rolle für die Bildung der Künstler zu verdeutlichen. Rom und seine Kostbarkeiten, selbst Fragmente, seien Grundlagen für jedes künstlerische Schaffen: „anche il più piccolo frammento può aver merito per l'arte antica e aiutare l'antiquario o l'artista nei loro studi".[141] Alles ist wertvoll für einen schöpferischen Menschen, auch was dem Besucher nicht gefällt: „non solo i capolavori hanno valore".[142] Canova schätzte jedes kleinste, noch so geringe antike Stück, weil es die Fähigkeit habe, in den Künstlern Ideen zu wecken. „La varietà stessa di tante diverse figure, e soggetti curiosi, quante idee non risveglia nella mente?" In Feas Beschreibung des Museo Chiaramonti heißt es ferner: „In questa preziosa raccolta di oggetti diversi di an-

---

139 G. L. Ravagnan, „Le ultime vicende dello statuario pubblico dalla caduta della Repubblica di Venezia alla nascita del Museo Archeologico Nazionale", in: *Lo statuario pubblico della Serenissima: due secoli di collezionismo di antichità, 1596–1797* (Ausst. Kat., Venedig, Biblioteca Nazionale Marciana, 6. September – 2. November 1997), hrsg. von I. Favaretto, G. L. Ravagnan, Cittadella 1997, S. 66–73, bes. S. 66.

140 De Angelis 1994, S. 194; Missirini 1825, S. 283.

141 Missirini 1825, S. 285, zitiert bei De Angelis 1994, S. 194, Anm. 25. Auch D'Este spricht dort vom Wert der Fragmente für die Künstler: „... E quello che non è ammirabile per un viaggiatore ed un grande, lo può essere e lo è per un artista, il quale trova l'utile suo in ogni minima cosa; il più lieve oggetto è capace di destargli una idea, il più minuto fragmento lo porta alla cognizione di una parte importante o riguardo alla mitologia, o alla storia, o alla cronologia o al costume, o all'arte. Tutto è prezioso per l'uomo di genio, una scintilla desta un incendio nella sua immaginazione." (A. D'Este in A.S.M.V., b. 7, fasc. 8, n. 1, zitiert bei De Angelis 1994, S. 196).

142 D'Este 1864, S. 117.

tichità, e belle arti la Santità di Pio VII. ebbe in mira di salvare una quantità immensa di frammenti, quali più, quali meno interessanti in apparenza, ma ben in sostanza per la erudizione, e per lo studio, senza essere alterati da nuovi ristauri."[143] Auch hier steht das Studium im Vordergrund.

2. Eines seiner Werke unter den Antiken

In diesem Zusammenhang ist es bemerkenswert, daß man zwischen den Antiken des Museo Chiaramonti auch ein Werk Canovas ausstellen wollte. Man dachte an den Kämpfer „Kreugas", den der Papst gemeinsam mit dem „Perseus" für die vatikanischen Sammlungen erworben hatte (Abb. 10). Der bis heute erhaltene Sokkel liefert den Beweis für die feste Absicht, Canovas Figur dort aufzustellen, auch wenn dieses Vorhaben dann nicht realisiert wurde.[144] Offenbar wollte man Canova als Künstler und als Museumsdirektor, besonders aber als Verantwortlichen für das Museo Chiaramonti auszeichnen. Allerdings wäre eine solche Ehrung durch die Aufstellung seiner Figur im berühmten Cortile delle Statue, wo sie dann schließlich neben dem „Perseus" ihren Platz fand, noch überzeugender gewesen. Es muß also noch einen anderen Grund für die geplante Aufstellung einer Statue Canovas gegeben haben.

Ein weiteres Mal waren Figuren Canovas gemeinsam mit Antiken ausgestellt worden: Die als ein Meisterwerk der modernen Kunst gepriesene „Herkules und Lichas"-Gruppe diente 1815 als „point de vue" zwischen echten und kopierten Antiken des Palazzo Torlonia,[145] womit Torlonia den künstlerischen Rang Canovas hervorheben wollte. Zugleich kam damit aber auch die Erneuerung der griechischen Kunst durch Canova als den „modernen Praxiteles" zum Ausdruck.[146] So wie Canovas „Perseus" als Ersatz des geraubten „Apoll" dem Vergleich mit anderen Antiken standhalten sollte, so errangen nun „Herkules und Lichas" einen Ehrenplatz im Palazzo Torlonia, wo sie, den Antiken übergeordnet, das „Risorgimento delle arti" veranschaulichten.[147]

143 Beide Zitate aus Fea 1819, S. 86.

144 Michele Belli bearbeitete den Sockel im August 1806, A.S.V. S.P.A., com., 1439 (Jahr 1806), fol. 187r, 188r; Rechnung von Belli vom 26. August 1806, S. 9. Transport des Sockels, A.S.V. S.P.A., com., 1439 (Jahr 1806), fol. 214r, S. 10. Wo er sich heute befindet, weiß man nicht. Siehe dazu De Angelis 1993, S. 90.

145 Steindl 1993, S. 103; Kopien wurden bevorzugt, um die Bestimmung des Raumes und die Aussage der Dekoration zu verdeutlichen.

146 Steindl 1993, S. 108, 109.

147 Das „Risorgimento delle arti" sollte durch die geplante, aber dann doch nicht ausgeführte Gegenüberstellung von „Herkules und Lichas" mit einer Thorvaldsen-Gruppe noch betont werden. Eine ähnliche Idee findet sich im Palazzo Ducale in Lucca, in

Alessandro Torlonia hatte nach dem Tod seines Vaters die Statuengalerie in einen Festsaal umgewandelt, doch Canovas „Herkules und Lichas" im Mittelpunkt belassen (Abb. 11). Alessandro Torlonia benutzte diese Aufstellung, um Künstlerwettbewerbe zu inszenieren. Er bot mehreren jungen Künstlern Gelegenheit, mit Canovas Werk zu wetteifern, und knüpfte damit an das Werk seines Vaters an. Die nachfolgende Generation konnte in dieser Auseinandersetzung ihr Können unter Beweis stellen und Canovas Lektion umsetzen. Wie die Antiken wurden nun auch Canovas Werke als nachahmenswert verehrt und als neuer Maßstab anerkannt, als Ideale und Vertreter der großen Tradition.

Canovas „Theseus"-Gruppe wurde 1821 von Franz I. von Österreich in Wien sogar in einem eigenen Tempel aufgestellt. Nach Canova sollte sie weder als pittoreske Gartenstaffage noch in einem Theseum aufgestellt werden, sondern an einem Ort, an dem man das Kunstwerk studieren und seine Tradition würde verstehen können. Nobile, ein Schüler Canovas, hatte die Idee, die großzügige Fundamentierung des Tempels als unterirdische Gruft oder Katakombe zu nutzen (Abb. 12). In den Briefen an Canova spricht er sogar von einer „camera sepolcrale". Diese Räumlichkeit sollte als eine Art Antikenmuseum konzipiert werden.[148] Die im Keller des Tempels aufgestellten römischen Inschriften bezeugten, daß Canova auf der Kunst der Antike aufbaute, diese aber letztlich mit seinem Werk, das im Tempelinnern in bestem Licht ausgestellt war, noch übertraf.

Während man in Frankreich hoffte, eine Antikensammlung in antikisierender Umgebung könne eine neue Kunst hervorbringen, sah man in Rom, daß die jungen Künstler auch ein lebendes Vorbild wie Canova benötigten. So heißt es in den ersten Versen eines Sonetts, das der 1827 erschienenen *Beschreibung des Theseums* vorangestellt ist: „... Den Geist für hohe Künstlerwerke lichtet".[149]

Beide Beispiele zeigen, daß auch die Aufstellung des „Kämpfers" im Museo Chiaramonti mehr als nur dekorative Zwecke erfüllt hatte, errang doch die Figur

---

dem 1819/1820 eine Statuengalerie eingerichtet wurde. Aus einer Nota geht hervor, daß die dortige Aufstellung nur dekorative Funktion hatte. Doch entsprach sie mit ihren 16 Marmorstatuen, von welchen acht mit zum Teil leichten Variationen Antiken aus den Uffizien, den vatikanischen Museen und dem Louvre kopierten, während zwei Canovas „Venere Italica" und Thorvaldsens „Hebe" paraphrasierten, der Idee vom „Risorgimento delle arti" nur sinngemäß.

148 Bösel/Krasa 1994, S. 166.

149 *Beschreibung des Theseums und dessen unterirdischer Halle in dem öffentlichen Garten nächst der k. k. Burg*, Wien 1827, S. [V]: „Non per falso ad antiqui idoli omaggio / D'antique forme è questo tempio eretto; / Mà acciò del bello, al vero norma, un raggio / Splenda, e ne infiammi à nobil opre il petto", S. [VI]: „Nicht falschen Göttern Huldigung zu weih'n, / Ist dieser alte Tempel hier errichtet, / Nein, daß des wahren Schönen Strahlenschein / Den Geist für hohe Künstlerwerke lichtet"; Bösel/Krasa 1994, S. 165 Nr. 119–121.

selbst in Rom eine besondere Bedeutung.[150] Canova hatte 1804 einen Gipsabguß des „Kämpfers" nach Paris geschickt, der dann im Louvre ausgestellt wurde. Zu seinem großen Ärger bemängelte man dort jedoch die Anatomie der Figur und die Art der Ausführung – ein Vorwurf, der in Rom als Vorurteil gegenüber einem Ausländer kritisiert wurde. Die Mängel der Oberfläche seien nur durch Schäden während des Transports zu erklären.[151] Trotz der vernichtenden Kritik aus Paris errang der „Kämpfer" in Italien großes Lob. Mit ihm beweise Italien, daß es, reich durch seine alten Kunstschätze und seinen glücklichen Himmel, allen Ländern Musterstücke der bildenden Kunst schenke.[152] Der „Kämpfer" war Ausdruck einer neuen Kunst, die aus der Antike herausgewachsen war und diese sogar noch übertraf. Deshalb halte er im Museo Chiaramonti dem Vergleich mit den Antiken stand und diene jungen Künstlern als Lehrbeispiel. Die Verbindung von antiken mit neuen Figuren fand später 1816 auch in der Glyptothek ihre Umsetzung, als man dort einen Raum mit modernen Skulpturen einrichtete.

Canovas Museum hatte also nicht nur die Aufgabe, den Reichtum an antiken Kunstschätzen zu zeigen. Die karge Ausstattung, die Anordnung, die das vergleichende Studium begünstigte, und die Aufstellung eines modernen Kunstwerks inmitten der antiken Fragmente wiesen auch auf die Rolle des Museums als „Werkstatt für Künstler" hin. Anders als im Palazzo Torlonia oder im Tempel in Wien hatte Canovas Figur hier die Aufgabe gehabt, in der Zeit nach dem Kunstraub die scheinbar verlorene Inspiration Roms lebendig vor Augen zu führen. Die jungen Künstler sollten die antike Kunst kennenlernen und gleichzeitig durch den „Kämpfer" Canovas die Erneuerung der Kunst erleben. Auch im Freskenzyklus, den Canova nach der Rückkehr der Kunstwerke im Jahre 1816 für das Museo Chiaramonti geplant und finanziert hatte, erscheint das Museum als Künstlerwerkstatt, als Quelle der unerschöpflichen Kraft der Künstler.

Auch wenn man weder Zeit noch Geld hatte, ein großes Museum aufzubauen, wollte man mit dieser Einrichtung doch einen Akzent setzen. Man stellte sogar neben dem Kustoden für das Museo Pio-Clementino noch einen weiteren ein, der allein für das Museo Chiaramonti zuständig war. Für dieses Museum wurde ein eigener Kurzführer herausgegeben, der seine besondere Bedeutung unterstrich. Auch nach der Rückkehr der wertvollen Kunstwerke aus Paris wurde die Ausstattung nicht verändert, sondern blieb als „museo nel tempo di guerra" bestehen. Auch wenn es in diesem Museum keine hervorgehobenen Stücke, keine Fluchten, weder ein ikonographisches noch ein didaktisches Programm wie im Museo Pio-

150 Pavanello/Praz 1976, S. 10; A.S.R. Cam. II, Antichità e belle arti, b. 6, 188.
151 Boyer 1937, S. 213.
152 Missirini 1825, S. 152.

Clementino oder im Musée Napoléon gab, scheint es doch einem klaren Konzept gefolgt zu sein.

3. Ergebnis

Das Museo Chiaramonti darf also nicht als eine Art Magazin abgetan werden. Nach den großen politischen Umwälzungen und schweren Verlusten war es der erste Versuch, Rom wieder zu einem Kunstzentrum zu erheben und seine Geschichte in den Mittelpunkt zu rücken. Da alle wertvollen Stücke aus Rom verschleppt worden waren, konnten im Museo Chiaramonti schwerlich Ausstellungskriterien dominieren, die den ästhetischen, teilweise weiterentwickelten und umgedeuteten Ideen Winckelmanns folgten. Obwohl Canova die Schönheit als ein wesentliches Element der Kunst betrachtete, kam es ihm hier vor allem auf „erudizione", Bildung, und „testimonianza a storica", die Kenntnis und das Verständnis der Geschichte, an.[153] Auch wenn man in Rom das vor Winckelmann praktizierte antiquarische Sammeln und das Studium der antiken Kunstwerke nun wieder positiv bewertete, wollte sich Canova in seiner Einrichtung diesem Konzept doch nicht vollständig anschließen. Ihm ging es in erster Linie darum, die Fülle der gefundenen Kunstwerke und den unvergleichlichen Reichtum der Stadt zu zeigen. Damit wollte er beweisen, daß trotz der schweren Folgen des Kunstraubes die Quelle für die Künstler in Rom nie versiegen würde: „Ottimo, nuovo pensiere della Santità Sua è stato pur quello, di salvare, ed esporre allo studio degli architetti, ed ornatisti cotanti miseri avanzi di corniciami, ed ornati varj, che servono a mensole nobilmente; come utili sono tanti cippi, che li sostengono, belli per ornati, e istruttivi per iscrizioni, in parte celebri nei libri, e in massima parte già della villetta Giustiniani al Laterano."[154]

153 De Angelis 1994, S. 195.
154 Fea 1819, S. 86.

V. Der Kampf um die Unterstützung der Künste in Rom gegen die Pläne Napoleons

Gleichzeitig mit der Eröffnung des Museo Chiaramonti im Jahre 1808 begann in Rom eine Epoche, die sich schon lange zuvor angekündigt hatte. Wenn auch das 1801 geschlossene Konkordat zwischen Napoleon und Pius VII. den Kirchenstaat fürs Erste gerettet und die Beziehungen zwischen der Kirche und dem französischen Staat nach einem Jahrzehnt der Spannungen auf eine neue Grundlage gestellt hatte (Abb. 13),[155] so verschlechterten sich diese danach doch zunehmend. Man warf dem Papst vor, er sei nur eine Puppe in den Händen der Franzosen. Als er im Dezember 1804 zur Krönung Napoleons nach Paris reiste, warnte ihn das Kardinals-Kollegium. Canova hatte anläßlich der Krönung als „Ispettore delle Arti" die Aufgabe, Geschenke für die kaiserliche Familie zu besorgen.[156] Als Zeugnis seiner Bewunderung schickte er Napoleon seine Büste Pius' VII. und hoffte damit, Napoleon dem Papst gegenüber geneigter zu stimmen.[157] Doch wie enttäuscht muß der Papst gewesen sein, als er überall, nur nicht am Hofe des Ersten Konsuls ehrenvoll empfangen wurde. Napoleon setzte den Papst nur zu Propagandazwecken ein und vermied Gespräche über religiöse Angelegenheiten. Die Besetzung Anconas, die Ernennung Joseph Bonapartes zum König von Neapel unter Mißachtung päpstlicher Lehensrechte und die Annexion der päpstlichen Exklaven Benevent und Portecorvo zeigten bald, wie trügerisch die nach außen zelebrierte Harmonie war. Zudem forderten zahlreiche Eingriffe in kirchliche Belange den Protest des Papstes heraus. Im Jahre 1807 kam Napoleon nach Mailand, um die Besetzung der päpstlichen Staaten vorzubereiten. Nach dem Ultimatum vom Januar 1808 spitzte sich der Konflikt zu und kulminierte in der Weigerung der Kurie, der antienglischen Koalition und Kontinentalsperre beizutreten. Im Februar 1808 marschierte an der Spitze der Franzosen der künftige Gouverneur Miollis in Rom ein und besetzte wichtige Ämter. Dennoch konnte der Papst

155 Den Hinweis auf diese Darstellung verdanke ich E. Jayme, der sich mit ihr eingehender beschäftigen wird (A. Sérullaz, *Gérard, Girodet, Gros: l'Atelier de David. Published in association with the Musée du Louvre*, Paris, Mailand 2005, Abb. 50).

156 A.S.M.V., cart. I.

157 Sie befindet sich heute in Versailles, Musée d'Histoire (Honour 1972, S. 317). In den Jahren 1806/1807 entstand noch eine andere Version, die sich heute im Kapitol befindet. Sie war ein Geschenk Canovas an Pius VII. zur Einweihung der Protomoteca. Ein drittes Werk steht heute im Braccio Nuovo, wird aber als eine Arbeit seiner Schüler angesehen.

auch in den Jahren 1808 und 1809 politische Entscheidungen noch immer maßgeblich beeinflussen.

Am 17. Mai 1809 legten die Franzosen durch ein „decreto imperiale emanato da Vienna“ den Status Roms fest und erklärten es zur „città imperiale e libera, retta da uno speciale statuto“.[158] Nachdem immer noch Kunstwerke aus Rom weggebracht worden waren, verbot die beratende Versammlung, die sogenannte „Consulta“, dies mit Dekret vom 5. August und 3. September 1809 ausdrücklich.[159] In einem Aufruf Miollis' an die Römer vom 10. Juni heißt es: „pari cura conserverà nei monumenti il patrimonio dell'antica gloria e della vostra moderna grandezza, e le arti, figlie del genio, sotto il regno del grande Napoleone, ricche d'esempi che prodigano questi luoghi, non saranno più costretti a cercare fuori né l'occasione né la ricompensa delle loro divine aspirazioni“.[160] So schien es, als hätten die Franzosen nun Rom und seine Kunstwerke zum Ruhme ihres eigenen Reiches schützen wollen: „i monumenti della grandezza Romana saranno custoditi e mantenuti a spese del nostro (imperiale) tesoro.“[161] Die Mitglieder der Consulta versprachen dem Volk, die geistliche Gewalt des Papstes unangetastet zu lassen: „Roma continua ad essere la sede visibile del Capo della Chiesa e il Vaticano, decorosamente soccorso, straniero all'influenza di tutte le considerazioni terrene, presenterà all'universo la Religione più pura, circondata da un più grande splendore“.[162]

Alle Maßnahmen der Consulta waren darauf ausgerichtet, dem Papst die weltliche Herrschaft zu entziehen. Man pries das antike Rom, sah jedoch verächtlich auf das zeitgenössische Italien herab und verstand das Papsttum als reaktionär und unbeweglich. Die mangelnde Verwaltungsorganisation sowie die Isolation der Stadt von den modernen Strömungen Europas wurden besonders heftig kritisiert. Man wollte das antike Rom wiederherstellen und glaubte, dies nur erreichen zu können, indem man der Stadt die französischen Gesetze aufzwang. Der neuen französischen Verwaltung wurden immer mehr Rechte zugesprochen und damit die Spannung mit dem Papst weiter erhöht.

---

158 Publiziert in *Giornale del Campidoglio*, Suppl. 1 (1. Juli 1809), im gleichen Blatt: „decreto imperiale di istituzione della Consulta“ vom 17. Mai aus Wien. Pavan 1998, S. 136.

159 *Giornale del Campidoglio*, 24 (23. August 1809) und 34 (16. September 1809); Boyer 1909, S. 375.

160 Madelin 1906, S. 205 (französische Übersetzung); Pavan 1998, S. 137.

161 *Giornale del Campidoglio*, Suppl. 1 (1. Juli 1809).

162 *Giornale del Campidoglio*, Suppl. 1 (1. Juli 1809); Madelin 1906, S. 205 (französische Übersetzung); M. Pavan, „Le istituzioni culturali nella Roma napoleonica“, in: *Rivista italiana di studi napoleonici*, 24 (1987), S. 120; Pavan 1998, S. 137.

Nach ergebnislosen Verhandlungen mit dem Papst und seinen Vertrauten wurde dieser in der Nacht vom 5. auf den 6. Juli 1808 kurzerhand in seinen Palast auf dem Quirinal verbannt. Sieben Kardinäle konnten erst im Dezember gegen größten Widerstand gewaltsam von ihm getrennt werden. Am 9. Juli 1809 wurde der Papst als Gefangener erst nach Savona und dann nach Fontainebleau gebracht und die Administration Roms endgültig von den Franzosen übernommen.[163] Die Römer waren schockiert. In dieser bedrängten Lage, die von 1809 bis 1814 anhielt, änderte sich nicht nur die Struktur der Regierung, sondern auch der Verwaltung der kulturellen Einrichtungen und insbesondere der Museen.

Canova, der die römisch-katholische Kirche im Kampf gegen die Franzosen unterstützte, sah in der Verschleppung des Papstes eine große Gefahr für die römischen Künste. Es folgten die schwersten Tage seines Lebens. Als er 1809 am Gips einer Tänzerin arbeitete, notierte er: „modellata nei giorni più tristi di mia vita: giugno 1809".[164] Er nahm am Schicksal des Papstes großen Anteil, empfand eine warme persönliche Zuneigung zu ihm, die sich in vielen Briefen an ihn widerspiegelt, und verehrte ihn als Oberhaupt der Kirche wie als Mäzen der Künste.[165] Pius VII. hatte die Künste immer als das höchste Gut Roms betrachtet,[166] sah sich in der Nachfolge der Antike, die in Rom immer lebendig gewesen war, und fühlte die Verantwortung, ihre Denkmäler zu erhalten. So standen die Antike, die Museen, die Archäologie, der Schutz und die Restaurierung der Altertümer sowie die Unterstützung von Künstlern stets im Mittelpunkt seiner Kulturpolitik.

Durch die Revolution wurde die Antike mit politischen Ideen befrachtet. Man berief sich auf Rom und Athen als Vorbilder für die französische Republik. So erhielten die Monumente, die Künste und die Akademien, die in Rom schon immer gefördert worden waren, für die Franzosen eine ganz neue Bedeutung. Sie wurden, wie der Papst sich ausdrückte, „uminterpretiert". Napoleon förderte diese neue Sicht.[167] Es waren nun die Franzosen, die sich zu Nachfolgern der antiken Welt aufschwangen.

---

163 Madelin 1906, S. 246.

164 D'Este 1864, S. 158. Diese Marmorfigur von 1810 steht heute in Possagno (Bibl. Naz., Mss. It. XIV/48).

165 Paravia 1822 (kommentierter Nachdruck: Varese 2001), S. 57ff.

166 Johns 1998, S. 8; Ehrung der Gewinner der „concorsi clementini" der Accademia di San Luca (zitiert bei Springer 1987, S. 81–82).

167 Kurz bevor er die Führung über die Stadt Rom übernahm, äußerte er gegenüber dem Papst: „Ich erkenne Sie als mein geistliches Oberhaupt an, aber ich bin Ihr Kaiser!" Napoleon hatte sich bei der Annexion der Kirchenstaaten (17. Mai 1809) auf Karl den Großen berufen und wollte die Gebiete, die dieser den Päpsten übergeben hatte, nur als Lehen verstanden wissen; Rom selbst habe nicht aufgehört, Teil des Reiches Karls des Großen und seiner Nachfolger zu sein (V. E. Giuntella, „Roma nell'età

Napoleon war bestrebt, das „Département du Tibre“ Frankreich einzuverleiben,[168] während Canova eine Schlüsselrolle im Kampf gegen den französischen Einfluß einnahm. Die Franzosen konnten den Künstler nicht aus seinen Funktionen und Ämtern entlassen, durften aber auch sein Prestige und seinen Einfluß nicht übermächtig werden lassen. Canovas gesamtes Verhalten in der Zeit der französischen Besetzung muß aus dieser schwierigen Situation heraus verstanden werden. Seine Zusammenarbeit mit den Franzosen bedeutete niemals eine Unterstützung des Regimes. Er fühlte sich eher als Wächter, der im Geiste des Papstes die Stadt und ihre Künste schützen wollte,[169] auch wenn er dabei manche Zugeständnisse an die neuen Herren machen mußte. Seine Stellung als Generaldirektor gab ihm die Möglichkeit, großen Einfluß auf die Künste in Rom auszuüben, aber bezeichnenderweise nahm er für seine Arbeit unter dem französischen Regime kein Geld.[170]

Canovas Verantwortung im Museum wuchs weiterhin, obwohl man immer wieder versuchte, ihm Kompetenzen zu entziehen. In dieser unsicheren Situation verließ er die Stadt und ging nach Florenz, um dort mit François-Xavier Fabre über das Grabmal für Alfieri in Santa Croce zu sprechen (Abb. 14).[171] Am 16. Januar 1749 im piemontesischen Asti geboren, hatte Vittorio Alfieri in zahlreichen Dramen und politischen Schriften das Ideal der Freiheit beschworen. Nach seinem Tod am 8. Oktober 1803 führte seine Geliebte, Luise von Stolberg-Gedern, Witwe des englischen Thronprätendenten Charles Edward von Albany und später mit dem Maler François-Xavier Fabre aus Montpellier liiert, als Universalerbin und Auftraggeberin die Verhandlungen über sein großes Grabmal in Santa Croce. In diesem Monument stützt sich eine Frau auf einen Sarkophag. Canova machte diese Gestalt, die um den Dichter trauert, durch eine Mauerkrone

---

napoleonica“, in: *Atti del convegno sul tema: Napoleone e l'Italia*, I, Rom 1973, S. 358–359; Johns 1998, S. 111). Die Antwort des Papstes kann in einem Brief vom März 1806 gesehen werden, in dem er jegliche Ansprüche auf Abhängigkeit und Unterwerfung zurückwies (vgl. Johns 1998, S. 220; I. Rinieri, *Napoleone e Pio VII (1804–1813): relazioni storiche su documenti inediti dell'Archivio Vaticano*, I, Turin 1906, S. 253–254: „... non pretese da loro dipendenza, o soggezione“).

168 Madelin 1906, S. 50; J. Moulard, *Le comte Camille de Tournon*, I, Paris 1927, S. 35; R. De Cesare, *I Romani e la nascita del Re di Roma*, Rom 1996, S. 56.

169 So auch Johns 1998, S. 11.

170 Quatremère 1834, S. 186. Das Personal und die von den Franzosen festgelegte Bezahlung blieben bis 1812 bestehen, doch Canova wollte nie den ihm zustehenden Betrag annehmen. Es gab von ihm keine Abrechnungen, so daß Daru gezwungen war, in Hinblick auf das Budget für das folgende Jahr 1813 Canova anzumahnen: „renseignements éxacts sur toutes les dépences de votre service“ und „vues sur les changements dont votre service pourrait être susceptible“ (zitiert nach Pavan 1998, S. 152, Anm. 55).

171 Siehe dazu ausführlich Jayme 1994, S. 17.

und ein Füllhorn zur Personifikation einer Stadt. Die Trauernde am Grabmal Alfieris wurde dann tatsächlich als Italia und das Grabmal als Anspielung auf die Trauer der untergehenden Künste in Italien verstanden.[172]

Besaß der Aufstellungsort patriotische Bedeutung, so provozierte die trauernde Italia politische Bekenntnisse. Ugo Foscolos großes Gedicht *I sepolcri* von 1807 beginnt mit der Betrachtung der Grabmäler von S. Croce, der großen Florentiner Franziskanerkirche, in der seit der frühen Renaissance berühmte Toskaner bestattet worden waren. Für Foscolo und seine Zeitgenossen war die Kirche ein Symbol der kulturellen Einheit Italiens. Man hoffte, daß aus der kulturellen Zusammengehörigkeit auch eine politische würde. Canova war sich dieser Wirkung bewußt. Die politische Anspielung, die ganz dem Geist der Zeit entsprach, wurde sofort verstanden.[173]

Canova setzte sich nicht nur mit seinen Kunstwerken, sondern auch mit anderen Mitteln für die römische Kunst und die Traditionen der Stadt ein, wobei er mit wachsenden Schwierigkeiten zu kämpfen hatte. Im Bereich der Museumsverwaltung kam es zu immer größeren Unstimmigkeiten. So war er mit Entscheidungen der Consulta konfrontiert, die nicht dem Schutz der Kunstwerke dienten.[174] Obwohl die Franzosen diesen Schutz stets versprachen, wurden ganze Wagenladungen mit den Antiken des Fürsten Borghese nach Paris beordert.[175] Darüber hinaus wurden auf Antrag des Präfekten der Biblioteca Vaticana, Carlo

172 Jayme 1994, S. 17.

173 Jayme 1994, S. 17. 1809 veröffentlichte die Gräfin Isabella Teotochi Albrizzi in Florenz das Buch *Opere di scultura e di plastica di Antonio Canova, descritte da Isabella Albrizzi nata Teotochi* über die Werke Canovas, in dem sie das Grabmonument für Vittorio Alfieri in Anspielung auf die *Sepolcri* des Ugo Foscolo „sublime Monumento dell'Italiana gloria“ nennt (S. LXXVIII). Über dieses Marmorrelief schreibt sie ferner: „... vi pose una donna colossale, turrita, nobilissima nell'aspetto, d'ampie e regali vesti riccamente coperta, e piangente. Essa è l'Italia, che piange il figlio suo, ...“ – „Deh! possano questi preziosi, ed alla Patria si cari nomi di Alfieri e di Canova riuniti per sempre, e dal tempo distruttore rispettati, sostenere, ed attestare alla più tarda posterità la gloria e lo splendore d'Italia!“ (S. XXVII). In diesem Sinne appellierte Canovas „Trauernde Italia“ an das nationale Gefühl. Er unterstützte dieses Werden der „Kulturnation“, indem er hier zum ersten Mal eine Personifikation jener italienischen Nation darstellte, die erst ein halbes Jahrhundert später geeint werden sollte.

174 Madelin 1906, S. 272. Das *Giornale* beklagte den Zustand, in dem sich Rom befand: „questa patria universale delle arti (Roma), che dopo la Grecia non ha avuto alcuna nazione che l'eguagli nelle produzione dell'immaginazione e del genio, si sarebbe fatta per sino invidiare dall'antichità, se avesse avuto le stesse leggi, e li stessi principi che educarono quei grandi uomini.“ (*Giornale del Campidoglio*, 60 [15. November 1809]).

175 *Giornale del Campidoglio*, 60 (15. November 1809).

Altieri, ganze Archive ebenfalls nach Paris gebracht. Er verkaufte alle Doppelexemplare der Bibliothek, um die Instandhaltung bezahlen zu können.[176] Am 5. Januar 1810 beschlagnahmte General Sextius-Alexandre Miollis Objekte, die dem Heiligen Stuhl gehörten, darunter die Bibliothek, die Archive und die Museen.[177] Dies alles geschah zu einer Zeit, als die vatikanischen und kapitolinischen Museen offiziell Canova unterstanden und dessen Zuständigkeit damit übergangen wurde.

Auch verwaltungsrechtlich griff man in Canovas Aufgabenbereich ein. Ein Brief des Monsignore Benedetto Naro, Maggiordomo des Papstes, vom 28. Juli 1809 informierte Canova in seiner Eigenschaft als „Ispettore generale delle Belle Arti" über die schon erfolgte Ernennung Vincenzo Camuccinis zum Soprintendente der vatikanischen Gemäldesammlung, die eigentlich Canova hätte vornehmen müssen.[178] Es folgten weitere eigenmächtige Entscheidungen der französischen Verwaltung.[179]

176 Boyer 1969, S. 225.

177 Boyer 1969, S. 225.

178 Brief bei D'Este 1864, S. 438: „In tal momento punto non pensai dover esser ciò di suo Dipartimento, come risulta da Chirografo della Santità di Nostro Signore a lei diretto, nel quale, oltre altre incombenze, gli si fida la custodia a conservazione delle nominate pitture di Raffaello. Benchè la certezza nella quale sono del sincero suo assenso all'indicato mio prematuro provvedimento, mi disimpegni dal mutar consiglio, null'ostante attesa ...". D'Este erklärt, Canova habe sich „dignitosamente" verhalten und die Ernennung akzeptiert: „ad un pittore che ne faceva espressa domanda". Aber auch Camuccinis Verhalten sei ehrenvoll gewesen: „sorprese Mons. Gavotti maggiordomo di Sua Santità, il quale avvedutosi dell'errore, domandò scusa al Canova di avere assentito ad un immaturo provvedimento" (D'Este 1864, S. 158–159).

179 Diese hatte am 24. Januar 1810 Angelo Uggeri und Filippo Aurelio Visconti als verantwortliche Konservatoren für die Biblioteca Vaticana, die Archive und die Museen eingesetzt. Dem früheren Personal wurde befohlen, ihnen die Schlüssel des Museo Pio-Clementino auszuhändigen. Diese Maßnahme löste sofort den Widerstand D'Estes aus, der bis dahin Konservator der Vatikanischen Museen gewesen war. Gemeinsam mit Canova, der sich in seiner Verantwortung für die Kunstwerke betroffen fühlte, beklagte er: „che passando in altre mani il museo, vi potessero essere estratti altri oggetti." Diese Proteste und das Eingreifen von De Gérando, des französischen Präfekten, veranlaßten die Consulta, den Beschluß dahin zu berichtigen, daß die Aufsicht der Museen in den Händen von Canova und D'Este verbleiben sollte. Die Konservatoren der Bibliothek mußten die Schlüssel an den Kustoden der Museen, Tommaso Massi, zurückgeben (Pavan 1998, S. 138ff.).

1. Seine Bedeutung für Napoleon

Napoleon war an Rom besonders interessiert. Seine Kunstförderung in Rom folgte nicht ästhetischen, sondern propagandistischen Zielen. Er hatte eine besondere Vorliebe für die Geschichte der Stadt und hegte den Wunsch, selbst Teil dieser Geschichte zu werden. Augustus, der die Stadt aus einer Lehmstadt in eine Marmorstadt verwandelt hatte, war sein Vorbild.[180] Napoleon war kein Kunstkenner, wußte jedoch, wie wirksam die antiken Kaiser und die europäischen Fürsten die Kunst instrumentalisiert hatten.[181]

Die kulturellen Maßnahmen der Franzosen in Rom waren jedoch wenig kontrolliert und dienten in erster Linie dazu, Stärke zu demonstrieren. Die Investitionen galten im wesentlichen der Unterstützung des Regimes. Die Maßnahmen konzentrierten sich hauptsächlich auf die Restaurierung von Siegesmonumenten oder Gedenkstätten, die durch öffentliche Gelder finanziert wurden. Die römische Kunst und Rom selbst waren nicht mehr als ein politisches Instrument in den Händen der neuen Staatsmacht.[182] Nicht umsonst sah Quatremère in dieser Entwicklung eine Gefahr für die römische Kunst.[183]

Canova folgte diesen propagandistischen Tendenzen weder als Künstler noch als Museumsdirektor. Er unterschied sich darin grundsätzlich von französischen Künstlern wie Antoine-Jean Gros oder Jacques-Louis David, die politische Ikonographie wie Darstellungen von Schlachtenszenen und Militäraufmärschen benutzten, um den Ruhm und die Kraft Frankreichs und seines Herrschers zu demonstrieren.[184] Canovas unpolitische Kunst fügte sich in diese Tendenzen schwer ein. Er suchte von Anfang an nach einer „neutralen" Ästhetik, die auf den Normen von Schönheit und Wahrheit basierte.[185] Auch wenn Canovas Werke nach dem Kunstraub mit politischen Ideen befrachtet wurden, waren diese so ambivalent, daß sich jede Strömung in ihnen wiederfinden konnte. So wurde seine „Religion", die er für Sankt Peter geplant hatte, schließlich in einer protestantischen Kirche aufgestellt. Es ist ihm kaum vorzuwerfen, er habe gleichzeitig für gegnerische Parteien gearbeitet und deren Wünsche zufriedengestellt, ging es bei seiner Kunst doch primär um die Darstellung von allgemeinen menschlichen und moralischen Tugenden.

---

180 Sueton, Aug. 28, 3: „... ut iure sit gloriatus marmoream se relinquere, quam latericiam accepisset".

181 Johns 1998, S. 109.

182 Nardi 1989, S. 155.

183 Pommier 1989, S. 67.

184 Hubert 1964, S. 39.

185 Licht 1983, S. 121.

Canova arbeitete für Napoleon, beteiligte sich aber nicht an dezidiert politischen Projekten, die ihn in die Abhängigkeit des Herrschers brachten. Napoleon ließ im Jahre 1809 den Quirinalspalast, den er zum Sitz des Königs von Rom auserkoren hatte, renovieren.[186] Es war eine der wichtigsten Umbaumaßnahmen in der Stadt, und Denon leitete sie von Paris aus.[187] Außer Canova hatten italienische Künstler nur geringe Aussichten, zur Ausführung dieses Projektes hinzugezogen zu werden.[188] Canova lehnte zwar die Beteiligung ab, versuchte aber, ein politisierendes Programm zu verhindern. Der Druck aus Paris bestimmte jedoch nicht nur die Auswahl der Künstler, sondern zwang ihnen auch weitgehend den Geschmack des Eroberers auf, wie sich dies dann auch in der auf Napoleons Ruhm ausgerichteten Ausstattung widerspiegeln sollte.

So wenig sich Canova dem französischen Regime unterwarf, so unentbehrlich war er für das Prestige des Kaisers in Rom. Napoleons Bestreben war es, neue Künstler vom Range Vergils an sich zu ziehen. Er hatte ein Gespür für Talente, und als „neuer Phidias“ war Canova für ihn die Schlüsselfigur, die er hofierte und bewunderte. Er sollte „sein“ Künstler in „seinem“ Rom werden. Napoleons einziger Brief an den Künstler stammt vom 6. August 1797, also aus der Zeit kurz nach dem Einmarsch der Truppen im Veneto: „J'apprends, Monsieur, par un de vos amis, que vous êtes privé de la pension dont vous jouissiez à Venise. La République française fait un cas particulier des grands talents qui vous distinguent. Artiste célèbre, vous avez un droit plus particulier à la protection de l'armée d'Italie. Je viens de donner l'ordre que votre pension vous soit exactement payée, et je vous prie de me faire savoir si cet ordre n'est point exécuté, et de croire au plaisir que j'ai de faire quelque chose qui vous soit utile“.[189] Der Brief bezeugt Napoleons frühes Interesse an diesem Künstler. Von Anfang an bemühte sich Napoleon, Canova unter seinen Einfluß zu bringen, und trug damit zu Canovas zwiespältiger Stellung zwischen Napoleon und dem Papste, den beiden Kontrahenten, bei. Canova versuchte jedoch, den Weg, den er seit seiner Ernennung zum Generaldirektor im Jahre 1802 eingeschlagen hatte, trotz der politisch schwierigen Verhältnisse fortzusetzen, ohne sich in Napoleons Abhängigkeit zu begeben.

---

186 Brues 1958, S. 102.

187 Ternois 1970, S. 68–69.

188 S. L. Siegfried, „Naked history: the rhetoric of military painting in postrevolutionary France“, in: *Art Bulletin*, 75 (1993), S. 235; Johns 1998, S. 11.

189 Correspondance 1859, III, S. 224 Nr. 2079 (Hauptquartier Mailand).

2. Gespräche mit Napoleon

Im Herbst 1810 reiste er nach Paris, um die Statue der Kaiserin Maria Luise anzufertigen. Er verließ Rom mit noch geringerer Freude als bei seinem ersten Paris-Besuch acht Jahre zuvor. Damals, im Jahre 1802, hatte Napoleon mit seinen Feinden Friedensverträge und mit dem Papst ein Konkordat vereinbart. Obwohl die Situation friedlich erschien, widersetzte sich Canova zunächst der Einladung Napoleons. Er schob verschiedenste Gründe vor und erklärte, als man ihn zwingen wollte, er könne nicht für einen Mann arbeiten, der die Unabhängigkeit Venedigs zerstört und Rom seiner Freiheit beraubt habe.[190] Doch der französische Botschafter François Cacault hatte auf Consalvi und Pius VII. Druck ausgeübt und Consalvi daraufhin versucht, Canova zu überzeugen, daß seine Verweigerung diplomatische und politische Konsequenzen haben und große Probleme für den Papst und Rom schaffen werde. Mit seinem diplomatischen Geschick erreichte es Consalvi schließlich, daß Canova tatsächlich am 22. September 1802 nach Paris abreiste. Canovas Zögern spricht aus einem Brief an seinen Freund Selva im Jahre 1802: „io non sarei mai andato a Parigi, se non fosse stato per parlare del mio paese."[191] In seinen Schreiben an seine Mitarbeiter und seinen Freund D'Este berichtet er, wie er Napoleon mit seinen politischen Sorgen bedrängte. Nach anfänglicher Scheu, auf die Napoleon geschickt einging – „Mais vous avez très bonne mine!"[192] –, beklagte Canova die politische Situation Venedigs und die kulturelle Plünderung Italiens, vermied es jedoch, zu sehr zu insistieren und Napoleon zu reizen und konnte durch sein Geschick schließlich sogar Einiges erreichen.

Im Jahre 1810 war die politische Situation eine gänzlich andere als bei seinem ersten Besuch. Napoleon beherrschte ganz Italien, und Canova hatte Grund zur Sorge, man könne ihn zwingen, seine Werkstatt nach Paris zu verlegen. Schon 1802 hatte man ihn davon überzeugen wollen. Daru bot ihm nun alle Voraussetzungen, um sich als Bildhauer des kaiserlichen Hofes in Paris niederlassen zu können.[193] In einem Brief an Canova vom 22. August 1810 heißt es: „Sa Majesté, Monsieur, m'a témoigné le désir de vous appeler à Paris, soit pour quelque temps seulement, soit pour vous y fixer tout-à-fait, et Elle m'a chargé de lui proposer des mesures convenables à cet effet. Le cas particulier qu'Elle fait de vos talents supérieurs de vos connaissances dans tous les arts qui dépendent du des-

190 So auch Goethes Kritik an den Franzosen in: E. Battisti, „Ragioni politiche e religiose della ‚Querelle' fra neoclassici e romantici", in: *Arte neoclassica: Atti del convegno, 12–14 ottobre 1957*, Venedig 1957, S. 47; Johns 1998, S. 212.

191 Bratti 1918, S. 214–215.

192 Johns 1998, S. 92; Boyer 1969, S. 132.

193 D'Este 1864, S. 439.

sin, lui a fait penser que vos avis pourraient contribuer puissamment à porter vers la perfection les travaux d'art qu'Elle fait exécuter et qui doivent perpétuer la splendeur de son règne".[194] Canova lehnte mit dem Hinweis auf die in seiner römischen Werkstatt begonnenen Arbeiten ab: „E qui supplico l'E. V. di poter osservare le ragioni invincibili, che m'incatenano in Italia, e a Roma. A dir vero codesta Città, madre e sede antica delle arti, e il solo unico asilo per uno scultore, e specialmente per me che vi ho fissato la mia dimora, oramai cangiata in necessità, da moltissimi anni. E molti però di questi anni gli ho spesi in servigio o di S. M. o della famiglia Imperiale, a preferenza di altre commissioni vantaggiose, et onorifiche, per la cara ambizione di assicurare la immortalità al mio nome ...".[195] Am Ende seines Briefes fügte Canova noch die Bitte hinzu, von weiteren Anträgen verschont zu werden.

Wie schon 1802 beabsichtigte Canova, auch diese Reise für seine politischen Ziele zu nutzen. In weiser Voraussicht hatte die Accademia di San Luca ihn am 2. September einstimmig zum „principe" ernannt, um damit seiner Fürsprache bei Napoleon mehr Gewicht zu verleihen. Während er sich in Paris aufhielt, ließ De Gérando die Accademia Romana di Archeologia wiedereröffnen, unter deren Mitgliedern sich dann ab 4. Oktober auch Canova befand. Das Wiederaufleben dieser Institution wurde sogleich mit den traditionellen Ruhmestiteln beschrieben: „Teatro delle Antichità, Spettacolo delle Nazioni, Maestà de' Secoli, Madre della Storia, Ginnasio delle Arti".[196] Genau diese Worte waren es, die Canova bei seinem Besuch in Paris in den Gesprächen mit Napoleon aufgriff. Canova wollte ihn zur Unterstützung der kulturellen Einrichtungen Roms gewinnen: „La città di Roma, nutrice e madre famosa delle belle arti, esistente nel senso dei più grandi monumenti antichi, dovrebbe essere il centro universale degli alunni e degli artisti di tutta l'Italia e l'Europa".[197] Canova hatte sich auch für die Rückkehr des Papstes nach Rom eingesetzt. In einem anderen Zusammenhang ging er in seinem Engagement für Italien noch weit über den rein kulturellen Bereich hinaus, ja sprach sogar von der Einigung Italiens unter päpstlicher Fahne, wie sie zuletzt Julius II. angestrebt hatte: „... se i Papi avessero avuto un poco della testa di Vostra Maestà più certi incontri, si sarebbero fatti padroni d'Italia".[198]

---

194 Brief von Martial Daru aus Amsterdam; D'Este 1864, S. 439–440; auch zitiert bei Johns 1998, S. 219, Anm. 47.

195 Valmarana 1854, S. 66–68; Johns 1998, S. 219, Anm. 48.

196 *Statuti dell'Accademia romana di archeologia*, Rom 1813, S. 2ff.; Pavan 1998, S. 138; Magi 1940, S. 113ff.; M. Pavan, „Le istituzioni culturali nella Roma napoleonica", in: *Rivista italiana di studi napoleonici*, 24 (1987), S. 128.

197 Missirini 1825, S. 250.

198 Jayme 2000, S. 15; Honour 1994, S. 344.

So setzte er sich für die Rückkehr des Papstes ein und bekannte sich ohne Einschränkung zu diesem. Als Napoleon darauf empfindlich reagierte, lenkte Canova das Gespräch sofort auf die Kunst und setzte sich für den Ausbau der römischen und florentinischen Akademien ein, insbesondere der Accademia di San Luca.[199] Er forderte die Unterstützung der Künstler, Geld für neue Einrichtungen und die Anstellung neuer Lehrer. Er bezeichnete auch die Kirche Santa Croce in Florenz als förderungswürdig, wo er gerade das Grabmal Vittorio Alfieris aufgestellt hatte. Um Napoleons Unterstützung für die Restaurierung dieser Kirche zu gewinnen, war er geschickt genug, ihn an die florentinischen Ursprünge der Familie Bonaparte zu erinnern, wußte er doch, daß Napoleon auf diese stolz war. Napoleon hingegen schmeichelte dem Künstler in der Hoffnung, ihn damit an seinen Hof ziehen zu können. Doch dieser erklärte, er wolle nur in Rom leben.[200]

Diese Art des Umgangs war charakteristisch für die Beziehung zwischen beiden, wobei es Napoleon immer wieder erstaunte, daß Canova nie etwas für sich selbst erbat. So unterzeichnete Napoleon am 6. November ein Dekret, das der Accademia di San Luca ein neues Gebäude zuwies, und bewilligte ihr einen jährlichen Betrag von 100.000 Francs. Von dieser Summe waren 25.000 Francs für die institutionelle Einrichtung und 75.000 Francs für die Restaurierung des Gebäudes bestimmt. Außerdem waren noch weitere 200.000 Francs für die archäologischen Ausgrabungen vorgesehen.[201] Auch die Akademie in Florenz wollte Napoleon unterstützen.[202] Schon hier zeigte sich, daß er die Förderung von Künstlern, die Canova erhofft hatte, nicht vorsah.

Canova kehrte am 16. Dezember 1810 aus Paris über Bologna nach Rom zurück, wo der „principe“ mit einem großen Fest auf dem Kapitol gefeiert werden sollte. Die Franzosen glaubten, dies sei der beste Augenblick, den Künstler mit dem französischen Regime in Verbindung zu bringen. Alle Autoritäten waren anwesend, darunter General Miollis, der eine Rede hielt, und der Präfekt Camille Casimir de Tournon sowie die Mitglieder der Accademia di San Luca. Man hatte eine Büste Canovas aufgestellt. Da er diese Art von öffentlichen Ehrungen nicht liebte, wich er dem Zeremoniell aus, indem er seinen Aufenthalt in Florenz verlängerte.[203] Dieses ist sicherlich damit zu erklären, daß er nicht mit der Politik des Kaiserreiches in Verbindung gebracht werden wollte.

Als er endlich nach Rom zurückkehrte, wurde er im Hause von Angelika Kauffmann gefeiert. Bei einem gemeinsamen Abendessen schenkten ihm italieni-

---

199 Johns 1998, S. 107–108.

200 Johns 1998, S. 108.

201 D'Este 1864, S. 440–441. Dort gibt es einen Brief von Claude-François de Méneval, Sekretär des Kabinetts des Kaisers, an Canova vom 7. November 1810.

202 D'Este 1864, S. 440–441.

203 Malamani 1911, S. 156, Johns 1998, S. 77.

sche Künstler den Stich eines Bildes von Camuccini, das darstellte, wie die neben dem Tiber sitzende Roma Canova krönt.

Im Januar 1811 bemühte sich Canova im Auftrag Napoleons, die Kunstschulen aus dem dafür ungeeigneten Konvent von Ara Coeli in jenen von Sant'Apollinare zu verlegen.[204] Während er den Wünschen Napoleons entsprach, hielt sich dieser nur an einen kleinen Teil seiner Zusagen. Enttäuscht schrieb ihm Canova: „Voi decretaste 100,000 franchi per incoraggiamento dell'Arte. Di questo provvedimento così degno di Voi, come opportuno e necessario alle sempre crescenti miserie dei professori, il Governo sembra non essere ancora informato, e tutti frattanto portano le loro querelle a me, che fui l'interprete dei loro voti, e l'annunziatore delle Vostre beneficenze: e tutti a mano a mano languiscono, e quelli pure di merito non comune, sono privi di commissioni e la situatzione della Vostra Roma è assai più miserabile di quello, che io già vi dipinsi".[205] Daraufhin wurden zwar die Gelder ausgezahlt, das Hauptanliegen Canovas, die Unterstützung junger Künstler, blieb jedoch unerfüllt. Nur die Ausgrabungen wurden im verstärkten Maße vorangetrieben, da Napoleon annahm, die gesamte antike Stadt liege noch intakt unter der Erde und es genüge, sie auszugraben.[206]

Im Bereich der römischen Institute wuchs Canovas Einfluß durch diese Reise, auch wenn er seine Ziele nur zum Teil durchsetzen konnte.[207] Auch das Dekret vom 15. Februar 1811, in dem Canova offiziell von französischer Seite zum „Direttore generale dei musei romani" ernannt wurde, kann als eine Folge seiner diplomatischen Erfolge angesehen werden.[208]

3. Napoleons „Ministro delle Belle Arti"

War diese Entwicklung für Canovas Pläne günstig und billigte Napoleon zumindest einen Teil der Unternehmungen Canovas, so drang der französische Präfekt Pierre Daru in Rom doch auf die Begrenzung seiner Macht. Pierre und später sein Bruder Martial Daru waren als „Intendenti dei beni della Corona" in Rom für die Neuordnung der Verwaltung der vatikanischen und kapitolinischen Museen verantwortlich und insbesondere für die Auswahl der einzelnen Werke aus Kirchen, Klöstern und Grabungen.[209]

---

204 Gualandi 1868, S. 31; Missirini 1825, S. 364.
205 Zitiert bei Gualandi 1868, S. 31–32 und Johns 1998, S. 110, S. 219–220.
206 Jonsson 1986, S. 43.
207 Johns 1998, S. 19.
208 Boyer 1969, S. 147; Pietrangeli 1985, S. 125.
209 Boyer 1969, S. 295; A.S.M.V., cart. II, III, IV.

Pierre Daru verlangte, daß alle Angestellten der Museen ihre politische Zuverlässigkeit durch einen formalen Eid bekundeten, für Canova ein Grund, sein Amt als Generaldirektor sofort niederzulegen. Ohne auf die Anfrage Darus einzugehen, erinnerte er daran, daß er schon unter Pius VII. als Generaldirektor für die Sammlungen der Antiken und die Ausstattung der neuen Ausstellungsräume verantwortlich gewesen und deshalb nicht mehr verpflichtet sei, seine Position unter dem französischen Regime zu bestätigen.

Diese Reaktion verbreitete in Paris große Unsicherheit. Daru, der Napoleon am 2. April informierte, kannte dessen Zuneigung für Canova und schlug dem Kaiser geschickterweise vor, das Amt des Generaldirektors im Vatikan abzuschaffen, da doch die Konservatoren D'Este und Tofanelli für das Museum ausreichten. Man könne, so Daru, eine Kommission von Experten für das Museum einrichten und in diese Canova einbeziehen.[210] Daru hätte nicht geschickter handeln können, da ihm bewußt war, daß Canova nicht zu umgehen war, aber in der Position eines Generaldirektors der Museen in Rom übermächtig geworden wäre. In dieser heiklen Situation kam der französische Kommissar Marie-Joseph De Gérando Canova zu Hilfe und überzeugte ihn, das Amt des Generaldirektors nicht niederzulegen.[211] Canova behielt seinen Posten, und von der Notwendigkeit eines Eides war zunächst nicht mehr die Rede. Seine Weigerung war zum Symbol geworden, und zwar nicht nur für die Angestellten der Museen,[212] sondern auch für jene der „Scuola di Belle Arti dell'Accademia".[213]

Canovas Einfluß wuchs auch noch in anderer Hinsicht. Seit Rom am 17. Februar 1810 zur „seconde ville de l'Empire" erhoben worden war,[214] Napoleon den Titel des Königs von Rom trug und die zukünftigen Kaiser in Sankt Peter gekrönt werden sollten, schien sich die Idee von einem neuen Rom zu verwirklichen. Dabei wurde Canova immer unentbehrlicher. Napoleon beabsichtigte eine „rinascita" Roms, die sich von der fast aller Päpste grundsätzlich unterscheiden sollte.[215] Dafür benötigte er Canovas Hilfe.

---

210 Brief bei Boyer 1969, S. 152.

211 Brief von Martial Daru bei Boyer 1969, S. 152.

212 Martial Daru informierte Paris am 24. April (Boyer 1969, S. 153).

213 Der Eid hatte noch in anderer Hinsicht Bedeutung. Noch eindeutiger war Canovas Ablehnung einer Mitgliedschaft in der Legion d'Honneur. Laut Stendhal lehnte Canova ab, weil von den Mitgliedern zum Beweis ihrer Loyalität ein Eid auf das Empire gefordert wurde. Das mag zutreffen, wenn man Canovas Reaktion in Bezug auf das Museum betrachtet. Doch die Situation war schwieriger. Ferdinand Boyer und Léon Lanzac de Laborie bezweifeln, daß Canova diese Ehrung und den angebotenen Sitz im kaiserlichen Senat ablehnte (Boyer 1937, S. 219–220; Lanzac de Laborie 1913, VIII, S. 420, Anm. 1).

214 Madelin 1906, S. 285.

215 Garms 1982, S. 561–662.

Napoleon hielt nur Leo X. für einen würdigen Nachfolger der römischen Caesaren, da er als großer Mäzen Künstler wie Raffael und Michelangelo gefördert hatte.[216] Wie einst Raffael als „Sopraintendente" Leos X. sollte nun Canova Napoleons „Ministro delle Belle Arti" werden – ein Vergleich, den schon der Kardinal Doria Pamphilj 1802 bei Canovas Ernennung zum Generaldirektor gebraucht hatte.[217] Die Ausschließlichkeit, mit der Napoleon auf ihn setzte, vergrößerte nicht nur sein Prestige, sondern auch das der Hauptstadt.[218] Vielleicht trug auch Napoleons italienische Herkunft dazu bei, daß er der römischen Tradition stärker verbunden war als seine Stellvertreter, die Rom zu verwalten hatten.

Canova wurde 1812 zum „Ministro delle Belle Arti" ernannt, und dies hatte unmittelbare Folgen auf die organisatorische und administrative Neuordnung der Museen. Am 23. April sollte er auf einem Fragebogen beantworten, wie die Ausstattung des vatikanischen Museums und die Reform des Personals und der Bediensteten zu gestalten seien. In seiner Antwort unterstrich Canova besonders die Notwendigkeit von Instandhaltungsarbeiten der Dächer, Fenster und auch der Toiletten für die Damen, „le quali non sanno dove ricoverarsi", sowie der Erneuerung der Beleuchtung und der Kontrolle am Eingang.[219] Doch ging es ihm nicht wirklich darum, in diese Fragen einbezogen zu werden. In einem Brief an Daru brachte er auf distanzierende Weise die Hoffnung zum Ausdruck, alle derartigen Probleme selbst entscheiden zu können, und bemerkte abschließend: „Ma deggio espressamente prevenirla e pregarla a non voler mai farmi autore di quelle attenzioni che le suggerisco. A questo riguardo lo desidero da indi per sempre, onde acquistare più libertà di dirle candidamente il parer mio, senza timore di incorrere la invidia o la disgrazia altrui."[220] Martial Daru, der seit einigen Monaten an die Stelle seines Bruders Pierre getreten war, wurde durch diesen Nachsatz aufgefordert, sich in organisatorischen Fragen direkt an D'Este, den Überbringer dieses Briefes, zu wenden. Dieser stehe ihm auch bei der Begehung des Museums zur Verfügung. Darin ist nicht nur die Abneigung gegen administrative Angelegenheiten zu erkennen, sondern auch die Angst, sich unbeliebt zu machen.

Seine Vorstellungen blieben jedoch für alle weiteren Entscheidungen innerhalb der vatikanischen Sammlungen von großer Bedeutung. Alle Ernennungen von neuen Mitarbeitern nahm D'Este nur im Einverständnis mit Canova vor.[221]

---

216 Boyer 1969, S. 153.
217 Madelin 1906, S. 371.
218 Madelin 1906, S. 371.
219 Pavan 1998, S. 141.
220 Pavan 1998, S. 141.
221 D'Este antwortet zwei Tage später mit einer Aufstellung der verschiedenen Personen und ihrer Aufgaben. Ein erster Vorschlag wurde von der Verwaltung folgendermaßen kommentiert: „N°: le nombre de personnes portées dans cet état était insuffi-

Überhaupt bedeutete alles, was er tat, eine Gratwanderung. Auf der einen Seite setzten ihn die Franzosen unter Druck, auf der anderen die Römer und die Mitarbeiter des Museums, die die Veränderungen ihrer Situation mit Sorge betrachteten. Canova versuchte, sich aus dieser Lage, die ihn immer wieder in Verlegenheit brachte, zu retten, indem er zwischen beiden Parteien vermittelte.

---

sant. Mr Canova aussi D'Est (sic) a proposé trois personnes de qui doivent y être ajoutées". Die endgültige Aufstellung vom 13. Mai an den Vorsteher enthält folgende Vorschläge: Cav. Antonio Canova Ispettore Generale, Antonio D'Este Konservator, Tommaso und Pietro Massi Kustoden, Andrea Volpini Kustode der Mosaikböden, Giovan Pietro Fraccini Aufseher der Magazine der antiken Monumente; Filippo Casanova, Gioacchino Colarelli Reinigungskräfte, Luca Benazzi Türwächter. Mit der Bestimmung der Mitarbeiter wurde Daru auch eine Abschrift der „regolamenti del museo" zugesandt (Pavan 1998, S. 141–142).

VI. Pläne für Ausgrabungen

Über die Fragen der Ausgrabungen und der Stadtplanung kam es schließlich zu Kontroversen. Denon verwaltete die Ausgrabungen von Paris aus.[222] Die französische Verwaltung schenkte Projekten, die über die bloße Freilegung der Monumente hinausgingen, immer größere Beachtung. Die freigelegten Gebäude sollten restauriert werden und in ihrem antiken Glanz erstrahlen, und das römische Volk sollte auf neue Werte aufmerksam gemacht werden. Das Ausmaß der französischen Ausgrabungen und die urbanistischen Pläne waren maßlos. Bei den Grabungsarbeiten berief man sich ausdrücklich auf Raffaels angeblich im Memorandum an Papst Leo X. geäußerten Vorschlag, das antike Bodenniveau in ganz Rom zu ergraben: „... voulut rechercher le niveau antique, et mettre définitivement au jour les bases des monuments. Déjà Raphaël, dans une lettre trèscurieuse adressée à Léon X, avait proposé ce déblaiement général et permanent, e nous entreprîmes de réaliser ce projet".[223] Kirchen und Klöster sollten geopfert werden, um die antiken Monumente freizulegen. Doch die Korruption und administrative Schwierigkeiten der Franzosen verzögerten diese Bestrebungen.[224]

Canova seinerseits war nicht bereit, Rom in einen „archäologischen Park" zu verwandeln. Schon 1809 hatte die provisorische Regierung ein Komitee für den Schutz der antiken Monumente eingerichtet, und Canova seine Mitarbeit verweigert. Man gewinnt den Eindruck, als habe er seine Stellung im Museum und in der Akademie vielmehr dazu benutzt, den Ideen der Franzosen entgegenzusteuern.[225]

Als Daru D'Este vorschlug, Canova solle eine Kommission einrichten, um die einzelnen Ausgrabungen zu prüfen und diese dann selbst zu leiten, war er allerdings einverstanden.[226] Als Principe der Accademia di San Luca war er für die

---

222 Ternois 1970, S. 68–89.

223 Ph. C. C. M. de Tournon, *Études statistiques sur Rome et la partie occidentale des états romains; contenant une description topographique et des recherches sur la population, l'agriculture, les manufactures, le commerce, le gouvernement, les établissements publics, et une notice sur les travaux exécutés par l'administration française*, 2. Aufl., II, Paris 1855, S. 262–263.

224 Johns 1998, S. 214 (zu S. 78); R. T. Ridley, *The eagle and the spade: the archaeology of Rome during the Napoleonic Era, 1809–1814*, Cambridge 1992.

225 Johns 1998, S. 78.

226 A.S.M.V, cart. II, fasc. 3, fol. 7.

Koordinierung der einzelnen Ausgrabungen verantwortlich und setzte im wesentlichen fort, was schon unter Pius VII. begonnen worden war. So sollten nicht neue Ausgrabungen begonnen, sondern nur fortgeführt werden, was bereits vor dem Zusammenbruch von 1807 geplant gewesen war.[227] Doch ständig kam es zu Uneinigkeiten.

Canova trug offiziell die Verantwortung für eine der größten Unternehmungen: die Restaurierung des Titusbogens.[228] Die Franzosen wollten ihn freilegen und von den umliegenden Gebäuden isolieren. Das benachbarte Kloster von Santa Francesca Romana sollte dafür abgebrochen werden. Canova wollte dies verhindern und hatte Tournon 1810 warnend daruf hingewiesen, daß das Kloster den Bogen stütze und seine Beseitigung dessen Statik gefährden könne. Doch der Präfekt ließ weiterarbeiten, ohne daß Canova damals eingreifen konnte. Erst im Jahre 1818 wurde der Bogen von zwei Architekten seines Vertrauens, Giuseppe Camporese und Giuseppe Valadier, baulich gesichert.[229]

Ähnliche Probleme gab es bei der Trajanssäule. Die Kirche SS. Nome di Maria sollte abgerissen werden, um die Sicht auf die Trajanssäule zu verbessern, doch wiederum waren Canovas Gegenmaßnahmen erfolgreich.[230] Trotz seines begrenzten Einflusses achtete er genau darauf, daß nichts ohne sein Wissen geschah.[231] Am 30. Mai 1812 entschuldigte sich sogar der Inspektor der Ausgrabungen, Clemente Giardini, bei D'Este, den Mitgliedern der Accademia di San Luca und ihrem Principe Canova dafür, ohne Erlaubnis Arbeiten am Tempel des Jupiter ausgeführt zu haben.[232]

Trotzdem blieb Canovas Macht begrenzt, da die Franzosen ungeachtet aller Versprechungen stets ihren eigenen Vorteil im Auge behielten. Der größte Vertrauensbruch geschah im Jahre 1811. Vivant Denon hatte seine letzte Italienreise angetreten, um in den Sammlungen der Toskana, der Lombardei, der Emilia Romagna und des Kirchenstaates Bilder des Tre- und Quattrocento zu sammeln, was ihm durch die Auflösung der religiösen Orden und Kirchen erleichtert wurde. Diese Konfiskationen müssen Canova sehr verletzt haben. Als er zustimmte, Direktor der Museen zu bleiben, hatte man ihm nämlich versprochen, keine Bilder

---

227 A. La Padula, *Roma 1809–1814: Contributo alla storia dell'urbanistica*, Rom 1958, S. 23–25.

228 Ridley 1989, S. 72. Die Gebäude waren damals noch nicht in ihrer ursprünglichen Bezeichnung bekannt, weshalb man oft die Namen verwechselte.

229 Minuta von D'Este an Daru in A.S.M.V., cart. II, fasc. 3, fol. 1. Pavan 1998, S. 152; Johns 1998, S. 138.

230 Johns 1998, S. 11.

231 A.S.M.V., cart. III, fasc. 8, fol. 9.

232 A.S.M.V., cart. III, fasc. 8.

aus ehemals päpstlichen Staaten zu entfernen.[233] Sein Widerstand gegen den Abtransport der Werke hatte jedoch keinen Erfolg.

233 Johns 1998, S. 79.

VII. Der Eid und die Unterstützung politisch verfolgter Künstler

Daru unterließ keine Gelegenheit, Canova an die Verweigerung des Eides zu erinnern. Canova weigerte sich jedoch nicht nur, den Eid auf die französische Krone abzulegen, sondern setzte sich darüber hinaus auch für ausländische Künstler ein, die aus politischen Gründen verfolgt wurden. Er versuchte, spanische Studenten aus dem Gefängnis zu befreien, die sich geweigert hatten, den Eid auf den König José I., den Bruder Napoleons, zu leisten.[234] Miollis verbot die Freilassung. Canova gelang es lediglich, ihre Haft bis zur Verurteilung zu erleichtern. Außerdem überzeugte Canova Bonapartes Stiefsohn Eugène de Beauharnais, den Vizekönig von Italien, einige Arbeiten des spanischen Bildhauers und Loyalisten José Alvaréz y Cubero zu kaufen.[235] Später setzte er sich für einige deutsche Künstler ein[236] – darunter auch den Bildhauer Christian Daniel Rauch –, die aufgrund ihrer kritischen Haltung gegenüber dem französischen Regime Rom verlassen sollten.[237] Canova war fest davon überzeugt, daß die Kunst über der Politik stehe, und zeigte seine Anschauung in seinem Einsatz für diese jungen Leute. Sein Engagement bedeutete umso mehr, als er selbst unter Druck gesetzt wurde, den Eid abzulegen. Doch er erkannte allein Pius VII. als seinen Herrn an und sprach sich in aller Öffentlichkeit immer wieder für den Papst aus. Viele folgten seinem Beispiel, verloren aber dabei ihre Stellung oder wurden mit Gefängnis oder Exil bedroht.

Napoleon hörte von diesen Ereignissen. Als er im Jahre 1811 eine Reise nach Rom plante, schrieb er ungehalten an den Herzog von Otranto, „cette ridicule situation" müsse beendigt werden.[238] Miollis solle jeden zwingen, den Eid zu leisten, insbesondere die höhere Geistlichkeit. Wer sich weigerte, sollte verhaftet werden. Auch Canova war von dieser Maßnahme betroffen.[239] Daru war sich der delikaten Angelegenheit bewußt und wollte Canova nicht verletzen oder provozieren. So erklärte Daru am 12. März seinem Bruder und Stellvertreter, „... devoir provoquer l'exécution d'une disposition que dans ce moment là, aurait pu

234 Johns 1998, S. 21.

235 1809 inhaftiert, kam Alvaréz durch Intervention des befreundeten Canova frei, verlor aber sein Stipendium. Quatremère 1834, S. 184–186; Johns 1998, S. 21.

236 D'Este 1864, S. 179–182; Cambinossi 1905, S. 17–18.

237 Johns 1998, S. 8.

238 Brief vom 3. Juni 1811; Johns 1998, S. 78.

239 Boyer 1969, S. 153.

donner issu à des torts et nécessiter par conséquent des mesures de rigueur. J'ai espéré," fügte er hinzu, „de venir à bout d'éviter ces deux choses et effectivement M. Canova a fait par écrit le serment qu'il devait ...". Erst viele Monate später folgte Canova der schroffen Anweisung und unterschrieb eine modifizierte Version des Eides, die wahrscheinlich von Pius VII. gebilligt worden war: „Io sottoscritto giuro obbedienza alle Costituzioni dell'Impero e fedeltà all'Imperatore e Re d'Italia. Fatto a Roma il giorno 19 Marzo 1812 – Antonio Canova Veneto".[240] Es war unausweichlich, daß ihm seine Untergebenen wenig später darin folgten. Daru bat nun alle Angestellten, ihren Eid abzulegen, und unterließ es nicht, Canova als Vorbild hinzustellen.[241] Diese Aufforderung wurde nicht von allen befolgt.[242] Sicherlich trug auch die immer schwierigere politische Lage der Franzosen zu diesem Zögern bei.

Tatsächlich trafen in Rom zu dieser Zeit zwei verschiedene Auffassungen aufeinander: die starre Bürokratie der französischen Regierung und das immer auf persönlichem Vertrauen basierende Traditionsbewußtsein, das Canova zu bewahren suchte. Die neue administrative Struktur der Franzosen, deren Ausführung streng überwacht wurde, veränderte den menschlichen Umgang.[243] Das alte römische Verwaltungssystem mußte letztlich dem französischen weichen.[244]

240 Vgl. Madelin 1906, S. 581 (dort 1813).
241 Boyer 1969, S. 153.
242 Die beiden Brüder Tommaso und Pietro Angelo Massi weigerten sich, den Eid abzulegen (Pavan 1998, S. 146).
243 A.S.M.V., cart. XII, fasc. 4, fol. 14.
244 Brief vom 18. Februar (A.S.M.V., cart. IV, fasc. 1, fol. 25, 26).

VIII. Der Kampf um die Rückkehr der Kunstwerke aus Paris

Napoleons Sturz im Jahre 1814 führte zu einer weitgehenden Veränderung der museumspolitischen Situation in Rom. Im Januar des Jahres zog Murat mit seinen Streitkräften in Rom ein und brachte Miollis in die Engelsburg. Die gesamte Verwaltung der Stadt und damit auch jene der Museen ging nun an den König von Neapel über. Am 10. März 1814 verließen die französischen Truppen Rom.[245] Der Marchese d'Oliveto, Nicola Macedonio, nahm in seiner Funktion als „amministratore generale dei Beni della Corona di Napoli" und des „dominio privato" des Königs Beider Sizilien die römischen Museen in Besitz und ernannte den „Sig. Commendator Antonio Canova" zum „Direttore dei Musei romani" und D'Este zum Konservator der Vatikanischen Museen.[246] Das Gehalt der Museumsangestellten für 1813 wurde noch bis 7. Mai 1814 von der neapolitanischen Krone bezahlt.[247] Murat zog sich zurück, und bereits am 4. Mai kündigte Pius VII. mit dem „breve da Cesena" seine Rückkehr an und traf am 24. Mai wieder in Rom ein. Nun konnten die vatikanischen Sammlungen neu strukturiert werden, und das kulturelle Leben in Rom schien sich wieder zu beleben.

Für die Stadt Rom war die Rückkehr der Kunstwerke nicht selbstverständlich.[248] Die entsprechenden Maßnahmen lassen sich in drei Phasen unterteilen. Die erste reicht vom Ende des Pariser Friedens am 30. Mai 1814 bis zum Beginn des Wiener Kongresses im November 1814; die zweite beginnt im März 1815

245 Mitteilung an Canova (A.S.M.V., cart. IV, fasc. 9, fol. 40).

246 Pietrangeli 1985, S. 126; A.S.M.V., cart. IX. Antonio D'Este wurde am 10.6.1815 zum „direttore con povvedimento del Maggiordomo Benedetto Naro" ernannt (A.B.V. Deposito, B 290).

247 A.S.M.V., cart. IV, fasc. 3.

248 Die Ansicht, mit der Niederlage Napoleons hätten die Forderungen nach Rückgabe der Kunstwerke eingesetzt, ist nicht haltbar, vielmehr begannen sie schon direkt nach der Einverleibung des Kirchenstaates in das Kaiserreich Frankreichs durch den Nuntius des Papstes. Der Wiener Nuntius behielt auch nach dem Untergang des Kirchenstaates 1809 weiterhin sein Amt inne. In den Jahren 1809–1813 war die Wiener Nuntiatur die einzige, die den Kirchenstaat völkerrechtlich vertrat. Engstler 1964, S. 93 nennt den 19. April 1814; Antonio Gabriele Severoli, apostolischer Nuntius am österreichischen Kaiserhof, sagt dagegen Kardinal Consalvi am 23. Mai 1814: „io ho dall'anno 9 sin qui chiesto sempre tutto, e anche (per cosi esprimermi) le scope di casa, voglio dire i Quadri, le Statue ..." (A.V. S.S., est., a. 1814/1815, rubr. 247, b. 399); Weber 1999, S. 284.

mit Napoleons 100 Tagen und die dritte mit dem Folgekongreß im Juni 1815 und der endgültigen Niederlage Napoleons bei Waterloo.[249]

Schon einen Monat nach der Abdankung Napoleons Mitte April 1814 begannen in Fontainebleau die Verhandlungen zum Ersten Pariser Frieden.[250] Wie die Schriftprotokolle zeigen, waren die Kulturgüter jedoch nie offizieller Gegenstand der Friedensverhandlungen.[251] Am 30. Mai 1814 wurde schließlich von den Alliierten der „Erste Vertrag von Paris" unterschrieben, dessen Artikel 31 sich mit den Kulturgütern beschäftigt.[252] Lediglich die Artikel 3 und 6 betreffen den Kirchenstaat, nicht jedoch seine Kulturgüter.

Die Kurie war in der Zwischenzeit diplomatisch aktiv geworden, um alle verlorenen Territorien und Kulturgüter zurückzuerhalten.[253] Die Siegermächte berieten die neue europäische Friedensordnung, und der Direktor der Pariser Archive, Pierre-Claude-François Daunou, wurde am 27. April 1814 vom französischen Hof angewiesen, Objekte wie Ornat, Mitra, den Stuhl und die römischen Ordenssiegel dem Vertreter des Heiligen Stuhls auszuhändigen.[254] Frankreich versprach dem Kirchenstaat auch 240.000 Francs für den Rücktransport zur Verfügung zu stellen.

Nachdem bereits im April 1814 die Rückgabe der Archivalien begonnen hatte, kam mit Inkrafttreten des Pariser Friedens die Suche nach den Kunstwerken hinzu. Die bei den Pariser Friedensverhandlungen getroffenen Vereinbarungen waren die Grundlage für den folgenden Wiener Kongreß. Doch erst nachdem Preußen auf der Rückgabe aller Gegenstände bestand, gab Ludwig XVIII. am 30. Mai nach.[255] Allerdings leistete die französische Seite so erfolgreichen Widerstand, daß man Denon auffordern mußte, seine Haltung endlich zu revidieren und mit der Zusammenarbeit zu beginnen.[256] Bis zu diesem Zeitpunkt ging es nur um

249 Weber 1999, S. 284ff.

250 Napoleon dankte am 11. April 1814 ab (Correspondance 1869, XXVII, S. 361 Nr. 21558). – Aus einem Manuskript Metternichs geht hervor, daß die Alliierten zwar auf eine Rückgabe verzichtet hatten, aber seit dem Kongreß von Châtillon (5.–19. März 1814) doch Rückgabeforderungen in einen provisorischen Vertrag aufgenommen hatten (Schlitter 1901, S. 114); Weber 1999, S. 286.

251 Weber 1999, S. 286.

252 H.H. St.A., Frk., Varia, Kart. 66 Fasz. Erster Pariser Frieden 1814, Nr. 1–6, fol. 73–130, Art. 31.

253 Brief Severolis an Metternich vom 28. April 1814 (A.V. S.S., est., a. 1814/1815, rubr. 247, b. 399; Weber 1999, S. 287).

254 Engstler 1964, S. 93.

255 Engstler 1964, S. 94; Weber 1999, S. 289.

256 „Denon a reçu definitivement l'ordre de commencer son travail avec l'abbé et M. le commissaire Rosa." (H.H. St.A., Fkr., Ber., Kart. 224; Louis-Philippe Graf Bombelles, Erster Österreichischer Kommissar für die Verhandlungen über die Kunstwerke in Paris, an Metternich 1815, II–IV, fol. 18–19).

die Rückgabe von Kunstgegenständen an die Alliierten, die Denon bereits verweigert hatte. Durch diplomatischeres Verhalten hätte er vielleicht verhindern können, daß sich die Alliierten auch für die anderen Länder einsetzten, die sich auf keine Verabredung berufen konnten.

Einige Wochen später, als Napoleon aus Elba zurückkehrte und die Herrschaft der 100 Tage begann, endete das Rückführungsprojekt für die italienischen Staaten Österreichs. Consalvi war als Staatssekretär des Papstes eine Schlüsselfigur der damaligen Kulturpolitik, und setzte sich besonders für die Rückkehr der Kunstwerke ein. Er schrieb an Pacca, der französische König habe in einem Gespräch erklärt, zunächst müsse der Vertrag von Tolentino für nichtig erklärt werden, demzufolge die Objekte in das Eigentum Frankreichs übergegangen seien. Dies gelte für die Ländereien wie für die Kunstschätze. Der Friedensvertrag von Tolentino, den die päpstlichen Unterhändler im Hauptquartier Napoleons am 19. Februar 1797 unterzeichnet hatten, legte ausdrücklich fest, daß die Kunstwerke für alle Zeit im Besitz der französischen Nation bleiben sollten.[257] Er wurde nicht nur zum Vorbild für alle anderen Eroberungsverträge, sondern gab dem Raub auch seine rechtliche Grundlage. Selbst Stendhal, der Canovas Kunst liebte, war Franzose genug, um die Rückführung der Kunstwerke als Bruch des Staatsvertrages zu interpretieren.[258]

Consalvi begab sich nach London, um auch dort intensive diplomatische Beziehungen anzuknüpfen. Er plädierte mit zahlreichen Argumenten dafür, den Vertrag von Tolentino für nichtig zu erklären.[259] Der Papst habe immer gegen diesen Vertrag protestiert und ihn nur aus Furcht vor dem Feind akzeptiert. Außerdem habe die gleiche Regierung, die sich die Kunstwerke aneignete, den Vertrag später per Dekret „einkassiert" und damit aufgehoben. Sie habe den Kirchenstaat und Rom besetzt und den Papst nach Frankreich verschleppt. Daher könne sich Frankreich schwerlich auf den Vertrag von Tolentino berufen und ihn sogar zur Rechtfertigung des Kunstraubes heranziehen.

Diese Frage sollte dann beim Wiener Kongreß entschieden werden, der zunächst auf den 1. Oktober 1814 festgelegt worden war.[260] Seit spätestens Mitte

---

257 *Ideologie e patrimonio storico-culturale nell'eta rivoluzionaria e napoleonica: a proposito del trattato di Tolentino. Atti del Convegno, Tolentino, 18–21 settembre 1997*, hrsg. vom Ministero per i beni e le attivita culturali, Ufficio centrale per i beni archivistici, Rom 2000. Freundlicher Hinweis von E. Jayme.

258 M.-H. B. Stendhal, *Rome, Naples et Florence en 1817* (*Voyages en Italie*, Paris 1973, S. 632).

259 A.V. S.S., est., a. 1814/1815, rubr. 247, b. 399; a. 1814, rubr. 248, b. 414 (23. Juni 1814).

260 Gemäß Bericht von Annibale della Genga (A.V. S.S., est., a. 1814, rubr. 248, b. 414, 19. Juli 1814).

August oder Anfang Oktober befand sich Consalvi in Paris und versuchte auch Talleyrand zu erklären, warum die Kunstwerke an den Kirchenstaat zurückgegeben werden müßten. Am 1. November 1814 endlich begann der Wiener Kongreß, ohne daß Frankreich den Wünschen des Kirchenstaates in irgendeiner Hinsicht entgegengekommen wäre. Die Rückgabe der Kunstwerke war zunächst von untergeordnetem Interesse und wird deshalb auch in Consalvis Briefen nicht erwähnt.[261] Gegen Ende des Kongresses machte er die alliierten Fürsten jedoch noch einmal auf das Anliegen des Papstes aufmerksam, um ihn wieder in den Besitz nicht nur seiner Provinzen, sondern auch seiner Kunstgüter zu bringen.[262]

Erst nach der endgültigen Niederlage Napoleons 18. Juni 1815 bei Waterloo konnte mit den Verhandlungen über die Rückgabe der Kunstwerke begonnen werden. Nach der Rückkehr Napoleons aus Elba, seiner hunderttägigen Herrschaft und der Schlacht bei Waterloo wuchs bei den Alliierten, die zuvor versöhnlich gestimmt waren, der Wunsch nach Vergeltung. So sprach der Herzog von Wellington in seinem Brief vom 23. September 1815 an Lord Castlereagh von einer „great moral lesson".[263] Bis zum August 1815 hatten sich die Vertreter der betroffenen Länder in Paris versammelt, um ihre geraubten Kunstwerke zurückzufordern. Lange Verhandlungen und der Widerstand Vivant Denons, des Generalsekretärs Lavallée und Ludwigs XVIII. erschwerten die Rückgabe nach wie vor. Da es keine verbindliche Erklärung über die Rückgabe aller Kunstwerke gab, wurden immer nur einzelnen Städten Zugeständnisse gemacht.[264]

Pius VII., der mit Ludwig XVIII. die alte Herrschaft und den katholischen Glauben in Frankreich wiederhergestellt sah, wollte die Angelegenheit auf sich beruhen lassen, hätten nicht sein Staatssekretär Kardinal Consalvi und die gesamte internationale Künstlerkolonie Roms auf der Rückkehr der Kunstwerke bestanden. Nur ein Mann mit Prestige, Erfahrung und Kenntnis in künstlerischen Fragen konnte das päpstliche Anliegen bei den Verhandlungen in Paris angemessen vertreten. Consalvi schlug dem Papst Canova vor, den einzigen, dem er zutraute, diese schwierige Aufgabe zu meistern. Auch wenn die Pariser Verhandlungen und die Rückführung der Kunstwerke nach Rom durch Canova die For-

---

261 *La missione Consalvi e il Congresso di Vienna (1 ottobre 1814 – 30 gennaio 1815)*, hrsg. von A. Roveri, 2 Bde., Rom 1971.

262 A.V. S.S., est., a. 1814/1815, rubr. 247, b. 399; Weber 1999, S. 295.

263 M.C.B., Manoscritti Canoviani E 22, 5508: „Not only then would it, in my opinion, be unjust in the Sovereign to qualify the people of France on this subject, at the expense of their own people, but the sacrifice they would make, would be inpolitical, as it would deprive them of the opportunity of giving the people of France a great moral lesson." (Jayme 1992, S. 21).

264 So kehrten die Bilder des Palazzo Pitti in ihrer Gesamtheit nach Florenz zurück. Auch Parma erhielt einen Teil seiner früheren Bestände.

schung schon mehrfach beschäftigt haben, soll Canovas Rolle in diesem Zusammenhang noch einmal genauer betrachtet werden.[265]

Am 10. August 1815 wurde er mit der Mission betraut.[266] Auch hier bewies sich wieder das große diplomatische Geschick Consalvis. Nach Canovas anfänglicher Weigerung konnte er ihn dazu überreden, die schwierige Aufgabe zu übernehmen. Canova schrieb sein Testament[267] und reiste dann über Parma, Mailand und Genf nach Paris. Parallel forderte das Staatssekretariat seine Legaten in den Provinzen auf, in kurzer Zeit Listen der verschwundenen Kunstwerke anzufertigen.[268]

Als Canova am 28. August 1815 in Paris eintraf, stieß er zunächst auf schier unüberwindlichen Widerstand.[269] Um ihn nicht von dieser Reise abzuhalten, hatte man ihn offenbar nicht von den zu erwartenden Schwierigkeiten unterrichtet. Eines der Hauptprobleme stellte nach wie vor der Vertrag von Tolentino dar. Er war nicht annulliert worden, da England, Rußland und Österreich zunächst das französische Nationalgefühl zu schonen suchten. Die Verhandlungen über die Rückgabe waren kompliziert und verlangten dringend eine Entscheidung, und zwar vor allem für die Staaten Italiens, die nicht durch eigene Armeen in Paris vertreten waren. Nach französischer Auffassung waren der Vatikan und die jetzt vereinigten Niederlande mehr als andere Länder durch die alten Verträge gebunden und daher auf eine ausdrückliche Erklärung von alliierter Seite angewiesen, so daß Rom seine Ansprüche erst spät geltend machen konnte. Pius VII. schrieb an Franz I. und Consalvi an Metternich und forderte die Rückgabe nicht nur der Kunstgegenstände, sondern auch der Codices der Biblioteca Vaticana.[270]

Canovas erste Aufgabe in Paris bestand also vor allem darin, die Legitimierung des Kunstraubs durch den Vertrag von Tolentino zu widerlegen. In Gesprächen wandte er ein, der Vertrag sei unter Zwang zustandegekommen und später

265 Sie finden sich in allen Biographien von Canova und Denon. Eine umfassende Beschreibung bei Molajoli 1975, S. 17. Siehe bei Jayme 1992, 1994 und Weber 1999.

266 Ferrajoli 1888, S. 1 Brief I.

267 Dieses Testament befindet sich in A.S.R. Cam., I, tit. 4, b. 43, fasc. 247.

268 Einzelne Anfragen befinden sich in A.V. S.S., int., a. 1815, rubr. 42, b. 16. Aus Bologna sandte Giustiniani eine Liste von Gemälden, welche bereits 1796 nach Paris verschleppt worden waren (19. August 1815). Aus Perugia kam die Bitte der Rückerstattung von 33 Gemälden (22. August 1815), und Forli bat um seine Bilder (3. Oktober 1815).

269 D'Este 1864, S. 198; Missirini 1825, S. 369; Contarini 1891, S. 58; C. Pietrangeli, „Un ambasciatore d'eccezione, Canova a Parigi", in: *Antonio Canova* (Ausst. Kat., Venedig, Museo Correr, und Possagno, Gipsoteca, 22. März – 30. September 1992), Venedig 1992, S. 15.

270 Auch in A.V. S.S., int., a. 1815, rubr. 142, b. 16 (12. August 1815).

von den Franzosen durch die erzwungene Abdankung Pius' VII. gebrochen worden – Argumente, die schon Consalvi vorgebracht hatte.[271]

Die Verhandlungen in Paris gestalteten sich mühsam. Man brauche „tempo, consiglio e pazienza", schrieb Canova.[272] So groß seine Hoffnungen waren, eine Lösung zu finden, so sehr zermürbten ihn die Verhandlungen, die sich nun immer länger hinzuziehen drohten. Im September wurde Canova krank und schrieb an D'Este: Mit leeren Händen nach Hause zu kommen, sei für ihn ebenso traurig, als wenn seine Werkstatt abgebrannt wäre.[273] Am 12. September bittet er Antonio D'Este, er möge ihm den eigenen Sohn nach Paris schicken: „io non tengo niente di sicuro, ma vengo consigliato da persone che sono negli affari, che qualche cosa avremo". Er solle alle Listen der Kunstwerke mitbringen, die nach dem Vertrag von Tolentino verschleppt worden waren.[274] Eine Lösung schien sich anzubahnen, doch ergaben sich immer neue Probleme: „altri titoli e rapporti de convenienza e di pubblica utilità, per ritenere a Parigi i monumenti d'arte rapiti a Roma ed allo stato Pontificio."[275] Canova erläutert die Bedingungen, die für die Rückgabe der Kunstwerke gestellt wurden: „Le nuove cavillazioni, onde veniva gravato il nostro governo rispetto alle pitture, e ai manoscritti della Vaticana. Ora sono in debito di aggiungere che nel ribattere le accennate accuse fui consigliato da quei ministri che più caldamente proteggono il nostro intento, ad interpretare lo spirito che anima attualmente la corte di Roma alla protezione e incoraggimento delle arti liberali, e a promettere quindi che ogni qual volta si dovesse riconoscere dalla generosa mediazione delle alte potenze, la restituzione ancora dei capi d'opera della pitture, il pontificio governo d'ora in poi, invece di lasciare tali monumenti dispersi qua e colà, come erasi fatto in addietro in siti disavvantaggiosi, e non accessibili agli artisti, ne avria instituita una pubblica galleria, sull'esempio delle altre insigni capitali di Europa, perchè rimaner debbano esposti allo studio e comodo della gioventù d'ogni nazione, che recasi a Roma ad apprendere le arti del disegno, e distribuiti parte nel Museo Vaticano, e parte in quello del Campidoglio.

Quest' asserzione cagionò gran persuasione negli animi, ed influì particolarmente a sanzionare la ricupera dei reclamati oggetti. Sicchè il loro ritorno alla patria che gli vidde nascere viene accordato con l'espressa condizione che servano a pubblica e generale utilità, nel modo sopra qui indicato, come n'ebbi preciso

---

271 Minuta autografa von A. Canova im M.C.B., Manoscritti Canoviani (E 5, 5591).

272 D'Este 1864, S. 202.

273 D'Este 1864, S. 203; Canova an Antonio D'Este, Paris, vor dem 12. September 1815. Gemeint sind der „Apoll von Belvedere" und die „Transfiguration" von Raffael.

274 D'Este 1864, S. 204.

275 D'Este 1864, S. 205.

comando dagli stessi ministri, e più m'imposero questa legge, e mi fanno garante."[276]

Auch die Bilder, die sich früher in den Kirchen befanden, müßten an einem öffentlichen Ort ausgestellt werden, also in einem jedermann zugänglichen Museum. Außerdem sollten die Manuskripte und andere Objekte der Biblioteca Vaticana nun jederzeit einsehbar sein. Damit reagierte der Kongreß wohl auf den französischen Einwand, die Bilder seien in den römischen Kirchen verstaubt, schlecht belichtet und den Interessierten nicht gut zugänglich gewesen und das Studium der Manuskripte sei behindert worden. Es sollte den Wissenschaftlern ermöglicht werden: „portarsi a casa li codici per quello studio e illustrazioni credute necessarie".[277] Würde man diesen Vorschriften folgen, meinte Canova, so sei er sicher, Kunstwerke nach Hause zurückzubringen.

Canova informierte sich immer genauestens und war auch bereit, sich den offiziellen Forderungen anzupassen. Der Briefwechsel aus Canovas Pariser Zeit mit Consalvi bezeugt ihren freundschaftlichen Umgang und ihr volles Einvernehmen in der Frage der Rückkehr der Kunstwerke.[278] Canova handelte bei den mündlichen Auseinandersetzungen mit den Verantwortlichen, oder wenn es darum ging, Anhänger für seinen Kampf um die Kunstwerke zu gewinnen, ganz eigenständig und brachte durch viele persönliche Gespräche sein Vorhaben voran. Unterstützung erhielt er vor allem von englischer Seite: Wie wir aus Vivant Denons Korrespondenz erfahren, versuchte Richard William Hamilton in seiner Eigenschaft als Unterstaatssekretär im Außenministerium, die maßgeblichen englischen Politiker von der Rechtmäßigkeit der päpstlichen Forderungen zu überzeugen, und kämpfte mit aller Kraft um die Kunstwerke. Am 1. September 1815 publizierte er in London einen offenen Brief, in dem er Ludwig XVIII. um die Rückgabe der

---

276 Brief Canovas an D'Este vom 2.10.1815 bei D'Este 1864, S. 206–207; P. J. Weber hat einen bei D'Este nur teilweise zitierten Brief in vollem Umfang abgedruckt, den er in der Bibliothek wiederentdeckt hatte (M.C.R.R., b. 566, Nr. 19), Paris, 2. Oktober 1815; siehe auch Molajoli 1975, S. 13.

277 D'Este 1864, S. 205; vollständig abgedruckt bei Weber 1999 (im Anhang).

278 Zum Briefwechsel zwischen Consalvi und Canova: Weber 1999, S. 276. Das Staatssekretariat als päpstliches Außenministerium war für die Rückführung zuständig, weshalb sich alle Dokumente in seinen Archivbeständen befinden. Dort liegen sie in den Akten der Wiener Nuntiatur von 1814 und 1815 und der Pariser Nuntiatur von 1815, „Belle Arti, Monumenti, Archivi, Musei". Ferner sind alle Briefe Consalvis an Canova im Fondo belle Arti 1815 und 1816 erhalten, wenngleich die Antworten Canovas seltsamerweise fehlen. Sie befanden sich im 19. Jahrhundert im Besitz der Familie Ferrajoli und wurden 1926 mit dem Fondo Ferrajoli für die Biblioteca Apostolica erworben, wo sie heute einsehbar sind. Diese 14 Briefe wurden bereits veröffentlicht (Ferrajoli 1888). Ein weiterer Brief findet sich bei D'Este 1864, S. 206–207, ein sechzehnter bei Weber 1999, S. 309–310.

Kunstwerke bat. Auch durch die Hilfe des englischen Premierministers Lord Liverpool, des Außenministers Castlereagh und des englischen Oberbefehlshabers, des Herzogs von Wellington, konnte der Kirchenstaat auf eine günstige Entscheidung der Alliierten hoffen.[279]Auch Humboldt setzte sich für die Rechte der Stadt Rom ein, auch wenn er sie nur für moralisch begründbar hielt. Canova versuchte, die Angelegenheit mit eigenen Argumenten weiter voranzutreiben.

Aufschlußreich sind die rechtspolitischen Argumente, die er in seinen Briefen und besonders in seinen Gesprächen vorbrachte. Obwohl der Papst, wie er zu Talleyrand sagte, „n'a que des raisons et des prières",[280] sprach er sich gegen das Beuterecht bei Kunstwerken aus: „Tout ce qui appartient á la culture des arts et des sciences est hors des droits de la guerre et de la victoire".[281]

Die Idee von „Rom als großem Museum" war keineswegs neu. Schon 1581 hatte Kardinal de Granvelle[282] von einer „scuola universale" gesprochen, einem gewaltigen, die ganze Stadt Rom umfassenden Museum.[283] Er hatte damit vor allem die Ausfuhr von Statuen kritisiert, die Pius V. (1566–1572) in seiner Antikenfeindlichkeit aus dem Vatikanspalast hatte entfernen lassen.[284] Granvelle hatte das gesamte antike Rom als eine Schule für Gelehrte und Künstler angesehen und

279 Belting 1999, S. 92, Anm. 12. Hamilton, Castlereagh und Wellington erhielten aus Dankbarkeit von Canova gefertigte Marmorbüsten (Johns 1998, S. 192). Wilhelm von Humboldt wurde von Pius VII. mit Geschenken – drei Säulen mit päpstlichem Wappen – und einem Brief für den „so nachdrückliche(n) Beistand, welchen Sie dem Ritter Canova zu dem glücklichen Ausgang seines Auftrags haben angedeihen lassen ...", geehrt (Schreiben aus Castel Gandolfo, 26. Oktober 1815). Humboldt wird „als des wohlverdienten Freundes des Sitzes der schönen Künste" gedacht. (Th. Fontane, *Wanderungen durch die Mark Brandenburg*, III. Havelland, hrsg. von G. Erler und R. Mingau, 2. Aufl., Berlin, Weimar 1994, S. 171; Jayme 1994, S. 36).

280 Malamani 1911, S. 197; Jayme 1992, S. 21.

281 Dieser Gedanke verdichtete sich später zu einem Rechtssatz (Art. 56 II der Haager Landkriegsordnung von 1907); zur Nationalisierung der Kunstwerke siehe E. Jayme, „Neue Anknüpfungsmaxime für den Kulturgüterschutz im internationalen Privatrecht", in: *Rechtsfragen des Internationalen Kulturgüterschutzes*, hrsg. von E. Jayme, R. Dolzer und P. Mußgnug, Heidelberg 1994, S. 35ff.

282 Antoine de Perrenot de Granvelle (1517–1586), Staatsmann in spanischen Diensten, seit 1561 Kardinal, ab 1579 Präsident des Rates von Italien und leitender Minister Philipps II. (M. van Durme, *Antoon Perrenot: Bisschop van Atrecht, Kardinaal van Granvelle, Minister van Karel V en van Filips II (1517–1586)*, Brüssel 1953; G. Jonnekin, *Le Cardinal de Granvelle: un destin européen au XVIe siècle*, Dole 1989).

283 Riebesell 1994, S. 401.

284 Michaelis 1890, S. 42–44; Liverani 1998a, S. VII. Vgl. auch Jestaz 1963, S. 415–466.

deshalb die Auflösung der Ensembles und Sammlungen beklagt.[285] Die Objekte dieses „Rom-Museums“ sollten in ihrer Gesamtheit in der Stadt bleiben und weder Statuen und Gemälde noch Bücher entfernt werden: „Mi dispiace“, schrieb er, „che di Roma si siano cavate statue et tante anticaglie sparse per il mondo, et buona parte di esse in luochi dove non s'intendono ne se ne fa conto; et restando queste cose in Roma, cosi libri come anticaglie, saria la scola publica del mondo per dovervi concorrere et letterati et artefici d'ogni sorte.“[286] Die Präsenz aller Kulturgüter war für Granvelle die wichtigste Voraussetzung eines solchen Kulturzentrums.

Mehr als 200 Jahre später vertrat Quatremère de Quincy, der in Rom gelebt und dort Canovas Freund geworden war, noch eine ähnliche Auffassung.[287] Canova ließ im Einsatz um die Rückkehr der Kunstwerke Quatremères *Lettres au Général Miranda* erneut auflegen, um die Franzosen mit deren Argumenten zu konfrontieren.[288] In diesen Briefen hatte Quatremère den Kunstraub als naturwidrig bezeichnet und sich gegen die Pläne Napoleons, Paris zur Hauptstadt von

---

285 P. de Nolhac, „Lettere inedite del Card. de Granvelle a Fulvio Orsini e al Card. Sirleto“, in: *Studi e Documenti di Storia e Diritto*, 5 (1884), S. 11; Riebesell 1994, S. 414.

286 Kardinal de Granvelle an den Antiquar der Sammlung Farnese in Rom, Fulvio Orsini, 22. März 1581, bei Riebesell 1994, S. 400, die diese wichtige Quelle auswertete.

287 Schneider 1910; Quatremère 1815, S. 15ff.; Pommier 1998, S. 16ff.

288 Pommier 1989a. Ursprünglich erschienen die sieben Briefe unter dem Titel *Lettres sur le préjudice qu'occasionneroient aux arts et à la science: le déplacement des monumens de l'art de l'Italie, le démembrement de ses écoles, et la spoliation de ses collections, galeries, musées, &c, par A. Q.* 1796 in Paris, ein weiteres Mal 1803 in Rom. Nach dem Sturz des Kaiserreiches in Rom und Paris folgte 1815 eine Neuausgabe mit Quatremère de Quincys Namen und identischem Titel. 1836 wurden die Texte innerhalb des Werkes *Lettres sur l'enlèvement des ouvrages de l'art antique à Athènes et à Rome: écrites les unes au célèbre Canova, les autres au général Miranda* von Quatremère de Quincy erneut publiziert. Auf Deutsch gab Johann Wilhelm von Archenholz die ersten sechs Briefe in der Zeitschrift *Minerva: ein Journal historischen und politischen Inhalts*, 20 (1796), S. 87–120 und S. 271–307 in Berlin und Hamburg heraus. Rund zwei Jahrhunderte nach der Erstveröffentlichung besorgte Édouard Pommier neue Ausgaben mit Einführung und Kommentaren (*Lettres à Miranda sur le déplacement des monuments de l'art de l'Italie*, Paris 1989; 2. Auflage, Paris 1996) sowie Übersetzungen ins Deutsche und Italienische (*Ueber den nachtheiligen Einfluß der Versetzung der Monumente aus Italien auf Künste und Wissenschaften, 1796.* Mit einer Einführung von Édouard Pommier [diese ins Deutsche übertragen von Gisèle Pommier, die auch Brief 7 übersetzte; die Briefe 1–6 nach der Übersetzung von J. W. v. Archenholz, 1796], Stendal 1998; *Lettere a Miranda, con scritti di Édouard Pommier; introduzione, traduzione e cura di Michela Scolaro*, Bologna 2002). Von der Ausgabe von 1815 existiert zudem eine Microfilm-Reproduktion (Urbana 2004).

Kunst und Wissenschaft zu machen, gewandt.[289] Quatremère rief Winckelmann als Zeugen auf, der die Bedeutung Roms für die Kultur der Menschheit schon ähnlich gesehen hatte. Im ersten Brief erwähnt er auch die moralischen und völkerrechtlichen Aspekte des Kunstraubes. Er weist dessen negative Folgen auch für den französischen Staat, für dessen Individuen und für dessen Wissenschaften nach. Die Quelle der Erkenntnis würde versiegen, sobald Italien seine Kunstschätze an Frankreich verloren hätte. Aus der Erbeutung und Zerstreuung der Kulturgüter würden für Kunst und Wissenschaft schädliche Folgen erwachsen. Ganz Europa, auch Frankreich, müsse dann darunter leiden. Er bediente sich dabei des Begriffs der „patrie" der Kunstwerke und glaubte, die Kunstwerke gehörten ganz Europa. Quatremère spricht von einer „europäischen Republik", die von den Künsten und Wissenschaften getragen werde und alle Menschen zu Brüdern mache: „En effet, vous le savez, les arts et les sciences forment depuis longtemps en Europe une république."[290] Quatremère hatte, wenn er von Universalität sprach, allein die europäischen Nationen im Blick. So spricht er auch von der „propriété commune au monde savant".[291] Das Problem der rechtlichen Zuordnung an einen bestimmten Staat stellt sich ihm nicht. Die universalen Interessen seien den nationalen übergeordnet. Quatremères Vorstellung, Künste und Wissenschaften gehörten allen Völkern und keines habe das Recht, sie sich ausschließlich anzueignen, vertrug sich nicht mit der Absicht, alle Kunstwerke Europas in einer Stadt zusammenzufassen. Grundlage seiner Auffassung war vielmehr die kulturelle Einheit Europas: „... les arts et les sciences appartiennent à toute l'Europe, et ne sont plus la propriété exclusive d'une nation".[292] Die Kunstwerke gehören nicht einer Nation alleine, deshalb würde auch das Sammeln an einem Ort ihren Wert mindern.

---

289 Pommier 1998, S. 7–39, bes. S. 9–10, 16, 38; Guiffrey 1908, S. 658, Anm. 7; Schneider 1910, S. 164. Er stand mit seiner Meinung nicht alleine, als er 1796 – in Abwesenheit zum Tode verurteilt, an einem geheimen Zufluchtsort versteckt und erst am 10. August 1796 freigesprochen – seine warnende Stimme erhob und seine berühmten Briefe erscheinen ließ, die er unter den Initialen A. Q. in einer eigenen Broschüre herausgab. Die Argumente waren Anlaß einer Bittschrift, die von Frankreichs besten Künstlern verfaßt und am 16. August 1796 dem Direktorium vorgelegt wurde, unter ihnen David und die beiden Moreau, Lesueur und Pajou, Percier und Fontaine, die späteren Architekten Napoleons, Girodet, ja selbst Vivant Denon, der später ins Gegenlager wechseln sollte (Lelièvre 1993, S. 64). Sie schlugen die Einrichtung einer Kommission aus Künstlern und Gelehrten vor, die einen Bericht über die Frage der Rückgabe der aus Rom fortgeführten Kunstwerke erstellen sollte. Die Regierung antwortete nicht.

290 Quatremère 1815, S. 3. Der Gedanke geht auf die Aufklärung zurück und wird schon in der Renaissance vorbereitet; Pommier 1998, S. 57.

291 Quatremère 1815, S. 86; Pommier 1998, S. 36.

292 Quatremère 1815, S. 4; Pommier 1998, S. 9.

Der Gedanke der Unübertragbarkeit des kulturellen Besitzes einer Nation setzte sich erst während der Pariser Verhandlungen des Jahres 1815 durch. Im Sinne Quatremères gelangte man zur Ansicht, kein einzelner Staat oder Mensch habe das Recht, sich die allen Völkern gehörenden Kulturgüter anzueignen. Die Kunstwerke sollten an ihren Ursprungsort zurückkehren. Canova hatte genau dieses Argument mit Unterstützung englischer und deutscher Freunde wie Lord Hamilton, Castlereagh und Metternich während der Verhandlungen vorgetragen.

Er forderte gegenüber Talleyrand die Rückkehr der Kunstwerke, da sie in Rom ihre Heimat, „patrie", hätten, nur dort verstanden würden und als Mittel der Erziehung dienten.[293] In seiner Auffassung, Monumente an ihren Aufstellungsorten zu belassen, sie nicht zu transferieren und nicht dem Kriegsrecht zu unterwerfen, befand sich Canova in Übereinstimmung mit einem Gesetz des Kaisers Julian Apostata aus dem Jahre 363, das die Entfernung von Statuen aus ihrer Heimatprovinz generell verboten hatte.[294]

Darüber hinaus argumentierte Canova mit der Idee der „Republik der Künste und Wissenschaften", einer in der Gedankenwelt des späten 17. und des 18. Jahrhunderts verbreiteten Vorstellung.[295] Hierbei konnte er sich auf auf Lodovico Antonio Muratori berufen, den Rechtsgelehrten und Hofhistoriographen der Herzöge von Modena. Dieser hatte 1704 unter dem Namen Lamindo Pritanio das Manifest *Primi Disegni della Repubblica letteraria d'Italia* publiziert, um die Künstler, die Schriftsteller und die vielen verstreuten Akademien Italiens zu einer einzigen Gelehrtenrepublik zusammenzuschließen.[296] „É detto che singolar pro-

293 Minuta autografa von A. Canova, M.C.B., Manoscritti Canoviani (E 5, 5591). Jayme 1992, S. 21–22.

294 Cod. Iust. 8, 10, 7: „Imp. Iulianus A. ad Avitianum vicarium Africae. Nemini columnas vel statuas cuiuscumque materiae ex alia eademque provincia vel auferre liceat vel movere." Die Vorschrift wurde erlassen, nachdem von Konstantin bis Theodosius zahlreiche Monumente aus dem gesamten Reich, vor allem aber aus Rom, in die neu gegründete Residenzstadt am Bosporus geschafft worden waren. Freilich war auch Rom selbst bereits in republikanischer Zeit mit einer Fülle von Beutestücken aus dem griechischen Osten ausgestattet worden (vgl. M. Pape, *Griechische Kunstwerke aus Kriegsbeute und ihre öffentliche Ausstellung in Rom*, Dissertation Hamburg 1975). Zum Statuenraub unter Konstantin siehe F. A. Bauer, *Stadt, Platz und Denkmal in der Spätantike*, Mainz 1996, S. 311ff. Mit Justinian scheint die Praxis des Kunsttransfers zu einem Ende gekommen zu sein.

295 Delon 1997, S. 928–932. Dort findet sich eine Definition des Begriffs „République des Lettres"; siehe auch Pommier 1998, S. 57–58. Canova beschwor die „République des beaux arts", weitete das Konzept noch aus auf die Gesamtheit der Wissenschaft und Kunst und argumentierte: „Tout ce qui appartient à la culture des arts et des sciences est hors des droits de la guerre et de la victoire" (M.C.B., Manoscritti Canoviani, E 5, 5591; Jayme 1992, S. 19).

296 Falco/Forti 1964, S. 177ff. (Jayme 1992, S. 19).

fitto potrebbe trarsi da tante accademie sparse per l'Italia, se queste tutte si volgessero a trattar le scienze e l'arti secondo la possa chi ciascuno. Aggiungiamo che tutte queste accademie collegate insieme potrebbero costituire una sola accademia e repubblica letteraria, l'oggetto di cui fosse perfezionare le arti e scienze col mostrarne correggerne gli abusi e coll'insegnare l'uso vero".[297]

Zugleich griff Canova auf Quatremère de Quincy zurück, der in den *Lettres au Général Miranda* die Künstler- und Gelehrtenwelt als eine „Gemeinschaft des Unterrichts und der Kenntnisse" beschrieben hatte, die sich durch die „Gleichheit des Geschmacks, der Wissenschaften und des Fleisses" auszeichne.[298] Im Gegensatz zu den Verfechtern der Französischen Revolution, die aus der Kultur ein Anliegen der Freiheit und das ‚befreite' Frankreich zum alleinigen Erben der gesamten abendländischen Zivilisation erklärten, betonte Quatremère – und mit ihm Canova – die europäische Kulturgemeinschaft. Statt sich zu isolieren und nationale Interessen zu vertreten, vereinen sich deren Mitglieder zu einer länderübergreifenden, „allgemeinen Brüderschaft" und tragen Sorge dafür, daß „die Künste und Wissenschaften ganz Europa angehören, und nicht mehr das ausschließliche Eigenthum einer Nation" darstellen.[299] Dies war direkt gegen das Pariser Museum mit seinen aus ganz Europa entführten Monumenten gerichtet.

Erst damals entwickelte sich ein Bewußtsein für die Unterschiede zwischen Kunst als geistigem Erbe der Menschheit und Kunst als Ausdruck einer nationalen Identität. Daß Kunstwerke an einen bestimmten Ort gehörten, war nicht selbstverständlich. Ideengeschichtlich hängt diese Vorstellung mit jener der Geburt der Nationen zusammen. Kulturgüter waren für Canova also nicht nur, wie für Quatremère, Erbe der Menschheit im allgemeinen, sondern wurden zugleich Kulturgegenstände einer Nation.[300] Canova sprach jedoch gerade nicht von nationalen Interessen und meinte mit der in Rom beheimateten Republik der Künste vor allem die kulturelle Gemeinschaft von Künstlern und Gelehrten.[301]

In diesem Sinne kämpfte Canova für seine Ideen und hatte letztendlich Erfolg. Er schrieb am 2. Oktober erfreut an Consalvi: „Eccomi finalmente pervenuto a raccogliere il frutto delle infinite cure e difficoltà superate nell'ardua missio-

---

297 P. Muratori, *Scritti inediti di Lodovico Ant[onio] Muratori pubblicati a celebrare il secondo centenario dalla nascita di lui*, Bologna 1872, S. 63; Falco/Forti 1964, S. 177–181; Jayme 1992, S. 19. Siehe auch A. Andreoli, „Come nacque nel Muratori l'idea dei ‚Primi Disegni della Repubblica letteraria d'Italia'", in: *Atti e Memorie. Accademia Nazionale di Scienze, Lettere e Arti, Modena*, serie VI, 11, (1969), S. 166–170.

298 Pommier 1998, S. 7, 57.

299 Pommier 1998, S. 7, 9.

300 Jayme 1992, S. 16ff.

301 Anders bei Henry 1984, S. 16.

ne ...".[302] Der Kirchenstaat erhielt aufgrund eines Dekretes der Alliierten die Erlaubnis, alle Kunstwerke, Bibliotheken und Archive zurückzuholen.[303] Am 30. September 1815 konnte Canova mit Hilfe österreichischer Soldaten beginnen, die aus dem Kirchenstaat geraubten Kunstwerke einzusammeln.[304] Dies erwies sich jedoch als äußerst schwierig. Denon empfing Canova sehr unfreundlich. Von einem gewissen Zeitpunkt an machte ihn Canova darauf aufmerksam, man könne auf diese Weise doch keinen „ambasciatore" behandeln. „Ambassadeur! Allons donc", antwortete Denon, „vous voulez dire emballeur, sans doute".[305] Bekanntlich widersetzte sich Denon mit allen Mitteln dem Abtransport, sei es, daß er die Werke heimlich verschwinden ließ, oder den Louvre 24 Stunden geöffnet hielt, damit die Besucher den Abtransport stören würden.[306]

Die Hilfe ausländischer Künstler und Kenner war entscheidend für die Auffindung der einzelnen Gegenstände.[307] Beim Abtransport erhielt Canova Unterstützung von englischer Seite. Die englische Regierung garantierte 100.000 Francs für den Transport, und auch Franz I. von Österreich gewährte dem Kirchenstaat seine Hilfe.[308] Die gesammelten Kunstwerke wurde in einer österreichischen Kaserne untergebracht und blieben dort bis zu ihrem Abtransport.

Am 4. Januar 1816 zogen die Wagen mit den Stücken und Manuskripten durch die Porta Pia feierlich ein.[309] So konnte Canova, der am 3. Januar aus London kommend in Rom eingetroffen war,[310] der Zeremonie beiwohnen. Enthusiastisch berichten die italienischen Zeitungen von der Rückgabe der Kulturgüter an die ursprünglichen Eigentümer.

Einen ähnlichen Erfolg errang Canova mit der Rückführung von 39 ursprünglich der Bibliotheca Palatina gehörenden Codices an die Heidelberger Universität, die aus der Vatikanischen Bibliothek nach Frankreich entführt worden waren.

---

302 D'Este 1864, S. 206.

303 A.V. S.S., est., a. 1815, rubr. 247, b. 398 (Weber 1999, S. 301).

304 Berra 1951–54, S. 242.

305 Lelièvre 1993, S. 223.

306 Canova schildert in einem Brief vom 8. Oktober 1815 an Consalvi die dortigen Ereignisse (Universitätsbibliothek Heidelberg, Hd. Ms. 3476, 36); siehe Jayme 1994, S. 24, Anm. 61. Welch großes Durcheinander herrschte, geht auch aus einem Schreiben Denons an den Grafen Pradel vom 20. September 1815 hervor: „Les choses sont si avancées maintenant que pareille défense devient inutile et le mal est si grand qu'il vaut autant exciter l'indignation sur ceux qui commettent de pareilles actions avec violence et outrage" (Lelièvre 1993, S. 223). Zu Denon vgl. Dupuy 1999.

307 Ludwig hatte Georg Dillis 1815 nach Paris geschickt (R. Messerer, *Briefwechsel zwischen Ludwig I. von Bayern und Georg von Dillis 1807–1841*, München 1966, S. 441).

308 A.V. S.S., int., a. 1815, rubr. 42, b. 16 (Weber 1999, S. 299).

309 *Diario di Roma* (Rom, 6. Januar 1816).

310 Ferrajoli 1888, S. 27–28.

Wie bei der Rückführung der Kunstwerke nach Rom, aber in diesem Fall entgegen den Interessen des Papstes, hatte sich Canova dabei auf die gleichen Grundsätze berufen.[311]

Nach der erfolgreichen Pariser Mission ehrte ihn der Papst auf vielfältige Weise.[312] Er wurde ins Libro d'Oro des Kapitols eingetragen und mit dem Titel des „Marchese d'Ischia di Castro" und einer jährlichen Rente von 3.000 Scudi belohnt.[313] Außerdem erhielt er die höchste päpstliche Auszeichnung, den Christus-Orden.[314] Ihm zu Ehren schuf Salvatore Passamonti 1816 eine Medaille, die auf der einen Seite die Büste Canovas und auf der anderen den „Apoll von Belvedere" zeigt (Abb. 15).[315] Auf der von Tommaso Mercandetti geprägten päpstlichen Jahresmedaille für das Jahr 1817 wurde der Rückkehr der Kunstwerke mit einer Abbildung des „Laokoon" gedacht (Abb. 16).[316] Canova blieb die Zentralfigur der Kulturpolitik und der Museen, die sich nun rasant zu verändern begannen.

311 Siehe dazu ausführlich Jayme 1992, S. 22ff.; Jayme 1994, S. 18ff.

312 Da er mit nur 249 von 506 geraubten Bildern zurückkehrte, gab es einige Zweifel an seiner Mission, Angeloni 1818; Pavan 1974, S. 457–471; Sperduti 1982, S. 253–272.

313 31. Dezember 1815. – Moroni 1847, S. 93f.

314 Notiz vom März 1816; Johns 1998, S. 20.

315 Vorderseite: ANTONIUS – CANOVA., unter der Büste S · PASSAMONTI · F ·, Rückseite: FAVENTIBUS EUROPAE REGIBUS MONUMENTA ARTIUM RESTITUTA / ROMAE AN · 1816 · ; C. Johnson, „Avvenimenti e personaggi della vita di Antonio Canova in medaglie", in: *Medaglia*, 16 (1981), S. 32–33 Abb. 21, S. 51.

316 Anno XVIII (14. März 1817 – 13. März 1818), Medaille in Gold, Silber und Bronze. Vorderseite: PIO VII · PONT · – MAX · ANN · XVIII ·, Büste Pius' VII. nach links gewandt, darunter Signatur · TM · (Monogramm), Rückseite: MONVMENTORVM – VETERVM RESTITVTORI, Laokoon-Gruppe; A. Patrignani, *Le medaglie di Pio VII (1800–1823)*, Bologna 1930, S. 185–191 Nr. 85, Taf. V; F. Bartolotti, *La medaglia annuale dei Romani Pontefici da Paolo V a Paolo VI, 1605–1967*, Rimini 1967, S. 235 Nr. E 817; Bartolotti 1972, S. 30–31 Nr. 98 Abb. 45; *Bauten Roms auf Münzen und Medaillen* (Ausst. Kat., München, Staatliche Münzsammlung, Ausstellungsräume des Bayerischen Hauptstaatsarchivs, 16. Oktober – 2. Dezember 1973), bearb. v. H. Küthmann u.a., München 1973, S. 242–243 Nr. 389; R. Martini, *Catalogo delle medaglie delle Civiche Raccolte Numismatiche*, V. Secoli XVIII–XIX, 2. Stato Pontificio – Stato del Vaticano (1800–1903), Mailand 1998, S. 16–17 Nr. 1034–1036, Taf. VI.

IX. Die neue Museumssituation nach der Rückkehr der Kunstwerke

Die Verteilung der Aufgaben mußte der neuen Situation angepaßt werden. Alle Mitarbeiter erhielten wieder den gleichen Status wie vor der französischen Besetzung: Alessandro D'Este blieb Sekretär des Ispettorato,[317] Raffaele Stern Architekt, Vincenzo Camuccini Inspektor der Gemälde und Antonio D'Este Direktor der Vatikanischen Museen.[318] Deren erster Kustode war Tommaso Massi.[319] Nur gegen Canovas Wiedereinsetzung zum Generaldirektor gab es Einwände. Canova zog dem Papst entgegen, als dieser aus der französischen Gefangenschaft befreit, aber noch nicht in der Stadt eingetroffen war. Er wollte ihm seine Ehrerbietung erweisen und bat ihn ausdrücklich um die Unterstützung der Künste und der Accademia di San Luca.[320] Doch einige seiner Konkurrenten nutzten die Gelegenheit, ihn anzuklagen und zu verleumden. Besonders ein Monsignore Francesco Cavalchini[321] warf ihm vor, unter den Franzosen Generaldirektor geblieben zu sein und seine Arbeit unter dem französischen Regime fortgeführt zu haben.[322] Die Anschuldigungen hörten nicht auf, bis sich Canova endlich selbst verteidigte.[323]

Der Papst ließ sich von den Gerüchten jedoch nicht beeindrucken und entkräftete die Vorwürfe mit dem Hinweis, er selbst habe zugestimmt, daß Canova sein Amt behalten solle, um sich für die päpstlichen Sammlungen einzusetzen. Pius VII. nahm ihn somit offiziell in Schutz und übertrug ihm nun die gleichen Aufgaben, die er vor der französischen Besetzung innehatte. Doch nicht nur der Papst, sondern auch viele einflußreiche Persönlichkeiten des Kirchenstaates standen auf Canovas Seite. Der Einfluß seiner Bewunderer überwog. Er wurde wieder als Direktor eingesetzt und war damit dem Camerlengo Rechenschaft schul-

317 Pietrangeli 1985, S. 126.

318 Siehe S. 43.

319 Tommaso Massi war der Sohn von Pasquale Massi und Bruder von Pietro Angelo. Er war seit 1800 Kustode unter Pius VII. und wurde dann gemeinsam mit seinem Bruder ausgeschlossen, da sie sich beide dem Eid des französischen Regimes nicht unterziehen wollten. Später wurden sie wieder integriert. Tommaso und Pietro Massi waren Autoren mehrerer bekannter Vatikanführer.

320 Johns 1998, S. 67.

321 F. Hayez, *Le mie memorie*, hrsg. von F. Mazzocca, übersetzt von C. Ferri, Vicenza 1995, S. 36–37 mit Charakterisierung.

322 D'Este 1864, S. 195–197.

323 Missirini 1825, S. 305–306; Quatremère 1834, S. 274–275; Johns 1998, S. 85.

dig und als Ispettore Generale allen anderen Direktoren der Vatikanischen Museen übergeordnet. Er blieb somit weiterhin die wichtigste Figur der Kulturpolitik des Papstes. Ausgrabungen, Restaurierungen, Akademien und Museen wurden seiner Leitung unterstellt.[324]

Im Museum war Canova nicht nur für den Erwerb und die Instandhaltung der Exponate verantwortlich, sondern fungierte auch als persönlicher Ratgeber des Papstes.[325] Seit dem Jahre 1816 wurde die Einrichtung neuer Sammlungen vorbereitet. Zur gleichen Zeit wurde eigens für den Vatikan ein „Regolamento per li Musei e Gallerie Pontificie" vom Maggiordomo Monsignore Agostino Rivarola formuliert.[326] Es legte Eintrittspreise, Öffnungszeiten, Gehälter der Angestellten sowie Normen für das Reproduzieren von Kunstwerken fest und stellte gleichzeitig den Schutz der Kulturgüter in den Vordergrund.[327] Im selben Jahr regte Canova an, das Gesetz von 1802, das den Export der Kunstwerke aus dem Kirchenstaat verboten hatte, zu modifizieren.[328] Der Kardinal Pacca unterschrieb daraufhin am 7. April 1816 ein Edikt, das zwar die Grundlinien des Gesetzes von 1802 aufnahm, aber in einigen Punkten modifizierte.[329] Es definierte das römische Kulturgut und bestimmte die Modalitäten für die Ausgrabungen und Restaurierungen sowie den Aufgabenbereich der zur gleichen Zeit von Kardinal Pacca eingesetzten „Commissione Consultiva di Belle Arti", die der Papst auf Anregung Canovas und Anraten Consalvis eingerichtet hatte.[330] Sie war sowohl für die Ankäufe der Museen als auch für die Exportgenehmigungen verantwortlich.[331] Mitglieder der Kommission waren neben dem Präsidenten Antonio Canova[332] der dänische Bildhauer Thorvaldsen, der an der Accademia di San Luca unterrichtete, Antonio D'Este, der Direktor der Vatikanischen Museen, Carlo Fea, der Kommissar der Antiken, Filippo Aurelio Visconti und Camuccini.[333] Letzterer, der ohne Wissen Canovas in der Zeit der französischen Besetzung zum Direktor der Gemäldesammlung gewählt worden war, verließ wenig später die Kommission, da er selbst mit Kunstwerken handelte und damit für diesen Posten

324 Brief von Kardinal Consalvi vom 21. Februar 1816; Francia 1972, S. 40.

325 Missirini 1825, S. 149–150; D'Este 1864, S. 115–116.

326 A.S.M.V., cart. VII, n. 6; Pietrangeli 1981, S. 370.

327 Emiliani 1978.

328 Missirini 1825, S. 141–142. Dort spricht er vom großen Einfluß Canovas auf dieses Gesetz und nennt ihn eine bedeutende Autorität, die Pius VII. Ratschläge gebe.

329 Pinelli/Emiliani/Scolaro 1989, S. 171–187.

330 D'Este 1864, S. 247–248; Pietrangeli 1985, S. 135.

331 In einem Brief Paccas an Canova vom 6. Juli.

332 „Canova poteva scegliere due Accademicie di San Luca come membri" (A.S.M.V., cart. 7, fasc. 7, n. 10).

333 Ein von Kardinal Pacca signierter Brief vom 20. Juli 1816, der die Kommission ernennt (A.S.M.V., cart. 9)

wenig geeignet war.[334] Als Präsident der Kommission legte Canova die Kriterien für den Ankauf von Kunstwerken fest: „non verranno acquistati che quei monumenti che si conservano tuttavia non tocchi nella loro originalità antica, cioè senza restauro."[335] Die Kommission war nur beratend tätig und konnte nicht entscheiden.[336] Zwischen der eigentlichen Entscheidungsinstanz, dem Camerlengato, und Canova gab es jedoch enge Verbindungen.[337] Schon zur Zeit der französischen Besetzung hatte eine ähnliche Einrichtung den Ankauf von Kunstwerken für die Museen, den Quirinal, die Klöster und die religiösen Einrichtungen geregelt.[338] Bereits damals hatte Canova Einfluß auf diese Kommission ausgeübt.

Alle diese Regelungen und Einrichtungen hatten auch Einfluß auf die Gründung neuer Abteilungen der vatikanischen Museen.[339] Die Museumspolitik war vom Schutz der Kulturgüter bestimmt. Canovas Aufgaben lagen nicht nur im organisatorischen und verwaltungsrechtlichen Bereich, wie dies während der Zeit der französischen Besetzung häufig der Fall gewesen war, sondern vor allem auch in der Planung und Umgestaltung der Museen, die er zum Teil neu gründete und selbst einrichtete.

Im Bereich der Bibliothek vollendete man die Galleria Lapidaria. 1814 beauftragte Kardinal Consalvi den „Scrittore della Biblioteca", Leonardo Adami, sich für die Einrichtung und die Ausweitung dieser Sammlung einzusetzen.[340] Im selben Jahr schuf der bolognesische Quadraturmaler Angelo Toselli am Eingang der Galleria Lapidaria „la prospettiva", eine fingierte Loggia.[341] Raffaels Teppiche wurden in den letzten Sälen der alten Pinakothek Pius' VI. aufgehängt und die dortigen Dekorationen von Filippo Baini restauriert. Lediglich die Restaurierung der „Fama" über der Tür der Galleria delle Carte Geografiche wurde von Andrea Pozzi ausführt. Eine Inschrift[342] erinnert an die neue Ausstattung: PIVS . VII . P . M. / CONCLAVIA . HAEC. / AVLAEIS . INTEXTIS . EX . ARCHETYPIS . VRBINATIS. / GENTIVM . ADMIRATIONI . ARTIVM . COMMODITATI. / EXPLICANDIS . ET . SERVANDIS. / APTIVS . DISPOSVIT . EXORNAVITQVE. / CVR . B . NARO . S . P . A . PRÆFECTO (Pius VII., Pontifex Maximus, hat diese Räume in einer angemesseneren Weise eingerichtet mit Teppi-

---

334 Pavan 1998, S. 149.

335 Über die Idee, eine solche Kommission zu kreieren, D'Este 1864, S. 247ff.

336 „... una commissione consultiva" (D'Este 1864, S. 247).

337 D'Este 1864 mit Canovas Briefwechsel mit dem Camerlengato.

338 Dekrete vom 25. Februar 1811.

339 Auch das „Regolamento per le Commissioni Ausiliarie di belle Arti, sparse sul territorio dello Stato Pontificio", das Kardinal Pacca verkündete.

340 A.B.V., Nr. 64, S. 313–316.

341 Die Arbeit wurde im September 1814 beendet und mit 120 Scudi bezahlt. Er starb 1827 in Rom (Pietrangeli 1982, S. 399–407).

342 Forcella 1875, S. 201 Nr. 759.

chen, gewebt nach Vorlagen aus Urbino, der Darstellung und der Bewahrung wert, zur Bewunderung der Menschen, zum Vorteil der Künste. Dies wurde besorgt durch Benedetto Naro, den Präfekten des Heiligen Apostolischen Palastes).

Zu Ende des Jahres 1814 wurden die Antiken, die die Grabungen beim Kolosseum, in den Thermen des Titus, in der Maxentiusbasilika, im Tempel der Venus und Roma und des Vespasian sowie jene zur Zeit der französischen Verwaltung zutage gefördert hatten, in den Vatikan gebracht.[343] Im Jahre 1815 begann man, die Vasensammlung Gualterio in der Bibliothek durch etruskische, griechische und italische Stücke zu bereichern, die man auf die Schränke der Galleria Clementina stellte.[344] Auch wenn schon damals die Sammlungen erweitert wurden, leitete man entscheidende Schritte zur Gründung neuer Museen erst ein, nachdem die geraubten Kunstwerke aus Paris zurückgekehrt waren.

Seit seiner Ernennung zum Generaldirektor der Schönen Künste im Jahre 1802 war Canova ausschließlich darum bemüht gewesen, die Sammlungen zu bewahren. Während der französischen Besetzung Roms kämpfte er um Erhalt und Schutz der Kunstwerke und erhielt erst nach ihrer Rückkehr aus Paris Gelegenheit, die vatikanischen Sammlungen neu zu organisieren und wieder zu einem Zentrum der Kunst zu machen.

Gemeinsam mit Kardinal Ercole Consalvi,[345] seinem kunstsinnigen Staatssekretär, Canova sowie weiteren Mitarbeitern nahm Pius VII. die Tradition auf, Wissenschaft und Kunst ruhmvoll zu fördern.[346] Im Mittelpunkt seiner kulturellen Aktivitäten standen weiterhin Ausgrabungen sowie die Ausbesserung der antiken Bauten und Skulpturen sowie die Instandhaltung der zahlreichen römischen Kirchen. Der vatikanische Palast mit seiner Bibliothek und seinem Museum bildete das Zentrum der päpstlichen Kulturpolitik. Pius VII. war im Prinzip offen für die kulturellen Strömungen in Europa, versuchte jedoch, das „Alte“ zu erhalten und mit dem Fortschritt und dem Geschmack der Zeit in Einklang zu bringen.[347]

---

343 Siehe die unpublizierte Dissertation von Dagmar Schumacher über die Maxentiusbasilika.

344 In der Reggia di Caserta sind ebenfalls echte und imitierte etruskische Vasen auf den Schränken der Bibliothek aufgestellt (diesen Hinweis verdanke ich K. Herrmann Fiore). Daran erinnert ein Fresko, das zu den 1818 in der Sala Alessandrina ausgeführten Fresken über das Leben von Pius VI. gehört, deren Themen Canova ausgesucht hatte (D'Este 1864, S. 447–448).

345 Mariuz 1990, S. 124.

346 PIVS . VII . PONT . MAX. / VRBANAE . DIGNITATIS / ADSERTOR (Wahrer der Würde der Stadt) nennt er sich im Vatikanischen Museum (Forcella 1875, S. 207 Nr. 793).

347 Schmidlin 1933, S. 163.

Am 21. Februar 1816 besichtigte er die vatikanischen Museen, die Galerien und die Bibliothek des Vatikan und gab in Absprache mit Consalvi und Canova Instruktionen, die für die Zukunft der Museen von großer Bedeutung waren.[348] Neben der Verlängerung der Galleria dei Candelabri bis zur Galleria delle Carte Geografiche sowie der Ausschmückung der Galleria delle Carte Geografiche mit Marmorhermen[349] und der Einbeziehung des Appartamento Zelada in den musealen Rundgang wurden Restaurierungen und kleine Erweiterungen innerhalb der Sammlungen geplant. Der Papst stellte 1818 die vatikanische Medaillenwerkstatt wieder her und erweiterte die Münzprägstelle. In der Sala del Sansone der Bibliothek wurde eine Terracottensammlung eingerichtet. Die Inschriftensammlung wurde von G. Marini erweitert. Pius integrierte die christlich-archäologischen Objekte der Bibliothek in das von Mariotti inventarisierte Christliche Museum.[350]

Sein Hauptinteresse zielte jedoch auf monumentale Museumsprojekte: den Bau eines neuen Antikenmuseums in Gestalt des Braccio Nuovo sowie die Einrichtung einer neuen Pinakothek im Appartamento Borgia. Beide Projekte wurden aus verschiedenen Motiven gefördert, und für beide war Canova verantwortlich. Sie stellten eine große Herausforderung dar, da man in Rom hoffte, nach der Rückkehr der Kunstwerke werde die Stadt wieder zu einem Zentrum der Künste werden. Denn diese Rolle hatte sich Frankreich anzueignen gesucht. Schon 1796 hatte das Direktorium einen Aufruf an die Künstler Frankreichs erlassen, Paris und nicht Rom sei von nun an der Mittelpunkt der Schönen Künste in Europa. Von der Idee beherrscht, in Paris ein europäisches Kulturzentrum aufzubauen, hatte Napoleon am 2. Juli 1796 an Carnot geschrieben: „Je me plais beaucoup à voir Paris être le rendez-vous de toute l'Europe".[351] Napoleon wollte die politische Reform Europas mit einer „kulturellen Neubewertung der Kunst" verbinden

---

348 In einem Brief des Staatssekretariats an den Maggiordomo dei Sacri Palazzi und den Marchese Canova vom 21. Februar 1816 (A.V. S.S., a. 1820, rubr. 49, fol. 59–62; der gleiche mit Unterschrift Consalvis in: A.S.V. S.P.A., com., 1467, fol. 88–95); De Angelis 1994, S. 190.

349 PIVS . VII . PONT . MAX / PINACOTHECAM . GEOGRAPHICAM / VETERVM . HERMARVM . CONLECTIONE / DITAVIT / SVBSELLIIS . INSTRVXIT / PONTIFICATVS . SVI . AN . XVI (Pius VII., Pontifex Maximus, hat die Geographische Galerie bereichert durch eine Sammlung antiker Hermen, auch hat er Sitzbänke eingerichtet); Forcella 1875, S. 200 Nr. 756. Die Inschrift befindet sich heute im Magazin der Vatikanischen Museen.

350 Siehe dazu Pietrangeli 1985, S. 133ff.

351 Correspondance 1858, I, S. 452 Nr. 715. Den Begriff verwendete bereits François-Joachim de Pierres, Kardinal de Bernis, im einem Brief an Constantin Gravier, Comte de Vergennes, den Botschafter in Stockholm und späteren Finanzberater des Königs, vom 26. November 1782 (Paris, Archives du Ministère des Affaires Etrangères, Correspondance Politique, Rome, Nr. 892); Cagiano 1997, S. 355.

und Paris und den Louvre zum kulturellen Zentrum Europas machen. Der Louvre war zunächst von Künstlern mit unbestimmter Zielsetzung geleitet worden, und erst durch Denons diplomatisches Geschick, seine Kompetenz und sein verwaltungsrechtliches Talent konnte er in eine professionell funktionierende Institution verwandelt werden.[352] Während Rom ausblutete, versuchten Napoleon und Denon, die französische Hauptstadt zur Heimat aller Kunstwerke zu machen, die im Laufe von Jahrtausenden in Rom zusammengekommen waren. Dies geschah gegen den vehementen Protest Quatremère de Quincys: „la décomposition du muséum de Rome seroit la mort de toutes les connoissances dont son unité est le principe".[353] Mit dem Besitz der wertvollsten Kunstwerke verband sich in Paris die Hoffnung, Einfluß auf die weitere Entwicklung der Kunst zu gewinnen, nachdem Jahrhunderte hindurch Künstler in Rom die entscheidenden Impulse und gegeben hatten. Die Reden bei den Eröffnungsfeiern der einzelnen Räume des „Musée Napoléon", des umbenannten Louvre, gaben dies klar zu verstehen.[354] Die Hoffnungen, die alle Verteidiger des Kunstraubes an die erzieherische Wirkung der italienischen und besonders der antiken Kunstwerke knüpften, waren überschwenglich. Man glaubte, ihr Anblick werde die Wiedergeburt der französischen Kunst herbeiführen, die französische Bevölkerung selbst werde durch diese Kunst geläutert und ganz Europa von nun an aus Paris seine kulturellen Impulse empfangen.

Als übernationales Museum sollte der Louvre den Kunstliebhabern aller Länder offenstehen. Gleichzeitig erfüllte er den Traum der Revolution, Bildung für jedermann zu ermöglichen. So entwickelte sich der Louvre zu einem Universalmuseum mit allgemeinem Bildungsauftrag.[355] Der Unterschied zu den Kunst- und Wunderkammern, die ebenfalls universalen Anspruch erhoben und naturgeschichtliche Objekte miteinbezogen hatten, lag in der chronologischen Abfolge. Darüber hinaus brachte der Revolutionsgedanke das Konzept des Museums mit politischen Ideen in Verbindung: eine universale Sammlung für das französische Volk. Das kunsthistorische System des Louvre war für die didaktische Einrichtung aller folgenden Museumsgründungen in Europa vorbildlich und sollte dann weltweit den Geschmack und den Umgang mit den Kunstwerken prägen.[356]

Selbst in Paris hatten bei der Entstehung des Musée Napoléon zwei Parteien miteinander gerungen. Die konservativen Kräfte hatten für die traditionelle Form

352 Gaehtgens 1997, S. 95: „transformation d'un musée d'artistes en musée d'art en passage d'un institution moderne".

353 Quatremère 1815, S. 25; Pommier 1998, S. 15. Vgl. Pinelli 1979, S. 43–62.

354 *Décade philosophique*, 15 (Jahr VI, 1797), 1, S. 297–298.

355 Mit dem Dekret vom 1. September 1801 zur Gründung der 15 Provinzmuseen wurde diese Institution über ganz Frankreich verbreitet.

356 Gaehtgens 1997, S. 106ff.

des Museums als „Tempel der Kunst" plädiert, die fortschrittlichen, die sich letztendlich durchsetzten, für eine kunsthistorische Lehrsammlung.[357] Während in den übrigen Städten Italiens und besonders in Mailand, das Napoleon als zweite Hauptstadt auserkoren hatte, dieser neue Museumsgedanke schon um 1800 eingesetzt hatte, machte sich in Rom erst nach der Rückkehr der Kunstwerke im Jahre 1816 das Bedürfnis geltend, ein zentrales Museum zu gründen. Es sollte in den vatikanischen Palästen eingerichtet und mit den dortigen Sammlungen verbunden werden. Mit der Maßgabe der Alliierten beim Wiener Kongreß, alle Kunstwerke an einem Ort zusammenzufassen und der Öffentlichkeit zugänglich zu machen, änderte sich nicht nur die Struktur der vatikanischen Sammlungen, sondern auch der Umgang mit den Kunstwerken.[358] In diesem Punkt konnte man sich bei der neuen Museumsplanung nicht über die jüngste französische Entwicklung hinwegsetzen, die auch nach der Auflösung des Musée Napoléon fortwirkte. Doch wie sah nun das Konzept der neugegründeten Pinakothek aus, die sich in ihrem Bestand wie in ihrem Konzept grundsätzlich von ihrer Vorgängerin unterschied?

357 Belting 1998, S. 63.
358 Griewank 1954, S. 56.

X. Der Kunstraub als Ausstellungskonzept in der neuen vatikanischen Pinakothek

Die erste öffentliche Gemäldesammlung Roms war 1749 von Benedikt XIV. auf dem Kapitol eingerichtet worden.[359] Diese sogenannte Pinacoteca Capitolina erfuhr ihre größte Erweiterung durch die Aufnahme der Sammlungen Sacchetti und Pio di Savoia, die dort ein passendes Ambiente erhielten.[360] Als erste öffentliche Pinakothek des päpstlichen Staates unterstand sie der Camera Apostolica und nicht der Kommune.

Während noch unter seinem Vorgänger Clemens XIV. die Gemälde vor allem zur Ausschmückung der Papstresidenz – besonders des Quirinals – gedient hatten, begann Pius VI. bewußt, eine Sammlung wertvoller Bilder in seinem Palast einzurichten. Wie so viele andere vatikanische Sammlungen wurde sie in den achtziger Jahren des 18. Jahrhunderts gegründet. Man wölbte den Gang, der die Galleria delle Carte Geografiche mit der Galleria dei Candelabri verband,[361] mit einer Tonne. Diese war von Bernardino Nocchi[362] geplant und von Domenico Del Frate um 1780–1790 ausgemalt worden.[363]

Die Sammlung umfaßte 118 Werke des 16., 17. und frühen 18. Jahrhunderts sowie einige Bilder zeitgenössischer Künstler. Gemälde der Frührenaissance und byzantinische Ikonen waren ausgeschlossen. Die Sammlung war auf italienische

---

359 C. Pietrangeli, *Musei Capitolini: guida breve*, Rom 1974; R. Bruno, *Pinacoteca Capitolina*, Bologna 1978; S. Cormio, „Il cardinale Silvio Valenti Gonzaga promotore e protettore delle science e delle belle arti", in: *Bollettino d'arte*, 35–36 (1986), S. 49–66: „per doversi quivi conservare tanto per decoro e magnificenza maggiore di questra nostra città di Roma quanto a fine che sieno di exemplare et ammaestramento della gioventù inclinata allo studio delle Arti liberali".

360 S. Guarino, „La Pinacoteca Capitolina dall'acquisto dei quadri Sacchetti e Pio di Savoia all'arrivo della Santa Petronilla del Guercino", in: *Guercino e le collezioni Capitoline* (Ausst. Kat., Rom, Pinacoteca Capitolina, 6. Dezember 1991 – 2. Februar 1992), Rom 1991, S. 43–62, bes. S. 44.

361 Heute Galleria degli Arazzi.

362 Bernardino Nocchi (Lucca, 1741–1818) siedelte im Jahre 1769 nach Rom über und war in der Scuola della Piccola. Pius VI. beauftragte ihn für die Dekoration in der Stanza delle Stampe (1785) und auch die Decke der Galleria dei Quadri, die dann von Domenico Del Frate ausgeführt wurde (Michel 1982, S. 105–141). Zur gleichen Zeit war er auch für die Dekorationen im Quirinalspalast verantwortlich (1785). Ab 1803 arbeitete er mit Canova zusammen und zeichnete einige seiner Modelle (Pietrangeli 1985, S. 99).

363 Pietrangeli 1985, S. 96.

und flämische Meister konzentriert, ihre Hängung wurde von primär dekorativen Gesichtspunkten bestimmt.[364] Doch die religiösen Themen fast aller Gemälde ließen sich schlecht mit der Selbstdarstellung Pius' VI. in den Sälen des Museo Pio-Clementino vereinbaren, wo er sich in die Reihe der antiken Kaiser und Mäzene stellte.

Nach dem Vertrag von Tolentino 1797 wurden die wichtigsten Gemälde nach Paris verschleppt, so daß man die Pinakothek 1802 auflöste und den verbleibenden Bestand auf die Säle des Papstpalastes verteilte. Die Bilder waren in Paris in einen neuen Kontext eingebunden worden, bevor sie in den Vatikan zurückkehrten und in die neue Pinakothek integriert wurden. In Paris hatte man versucht, die Entwicklung verschiedener Epochen und Künstler aufzuzeigen und auch solche Kunstwerke aufgenommen, die dem Zeitgeschmack nicht entsprachen.[365]

Diese Betrachtungsweise wie auch ihre Umsetzung waren schon während des ganzen 18. Jahrhunderts vorbereitet worden. Pierre-Jean Mariette hatte bereits Anfang des 18. Jahrhunderts für die Graphiksammlung des Prinzen Eugen in Wien ein historisches Ordnungsprinzip entwickelt,[366] in dem er die Blätter nach nationalen und regionalen Schulen, nach Künstlern und ihrer zeitlichen Abfolge ordnete und sie mit den persönlichen Daten der Künstler versah.[367]

In Deutschland zeichnete sich zur gleichen Zeit eine ähnliche Entwicklung ab. Der Düsseldorfer Hofmaler, Sammler, Akademiestifter und Direktor der kurfürstlichen Sammlung Lambert Krahe nahm in der Ordnung seiner berühmten Sammlung von Zeichnungen neben der Trennung nach Schulen auch eine Unterteilung nach Gebieten vor. Er ordnete die Blätter nach Ländern und innerhalb Italiens nach regionalen Schulen.[368] Er wollte dieses System jedoch nicht auf die Sammlung von Gemälden übertragen, um dem Kunstgenuß Priorität vor der lehrhaften Vermittlung einzuräumen.

Diesen Schritt vollzog erst Christian von Mechel, der um 1778–1782 die Habsburger Gemäldesammlung im Wiener Belvedere neu einrichtete.[369] Mechel

---

364 C. Pietrangeli, „La Pinacoteca Vaticana di Pio VI", in: *Bollettino dei Musei Vaticani*, 3 (1982), S. 45–67. Eine neue Deutung der Pinakothek unter Pius VI.: bei Abita 1998, S. 68ff.

365 Cagiano 1997, S. 348.

366 Pommier 2000, S. 68.

367 W. Koschatzky, *Die Kunst der Graphik*, München 1975, S. 24–25.

368 Zur Person Krahes vgl. H.-Th. Schulze-Altcappenberg, „Lambert Krahe und seine Zeichensammlung", in: H.-Th. Schulze-Altcappenberg, S. Cremer, *Facetten des Barock: Meisterzeichnungen von Gianlorenzo Bernini bis Anton Raphael Mengs* (Ausst. Kat., Düsseldorf, Kunstmuseum, Akademiesammlung, 25. März – 13. Mai 1990), hrsg. von H. A. Peters, Düsseldorf 1990, S. 11–22; bes. S. 15.

369 Aber auch hier gab es Vorläufer wie Johannes Friedrich Christ, der in seiner Cranach-Monographie von 1726 die Gliederung der Kunst nach Epochen auf die

wandte das für die Düsseldorfer Zeichnungen erprobte System auf die Wiener Gemälde an. Dabei beeinflußte ihn sicher auch Mariettes Ordnung der Graphiksammlung, die Mechel mit Sicherheit gut kannte.[370] Mechels Ziel war es, mit diesem Klassifizierungssystem ein breites Publikum zur Kennerschaft zu führen. Er sortierte die Gemäldesammlung konsequent nach Schulen und brachte diese in eine chronologische Ordnung. Dieses kunsthistorische Klassifizierungssystem, das bis heute gültig ist, wurde schon damals positiv aufgenommen.[371]

Schon seit 1776 hatte der königliche Intendant D'Angiviller eine öffentliche Bildergalerie im Louvre geplant, die er zur bedeutendsten Europas machen wollte.[372] Sie sollte einen ausgewogenen Überblick über die französischen, italienischen und nordischen Schulen und ihre zeitliche Abfolge geben.[373] Durch eine aktive Ankaufspolitik ergänzte D'Angiviller die alten Bestände und ließ in seinem Bemühen um ein genaueres Bild der Geschichte der Malerei besonders Werke flämischer und holländischer Maler des 17. Jahrhunderts sowie spanische Kunst ankaufen. Gleichzeitig vervollständigte er die Sammlung der französischen Maler. Er hatte von Nicolas de Pigage dessen Stichwerk mit dem Düsseldorfer System erhalten,[374] und auch Mariettes historisches System war ihm bekannt. D'Angiviller wollte den Louvre nach den gleichen Kriterien einrichten, doch setzten sich seine Vorstellungen erst viel später durch. Denn bei der Eröffnung des Louvre 1793 war man zum alten vergleichenden Prinzip zurückgekehrt und hatte die Hängung der Bilder keinem Ordungsprinzip unterworfen. Man befürchtete, das historische System sei zu elitär, und kehrte damit zu einem System der Renaissance zurück, das den Schülern die Wahl ihrer Vorbilder überlassen sollte. Dies bedeutete auch eine Kritik an der akademischen Lehre, in der ganz gewisse

---

deutsche Malerei übertragen hatte. Mit der Entwicklung der musealen Ordnungsprinzipien in der frühen Neuzeit befaßt sich ausführlich Minges 1998.

370 Sie wurde in einem Prachtband verlegt (Wüthrich 1956, S. 119–128).

371 Zur Rezeption Wüthrich 1956, S. 163–164.

372 A. L. McClellan, „D'Angiviller's great men of France and the politics of the Parliaments", in: *Art History*, 13, 2 (1990), S. 175–192.

373 A. L. McClellan, „The Musée du Louvre as revolutionary metaphor during the terror", in: *The Art Bulletin*, 70 (1988), S. 300–313, bes. S. 302–303.

374 N. de Pigage, *La Galerie électorale de Dusseldorf ou Catalogue raisonné et figuré de ses tableaux, dans lequel on donne une connoissance exacte de cette fameuse collection, & de son local, par des descriptions détaillés, & par une suite de 30 planches, contenant 365 petites estampes redigées & gravées d'après ces mêmes tableaux par Chretien de Mechel graveur. Ouvrage composé dans un gout nouveau, par Nicolas de Pigage*, Basel 1778. Pigage hatte 1776 sein Manuskript und die Tafeln an die Akademie in Paris gesandt sowie schließlich ein gedrucktes Exemplar 1778 an D'Angiviller. Vgl. auch A. L. McClellan, „The Musée du Louvre as revolutionary metaphor during the terror", in: *The Art Bulletin*, 70 (1988), S. 303, Anm. 14.

Vorbilder bestimmt wurden. Erst später griff man auf die Ideen D'Angivillers zurück. Mit ihm hatte eine enzyklopädische Tradition begonnen, die erst Denon zur vollen Blüte brachte.

1. Denons Konzept der Gemäldegalerie in Paris

Als Direktor aller Pariser Museen hatte Vivant Denon seit 1803 die einmalige Chance, den Louvre zu einem Weltmuseum auszubauen.[375] Durch die napoleonischen Plünderungen wurde der Louvre zu einer Schatzkammer der Kunst aus aller Welt und damit auch zum Spiegel der Macht Frankreichs.

Denons Ziel war es, die Meisterwerke nicht nur Roms, sondern des gesamten Abendlandes an einem Ort zu versammeln. Als Direktor des Museums wertete er nicht nur die Bedeutung einzelner Kunstwerke auf, sondern war auch verantwortlich für ihre Aufstellung und Hängung, ihre konservatorische Betreuung und ihre wissenschaftliche Bearbeitung. Während in den höfischen Gemäldesammlungen ausschließlich repräsentative und ästhetische Ordnungskriterien gegolten hatten,[376] wurden die Werke nun in eine imaginäre Ordnung gebracht und nach Kunstlandschaften und Perioden gehängt.[377] Das einzelne Meisterwerk stand immer weniger im Vordergrund, wurde immer mehr Objekt historischer Betrachtung. So trug Denons Methode auch entscheidend zur Entwicklung von Kunstwissenschaft und Kunstkennerschaft bei.

Denon, der immer als Malerei-Fachmann angesehen wurde, ging in seinem Museumskonzept noch einen Schritt über D'Angiviller hinaus. Er erkannte, daß nur die historische Sicht ein unvoreingenommenes und freies Urteil über die alte Kunst ermöglichte und daß allzu viele Betrachter in ihren Geschmacksvorurteilen über die alte Kunst befangen blieben. Er glaubte, der bestehende klassizistische Geschmack versperre die Sicht auf die Kunst und verhindere, die Vollkommenheit anderer Künstler, besonders jener des 14. und 15. Jahrhunderts, zu erkennen. Sein Wunsch, eine repräsentative Sammlung dieser sogenannten italienischen „Primitifs" für den Louvre zu gewinnen, reichte bis ins Jahr 1790 zurück, konnte aber erst 1811 bei seiner letzten Italienreise realisiert werden.[378] Denon wußte, daß der Plünderung der italienischen Städte zwar Grenzen gesetzt waren, daß er dort aber zielstrebig seine Interessen verfolgen konnte. Er wollte eine vollständi-

375 Dazu Gaehtgens 1997; Gaehtgens 1988; auch in seinem Zeitungsartikel „Hieronymus im Louvre", *Frankfurter Allgemeine Zeitung*, Nr. 265, 12. November 1994; Chatelain 1973; Lelièvre 1993; McClellan 1994.

376 Anders bei Druckgraphiken, siehe S. 143.

377 Gaehtgens 1997, S. 105.

378 Blumer 1934, S. 239ff.; Gaehtgens 1997, S. 100.

ge Sammlung der Florentiner Schule des frühen Quattrocento aufbauen.[379] Umbrien, das von den Franzosen besetzt worden war, besaß in Kirchen und Klöstern zahlreiche Bilder des 13.–15. Jahrhunderts, die ihm zur Vervollständigung seiner Pariser Gemäldesammlung noch fehlten. Er konnte Napoleon veranlassen, am 25. Februar 1811 ein Dekret über eine Schenkung an die Krone zu unterschreiben: „Les tableaux, gravures, statues, marbres, mosaïques, camées, pierres gravées et généralement tous les objets d'art ou d'antiquité quelconques existant dans les divers bâtiments publics des départements de Rome et du Trasimène appartiendront à la Couronne".[380] Denon hatte die Stücke genau bestimmt. Die letzten Sendungen seiner italienischen Ausbeute trafen erst in Paris ein, als das Schicksal der napoleonischen Herrschaft bereits besiegelt war. Dies hinderte Denon jedoch nicht daran, eine neue Ausstellung vorzubereiten.

Am 15. Juli 1814, drei Monate nachdem die Alliierten Paris bereits besetzt hatten, öffnete der Grand Salon noch einmal seine Pforten zur letzten Ausstellung geraubter Kunstwerke. Das Musée Napoléon war inzwischen in Musée Royal umbenannt worden. Die Ausstellung enthielt als vollständige Neuerung die italienischen Meister des 14. und 15. Jahrhunderts und wurde zu einem großen Erfolg. Der Katalog dieser Ausstellung gibt über die Absichten und Ziele Denons genaue Auskunft. Er wollte die Grande Galerie des Louvre zum größten Museum italienischer Renaissancemalerei ausgestalten, das die Welt jemals gesehen hatte. Mit den letzten Erwerbungen hatte er sein Ziel erreicht. Es fehlte kein wichtiger Name.

Mit Recht wird die besondere Bedeutung dieser Neuentdeckung der allzu lange vernachlässigten italienischen Frührenaissance für die gesamte Kunst der Neuzeit betont. Die Erwerbungen auf dieser letzten Italienreise Denons und deren Ausstellung wirkten nachhaltig auf das Sammlungswesen des gesamten 19. Jahrhunderts. Diese Neubewertung des 15. Jahrhunderts wurde von Lanzi und anderen aufgegriffen und löste nach der napoleonischen Epoche ein wachsendes Interesse an frühitalienischen Meistern aus. Hatte Winckelmann den Blick über die klassischen Epochen der Antike hinaus geweitet, so tat dies nun Denon für die nachmittelalterliche Malerei. Über den damaligen Zeitgeschmack hinaus betrachtete und analysierte er die „Primitiven", um sie in ihren historischen Zusammenhang einzubinden.

Auch die mittelalterliche Malerei begann nun, sich neben der Kunst der Antike einer gewissen Schätzung zu erfreuen.[381] Die „Primitiven" wurden als eine ei-

379 „Lettre de M. De Scitivaux à F. X. Favre", Paris, 6. Oktober 1815, in: *Revue napoléonienne*, 4 (1904/1905), S. 68–69.

380 Blumer 1934, S. 242.

381 Belting 1998, S. 63.

gene Epoche angesehen, die die bisherige Vorstellung von der Entwicklung der Kunstgeschichte ergänzte.[382] Schwerpunkt dieser Kunstbetrachtung war ihr wissenschaftlich-didaktischer Aspekt. Dieser stand im nachrevolutionären Frankreich im Vordergrund, während in Deutschland der Blick auf die Kunst des 13. bis 15. Jahrhunderts auch dazu beitragen sollte, zu einer intensiveren Religiosität zurückzufinden. Begeistert äußerte man sich dort über die erste mittelalterliche Sammlung, die die Brüder Boisserée 1804 in Köln anlegten.[383] Die Brüder wollten die Bilder zunächst einmal retten, indem sie Altäre aus säkularisierten Kirchen und Klöstern aufkauften und in entsprechend weihevoller Umgebung präsentierten. Es ging ihnen nicht allein um die historische Bedeutung der Werke, sondern auch um ihren künstlerischen Rang und um ein angemessenes Umfeld, nachdem sie aus ihrem Zusammenhang gerissenen worden waren. Diese ästhetisch motivierten, religiösen und konservatorischen Bemühungen rangierten noch vor dem kunsthistorischen Interesse an einer Entwicklungsgeschichte der Malerei vom 13. bis zum 16. Jahrhundert. In Frankreich wollte man hingegen die alte Religion vernichten und durch etwas Neues ersetzen. Herausgelöst aus dem ursprünglichen Kontext und gleichberechtigt neben den Nachbarstücken wurden die Bilder vor allem wegen ihrer historischen Bedeutung ausgestellt.

Denon wandte sich in seinem Museumskonzept gegen die Überzeugungen Winckelmanns, die Kunst sei bereits an ihrem Endpunkt angelangt, aber auch gegen jene Vasaris, dessen „Wiedergeburt“ ihren Höhepunkt bereits in der ersten Hälfte des 16. Jahrhunderts erreicht hatte. Der Begriff des „rinascimento“, so heißt es in Vasaris Einleitung, spiegle den organischen Übergang von der „notte di medio evo“ zur „eta moderna“. Es ist das organische Entwicklungsmodell von Keim, Blüte und Verfall, von dem aus kein Weg weiterführt. Dekadenz und Epigonentum seien nach dem Verfall die unausweichlichen Folgen. Wie Vasari sah auch Winckelmann die Entwicklung der nachantiken Kunst analog zu jener der Antike.

„In den Fußstapfen der alten Meister ... wird die Kunst, anstatt abzufallen, einen immer größeren Fortschritt spüren“, meinte hingegen Denon. Sein Glaube an eine Zukunft der Malerei ging Hand in Hand mit der politischen und pädagogi-

382 M. Lamy, „La découverte des primitifs italiens au XIXe siècle: Seroux d'Agincourt (1730–1814) et son influence sur les collectionneurs, critiques et artistes français“, in: *Revue de l'Art ancien et moderne*, 39 (1921), S. 169–181.

383 A. Gethmann-Siefert und B. Collenberg, „Die Kunstsammlung auf dem Weg ins Museum: Anspruch und Wirkung der Bildersammlung der Brüder Boisserée“, in: *Lust und Verlust: Kölner Sammler zwischen Trikolore und Preußenadler*, hrsg. von H. Kier und R. Zehnder, Köln 1995, S. 183–191; *Kunst als Kulturgut: die Bildersammlung der Brüder Sulpiz und Melchior Boisserée*, hrsg. von A. Gethmann-Siefert und O. Pöggeler, Bonn 1995.

schen Tendenz seines Museumskonzeptes. Man sieht, wie klar Denon seine Ziele verfolgte und welchen Wert er auf den erzieherischen Wert der alten Meister legte. Sein Museum sollte nicht nur Repräsentationsstätte sein, sondern auch ein Ort, wo man die Kunst Europas, als dessen politisches und kulturelles Zentrum sich Frankreich fühlte, verstehen lernte.[384]

2. Zusammenfassung der nach Rom zurückgekehrten Gemälde an einen Ort

Im Gegensatz zur Brera in Mailand, dem „petit Louvre", oder zu den Museen in Venedig und Bologna, die schon zuvor unter dem Einfluß Denons eine modernere Entwicklung genommen hatten, ging Rom eigene Wege. Durch die Rückkehr der geraubten Kunstwerke hatte sich nicht nur der Bestand, sondern auch das Ausstellungskonzept gegenüber der ersten Pinakothek wesentlich verändert. Canova hatte sich 1815 für die Herausgabe der Kunstwerke aus dem gesamten Kirchenstaat eingesetzt. Seine Rückkehr mit weniger als der Hälfte der ursprünglich 506 Bilder ließ Zweifel am Erfolg seiner Mission aufkommen. 248 Gemälde blieben in Frankreich, etwa 20 Skulpturen sowie weitere neun Werke, die nicht aufgefunden werden konnten. Außerdem hatten Canova und der Bibliothekar Marini ungefähr 500 Papstmedaillen und zahlreiche Handschriften in Paris zurückgelassen. Einige Bilder vermachte Pius VII. Ludwig XVIII., andere schenkte er als Dank für die großzügige Hilfe England. Die Heimkehr weiterer Kunstwerke wurde durch zu hohe Transportkosten verhindert. Schließlich muß es Canova schwergefallen sein, mit unvollständigen Listen und in feindseliger Atmosphäre alle Stücke wiederzufinden. Alles mußte schnell gehen,[385] und so wurden keine größeren Anstrengungen unternommen, allen Werken nachzuspüren, die aus säkularisierten Klöstern und Kirchen geraubt worden waren. Man besaß keinerlei Überblick über die Gemälde des Kirchenstaates von Bologna bis Pesaro und Rom und wäre auf mehr als einen Kenner angewiesen gewesen. Canova war zwar keineswegs nur an der Antike interessiert, doch erbat er, da seine Kenntnis der Malerei für ein kompetentes Urteil nicht ausreichte, die Hilfe von Experten: „Conviene però che Alessandro (D'Este) sia munito della nota dei quadri perduti dello Stato, comprese le tre Legazioni, e prima di consegnarla saria conveniente che fosse veduta in alto secreto dai signori Camuccini e Landi perchè si contrassegnassero particolarmente le opere, che meritassero d'essere prescelte, in caso che io sia costretto ad una transazione; varrommi pur anche dell'ottimo avviso

384 Belting 1998, S. 64.
385 Ferrajoli 1888, Briefe I–VII, bes. II, V. Johns 1998, S. 192.

del signor Benvenuti, direttore dell'Accademia di Firenze, che trovasi qui per le cose della Toscana".[386]

Im Nachtrag zu diesem Brief vom 12. September 1815 drängte er erneut auf Hilfe: „E desidero che si faccia quella scelta dal signor Camuccini e da Landi, per garantirmi da ogni rimprovero e per li soli quadri di Roma."[387] Als keine Hilfe kam, erbat er wenigstens die Listen: „Avessi avuto queste note al partir mio da Roma! O fossermi state spedite subito dopo almeno!"[388] Er mußte jedoch alleine entscheiden: „Riguardo alle statue, spero, che si riporteranno all'opinione mia, sempre nel caso supposto di una conciliazione, e per quello che s'appartiene alla spedizione, sarei di parere che dovessero farsi volare i primi capi d'opere ..."[389] Auch die Begründungen, warum er gewisse Bilder zurückließ, finden sich in seinen Briefen. Die meisten Bilder waren verstreut oder unauffindbar oder befanden sich in Kirchen: „E quelli nelle chiese suppongo che a Sua Santità non sarà discaro di rilasciarli ..."[390]

Somit kehrten fast keine Bilder der Frührenaissance zurück. Ob dies am diplomatischen Geschick Denons lag, der sein Lebenswerk, die Sammlung der „Primitiven" und vieler anderer Bilder, vor dem Zugriff schützte, oder ob Canovas Auswahl dem Zeitgeschmack folgte, sei dahingestellt. Die neue Sammlung war im Vergleich zur ursprünglichen zwar durch Meisterwerke bereichert, insgesamt jedoch stark geschrumpft.

Auch die Zusammenstellung der Bilder in der vatikanischen Pinakothek hatte sich verändert. Canova wurde bei seiner Mission in Paris von den Alliierten vorgehalten, die Kulturgüter in Rom seien nicht zugänglich, würden in den Kirchen und Museen verstauben und sollten deshalb besser in Paris verbleiben. Als man sich dann gegen alle Bedenken entschloß, die Kunstwerke zurückzugeben, legte der Wiener Kongreß fest, sie soweit wie möglich zusammenzufassen und an einem für die Öffentlichkeit zugänglichen Ort auszustellen.[391] Dieser Gedanke hatte sich seit der Französischen Revolution immer mehr durchgesetzt: Kulturgüter sollten Gemeinschaftsgut werden und fürstliche Sammlungen in öffentliche Museen verwandelt werden. In Wien hatte man schon vorher ähnlich gedacht und damit bis nach Budapest gewirkt.[392]

---

386 Ferrajoli 1888, S. 6–7, Brief IV.
387 Ferrajoli 1888, S. 7, Brief IV.
388 Ferrajoli 1888, S. 14, Brief VIII.
389 Ferrajoli 1888, S. 7, Brief IV.
390 Ferrajoli 1888, S. 17, Brief IX.
391 Zur Situation beim Wiener Kongreß Weber 1999. Dort ist auch der Originalbrief abgedruckt.
392 Pommier 2000, S. 68 (Hinweis von K. Herrmann Fiore).

Canova hatte dafür gekämpft, die Stadt Rom als großes Museum zu erhalten, und nie daran gedacht, Bilder aus den Kirchen in einem Museum zusammenzufassen. Nun wurde er durch die strengen Auflagen der Alliierten dazu gezwungen. Consalvi wollte hingegen der vatikanischen Bildergalerie alle aus Frankreich zurückerstatteten Meisterwerke einverleiben.

Während der preußische König, der Wiener Hof und der König von Spanien ihre privaten Sammlungen der Öffentlichkeit übergaben,[393] war dieser Prozeß in Rom nicht selbstverständlich. Die Entscheidung, alle Gemälde zusammenzufassen, war umstritten und Gegenstand heftiger Konflikte. Als Fürsprecher der Konservativen war Kardinal Pacca gemeinsam mit Carlo Fea gegen Consalvis Zusage, die Kunstwerke der vatikanischen Sammlung einzuverleiben, vehement zu Felde gezogen.[394] So sagt Fea etwa über die Transfiguration: „La trasfigurazione di Raffaele può essere al presente collocata sola nell'antica sua Chiesa o San Pietro in Montorio dietro l'Altar maggiore nuovo di muro, ove avrà il miglior lume desiderabile, e la situazione più bella e più comoda a vedere e studiare, che in una Galleria comune, senza timore di fumo, o di fuoco, e meglio custodita con tele, e occorrendo con sportelli; onde trionfare sopra ogni altro quadro del Mondo, anche per questo aspetto."[395] Pacca und Fea folgten also der Auffassung Quatremères, die Stücke sollten an ihren Ursprungsort zurückkehren, um die gesamte Stadt Rom als Museum zu erhalten. Consalvi widersetzte sich Feas Meinung, die meist aus den Kirchen Roms stammenden Bilder gehörten als heilige Objekte in die Gotteshäuser, und antwortete auf Feas seitenlange Begründung kurz und ironisch: Die Kunstwerke seien im Einverständnis der Alliierten an den Vatikan abgeschickt und dort deponiert worden und somit direkt zu Seiner Heiligkeit zurückgekehrt.[396] Damit seien sie Eigentum Seiner Heiligkeit, und kein anderer könne über ihren Besitz verfügen. Alle Kunstwerke würden, wie es schon in anderen Städten praktiziert werde, zusammen an einem Ort ausgestellt, um der Öffentlichkeit zur Verfügung zu stehen. Auch Canova, der in Paris kurz zuvor mit den Argumenten Paccas und Feas überzeugend die Notwendigkeit einer Rückkehr der geraubten Kunstwerke darlegen konnte, sprach sich nun für ein öffentliches Museum aus. Denn er wußte, daß ohne dieses Versprechen ihre Herausgabe in Gefahr gewesen wäre.

Die ausgesuchten Bilder kehrten zurück und die päpstlichen Sammlungen profitierten somit in besonderem Maße von der Rückkehr. Sie erhielten zahlreiche Altäre oder Devotionsbilder, die sich früher in Kirchen und Klöstern befun-

---

393 Wescher 1976, S. 103.

394 Tamblé 1998, S. 440ff.

395 Tamblé 1998, S. 441.

396 Consalvi berief sich auf das Verfügungsrecht des Papstes, dem die Bilder persönlich zurückgegeben worden waren.

den hatten.[397] Sie wurden also nicht den Eigentümern zurückgegeben, sondern dem Wunsch der Alliierten entsprochen: „Gli oggetti ... non sono stati restituiti ai particolari, ma che dalle Potenze alleate è stato fatto dono al Governo con l'espressa intelligenza che debba formarsene collezione e che restino conservati nella Dominante a pubblica vista".[398] Die vatikanischen und kapitolinischen Museen wurden somit zum Sammelplatz der zurückgekehrten Kunstwerke des Kirchenstaates.[399]

Die Zusammenfassung der zurückgekehrten Bilder in einer öffentlich zugänglichen Sammlung und die Intensivierung der Funktion des Museums als Studienort führten zu einer Veränderung der ursprünglichen Hängung. Im Unterschied zur Pinakothek Pius' VI. war die neue Gemäldesammlung durch die kostbaren Bilder aus den Kirchen bereichert worden, Kunstwerke, die man aufgrund unzureichender Beleuchtung oft nicht hatte studieren können. In der päpstlichen Sammlung waren sie nun für die Künstler zum ersten Mal gut zugänglich und sichtbar. So fragt sich, inwieweit das Programm der zweiten Pinakothek auf jenes der ersten Gemäldesammlung unter Pius VI. zurückgreift und inwieweit die didaktische Neuerung von Denons Musée Napoléon miteinbezogen wurde. Von dort waren die Bilder ja zurückgekehrt, dort hatten sie eine neue Bedeutung erhalten.

3. Einrichtung der neuen Pinakothek (1819–1821)

Die neue Pinakothek ist das Ergebnis der harmonischen Zusammenarbeit des Bildhauers Canova mit dem Maler Vincenzo Camuccini und dem Architekten Raffaele Stern.[400] Auch wenn Camuccini Vorschläge machte, konnten diese nur mit Canovas Zustimmung umgesetzt werden.

Die Bilder sollten im Appartamento Borgia, das 1492–1494 von Pinturicchio und seinen Mitarbeitern ausgemalt worden war, ausgestellt werden. Zur Neueröffnung 1819 wurden diese Fresken unter Canovas Leitung restauriert. Für das Verständnis der Hängung ist D'Estes kurze Beschreibung der Bilder aus dem

397 In diesem Zusammenhang ist interessant, daß Kardinal Consalvi 1818 in einem Antwortschreiben an eine Frau Beliardi-Almerici aus Ancona, die um die Rückgabe des Bildes „Die selige Michelina" von Barocci bat, ausdrücklich feststellte, der obengenannte Gegenstand sei von den Verbündeten der Regierung nicht an Privatpersonen, sondern unter der Auflage übergeben worden, in einer der Öffentlichkeit zugänglichen Sammlung vereinigt zu werden (Pietrangeli 1985, S. 297).

398 A.V. S.S., 1818, rubr. 42, fasc. 2, fol. 77; Francia 1960, S. 11.

399 In D'Este 1821 findet sich die Einrichtung der Galerie.

400 Nogara 1925, S. 90, 94.

Jahr 1822 aufschlußreich, kurz nachdem sie aus Paris zurückgekehrt waren. Er erwähnt die Bilder jedes einzelnen Raumes und gewährt einen anschaulichen Einblick in den Geschmack der Zeit. Zu einigen Bildern äußert er sich ausführlich, die meisten zählt er nur auf. Im zweiten Raum hängt die „Aldobrandinische Hochzeit“[401] neben einem Heiligenbild des Fra Angelico, der „Grablegung“ Caravaggios, der „Auferstehung Christi“ Pietro Peruginos und dem „Heiligen Thomas“ Guercinos. Den Sinn dieser Gruppierung erklärt er folgendermaßen: „Questa („Aldobrandinische Hochzeit“) però è qui molto opportunamente situata in mezzo dei capi d'opera della moderna pittura, acciò col paragone possa rilevarsene il giusto merito, ma non mai per giudicare del valore dei nostri antichi nell'arte ...“.[402] Die Bilder sollten im Vergleich betrachtet, aber nicht bewertet werden. Im vierten Raum hängt Domenichinos[403] „Kommunion des Heiligen Hieronymus“, „uno dei quattro quadri d'altare più celebri di Roma“, da der „disegno correttissimo“ sei.[404] Das Gemälde stand weder mit anderen aus Kirchen geraubten Bildern in Zusammenhang noch war es inhaltlich mit den übrigen Bildern des Raumes vergleichbar.

Die Idee des vergleichenden Betrachtens klingt jedoch auch in der Beschreibung der kapitolinischen Galleria dei Quadri aus demselben Jahr an. Diese Sammlung war, wie bereits erwähnt, unter Benedikt XIV. im Jahre 1749 gegründet worden und auch noch unter Pius VII. als Lehreinrichtung für junge Künstler gedacht: „se non contiene tutti capi d'opera dell'arte forma bensi una rispettabile serie di buoni esemplari“.[405] An diesen Vorbildern sollten sich die angehenden Künstler orientieren. Sie erlaubten ihnen, die Stilarten der alten Meister zu vergleichen. Wie in der vatikanischen Pinakothek hingen auch hier die Bilder ohne jedes historische System nebeneinander. Der Schwerpunkt der Sammlung lag auf den Meistern des Seicento, die mit Tizian und anderen Malern des Cinquecento zusammengehängt wurden und, wie schon der Kunstraub zeigte, im Bewußtsein der Zeit immer noch integraler Bestandteil der großen klassischen Tradition waren. Die Bewunderung gehörte vor allem Bildern mit „espressione, forza, e la correzione del disegno“, wie D'Este sie in Guercinos „Heiliger Petronilla“ er-

401 Dazu ausführlich Fusconi 1994.

402 D'Este 1822, S. 90.

403 Canova fügte in seiner Eigenschaft als Direttore Generale dei Musei Imperiali di Roma den Vorschlägen der Einkäufe folgende Bemerkungen hinzu: „a canto di questa proposizione accenni la cagione di compra di cui ho trattato nel mio rapporto. Ed infine 600 fr. erano previsti per i tre membri della Commissione di pittura destinata alla sorveglianza dei monumenti di pittura di Raffaele, Domenichino ...“ (Pavan 1998, S. 146). In Bezug auf Domenichino spricht D'Este vom allgemein herrschenden Geschmack (D'Este 1822, S. 100).

404 A.M.V., cart. IV, fasc. 2.

405 D'Este 1822, S. 114.

kannte. Dieses Bild, „capo d'opera dell'autore", zeichne sich durch seine „grandiosa composizione" aus. Alle anderen dort ausgestellten Bilder zählte er ohne weiteren Kommentar auf.

Auf dem Kapitol wie im Vatikan orientierte man sich also nicht an kunstgeschichtlichen Perioden, sondern an ästhetisch-qualitativen Kriterien – ganz im Gegensatz zu Denon, dessen enzyklopädisches System an der Entwicklung der einzelnen Künstler die gesamte europäische Kunstgeschichte demonstrieren wollte.

1821 wurde die Pinakothek in den besser beleuchteten Bereich von Raffaels Dritter Loggia, einer Galerie vergleichbar, gebracht und am 25. November eingeweiht.[406] Dort wurden auch 139 Terracotten aus dem Besitz Canovas aufgestellt.[407] Eine entsprechende Inschrift[408] findet sich an der Wand nahe dem Eingang von Bramantes Zweiter Loggia: PIVS . VII . PONT . MAX . / VT . COMMEANTIBVS / AD . RAPHAELIS . PERISTYLIA . ET . CONCLAVIA / ATQVE . AD . PINACOTHECAM / EIVS . PROVIDENTIA . INSTITVTAM / ADSCENSV . ETIAM / PRO . LOCI . DIGNITATE . CONSVLERET / SCALAS / ANTEA . CLIMACOTAS . ET . VETVSTATE . SQVALLENTES / IN . HANC . COMMODIOREM / SPECTABILIOREMQ . FORMAM . REDEGIT / ANNO . SACRI . PRINCIPATVS . XXII . (Pius VII., Pontifex Maximus, hat im 22. Jahr seiner heiligen Regierung die Treppen, die vorher einer Leiter ähnlich und in ihrem langen Bestehen unsauber geworden waren, in eine jetzt geeignetere und ansehnlichere Form gebracht, um für die Menschen, die zur Loggia Raffaels und zu seinen Räumen und zur Pinakothek, die durch seine Fürsorge eingerichtet worden war, hin wandeln, Sorge zu tragen, indem er ein auch der Würde des Ortes angemessenes Hinaufsteigen ermöglicht hat). Sie bestand nun aus Meisterwerken der Renaissance und einigen Bildern späterer Epochen. Es gab nur ein Werk der Frührenaissance. Die Bilder wurden nun in fünf Kategorien eingeteilt.[409]

Im ersten Raum befanden sich solche, die aus der früheren Pinakothek Pius' VI. stammten und aus Paris zurückgekehrt oder aus anderen Teilen des Vatikanspalastes herbeigebracht worden waren, darunter auch große Altarbilder wie Poussins „Martyrium des Heiligen Erasmus", Valentins „Martyrium der Heiligen Processus und Martinianus", Tizians „Madonna di San Niccolò dei Frari", Guercinos „Büßende Maria Magdalena", Sacchis „Messe des Heiligen Gregor", Mu-

406 Brief von J. M. Wagner an Kronprinz Ludwig vom 9. März 1822 (Privatarchiv, Lascit Ludwig I. n. 291).

407 A.M.V., cart. X.

408 Forcella 1875, S. 208 Nr. 797.

409 Pietrangeli 1985, S. 141ff.

zianos „Auferweckung des Lazarus“, Guercinos „Ungläubigkeit des Heiligen Thomas“ und Guido Renis „Kreuzigung des Petrus“.

Der zweite Raum beherbergte Arbeiten aus dem 16. und zwei aus dem 17. Jahrhundert. Hier wurden Bilder verschiedener Stile und Zeiten ausgestellt, die unter Napoleon aus den Kirchen Roms und dem vatikanischen Palast entfernt worden waren, und solche, die aus Paris wiederkehrten, aber ihren Eigentümern nicht zurückerstattet wurden, darunter Raffaels „Transfiguration“, Fra Angelicos „Wunder des Nikolaus von Bari“, Caravaggios „Grablegung“, Peruginos „Auferstehung“, Sacchis „St. Romualdus“, Peruginos „Drei Halbfiguren von Heiligen“, Peruginos „Madonna und Heilige“, Raffaels „Krönung Mariae“, Raffaels „Madonna di Foligno“, Raffaels „Drei theologische Tugenden“, die drei Tafeln der Predella von Raffaels „Krönung Mariae“ mit der „Verkündigung“, der „Darbringung im Tempel“ und der „Anbetung der Könige“, sowie Domenichinos „Kommunion des Hieronymus“, Niccolò Alunnos „Ankündigung“ (Triptychon der verwundeten Jungfrau), Baroccis „Selige Michelina“ und „Verkündigung“, Giulio Romanos und Giovanni Francesco Pennis „Krönung Mariae“, Giovanni Bellinis „Beweinung Christi“, Guido Renis „Madonna mit den Heiligen Thomas und Hieronymus“ und Francesco Albanis „Geburt der Jungfrau“.

Im dritten Raum waren Bilder aus der Pinakothek des Kapitolinischen Museums ausgestellt. Von den insgesamt 90 Bildern dieses Museums wurden nur wenige in die Pinakothek Pius' VII. transferiert. Hier sind Guercinos „Petronilla“,[410] Veroneses „Helena“ und „Allegorie“, Guido Renis „Fortuna“, Garofalos „Augustus und Sibylle“, Giulio Romanos Karton für das „Martyrium des Heiligen Stephan“ sowie die „Madonna mit Heiligen“ eines Florentiner Meisters zu nennen.

Die Anordnung im vierten Raum, der „Sala dei Misteri“, war noch weniger systematisch und umfaßte Predellen von Fra Angelico, Sacchis „Romualdus“, die „Aldobrandinische Hochzeit“, die Pius VII. 1818 gekauft hatte, sowie fünf weitere Fragmente römischer Fresken, die während der jüngsten Ausgrabungen 1810 bei San Basilio an der Via Nomentana und 1820 bei Tor Marancia gefunden worden waren. Der letzte Raum enthielt Bilder unterschiedlicher Herkunft, so eine „Madonna“ in der Art Giorgiones und eine wohl mittelalterliche „Madonna mit Heiligen“.

410 Dieses Bild war zuvor im Quirinal.

4. Einbeziehung der Gemälde des Quattrocento

Diese eher heterogene Zusammenstellung war keinem didaktischen Prinzip unterworfen. Die fünf Gruppen zeigen, daß man die Herkunft und die Geschichte der Bilder in den Vordergrund stellte. Der Schwerpunkt lag gerade nicht im künstlerischen Wert des einzelnen Werkes, sondern in seiner Verbindung mit den anderen Bildern. Die Anordnung sollte den Kunstraub, dessen Folgen, die Umwandlung der päpstlichen Privatsammlung in ein öffentliches Museum und damit auch die neue Funktion der Kunstwerke außerhalb der für sie geschaffenen Umgebung den Besuchern vor Augen führen. Die neue Hängung verdeutlichte also kein kunsthistorisches Konzept, sondern die Geschichte der Sammlung und der einzelnen Bilder. Sie dokumentierte, aus welchem topographischen Zusammenhang die einzelnen Bilder stammten. Damit wies man einmal auf die gewaltsame Entführung der Stücke hin, bekundete aber gleichzeitig auch den Stolz auf ihre Rückkehr und damit auch auf die Personen, die diese Leistung vollbracht hatten. In dieser Hängung, die auch für Rom ungewöhnlich war, spiegelte sich nicht allein die Vergangenheit der Bilder, sondern auch das Schicksal Roms. Sie war für Rom ungewöhnlich und wurde auch später nicht wiederholt. Es ist unwahrscheinlich, daß es sich nur um eine Notlösung handelte und man daran dachte, die Bilder zu einem späteren Zeitpunkt den Kirchen zurückzugeben, da es sich ja um einen von der Sorge um die Erhaltung der Bilder getragenen Punkt des Vertrages handelte.

Canova akzeptierte dieses von Denon abweichende Konzept nicht etwa deshalb, weil er ein Vorurteil gegen die Kunst des 13. bis 15. Jahrhunderts gehegt hätte. Seit seiner Kindheit war er stark an die geistige Welt Venedigs gebunden; 1798 hatte er sich wieder für längere Zeit in seinen Geburtsort Possagno zurückgezogen. Wie vielerorts in Europa war auch das kulturelle Klima des Veneto von der englischen Kultur bestimmt. Unter dem Eindruck der englischen Grabes- und Nachtlyrik hatte man sich dem Mittelalter und dem Christentum zugewandt. Venedigs ganz eigener Klassizismus verband sich mehr als anderswo mit der Vorromantik.[411] Canovas Blick auf die Kunst war durch dieses Klima mitgeprägt. Obwohl ein Vertreter des Klassizismus, war er doch für die „Primitiven“ der altniederländischen und italienischen Kunst offen. Später wurde er nicht nur von Cicognara an die Kunst des frühen 15. Jahrhunderts herangeführt, sondern auch durch Ausländer in Rom wie seinen Freund Gavin Hamilton, der ihn auf Nicola

411 Ost 1970, S. 19, 36.

Pisano, Lorenzo Ghiberti und Jacopo della Quercia aufmerksam machte.[412] Dieser Einfluß der „vorraffaelitischen" Kunst läßt sich auch in seinen Werken nachweisen, etwa in den Anklängen seiner Reliefs an das italienische Quattrocento.[413] Im Grabmal der Maria Christina bekannte er sich zu jener künstlerischen Bewegung, die Lionello Venturi als „gusto dei primitivi" bezeichnete[414] und mit den Idealen der Nazarener in Beziehung brachte.[415] Venturi ging von den Metopen des Tempels in Possagno aus, die religiöse Gegenstände darstellen. H. Ost sieht in Canova sogar den ersten italienischen Künstler, der sich bereits vor 1800 wieder der Kunst vor Raffael zuwandte.[416]

Auch Canovas eigene Sammlung erteilt Aufschluß über seinen Geschmack.[417] In seiner Sammlung befanden sich ausschließlich Werke venezianischer Künstler: Giambellino, Veronese, Tizian, Moroni, Andrea del Sarto, Bassano, Canaletto, aber interessanterweise auch Carracci.[418] Die Carracci wurden damals mit der venezianischen Malerei in Verbindung gebracht, da nach Bellori ihr „disegno" toskanisch-romanisch und die Farbe „venezianisch" inspiriert waren. Außerdem führte Canova auf seinen Reisen wohl einen Führer von Carlo Malvasia mit sich, einem Bologneser Historiker, dem die Malerei des '700 und besonders die Bologneser Maler vertraut waren.[419] So wird auch verständlich, wieso die Carracci in einer auf venezianische Künstler ausgerichteten Sammlung vertreten waren. Canova besaß auch einen Stich von Dürer. In einem Brief beglückwünschte er Giacomo Giustiniano Recanati für den Kauf eines Bildes von Mantegna, das ihm gut gefallen habe: „Con infinito piacere ho sentito che l'E. Vo. ha fatto acquisto di un raro quadro del celebre Mantegna. È verissimo che opere di quel maestro se ne trovano ben di raro anche nelle principali Gallerie d'Europa, onde tanto più sarà

---

412 Roettgen 1995, S. 114, Anm. 96; D. Irwin, „Gavin Hamilton: Archaeologist, Painter, and Dealer", in: *The Art Bulletin*, 44 (1962), S. 87–102, bes. S. 88 (nach Quatremère de Quincy).

413 Roettgen 1995, S. 114.

414 Roettgen 1995, S. 114.

415 Venturi 1972, S. 225.

416 Ost 1970, S. 16.

417 Silvia Pacelli versucht in ihrer Dissertation (Universität Rom) die persönliche Gemäldesammlung Canovas zu rekonstruieren.

418 Venedig, Biblioteca Correr, Ms. PD 594c/V/260 (bei G. Pavanello, „Sulla collezione di Antonio Canova i cassoni degli Argonauti di ‚Ercole da Ferrara'", in: *Bollettino del Museo Civico di Padova*, 82 (1993), S. 265–286, bes. S. 281).

419 Honour 1994, S. 44, fol. 4r (13. Oktober 1779). Es handelte sich wahrscheinlich um das Werk von Carlo Cesare Malvasia und Giovanni Pietro Zanotti, *Pitture, scolture ed architetture delle chiese luoghi pubblici, palazzi e case della città di Bologna*, Bologna 1776 (Honour 1994, S. 79).

singolare la collezione di V. E."[420] Canova selbst war aus finanziellen Gründen ein solcher Kauf verwehrt, der seinem Geschmack entsprochen hätte. So hatte er schon früh ein klares Bild von der „primitiven" Kunst. Über die italienischen Künstler des 13. bis 15. Jahrhunderts äußert er sich wenig. Die Ausrichtung auf die „nördliche" alte Kunst sollte sich bei seiner ersten Deutschlandreise und besonders dann bei seinem zweiten Aufenthalt noch verstärken,[421] wie ein Brief von Boisserée vom 21. Dezember 1815 an Goethe bezeugt: „Unsere Sammlung gab auch ihm eine ganz neue Erfahrung, er sagte unter anderem: Ces anciens maîtres savaient toujours ce qu'ils voulaient faire, ils avaient toujours la nature en vue, le principe religieux leurs donnait de l'élevation et ils allaient droit à leur but. Si de ces maîtres on fait encore un pas en avant, on arrive à Raphael – au contraire si de Rubens et des autres modernes, on fait un pas en avant, l'on perd absolument le chemin et l'on tombe jusque dans la carricature. L'esprit humaine ne pouvant jamais s'arrêter, il faut donc retourner à ces anciens peintres en y apportant tous les avantages de l'art moderne."[422] Somit führt für Canova der Weg von den Künstlern der Frührenaissance zu Raffael, von Rubens jedoch zur Karikatur. In ihrer Naturnähe, ihrer Frömmigkeit und Zielstrebigkeit bereiten die Bilder der Frührenaissance in seinen Augen die Blüte vor, während die große Tradition mit dem Barock zu enden droht.

Als Canova 1815 die Sammlung der Brüder Boisserée gemeinsam mit dem Heidelberger Prorektor Wilken, den er in Paris kennengelernt hatte, besuchte, äußerte er sich erst zögerlich über die altdeutsche und niederländische Malerei und maß sie letztlich an dem verehrten Raffael: „Sie (die altdeutschen Gemälde) verhalten sich zu denen von Raphael, wie die Knospe zu der schönst aufgeblühten Rose". Doch Boisserée vervollständigte seinen ersten Brief und damit auch Canovas Gedanken mit einem weiteren vom 9. Januar 1816 an Goethe, in dem er das zuvor Gesagte bestätigt: „... so mögen Ihnen noch einige Aeußerungen von Canova nicht unwillkommen seyn, welche ich letzthin in der Eile mitzutheilen vergessen habe. Die Bemerkung nämlich, daß die altdeutschen Maler immer ganz vollkommen wußten, was sie machen wollten, und so gerade auf ihren Zweck losgingen, machte Canova vorzüglich beim Eyck. Er meinte damit, sagte er, die größere Neigung zum Wahren und Natürlichen, die sich im Gegensatze gegen die alten Italiener, von Anfang her bei allen altdeutschen Malern zeige. Bei den alten Italienern, von deren Werken er Napoleon veranlaßt habe, in Florenz eine neuere

420 In: *Alcune lettere di Antonio Canova ora per la prima volta pubblicate per le Nozze Emo Capodilista-Maldura*, Venedig 1823, S. 31–32, Brief Canovas vom 29. Mai 1802 an Giacomo Giustiniano Recanati.

421 D'Este 1864, S. 221 berichtet, daß Canova, von England kommend, Deutschland auf dem Weg nach Rom durchreist habe.

422 Boisserée 1970, II, S. 91 (Ost 1970, S. 16–17).

allgemeine Sammlung anzulegen, sey ein durchgehendes einseitiges Streben nach dem Idealen sichtbar, die Annäherung an die Natur erscheine höchst selten und schwach, und erreichte erst spät einige Vollkommenheit, bis dahin schwebten sie immer gewissermaßen zwischen Himmel und Erde. – Während die Altdeutschen gleich einen sichern Grund und Boden suchend, sich schneller entwickelten und wie Eyck eine Vollendung erlangten, die sonst unerklärlich wäre, schwankten die Altitaliener hin und her und sie wüßten weder mit dem Gegenstand noch mit der Ausführung fertig zu werden, ihre Figuren hätten immer entweder zu viel oder zu wenig, nirgends finde sich diese Wahrheit der Deutschen; erst bei Massaccio zeige sich bekanntermaßen ein bestimmtes Hinsehen auf die Natur, allein was sey das gegen Eyck, dieser gehe auf einem gebahnten Weg, da der andere erst einen neuen betrete. – Aus diesem Gesichtspunkt müßten wir Alles betrachten und erklären, was uns von den alten Italienern Cimabue, Giotto und ihren Nachfolgern, im Vergleich mit gleichzeitigen Deutschen gesagt worden sey."[423]

Wenn in dieser Aussage sicherlich auch Canovas Höflichkeit gegenüber seinem deutschen Gastgeber eine Rolle spielte, so besagen seine Worte doch mehr. Er versuchte den Unterschied zwischen Wahrheit und Idealität in der Kunst deutlich zu machen und gerade nicht das flämisch-deutsche gegen das italienische Quattrocento auszuspielen. Es ging ihm um das „Wahre" in der Kunst, das beide Kunstrichtungen anstrebten, und dabei stellte er fest, daß die Altdeutschen und Flamen die „Wahrheit" der Natur schneller begriffen hätten. Dieser Blick auf die Kunst war ungewöhnlich und zuvor nie so artikuliert worden.

Goethe antwortete auf Boisserées Brief am 26. Januar 1816 mit seinen berühmten herben Worten: „Was Canova bei seinem Zug durch Deutschland gesprochen, davon hab ich manches gehört und begreife es nicht recht. Die Künstler kommen mir oft vor wie Väter und Mütter, welche recht hübsche Kinder zeugen ohne zu wissen wie es zugeht."[424] Diese Sätze verraten seine Enttäuschung über Canova, von dem er gehofft hatte, er sei eher wie die „Weimarer Kunstfreunde" gesonnen, stehe in der Verteidigung der klassischen Ideale auf seiner Seite und bleibe von den jeweiligen Moden unberührt. Voller Verdruß dichtete er schließlich um 1825, als die Welle der Nazarener sein Bild von der Kunst und seine Werte zu verdrängen drohte:

---

423 Boisserée 1970, II, S. 98–99 (vgl. Jayme 1994, S. 27–28; Jayme 1994a, S. 203; ungenau auch bei Ost 1970, S. 17–18). Den davor wiedergegebenen Ausspruch Canovas bezeugt Sulpiz Boisserée in einem Schreiben an Dr. Schmitz in Köln (Heidelberg, 6. Dezember 1815); Boisserée 1970, I, S. 302–303; Jayme 1994, S. 27; Jayme 1994a, S. 203.

424 *Goethes Werke*, Weimarer Ausgabe, hrsg. im Auftrag der Großherzogin Sophie von Sachsen, 4. Abt., XXVI, Weimar 1902, S. 237 (Goethe am 29. Januar 1816 an Sulpiz und Melchior Boisserée; Boisserée 1970, II, S. 102; Ost 1970, S. 18).

„Wie aber kann sich Hans van Eyck
Mit Phidias nur messen?"
Ihr müßt, so lehr' ich, alsogleich
Einen um den andern vergessen.
Denn wärt ihr stets bei Einer geblieben,
Wie könntet ihr noch immer lieben?
Das ist die Kunst, das ist die Welt,
Daß eins um's andere gefällt.[425]

In diesem polemischen Gedicht verdreht Goethe den tieferen Sinn von Canovas Aussage, der doch gerade kein modisches Geschmacksurteil abgeben wollte, sondern versucht hatte, gegenüber allen Strömungen offen zu sein, gleichgültig, welcher Nation sie angehörten. Canovas Vergleich der deutschen und italienischen „Primitiven" ist durchaus als persönliche Einsicht in die Malerei zu verstehen. Man erkennt darin ein stark entwicklungsgeschichtliches Denken. Canova zeigt, daß nur die Verbindung von Naturnähe und Idealität im Quattrocento die Hochrenaissance Raffaels und damit eine Wiedergeburt der Antike hervorbringen konnte. Diese Vorstellung erweckte bei manchem Nordländer offenbar Skepsis.[426]

Trotz Canovas überraschend objektiver, über die Vorstellung vom Ideal hinausgehender Einsicht in die Geschichte und Struktur der Kunst, insbesondere der flämisch-altdeutschen, ist man erstaunt, daß er in Rom zwar zahlreiche Bilder des 17. Jahrhunderts, aber keine der Frührenaissance ausstellte.

Er ließ sich hierbei aber nicht ausschließlich von klassizistischen Dogmen leiten, sondern noch von anderen Motiven, und zwar vor allem der großen Tradition Roms und seiner Künste. An seiner Auswahl der Bilder für die Rückkehr aus Paris kann man erkennen, welchem Stil er für Rom Bedeutung beimaß. An erster Stelle standen die Antiken und die für den klassischen Geschmack bedeutendsten Gemälde, und in diesem Sinne wurde auch die neue Pinakothek eingerichtet, das heißt ohne Bilder des 13. bis 15. Jahrhunderts und ohne fremde Schulen. Diese Vorgehensweise hinderte Canova nicht daran, für die Brera in Mailand eine Sammlung früher italienischer Kunst vorzuschlagen. Mailand besaß bereits zahlreiche Bilder der Frührenaissance. Das Mittelalter war dort durch die gotischen Formen des Doms präsent.[427] Der Genius Loci gab einer solchen Sammlung also

---

425 „Modernes", in: *Goethes Werke*, Weimarer Ausgabe, hrsg. im Auftrag der Großherzogin Sophie von Sachsen, 1. Abt., III, Weimar 1890, S. 121; *Goethes Werke*, I. Gedichte und Epen, kommentiert von E. Trunz, München 1998, S. 326.
426 Roettgen 1995, S. 116.
427 Für diesen weiterführenden Gedanken danke ich K. Herrmann Fiore.

einen Sinn, wie dies für Rom nicht zutraf. Canova ging es also weniger um den Zeitgeschmack als um die Tradition der Sammlung und der Stadt.

5. Konzept der vatikanischen Pinakothek

Das Programm der vatikanischen Pinakothek, das direkt nach der Rückkehr der Kunstwerke entstanden war, bestätigt, wie stark Rom an die Tradition gebunden und wie wichtig es den Verantwortlichen war, an dieser, das heißt aber letztendlich am Geschmack des späten 18. Jahrhunderts festzuhalten. Obwohl die Zahl der Gemälde beträchtlich gewachsen war, blieben doch die Auswahl der Meister, die religiöse Thematik und die primär dekorative Hängung letztlich gleich.[428]

Die Säle zeigten, wo die Kostbarkeiten Roms vor dem Kunstraub in der gesamten Stadt verteilt gewesen waren. Auch wenn die Bilder innerhalb der Räume nicht in einem stilistischen Zusammenhang standen, waren sie doch in ein größeres Ganzes, die Geschichte Roms, eingebettet, wie dies Canovas Vorstellungen entsprach. Die Ausstattung der neuen Pinakothek zeigt aber auch, daß Rom nach der napoleonischen Zeit sein Selbstbewußtsein erst wieder stärken mußte und dabei an das anknüpfte, was es über Jahrhunderte gewesen war: das Zentrum der Kunst. Deshalb war man auch nicht bestrebt, andere als italienische Schulen einzubeziehen.

---

428 Abita 1998, S. 71.

XI. Das Antikenmuseum im Braccio Nuovo als Gesamtkunstwerk

Nach der Rückkehr der Kunstwerke reifte auch das Projekt eines neuen vatikanischen Antikenmuseums.[429] Die Antiken kehrten mit wenigen Ausnahmen an ihren verwaisten Ausstellungsort zurück,[430] und so entsprach die Einrichtung eines neuen Museums weniger einer Notwendigkeit als dem persönlichen Wunsch des Papstes: „Il primo suo pensiero pertanto per ampliare la località è stato quello di realizzare la idea già concepita da tanti anni dalla stessa Santità Sua di erigere per gli oggetti di scultura un braccio addizionale al Museo e precisamente in quel lato del Giardino che ora serve alla custodia degli agrumi, fissandone le dimensioni uguali agli altri bracci e la forma simile a quella del Braccio Chiaramonti, determinandone un ingresso dalla parte del Gabinetto chiamato delle Stampe[431] ed un altro in vicinanza della Biblioteca.“[432] Das Antikenmuseum war eines der wichtigsten Projekte. Pius VII. wollte an die große Tradition seines Vorgängers anknüpfen und dem Palast einen neuen Flügel für die Antiken anfügen. Das gefeierte Museo Pio-Clementino diente als Vorbild für den Braccio Nuovo. Schon um 1805/1806 hatte Pius VII. einen selbständigen Museumsbau geplant und im Jahre 1809, wie das vorangegangene Kapitel dieser Arbeit zeigte, sein erstes Antikenmuseum, das Museo Chiaramonti, einrichten lassen. Dieses kühle, schmucklose Museum besaß jedoch eher den Charakter einer Werkstatt.[433] Es wurde, weil die Mittel fehlten und viel geraubt worden war, in schon vorhandenen Räumen eingerichtet. Nun sollte der Braccio Nuovo als eigenständiges Museum durch

---

429 Siehe dazu De Angelis 1994; Brues 1958.

430 Eine Inschrift (Forcella 1875, S. 200 Nr. 757) erinnert daran: PIVS . VII . PONT . MAX . / MARMOREA . SIGNA . ANTIQVI OPERIS / EX . PIANO . HOC . MVSEO / TEMPORVM . CALAMITATE . AD . EXTEROS . ASPORTATA / STVDIO . SVO . RECVPERATA / IN ILLVD . ITERVM . INFERRI . IVSSIT / ANNO . SACRI . PRINCIPATVS . EIVS . XVI (Pius VII., Pontifex Maximus, hat im 16. Jahr seiner heiligen Regierung veranlaßt, daß die Marmorbildwerke, die aus dem Museum Pium durch das Unglück der Zeiten ins Ausland weggebracht und durch seinen Eifer zurückgeholt worden waren, wieder in jenes hineingetragen werden).

431 Pietrangeli 1985, S. 93, 97. Die Stanza delle Stampe wurde 1784–1786 eingerichtet, von Bernardino Nocchi freskiert, beim Bau des Braccio Nuovo zerstört und ist nur noch durch einen Stich bekannt.

432 A.V. S.S., a. 1820, rubr. 49, fol. 59, zitiert nach De Angelis 1994, S. 190.

433 Siehe S. 43ff. zur Gründung des Museo Chiaramonti.

seine prachtvolle architektonische Ausgestaltung und durch seine wertvolle Einrichtung alles Vorangegangene übertreffen.

Der Braccio Nuovo wurde im Sommer 1816 begonnen und am 14. Februar 1822 feierlich eingeweiht.[434] Die beiden größten Künstler Roms, der Bildhauer Antonio Canova und der Architekt Raffaele Stern, übernahmen die Planung. Nach Sterns Tod am 30. Dezember 1820[435] führte Pasquale Belli das Projekt im gleichen Geiste weiter.[436] Canova und Stern kannten sich schon länger und waren bei zahlreichen anderen römischen Projekten miteinander in Berührung gekommen. Stern war 1805 vom Papst beauftragt worden, für Canova ein Haus und ein Atelier in der Nähe der Piazza del Popolo zu entwerfen:[437] Pläne, die Canova mit der gleichen Begründung ablehnte, die er schon vorgebracht hatte, als Franz II. ihm in Venedig eine Werkstatt hatte einrichten wollen. Tatsächlich scheute er sich, in den schwierigen Zeiten nach dem Kunstraub den Kirchenstaat mit solchen Ausgaben zu belasten. Neben dem Braccio Nuovo hatten sie ein weiteres gemeinsames Projekt: den Umzug der Accademia del Nudo vom Kapitol zum Corso.[438] Canova und Stern harmonierten gut, zumal sich der 1774 in Rom geborene Stern trotz seiner deutsch-französischen Abstammung vor allem als Römer und Italiener fühlte.[439] Stern war zunächst bei seinem Vater in die Lehre gegangen, ja vielleicht gehörte auch der ältere Giuseppe Valadier zu seinen Meistern. Seine umfangreiche Kenntnis der Antike und sein starkes Interesse für die Bildhauerei werden immer wieder hervorgehoben.[440] Stern schenkte der Aufstellung von Kunstgegenständen, insbesondere von Antiken, stets besondere Aufmerksamkeit. Nachdem er als Restaurator des Kolosseums bekannt geworden war, erhielt er zu Beginn des Jahrhunderts einen Lehrauftrag für Architekturtheorie an der Accademia di San Luca.[441] Auf Vorschlag von Giuseppe Palazzi, Giuseppe

434 Gasparoni 1842, S. 5–8; Brues 1958, S. 68.

435 Genauer zu seinem Tod Brues 1958, S. 10–11; Ternois 1970, S. 70.

436 Pasquale Belli wurde zum „Architetto dei Musei e Gallerie Pontificie" ernannt (siehe hierzu A.S.M.V., b. 10, fasc. 4, n. 3); D'Este 1822, S. 10 (De Angelis 1994, S. 197): „una fabbrica di tanta mole a buon fine".

437 Malamani 1911, S. 101, nicht ausgeführt; vergleiche dazu E. Bassi, *Gianantonio Selva, architetto veneziano*, Dissertation, Padua 1936, S. 21 und Abb. 39/40 (Projekt für eine Werkstatt für Canova von 1809).

438 Susanne Meyer, *„Scuole mute" e „scuole parlanti": il trasferimento dell'Accademia del Nudo alle Convertite* (unpublizierter Aufsatz), S. 4.

439 Stammtafel bei Brues 1958, Abb. 1b.

440 P. Righetti, *Descrizione del Campidoglio*, II, Rom 1936, S. 141; *Diario di Roma*, 3. Januar 1821; L. Schorn, *Kunstblatt*, 2 (1821), S. 52.

441 Missirini 1825, S. 429.

Camporese und Giuseppe Valadier wurde der eben Dreißigjährige am 5. Mai 1805 zum Ehrenmitglied der Accademia di San Luca.[442]

Nachdem Stern noch das ganze Jahr 1807 hindurch für den Papst gearbeitet hatte, wurde er bereits im Mai 1808 von Napoleons Bruder Lucien Bonaparte für dessen Raubgrabungen in Tusculum angestellt.[443] Für Napoleon renovierte er ein Jahr später den Quirinalspalast.[444] Stern hatte die Themen der Ausstattung des Palastes gemeinsam mit Canova, Daru und Denon erörtert. Es gelang ihm, im Quirinalspalast eigene Ideen zu verwirklichen, wie etwa bei der Auswahl der Themen für die klassizistischen Friese Thorvaldsens und jenes Laboureur, der dann auch im Braccio Nuovo mitarbeitete. Nach dem Sturz Napoleons wurde Stern 1815 als Architekt der Sacri Palazzi bestätigt.[445] Seit diesem Jahr war er mit der Erneuerung des Vatikans beschäftigt und wurde 1816 zum Architekten aller Museen eingesetzt.[446] Bald darauf wurde ihm der Neubau des Braccio Nuovo übertragen.

Pius VII. hatte den Braccio Nuovo ursprünglich ähnlich wie den Bibliothekstrakt Sixtus' V. als einfachen Verbindungsgang zwischen dem Museo Chiaramonti und der Bibliothek geplant. Doch Stern dachte von vornherein an einen eigenständigen Museumsbau und knüpfte damit an die Tradition Pius' VI. an.

1. Ablösung des Museums vom Palast

Mit dem Museo Pio-Clementino war erstmals ein fortschrittliches Antikenmuseum geschaffen worden. Denn während der Vorgängerbau, das Museo Clementino, nur durch den Bramanteflügel oder durch den Cortile della Pigna, also nur vom Papstpalast aus, zu erreichen gewesen war, ließ Pius VI. das Museo Pio-Clementino um 1792–1793 erstmals mit einem eigenen monumentalen Eingang versehen. Dieser setzt sich aus dem Atrio dei Quattro Cancelli, einem vorgelagerten Kuppelbau über quadratischem Grundriß und dem Vestibolo dei Quattro Cancelli zusammen. Diesem Eingang ist ein auch von der Bibliothek aus erreich-

---

442 Siehe Brues 1958, S. 225 (Anhang).

443 F. Sickler und C. Reinhart, *Almanach aus Rom für Künstler und Freunde der bildenden Kunst*, 1 (1810), S. 304; G. A. Guattani, *Memorie enciclopediche romane sulle Belle Arti, antichità*, Rom 1806–1817, 6 Bde., bes. III, S. 129. Die Franzosen nennen Stern oft „Sterni", so in den Dokumenten des Nationalarchivs in Paris und auch in der französischen Literatur.

444 Brues 1958, S. 109.

445 A.V. S.S., int., 1817, rubr. 42, fasc. 2, p. 2. Dort heißt es, daß er dieses Amt bereits seit 12 Jahren innehatte.

446 Brues 1958, S. 76.

barer Aufgang vorgelagert. Über dem Türbogen befindet sich die große Inschrift MVSEVM PIVM, die die Eigenständigkeit des Museums deutlich macht. Trotz dieser bewußten Abtrennung blieb der Komplex jedoch durch das Museo Profano eng mit dem Palast und der Bibliothek verbunden.[447] Vom Museo Profano aus öffnete sich der Blick nach Norden bis hin zur Nische der Sala Rotonda (Abb. 17). Nach Süden hatte Pius VI. alle Türen des langen Bibliothekskorridors Sixtus' V. so weit öffnen lassen, daß man vom Museum bis zu den päpstlichen Gemächern schauen konnte. Damit sollte nicht nur der Ausblick auf eine Raumfolge geschaffen werden, die die spektakuläre Länge von 318 Metern erreichte, sondern offensichtlich auch eine visuelle Verbindung des Museums mit den päpstlichen Gemächern. So darf das Museo Pio-Clementino sowohl als eigenständiges Museum wie auch als Erweiterung des päpstlichen Palastes gelten, auch wenn trotz des neuen Eingangs bis 1870 der Zugang über den östlichen Bibliothekskorridor bestehen blieb.[448]

Stern ging im Braccio Nuovo noch über diese Ideen hinaus. Er wollte das Museum nun weitgehend vom Palast emanzipieren. Auch wenn der Braccio Nuovo architektonisch mit dem Palast – und zwar nach Westen mit der Bibliothek und nach Osten mit dem Museo Chiaramonti – verbunden blieb, war seine Lage doch freier und unabhängiger. Zwischen die beiden Flügel von Bramantes Cortile del Belvedere eingespannt, verläuft er parallel zur Bibliothek Sixtus' V. (Abb. 18). Der neue Flügel befindet sich ungefähr an der Stelle, an der eine Mauer Pauls V. den Gartenhof gegen den Grottenhof des Cortile del Belvedere abgeschirmt hatte. Unter dieser Mauer befand sich der triumphbogenartige Eingang zu Bramantes Nymphäum.[449] Darüber errichtete Paul V. eine Fontäne,[450] die bis zum Bau des Braccio Nuovo erhalten blieb.[451]

Die südliche Rückseite des Braccio Nuovo zum Grottenhof hin läßt erkennen, wie respektvoll Stern Bramantes Rampen bestehen ließ und benutzte. Er paßte seinen Stil dem der Renaissance so gut an, daß beide fast miteinander verschmolzen. Bramantes Treppenrampen überschneiden Sterns Blendarkaden. Darüber erhebt sich der lange Flügel des Braccio Nuovo, dessen Volumen von einem Quertrakt und einer Exedra durchdrungen scheint. Bramantes Rampen führen beiderseits zur Exedra des Braccio Nuovo, die sich dort in kleinen Türen auf das Innere des Museums öffnet (Abb. 19). Zwischen den Türen feiert eine Inschrift den Papst als Bewahrer der Würde der Stadt und erklärt die Funktion des Museums: PIVS . VII . PONT . MAX. / VRBANAE . DIGNITATIS / ADSERTOR / VTI .

---

447 Roettgen 1980, S. 190ff.
448 Leinz 1980, S. 604.
449 Maggi/Mascardi 1914, Nr. 64; Ackerman 1954, S. 78; Frommel 1998, S. 56.
450 Ackerman 1954, S. 24; Frommel 1998, S. 54.
451 Ackerman 1954, S. 113; Frommel 1998, S. 53.

VETERVM . SCVLPTORVM / EXIMIA . MONVMENTA / IVSSV . SVO / COMPARATA . CONLOCARET / SPLENDIDAM . PORTICVM / QVA . NOBILIOR / A . MVSEO . IN . BIBLIOTECAM / ADITVS . PATERET / EXCITATIS . FVNDAMENTIS / A . PEDIBVS . AMPLIVS . LX. / CONSTRVENDAM . CVRAVIT / AN . SACRI . PRINCIPATVS . XIX[452] (Pius VII., Pontifex Maximus, Bewahrer der Würde der Stadt, hat, um die hervorragenden Monumente der alten Bildhauer, die auf seine Anordnung hin zusammengestellt worden waren, unterzubringen, für die Errichtung des glanzvollen Portikus auf starken Fundamenten von mehr als 60 Fuß gesorgt, der einen vornehmeren Zugang vom Museum in die Bibliothek eröffnet).

Der eigentliche Zugang sollte aber nicht von Süden, sondern von Nordwesten, also von den Quattro Cancelli aus, erfolgen. Der Besucher sollte in den Cortile della Pigna treten und in der Tiefenachse des damaligen Gartens auf den Portikus zugehen und nicht – wie heute – von der Bibliothek im Osten und dem Museo Chiaramonti im Westen aus die Galerie betreten.

Vom Garten aus blickt man auf eine monumentale Fassade, die in einem achtsäuligen Portikus korinthischer Ordnung auf hohem Sockel kulminiert (Abb. 18). Diese Nordfassade evoziert imperiale Klassizität und Monumentalität und stimmt den Betrachter von Anfang an auf die Antike ein. Die Säulen setzen die Pilasterordnung fort, die an den Seitenjochen der Fassade Bramantes Pilasterordnung nur wenig verändert weiterführt. Statt der Piedestale verwendet er jedoch einen durchgehenden Sockel und gliedert die geschlossene Wand über dem durchlaufenden Kämpfergesims mit Blendfeldern. In den leicht vorgezogenen Eckjochen artikuliert er Bramantes rhythmische Travéen mit Halbsäulen, so daß sich der Braccio Nuovo als eigenständiger Baukörper von Bramantes Flügeln absetzt. Unterbetonte Eckjoche mit Nischen vermeiden jedoch einen harten Anschluß. Zwischen diesen Eckrisaliten und dem zentralen Portikus begnügt sich Stern mit einer einfachen Pilasterordnung ohne Verkröpfungen, doch mit durchlaufender Attika, wie sie dem Geist des Klassizismus entsprach. Die gesamte Fassade bildet ein plastisches Gegengewicht zum gegenüberliegenden Nordflügel mit Pirro Ligorios Nicchione.

Von diesem Portikus aus führte ein schmales Giebelportal ins Innere, so daß der Braccio Nuovo einen eigenständigen Charakter besaß. Vier Götterstatuen über dem Portikus und je zwei über den Seitenrisaliten bekrönen das Gebäude. Die Inschrift im Giebelfeld PIVS . VII . P . M . FECIT . AN . XXII . evoziert den Ruhm des kunstfreudigen Bauherrn.[453] Es ist die eindrucksvollste Fassade des

452 Forcella 1875, S. 207 Nr. 793, ausführlich Brues 1958, S. 191, Anm. 38.
453 Forcella 1875, S. 208 Nr. 798 (Pius VII., Pontifex Maximus, hat [dies] im 22. Jahr [seiner Amtszeit] erschaffen).

Vatikans, vielleicht die einzige des Palastes, die diesen Namen überhaupt verdient.

Sterns Grundriß- und Aufrißentwürfe für den Braccio Nuovo zeigen, daß keine echte Korrespondenz zwischen Außen- und Innengliederung besteht: Pilaster und Halbsäulen sind gegenüber den inneren Säulen verschoben, und auch die Eckrisalite finden keine Entsprechung im Innern (Abb. 20). Der Tempelportikus ist aus rein formalen Gründen unverhältnismäßig breiter als die Vierung des Inneren und dehnt sich somit auf tote Mauermassen aus. Da keine genetische Entwicklung von Plan zu Plan festzustellen ist, geben die Entwürfe wohl schon das endgültige Projekt wieder, das auf eine Art von Kulissenarchitektur und damit auch auf eine Trennung von Form und Funktion hinweist.

Nibbys Grundriß des Vatikan läßt allerdings vermuten, daß der Eingang durch den Portikus und sein zentrales Interkolumnium lediglich fingiert waren. An diesem Grundriß schließt sich unmittelbar an die Tempelfront ein Kreis an, den ein Halbrund einrahmt. Wahrscheinlich wünschte der Papst, der nur seitliche Zugänge zum Museum zuließ, eine Brunnenanlage, die die Treppe ersetzen und den Eingang verstellen sollte.[454]

Nibbys Plan entspricht mit geringen Abweichungen der Ausführung. Auf einer Ansicht Pistolesis von 1829[455] ist der Brunnen weiter in den Hof gerückt[456] und an seiner Stelle vor der Tempelfront ein längliches Podest aufgestellt, auf dem ein Flußgott lagert.[457] Auch führten bis zum Ende des 19. Jahrhunderts keine Treppen zum Portikus hinauf.[458] Trotzdem brachte der Portikus die beginnende Emanzipierung des Museums vom Palast zum Ausdruck. Der Braccio Nuovo ging somit über die von Pius VI. begonnene Abtrennung des Museums vom Palast hinaus und präsentierte sich, noch deutlicher als das Museo Pio-Clementino, als eigenständiges Antikenmuseum.[459]

Ein Grundriß von Gau und Limani aus dem Jahre 1817 zeigt den gesamten Hof von Statuen umstellt.[460] Offenbar sollte vor dem Braccio Nuovo ein offener Museumsraum in der Tradition der Antikengärten und -höfe geschaffen werden. „Vor dem Portikus des Braccio Nuovo steht ein Springbrunnen mit einer Schale“,

---

454 Brues 1958, S. 44.

455 Siehe die Außenansicht des Braccio Nuovo bei Pistolesi 1829, IV, Taf. LVII.

456 Nibby 1838, S. 419; Platner 1834, 2, S. 107; L. Bruhns, *Die Kunst der Stadt Rom*, Wien 1972, I, Abb. II.

457 Pistolesi 1829, IV, Taf. LVII.

458 Der Grundriß bei Letarouilly 1953, II, Taf. IV.

459 Dieser Eindruck wurde noch durch die Verbindung mit dem Garten unterstrichen. Die Verbindung von Tempel und Garten kam aus England.

460 Plan von Gau und Liman 1817 (Rom, Palazzo Venezia), Sammlung R. Lanciani, Roma XI, 41, VII, 2.

heißt es bei Platner.[461] Eine Rechnung, die Stern am 31. Januar 1811 unterschrieb, bestätigt den Transport einer Porphyrschale vom Quirinal zum Vatikan. Die Aufstellung einer von Statuen umgebenen Schale erinnert an den Cortile delle Statue Julius' II. Von Statuen umgeben lagerten in der Mitte des Hofes über Brunnen der „Nil" und der „Tiber".[462] Der Platz vor dem Braccio Nuovo mit dem Brunnen und dem lagernden Flußgott blieb ohne Treppe bis ins 20. Jahrhundert erhalten. Die übrigen Statuen wurden niemals aufgestellt und die Treppen erst in der Mitte des vorigen Jahrhunderts hinzugefügt. Sterns letztlich unfunktionelle Lösung beweist, daß es ihm vor allem auf die bildhafte Wirkung der Fassade angekommen war.

2. Innenausstattung

Eine 1822 anläßlich der Eröffnung des Museums geprägte Medaille zeigt das Innere des Braccio Nuovo von Osten,[463] also vom Museo Chiaramonti aus, und entsprach wohl dem päpstlichen Wunsch, das Museum von den seitlichen Korridoren aus zu betreten. Über dem am Museo Chiaramonti gelegenen Eingang ist folgende Inschrift angebracht:[464] PIVS VII . PONT . MAX / NOVVM CLAVSTRVM / SIGNIS AB SE RECVPERATIS COMPARATISQVE / ASSERVANDIS DESTINATVM / A FVNDAMENTIS EREXIT / ANNO SACRI PRINCIPATVS XVIII. (Pius VII., Pontifex Maximus, hat im 18. Jahr seiner heiligen Regierung einen von Grund auf neuen Trakt errichtet, der für die zu bewahrenden

---

461 Platner 1834, 2, S. 107.

462 Platner 1834, 2, S. 107.

463 Tommaso Mercandetti schuf diese Bronzemedaille, die auf der Vorderseite die Inschrift * / · PIVS VII P. M · / NOVVM CLAVSTRVM / * SIGNIS * / AB SE RECVPERATIS COMPARATISQ. / ASSERVANDIS DESTINATVM / A FVNDAMENTIS EREXIT / ANNO SACRI PRINCIPATVS / XVIII und auf der Rückseite den Korridor zeigt, links sind über den Säulen Reste der Inschrift [–] M · VETT · CHRISTIANORVM, darunter eine Tafel mit der Inschrift BIBLIOTHECA / VATICANA sowie eine Tiara mit Kreuz und dem Wort PAX zu erkennen; im Abschnitt der Medaille T · MERCANDETTI EXECVIT ROMAE / MDCCCXIX; A. Patrignani, *Le medaglie di Pio VII (1800–1823)*, Bologna 1930, S. 192 Nr. 87, Taf. V–VI; Bartolotti 1972, S. 33–34 Nr. 104 Abb. 49; *Bauten Roms auf Münzen und Medaillen* (Ausst. Kat., München, Staatliche Münzsammlung, Ausstellungsräume des Bayerischen Hauptstaatsarchivs, 16. Oktober – 2. Dezember 1973), bearb. v. H. Küthmann u.a., München 1973, S. 238–239 Nr. 382; R. Martini, *Catalogo delle medaglie delle Civiche Raccolte Numismatiche*, V. Secoli XVIII–XIX, 2. Stato Pontificio – Stato del Vaticano (1800–1903), Mailand 1998, S. 17 Nr. 1037, Taf. VI.

464 Forcella 1875, S. 201 Nr. 761.

Statuen bestimmt ist, die durch ihn wiedererlangt und herbeigebracht worden sind). Auch der gegenüberliegende Eingang von der Bibliothek ist mit einer Inschrift[465] geschmückt, und auch hier liegt die Betonung auf dem neuen Trakt, der der Fülle der Kunstwerke Platz bietet: PIVS . VII . PONT . MAX / NE . IN . TANTA . MONVMENTORVM . COPIA / LOCVS . IN . VATICANO . DEESSET / NOVO . CLAVSTRO . A . FVNDAMENTIS . EXCITATO / VTRVMQVE . ÆDIFICII . LATVS . CONIVNXIT / ANNO . PONT . SVI . XVIII (Pius VII., Pontifex Maximus, hat im 18. Jahr seines Pontifikats beide Seiten des Gebäudes verbunden mit einem starken, von Grund auf neu errichteten Trakt, damit im Vatikan nicht der Platz fehle für die große Fülle der Monumente).

Blickt man durch eine der beiden Türen in den Braccio Nuovo, dann hat man eine Galerie von 69 Metern Länge und 8 Metern Breite vor Augen (Abb. 21). Wie die Grande Galerie des Louvre wird der Raum durch eingestellte Arkaden in drei Abschnitte unterteilt.[466]

Die Tonnengewölbe der beiden seitlichen Arme sind mit oktagonalen Kassetten geschmückt. Stern sparte das Oberlicht virtuos aus der Kassettierung aus und verhalf dem Museum damit zu einem neuartigen Beleuchtungssystem. Je sechs quadratische Öffnungen durchbrechen den Scheitel der Tonnen, eine Erfindung, die letztlich auf Berninis Scala Regia zurückging und von den Projekten der beiden Hauptvertreter der Revolutionsarchitektur, Étienne-Louis Boullée (Abb. 22)[467] und Claude-Nicolas Ledoux, aufgegriffen worden war. Ein solches Oberlicht, wie es Canova bereits für die Belichtung der Nischen des Cortile delle Statue genützt hatte, wurde im Braccio Nuovo jedoch zum ersten Mal für einen Ausstellungsraum verwendet.[468]

Vor der hellgrauen Wandvertäfelung und im Glanze des Oberlichts tritt die lange Reihe von Figuren, Büsten und Reliefs in den Seitenarmen aufs eindrucksvollste in Erscheinung. Die Auswahl der Statuen und ihre Aufstellung in den Nischen folgten primär dekorativen Prinzipien. In den höherliegenden Rechteckni-

465 Forcella 1875, S. 202 Nr. 764.

466 Auch bei dem von Percier und Fontaine durchgeführten Umbau der Grande Galerie, der großen Gemäldegalerie des Louvre, wurde die allzu lange Flucht durch Säuleneinstellungen mit starken Gurtbögen unterbrochen.

467 E. Kaufmann, *L'architettura dell'Illuminismo*, Turin 1966, S. 196; De Angelis 1994, S. 204.

468 Die Diskussion um die neue Beleuchtung begann schon Ende des 18. Jahrhunderts, indem man versuchte, durch Fenster oder Öffnungen das Licht in den Räumen zu verstärken (Potts 1980, S. 150–173; Leinz 1980, S. 272). Auch Brues erläutert die neue Beleuchtungsart und bezieht sich dabei auf „all'occhio di bue", genannt ‚impluvium romanum' (Brues 1958, S. 75). Offenbar war dieses Beleuchtungssystem mit großen Problemen verbunden (A.S.M.V, b. 7, fasc. 11, n. 20).

schen stehen Marmorbüsten auf niedrigen Sockeln oder Plinthen. Halbhohe Säulen tragen Büsten, und weitere Büsten stehen auf Volutenkonsolen, die eine Handbreit aus der Wand hervorragen (Abb. 23). Unmittelbar über den Nischen ziehen sich rechteckige Stuckreliefs in verschiedener Länge an den Wänden entlang. Der Fußboden wird jeweils von einem figürlichen Mosaik und zwei ornamentalen Mosaiken antiker Provenienz geschmückt. Die Skulpturen, die kostbaren Materialien und die vornehme Sprache der Architektur verbinden sich wie in wenigen römischen Bauten zu einem harmonischen Ganzen.[469] Die Statuen, Reliefs und Fußbodenmosaiken leiten den Besucher zum zentralen Kuppelraum, auf den hin alles orientiert ist und der wie das Pantheon durch einen Oculus belichtet wird.[470] Die päpstliche Jahresmedaille von 1823, die die Einweihung des Braccio Nuovo feiert,[471] zeigt in seiner Mitte auf einem mächtigen Marmorsockel die aus Paris zurückgekehrte Vase im Lichte der zentralen Hängekuppel,[472] deren Kassettierung an das Rautenmotiv in den Apsiden des hadrianischen Venus- und Roma-Tempels erinnert (Abb. 24). Dem Objekt und nicht dem Besucher, der den Raum betritt, bleibt also das Zentrum vorbehalten (Abb. 25).

In diesem Kuppelraum kreuzen sich die beiden Seitenarme mit dem Quertrakt, der gegen Süden in einer etwas breiteren Exedra endet. Diese wird von schwarzen Doppelsäulen und gleichfarbigen Pilastern korinthischer Ordnung gerahmt, die mit dem weißen Fries über den Nischen des Apsisrundes kontrastieren.

---

469 Zu den verschiedenen Marmorarten De Angelis 1994, S. 209ff.

470 Marder 1975; über das Pantheon und den Erfolg seiner architektonischen Form im 18. und 19. Jahrhundert W. L. MacDonald, *The Pantheon: design, meaning and progeny*, London 1976, S. 123–131. Vgl. De Angelis 1994, S. 208.

471 Anno XXIII (14. März 1822 – 13. März 1823), Medaille in Gold, Silber und Bronze von Giuseppe Cerbara. Vorderseite: PIVS SEPTIMVS – PON · MAX · ANNO XXIII, Büste Pius' VII. nach rechts, darunter GIU · CERBARA F · , Rückseite: Blick in den Braccio Nuovo, im Abschnitt NOVUM MUSEUM PIUM / A · D · MDCCCXXII, darunter CERBARA · F; A. Patrignani, *Le medaglie di Pio VII (1800–1823)*, Bologna 1930, S. 219–220 Nr. 108, Taf. VI; F. Bartolotti, *La medaglia annuale dei Romani Pontefici da Paolo V a Paolo VI, 1605–1967*, Rimini 1967, S. 240 Nr. E 822; *Bauten Roms auf Münzen und Medaillen* (Ausst. Kat., München, Staatliche Münzsammlung, Ausstellungsräume des Bayerischen Hauptstaatsarchivs, 16. Oktober – 2. Dezember 1973), bearb. v. H. Küthmann u.a., München 1973, S. 239 Nr. 383; R. Martini, *Catalogo delle medaglie delle Civiche Raccolte Numismatiche*, V. Secoli XVIII–XIX, 2. Stato Pontificio – Stato del Vaticano (1800–1903), Mailand 1998, S. 22–23 Nr. 1062–1063, Taf. VIII.

472 D'Este 1822, S. 103; Platner 1834, 2, S. 97; Massi 1850, S. 39; De Angelis 1994, S. 226–227. Die Vase stand dort bis 1924/1925 und wurde dann auf den Treppenabsatz gesetzt, der bei dieser Gelegenheit auch verändert wurde, siehe B. Nogara, „I Musei e le Gallerie Pontificie nell' anno 1924–1925", in: *Atti della Pontificia Accademia Romana di Archeologia*, serie III: Rendiconti, 3 (1925), S. 451–497, bes. S. 457 Abb. 8.

Gegenüber der Exedra steigt eine Treppe zum Portikus der Fassade hinauf. Sie wiederholt den Typus der Treppe von Ligorios Nicchione, so wie auch dessen Form in der Exedra nachklingt.

Neben der Galerie des Louvre und Projekten der Revolutionsarchitektur dienten Stern vor allem Simonettis und Camporeses Räume des Museo Pio-Clementino als Vorbild. Auch wenn Stern sich an ihrem Stil inspirierte, unterteilte er den Bau gerade nicht in kleine Säle, sondern gab einer großen Galerie mit dominanter Mitte den Vorzug. Dieser Typus erinnert an das Museumsprojekt von François-Jacques Delannoy (Abb. 26) aus dem Jahr 1779,[473] in dem die Exedra und die beiden anschließenden Gebäudeflügel ebenfalls mit Nischen ausgestattet sind. Indem Stern diesen Gebäudeflügel mit einem Querarm durchdrang, der die Tiefenachse des Cortile del Belvedere fortsetzt, ging er über alle Vorläufer hinaus.

3. Aufstellung der Skulpturen und Dekor

Die heutige Aufstellung der Skulpturen im Braccio Nuovo entspricht nicht mehr der ursprünglichen. Ihr Programm wurde seit dem Baubeginn im Jahre 1817 geplant und mit der offiziellen Eröffnung am 14. Februar 1822 beendet.[474] Im Archiv der vatikanischen Museen finden sich Vorschläge und Projekte,[475] die die Aufstellungsmöglichkeiten der Büsten, Skulpturen und anderen Stücke beschreiben.[476] Die in den Braccio Nuovo verbrachten Stücke kamen aus dem Museo Chiaramonti, aus den Erwerbungen der Camera Apostolica, vor allem aber aus der Sammlung Ruspoli.[477] Letztere erreichten erst dank der Hilfe des Antiquars Pietro Maria Vitali und dank Canovas geschickter Verhandlungen am 27. Februar 1817 den Vatikan.[478] Im Jahre 1819 verkaufte die Familie Giustiniani eine

473 De Angelis 1994, S. 204.

474 Kardinal Consalvi hatte bestimmt, daß das Museum von 10 bis 21.45 Uhr geöffnet sein sollte (A.S.M.V., b. 7, fasc. 11, n. 5), siehe bei De Angelis 1994, S. 212, Anm. 78.

475 A.S.M.V., b. 12, fasc. 4, n. 17; De Angelis 1994, S. 212.

476 A.S.M.V., b. 12, fasc. 4, n. 17; De Angelis 1994, S. 212.

477 Büsten und Statuen der Sammlung Ruspoli waren Verhandlungsobjekte mit der Camera Apostolica; M. G. Picozzi, „Le antichità", in: *Palazzo Ruspoli*, hrsg. von C. Pietrangeli, Rom 1992, S. 235–256, bes. S. 237; De Angelis 1994, S. 214.

478 A.S.M.V., b. 6, fasc. 2.

weitere Reihe wichtiger Skulpturen,[479] und 1820 kam noch eine große Zahl von Kunstwerken aus dem Besitz des Prinzen Girolamo Odescalchi hinzu.[480]

Die ursprüngliche Einrichtung bestand nur zwei Jahre.[481] Im Jahre 1824, also nach dem Tod Canovas, wurde ein weiterer wichtiger Bestand an Skulpturen von Vincenzo Camuccini, dem Inspektor der Gemälde, angekauft. Mit diesem Zuwachs veränderte sich die Aufstellung vieler Statuen und damit auch das gesamte Programm.[482]

Nach Consalvis Zeugnis stammte die erste Einrichtung noch von Canova, obwohl sein gesundheitlicher Zustand im Jahr 1822 bereits bedenklich war.[483] Alle Entscheidungen, die das Museum oder seine Einrichtung betrafen, waren stets mündlich getroffen worden. Doch vermittelt ein „Rapporto" für den Monsignore del Drago vom 5. August 1831 interessanten Einblick in die Strategie der Verantwortlichen.[484] Für den Braccio Nuovo wurden Skulpturen „con magnificenza" ausgewählt. Die anderen kamen ins Museo Chiaramonti, dessen Programm flexibler, heterogener und qualitativ weniger anspruchsvoll war. Fünf Vorschläge mit kleinen Varianten haben sich erhalten, darunter auch das von Consalvi am 30. September 1821 ausgewählte und später umgesetzte Ausstellungsprogramm.[485]

Die Versuche, den ikonographischen Hintergrund dieser Aufstellung herauszufinden,[486] waren bislang nicht allzu erfolgreich. Nach den Plänen des Archivs waren insgesamt 42 historische Büsten, 10 mythologische und 20 weitere Köpfe und 35 Statuen, davon 16 Kaiser, 12 Faune und 12 Athleten, ausgestellt (Abb. 27). Obwohl der Bestand eine strenge Thematisierung und eine logisch-chronologische historische Aufstellung erlaubt hätte, wurden Skulpturen und Büsten von Kaisern, Göttern und Faunen nach primär dekorativen Gesichtspunkten

---

479 A.S.M.V., b. 6, fasc. 4, n. 33.

480 A.S.M.V., b. 6, fasc. 4, n. 35; De Angelis 1994, S. 215, vom Kustoden des Magazins, Giovanni Fulgoni, am 21. Februar 1820.

481 Vergleiche den Katalog D'Estes von 1822.

482 Über den Erwerb der Sammlung Camuccinis A. Uncini, „Nuovi documenti per servire alla storia dei Musei Vaticani: il ‚Registro Generale' del 1823–1824", in: *Bollettino dei Monumenti, Musei e Gallerie Pontificie*, 9 (1989), S. 148–150. Die 17 Skulpturen wurden im Dezember 1823 gekauft (A.S.M.V., b. 10, fasc. 6, n. 19). De Angelis 1994, S. 238.

483 Der Brief wurde vom „Studio Canova" an Giovanni Fulgoni, Kustode des Magazins, geschickt (A.S.M.V., b. 12, fasc. 4, n. 17, minuta di lettera allegata all'intorno n. 5).

484 A.S.V. S.P.A., tit. 108, „Memorie diverse"; De Angelis 1994, S. 213.

485 A.S.M.V., b. 12, fasc. 4, n. 17, int., 1, 2, 3, 4, 5; De Angelis 1994, S. 213.

486 De Angelis erklärt das Programm (De Angelis 1994, S. 213ff., S. 240ff.). D. Gallo gibt einen Überblick über die Entwicklung der Antikenmuseen, ohne die römischen Museen nach 1815 zu betrachten (Gallo 1993, S. 279–300).

aufgestellt. Nur in den beiden langen Querarmen mag man an eine Trennung der griechischen Mythologie von der römischen Historie gedacht haben. Im Arm zum Museo Chiaramonti waren vorwiegend Kaiserporträts und Statuen aufgestellt, im gegenüberliegenden, zur Bibliothek führenden Arm mehr Nymphen und Faune, ein Unterschied, der sich dem Besucher nicht sofort mitgeteilt haben kann.

In Anlehnung an das Museo Pio-Clementino wurden Mosaiken, Statuen, Büsten, Reliefs und Marmorinkrustationen dekorativ wie thematisch miteinander verbunden.[487] Nach der Aussage D'Estes war Canova von der „Einheit der Künste" überzeugt und wollte nicht zwischen den einzelnen Schwester-Künsten unterscheiden. So hatte er schon bei der Wiedereröffnung der Accademia Romana di Archeologia am 4. Juli 1816[488] vor dem „divorzio fra le arti sorelle" gewarnt.[489]

Im Gegensatz zum Museo Pio-Clementino verwendete man deshalb statt antiker neue Reliefs und konnte somit die verschiedenen Themen in größter Freiheit miteinander verknüpfen. Ein ähnliches Prinzip finden wir in den großen, vielfigurigen Mosaiken, die man nicht in ihrer ursprünglichen Form beließ. Vielmehr wurden einzelne Motive herausgetrennt und nach ästhetischen und thematischen Kriterien wieder neu zusammengesetzt.

4. Ikonographisches Programm

Mehrere Themen durchziehen den Raum, und ihr Programm geht noch über jenes des Museo Pio-Clementino hinaus, wo jedem der kleinen Räume im Sinne der „sala a soggetto" nur ein einziges Thema zugeordnet gewesen war.[490]

Alle zentralen Themen, von den mythologischen bis zu den historischen, stehen in einem gewissen Zusammenhang mit Canovas Werken. Das Triebhaft-Tierische, das Bacchisch-Wilde und Motive, die mit dem Wasser zu tun haben, fallen besonders auf. Schon Canovas im Jahre 1791 von Selva geplante, doch nie ausgeführte Werkstatt war als „Museo jardino" gedacht gewesen und sollte in der freien Natur und in der Nähe von Quellen errichtet werden.[491]

---

487 Die wenigen antiken Reliefs, die man zunächst in das Programm integrieren wollte, hatten auch bacchisch-dionysische Themen zum Inhalt.

488 *Dissertazione della Accademia Romana di Archeologia*, I, 1, Rom 1821, S. 33–34.

489 D'Este 1864, S. 117.

490 Brues 1958, S. 79ff. und De Angelis 1994, S. 243ff. haben schon auf die bacchisch-dionysischen Elemente hingewiesen, die den Mittelteil der Galerie beherrschen.

491 Vortrag von Ranieri Varese auf dem Kongreß „Canova, il Direttore dei Musei" in Bassano del Grappa 1999, Varese 2004, S. 103ff.

Neoattische Themen, die für Canova herausragende Bedeutung besaßen, ziehen sich axial durch den gesamten Querarm des Cortile della Pigna bis ins Innere der Exedra.

Der Besucher des Braccio Nuovo wurde schon am Eingang des Cortile della Pigna mit einem Springbrunnen begrüßt. Unmittelbar vor dem Brunnenbecken leitete, wie Pistolesis Grundriß zeigt, ein Flußgott zum Portikus über. Auf dessen beiden seitlichen Podesten zum Eingang lag eine Nymphe mit einem jungen Bacchus einem zweiten Bacchus gegenüber. Jenseits des fingierten Eingangs, im Inneren des Museums, waren auf einem länglichen Podest zwei Seepferde mit Nereiden und zwei Silenen aufgestellt.[492] Daneben repräsentierte eine Gruppe von drei Grazien den Höhepunkt der Natur: „nulla avvi di più amabile, che l'ingenua semplicità della natura".[493] Im Hellenismus waren die sich umarmenden Grazien mit Nymphen verglichen worden,[494] wie dies der sonstigen Thematik des Braccio Nuovo entsprach. Die Würde der Grazien wurde durch umgebende Faune auf tieferem Niveau noch erhöht.[495] Sogar die Marmorsorten des Vestibolo wurden der Thematik angepaßt. So bestimmte man das heilige Rot des Weins für den Bacchus. Schon in hadrianischer Zeit hatte der „rosso antico" für Statuen des Bacchus, der Faune und der Mänaden gedient.[496] Im Braccio Nuovo sind außerdem in verschiedenen Rottönen wie bruno, rosso breccia, corallina, porfido tigrato oder giallo anticho gearbeitete Marmorsäulen hintereinander gestaffelt. Verstärkt wird das bacchische Element noch durch elf Reliefs, die die Geburt des Bacchus, seine Hochzeit mit Ariadne, seine Trunkenheit und Tanzszenen darstellen.[497] In der gleichen Achse schlossen sich im Mittelteil des Querarms dionysische und bacchische Figuren und Ensembles an, die die Nischen und Sockel schmückten. Auch die im Zentrum stehende Basaltvase, die Fußbodenmosaiken und die zunächst von Canova ausgewählten antiken Reliefs – „dal professore suddetto scelti da antichi monumenti di Roma, ed ivi in istucco collocati, avendo la lusinghiera

492 Der gesamte Eingang ist 1980 neu gestaltet worden.

493 D'Este 1864, S. 336–337.

494 A. Furtwängler, „Die Chariten in der Kunst", in: W. H. Roscher, *Ausführliches Lexikon der griechischen und römischen Mythologie*, I, 1, Leipzig 1884–1886 (Nachdruck Hildesheim 1965), S. 882–884, E. B. Harrison, „Charis, charites", in: *LIMC* III, 1, Zürich, München 1986, S. 191–203; H. Sichtermann, „Gratiae", ebd., S. 203–210.

495 C. Heyne, „Delle differenze fra i Fauni e i Satiri", in: *Opere di J. J. Winckelmann*, Prato 1834, XI, S. 246–254 (De Angelis 1994, S. 244).

496 Über den Marmor P. Grazioli Medici, *Medici: marmorari romani*, Vatikanstadt 1991, S. 193–194 mit einem Lexikon der Marmorarten. Zu den antiken Marmorsorten R. Gnoli, *Marmora Romana*, Rom 1988.

497 De Angelis 1994, S. 245.

speranza di poterli un dì eseguire in marmo“[498] – zeigten bacchantische Motive. Diese Thematik setzte sich in der Mitte der Exedra fort, wo der Flußgott des Gartens im „Nil“ seine Entsprechung fand. Diese bacchantisch rauschhaften Wesen verleihen dem Raum einen festlichen Überschwang, der nicht zuletzt durch die Freude über die Rückkehr der Kunstwerke motiviert gewesen sein mag.

Verfolgt man das Thema im axialen Sinne weiter, so findet man am Ende der von bacchischen Gestalten gesäumten Reihe ein Relief mit der Kentaurenschlacht, das sich über dem Podest der Apsis entlangzieht (Abb. 28). In antikischem Stil zeigt es kämpfende Gruppen von Kentauren und Lapithen. Jedes der acht aneinandergereihten rechteckigen Bildfelder zeigt zwei Kämpfende, einen Lapithen und einen Kentauren, und drei davon mit Frauen, die die Kentauren zu rauben versuchen. An den äußeren Enden des Frieses sieht man auf der linken Seite Diana auf ihrem Hirschwagen, auf der rechten Apoll auf einem Einspänner. Laboureur, der von Canova mit diesen Reliefs beauftragt worden war, variierte hier die Kentaurenschlacht der gerade entdeckten Reliefs des Apollo-Tempels in Phigalia[499] und die Metopen des Parthenon, die das gleiche Thema darstellen und die damals zu den meistbewunderten Kunstwerken zählten. Canova hatte sie 1816 in London gesehen und als Vorbild für seinen „Theseus“ verwendet.[500] Laboureur orientierte sich offensichtlich an ähnlichen Motiven, bediente sich jedoch anderer stilistischer Mittel als Canova. Zweifellos wurden seine Reliefs auch von den langen Friesen im zweiten Salon des napoleonischen Appartements des Palazzo del Quirinale inspiriert.[501]

In der rechten Hälfte des Apsis-Frieses taucht nun auch die Gestalt des Herkules auf, und zwar mit dem Fell des nemeischen Löwen beim Raub der Deianira und bei der Ermordung des Lichas. Canovas Gruppe „Herkules und Lichas“, der Laboureur hier folgt, hatte einst eine hohe politische Bedeutung besessen und Lichas Frankreich repräsentiert.

Über die Interpretation von De Angelis hinaus sind auch im Braccio Nuovo die politischen Anspielungen kaum zu übersehen. Kentauren symbolisieren die wilde Natur und gehören wegen ihrer Lüsternheit und Trinklust ebenfalls zu Dio-

---

498 Pistolesi 1829, IV, S. 60. Die antiken Reliefs sind später von nachgeahmten von Francesco Massimiliano Laboureur verdrängt worden.

499 Nach 1814 wurden sie ins British Museum gebracht.

500 Das wissen wir nicht nur aus Briefen von Bossi, sondern auch aus Leopoldo Cicognaras *Storia della Scultura*. Die Darstellung der Kentauromachie war das Vorbild von Canovas „Theseus“.

501 Der Fries zeigt „Lorenzo de' Medici che scaccia i vizi e introduce le virtù in Toscana“ (Ternois 1970, S. 384–388).

nysos.[502] Anlaß des Kampfes mit den Lapithen war die Hochzeit des Peirithoos mit Hippodameia. Die geladenen Kentauren hatten sich berauscht, die Frauen der Gastgeber belästigt und schließlich versucht, die Braut zu rauben. In der griechischen Kunst hatten Kentauromachien den Kampf der Griechen gegen die Barbaren symbolisiert und die Überlegenheit der Lapithen, also den Sieg der geordneten Kräfte über die ungezügelte Natur. Zu dieser sieghaften Welt der Menschen gehören auch die fünf Athleten, die im Braccio Nuovo unterhalb des Frieses in den Nischen stehen.

In diesem Sinne knüpft das Thema an die Tradition des Museo Pio-Clementino an, wo eine antike „Kentaurenschlacht" auf der gleichen Achse in die Wand eingelassen ist. Schon dort soll sie den Kampf der Zivilisation gegen die wilde Natur darstellen – ganz ähnlich wie dies die „Häutung des Marsyas durch Apollo" im Gewölbe der Stanza delle Muse tat. Im Braccio Nuovo könnte die an zentraler Stelle angebrachte Kentaurenschlacht auf den vergeblichen Versuch der Franzosen anspielen, traditionelle Werte wie Papsttum und Religion zu zerschlagen, und würde dann den Sieg über diese barbarischen Angriffe verherrlichen.

Der Kampf zwischen dem Menschlichen und dem Unmenschlichen, zwischen dem Guten und dem Bösen kehrt aber auch in anderen Reliefs des Braccio Nuovo wieder. Für die Gewölbelünetten über den beiden seitlichen Portalen wurde jeweils eine Szene aus Ilias und Odyssee ausgewählt, auf die schon Canova in Reliefs zurückgegriffen hatte.[503] In beiden Szenen geht es um die jeweiligen Protagonisten. Über dem Eingang zum Museo Chiaramonti zieht Achill auf seinem Wagen stehend den toten Hektor hinter sich her (Abb. 29). Achill hatte ihn dreimal um die Stadt gejagt, ihn dann erschlagen, ihm die Rüstung geraubt und den Leichnam schließlich zum Lager geschleift. Im Hintergrund erkennt man die weinenden Frauen. Gezeigt wird also der Höhepunkt seines kurzen Heldenlebens. Der Krieg um Troia wurde durch den Raub der Helena ausgelöst und endete mit ihrer Rückkehr – auch dies sicher ein Hinweis auf den Kunstraub.

In der Lünette über dem Eingang zur Bibliothek zielt Odysseus mit gespanntem Bogen auf die Freier, die sich eng zusammengedrängt mit ihren Schwertern zu wehren versuchen (Abb. 30). Der Kampf von Recht gegen Unrecht kehrt also auch hier wieder und setzt sich sogar in den im Fußboden eingelassenen Mosaiken fort. Unterstrichen wurde dieser Eindruck noch durch die apotropäischen Medusenhäupter, die paarweise in den Nischen der Exedra aufgestellt waren.

In der Gegenüberstellung von Recht und Unrecht greift Canova auf einen alten Topos zurück, der auch im Ausstattungsprogramm des Museo Pio-

---

502 M. Leventopoulou u. a., „Kentauroi et Kentaurides", in: *LIMC* VIII, 1, Zürich, Düsseldorf 1997, S. 671–721, bes. S. 672, S. 706ff., S. 715ff., S. 720, VIII, 2, Taf. 416.

503 Stefani 1990, S. 35–49.

Clementino und der 1755–1762 erbauten Villa Albani auftaucht.[504] In der Villa Albani werden unterhalb des kosmologischen Programms männliche und weibliche, griechische und römische Statuen nach dem Prinzip des kontrastierenden Vergleiches einander gegenübergestellt.[505] Um solche antithetischen Gegenüberstellungen handelt es sich auch im Braccio Nuovo, und zwar nicht nur in der Gegenüberstellung von Natur und Zivilisation, sondern auch in den Gegensatzpaaren von Gut und Böse des Kentaurenfrieses und der beiden Reliefs über den Portalen.

Wichtig ist aber nicht nur der Hinweis auf den Kampf, sondern vor allem auch auf die Wiederherstellung der geordneten Zustände, wie sie mit dem Sieg der Religion und der Tradition über den französischen Einfluß erreicht schien. Die Freier hatten sich im Palast des Odysseus eingenistet, als Hausherren aufgespielt und seine Frau belagert, so wie die Franzosen von Rom Besitz ergriffen und der Stadt ihre eigenen Gesetze auferlegt hatten. Wie der rechtmäßige Hausherr Odysseus über die Freier, so hatte auch das Papsttum über die Franzosen gesiegt. Auch die „Übergabe der Briseis" auf einem Relief im Seitenarm zum Museo Chiaramonti spielt auf die Wiedergutmachung einer unrechtmäßigen Tat an (Abb. 31) – ein Gegenstand, der Canova schon in dem um 1787–1792 entstandenen Relief in der Gipsoteca in Possagno beschäftigt hatte (Abb. 32).

Der bacchantische Ausdruck der Freude und die Herstellung rechtmäßiger Verhältnisse bestimmten also das Programm des Braccio Nuovo, und dieser Sieg wird noch einmal in den vier langen Kaiserreliefs verherrlicht, die, umgeben von Reliefs mit tanzenden Mänaden, die beiden Wände der Querarme schmücken.[506] Dargestellt sind Triumphzüge von vier ausgewählten Kaisern. Im östlichen Flügel sieht man Trajan, in einer Episode, die sich auf der Trajanssäule wiederfindet, gegenüber den Kaiser Septimius Severus; auf der nördlichen Wandseite des westlichen Flügels Titus mit der Darstellung des Raubes des Tempelschatzes mit dem siebenarmigen Leuchter aus Jerusalem; ihm gegenüber Marc Aurel, dessen Regenwunder und Donauüberquerung von der Marc Aurel-Säule übernommen sind (Abb. 33–34). Diese vier langen Reliefs stellen außerdem berühmte römische Monumente dar: den Titus- und Septimius Severus-Bogen sowie die Trajans- und

---

504 Plagemann 1967, S. 11–12.

505 Die Allegorien gehen auf die schon im 17. Jahrhundert verbreitete *Iconologia* des Cesare Ripa (Giovanni Campani) aus Perugia zurück, das Standardwerk barocker Ikonographie (C. Ripa, *Iconologia overo descrittione delle imagini vniuersali*, Mailand 1601–1602; *Iconologia ... nella qvale si descrivono diverse imagini di virtù, vitij, affetti, passioni humane, arti, discipline, humori, elementi, corpi celesti ... ed'altre infinite materie*, Siena 1613).

506 Zu neoattisch-klassizistischer Kunst R. Bianchi Bandinelli, *Roma: l'arte romana nel centro del potere*, Mailand 1969, S. 108.

die Marc Aurel-Säule, die den Reliefs auch als formales und ikonographisches Vorbild dienten. Allen Reliefs sind drei Motive gemeinsam: das Opfer in Form von Feuerstellen, der Triumph in Gestalt der Victoria und das Wasser in Gestalt einer Quelle oder eines Flusses.

Das weitaus wichtigste Siegessymbol war jedoch der „Nil" im Zentrum der Exedra. Es gab viele Gründe, dem „Nil" eine derart besondere Stellung einzuräumen. Er war im Jahre 1513, also unter Leo X., bei Santa Maria Sopra Minerva auf dem Gelände des Iseums Campense ausgegraben worden,[507] wo man bereits 1512 den „Tiber" gefunden hatte. Der „Nil", der als Brunnenfigur einst zur repräsentativen Ausschmückung des Isis-Heiligtums gehörte, wurde zunächst im Zentrum des Cortile delle Statue neben einem Brunnen aufgestellt. Erst nach Simonettis Umbau 1796 brachte man ihn in den Innenraum der Sala degli Animali (Abb. 35). Von dort wurde er 1798 nach Paris verschleppt und kehrte ohne den korrespondierenden „Tiber" im Jahre 1816 aus Paris zurück,[508] das einzige Objekt im Braccio Nuovo, das an die Rückkehr der Kunstwerke erinnert.

Es hätte den modernen Erkenntnissen widersprochen, die Statue unter freiem Himmel der Witterung auszusetzen. So entschloß man sich für die Aufstellung im Braccio Nuovo (Abb. 36). Mit dem linken Ellbogen auf eine Sphinx gestützt repräsentiert er ein Wahrzeichen Ägyptens und deutet mit seinem aus Lotosblüten, Schilfblättern und Weizenähren gewundenen Kranz im Haar und den sechzehn Knaben, die die Ellen des Wasserstandes anzeigen, auf die Fruchtbarkeit hin, wie schon Winckelmann erkannt hatte. Damit stellte auch der „Nil" den Bezug zur Natur her. Auch in der Exedra schmücken Mosaiken mit ähnlichem Gegenstand den Boden: Die Artemis von Ephesos symbolisiert dort die „virtù fecondatrice della natura".[509] Um die Göttin sind Vögel und vier verschiedene Pflanzenarten

---

507 Helbig/Speier 1963, S. 338 Nr. 440; M.-O. Jentel, „Neilos", in: *LIMC* VI, 1, Zürich, München 1992, S. 720 Nr. 1, VI, 2, Taf. 424; S. Klementa, *Gelagerte Flußgötter des Späthellenismus und der römischen Kaiserzeit*, Köln 1993, S. 24–25, Taf. 11–13; K. Lembke, *Das Iseum Campense in Rom: Studie über den Isiskult unter Domitian*, Heidelberg 1994, S. 214ff., Taf. 19–22; C. Maderna, „Ägypten – phantastische ‚römische' Welt", in: *Ägypten, Griechenland, Rom: Abwehr und Berührung* (Ausst. Kat., Frankfurt, Städelsches Kunstinstitut und Städtische Galerie, 26. November 2005 – 26. Februar 2006), hrsg. von H. Beck, P. C. Bol, M. Bückling, Frankfurt am Main 2005, S. 440–441. Datierungsvorschläge reichen vom Hellenismus bis zur Zeit Hadrians.

508 Canova hatte entschieden, ihn aufgrund der Kosten in Paris zu lassen, wo er sich noch heute befindet (Louvre). S. Klementa, *Gelagerte Flußgötter des Späthellenismus und der römischen Kaiserzeit*, Köln 1993, S. 55–57 B 3, Taf. 12, 24; 36, 26; 19, 38; R. Mambella, „Tiberis, Tiberinus", in: *LIMC* VIII, 1, Zürich, Düsseldorf 1997, S. 26 Nr. 15, VIII, 2, Taf. 18. Datierung: 2. Jahrhundert n. Chr.

509 Massi 1850, S. 31.

angeordnet, die ihre Macht über Himmel und Meer darstellen, ein thematischer Kontext, in den sich der „Nil“ organisch einfügt.

Diese Aufstellung knüpfte in gewisser Weise auch an die ursprüngliche an. Die vier kolossalen Masken der Medusen in den Nischen erinnern an die Aufstellung im Cortile delle Statue: „sopra le colonne che decorano l'abside sarebbe bene collocarvi le teste di Medusa ed altre maschere che sono nei Magazzeni le quali per la loro grandezza e lavoro sembrano fatte a bella posta per essere collocate a quell'altezza, esempio praticato altre volte anche dagli antichi“.[510] Somit befand sich der mächtig gelagerte „Nil“ wieder in einem ähnlichen Ambiente wie während der Renaissance und rief damit die päpstliche Tradition in Erinnerung.

So bildet die Exedra nicht nur architektonisch, sondern auch ikonographisch den Schwerpunkt des Raumes, ein semisakraler Dreh- und Angelpunkt der Galerie. Zu beiden Seiten der Exedra finden sich Reliefs mit riesigen Kandelabern, die von Mädchen mit Girlanden geschmückt werden. Schon Visconti hatte sie als Symbole eines geheiligten Bereichs interpretiert, der einer bestimmten Gottheit geweiht sei.[511] Betont wird diese Sakralität noch durch die außergewöhnliche Belichtung. Das Licht fällt nicht nur aus der großen pantheonartigen Öffnung der Kuppel herab, sondern auch noch aus einem eigenen Okulus im Scheitel ihrer Halbkuppel. Somit erhellt es die gesamte Exedra und beleuchtet auch die Rückseite des „Nil“. Wie wichtig für Canova die Lichtverhältnisse waren, hatten schon die Aufstellung des „Herkules und Lichas“ im Palazzo Torlonia, aber besonders Canovas unumstößliche Forderungen für die Beleuchtung des „Theseus“ in Wien gezeigt.[512]

In der Exedra schließen sich alle Themen zu einer einheitlichen Aussage zusammen: dem Sieg des Papstes. Neben der „Kentaurenschlacht“, dem „Nil“ und den anderen Reliefs bildete Canovas Büste Pius' VII. den krönenden Abschluß. Wenn man den Braccio Nuovo von einem der beiden Seitenflügel betrat, fiel sie zuerst ins Auge (Abb. 37). Von ihren zwei Repliken gelangte die eine ins Schloß von Versailles, während die andere 1820 von Canova dem Papst für seine neuerrichtete Protomoteca geschenkt wurde. Obwohl die Version des Braccio Nuovo signiert ist, scheint Canovas Schüler Adamo Tadolini an der Arbeit beteiligt gewesen zu sein.[513] Inmitten von Faunen und Bacchanten thronte der Papst im Zentrum der antikischen Exedra als Sieger über die ungeordneten Kräfte. Pius VII. blickte auf den „Nil“, die hell beleuchtete Trophäe jenes Sieges, den er mit Canovas Hilfe erfochten hatte. Als Schutzherr wachte er über die Tugenden und

510 A.S.M.V., int., 13, 2, b. 12, fasc. 4, n. 17.

511 Visconti 1807, IV, S. 1–5, bes. S. 4.

512 Dort akzeptierte er die aufgrund zu hoher Baukosten vorgeschlagene Reduzierung, bestand jedoch auf der von ihm gewünschten Belichtung (Bösel/Krasa 1994, S. 67).

513 Pavanello/Praz 1976, S. 111.

dominierte die gesamte Galerie. Nach Canovas Vorstellung hatte der Papst Frieden ins Land gebracht, worauf auch das auf der Stola deutlich sichtbare PAX, das Motto seines Wappens, anspielt.[514] Canovas Nachfolger D'Este behandelt in seinem Buch die verschiedenen Projekte, mit denen Canova den Papst als Wohltäter der Kunst zu verherrlichen versuchte. Der Braccio Nuovo darf als eine solche Huldigung verstanden werden.

Dieser Aspekt des Programms wird noch durch das Relief unterstrichen, das gegenüber der Papstbüste über dem fingierten Eingang zum Braccio Nuovo angebracht ist. In Analogie zu den Lünetten über den seitlichen Eingängen ist die sogenannte „Apotheose des Homer" dargestellt, also die Vergöttlichung des Dichters, dessen Epen die Themen für die beiden seitlichen Lünetten entnommen waren (Abb. 38).[515] Laboureur hatte sich das Relief des Archelaos, welches im 17. Jahrhundert an der Via Appia bei Bovillae, nahe Grottaferrata, gefunden worden war, zum Vorbild genommen:[516] Dort sitzt Zeus von Apoll und neun Musen umgeben auf dem Berg Helikon. Darunter erkennt man die Apotheose des Homer. Laboureur beschränkte sich in seinem Relief auf die Darstellung der Verehrung des vergöttlichten Dichters.

Egidius von Viterbo hatte die Rückkehr der Musen als Vorzeichen eines neuen goldenen Zeitalters unter der Aegide Julius' II. gefeiert. Bereits seit der Mitte des 15. Jahrhunderts gehörten Apoll und die Musen zu den zentralen Themen der päpstlichen Panegyrik. Die Aufstellung des „Apoll von Belvedere" im Cortile Ottagono oder Raffaels „Parnaß", hinter dem sich der Cortile del Belvedere nach Norden erstreckte, unterstrichen die Kontinuität in der Präsenz Apolls und der Musen an diesem Ort.[517] Sixtus IV., Julius II. und Urban VIII. hatten sich schon als „Apollo Christianorum" gesehen. Sie wollten damit das christliche Rom im paganen Mythos verankern und die Päpste als Retter des Papsttums und des Kirchenstaates feiern. Bezeichnenderweise trägt bei Laboureur nicht Apoll, sondern Homer die Züge von Zeus. Sein Relief liegt auf der gleichen nord-südlichen Achse wie Raffaels Darstellungen des „Parnaß" und von „Apoll und Marsyas" in der Stanza della Segnatura oder der neun Musen in der Sala delle Muse des Museo

---

514 Olson 1986, S. 77–93, bes. S. 90.

515 D'Este 1864, S. 336.

516 Signiert von Archelaos, Sohn des Apollonios, aus Priene, um 130 v. Chr. oder 1. Jahrhundert v. Chr. Das Weihrelief kam 1805 aus dem Palazzo Colonna ins British Museum. C. Watzinger, *Das Relief des Archelaos von Priene* (Programm zum 63. Winckelmannsfeste der Archäologischen Gesellschaft zu Berlin), Berlin 1903; D. Pinkwart, *Das Relief des Archelaos von Priene und die „Musen des Philiskos"*, Kallmünz 1965; P. Moreno, *Scultura ellenistica*, Rom 1994, S. 561–563, 574–579, 640–644; R. Neudecker, „Archelaos [9]", in: *DNP* I, Stuttgart, Weimar 1996, Sp. 987.

517 Schütze 1994, S. 244.

Pio-Clementino im Norden. Diese axiale Beziehung, die auf die dreihundertjährige Förderung der Künste durch die Päpste anspielte, wurde im Braccio Nuovo umgedeutet: Im Vordergrund stehen nicht so sehr der Schutz der Werte und die Bewahrung der Schätze der Stadt als die Künste schlechthin, ja vielleicht sogar der Kirchenstaat.

Hier wird deutlich, wie weit sich das Programm von Napoleons Antikenmuseum entfernt und wie andersartig hier der Umgang mit der Mythologie war. Während aber in Rom die Antiken ganz selbstverständlich zum Leben und zum Verständnis der Stadt gehörten, bedeuteten sie für Frankreich eine Seltenheit und ein Symbol des sozialen Prestiges. Ihre Ankunft in Paris gewann damit eine besondere Bedeutung. Als Statuenmuseum wurde das ehemalige Appartement der Königsmutter eingerichtet und 1800 eröffnet, also kein Neubau. Wie im Museo Pio-Clementino im Vatikan wurden allzu große galerieartige Räume vermieden. Marmorne Doppelsäulen, durch Gebälke und Gurtbögen verbunden, stießen weit in den Raum vor und bildeten dadurch einzelne Raumteile.[518] Die Antiken wurden nach thematischen Gesichtspunkten angeordnet und die berühmtesten in den großen Nischen aufgestellt. Der Hauptakzent der Dekoration lag auf der Geschichte und den Taten berühmter Männer, die die Größe des napoleonischen Kaiserreiches veranschaulichten, und die Darstellungen in Perciers prächtigen Dekorationen bezogen sich auf Napoleons Taten. Dieser sah sich in der Nachfolge der Cäsaren und wollte deren Tradition fortführen und griff daher auch in seinen Bauten dezidiert auf die römische Antike zurück. Eine kühle Würde und der Wille zur Repräsentation verkündeten den Anspruch des Kaiserreiches. Napoleon sah in dem Skulpturenmuseum seine Ruhmeshalle und seinen Siegestempel und nutzte so die Kunst zur Verherrlichung seiner Person. Bei der Einrichtung der französischen Museen macht sich jedoch stets auch der Zwang einer Rechtfertigung für die Raubzüge bemerkbar und damit eine nationale Komponente. Frankreich sollte nun der Sitz der Antike sein. In dieser Stadt wurden der Geschmack bestimmt, das Volk gebildet und ein neues Künstlertum hervorgebracht.

5. Der Braccio Nuovo als Ausdruck päpstlicher Macht

Kein Werk Canovas kann die Vorstellungen besser veranschaulichen als der Braccio Nuovo, der die Rückführung der Kunstwerke vor aller Welt feierte und mit dem Canova seine Karriere beschloß. Dort konnte man wieder zwei der schönsten antiken Stücke bewundern, die jahrelang im Louvre geglänzt hatten, und dort hatten die Antiken durch Stern einen architektonischen Rahmen erhal-

518 Hautecoeur 1963, V, Abb. 104/105.

ten, der die Grande Galerie und die Bauten Perciers und Fontaines weit hinter sich ließ. Vor allem aber machte das Miteinander von griechischen und römischen Werken, von Göttern und Imperatoren, von päpstlicher und imperialer Ikonographie aller Welt deutlich, daß man im Rom der Restauration größeren Wert auf die Macht der Überlieferung legte als auf archäologische Gelehrsamkeit und kunsthistorische Belehrung. Die Stuckreliefs lehrten, daß sich der Papst gegenüber Frankreich nun so stark wie Achilleus vor Troia und Odysseus vor den Freiern fühlte, daß er wie Jupiter über die Musen herrschte, daß er triumphierte wie einst Titus und Septimius Severus und sich überschwenglicher Festfreude hingab wie die antiken Bacchanten. So verkörpert der Braccio Nuovo die Quintessenz der Kunstpolitik Canovas und des Papstes, die in den entscheidenden Punkten stets einig waren. Sie stellten sich ganz bewußt den in Nordeuropa und auch in Norditalien aufkeimenden Ideen nationaler Staatlichkeit und historischer Objektivierung entgegen. Der Papst ließ sich als letzten Imperator feiern und die Antike als Ahnherrin, auch wenn er wissen mußte, daß dies mehr nostalgisches Wunschdenken war als politische Realität oder Zukunft.

Die architektonische wie inhaltliche Einbindung des Braccio Nuovo in das vatikanische Museumsgefüge diente aber noch einem weiteren Ziel. Er sollte die Macht des Papstes, Roms und der römischen Kunst demonstrieren und den Sieg über Frankreich und alle seine revolutionären Tendenzen verherrlichen. Der Bau des neuen Antikenmuseums im Braccio Nuovo hatte alle Aufmerksamkeit auf sich gezogen.

Pius VII. folgte hier einer langen Tradition. Im Vatikan führte diese Entwicklung vom Cortile del Belvedere zum Museo Profano und zum Museo Clementino Clemens' XIV., das unter Pius VI. als Museo Pio-Clementino fertiggestellt wurde, mündete ins Museo Chiaramonti und endete schließlich mit dem Braccio Nuovo, und jedes dieser Antikenmuseen war Ausdruck eines Pontifikates.

Seit der Renaissance hatten die Künstler die Macht der Päpste verherrlicht und insbesondere Raffael und Michelangelo auch die weltliche Macht Julius' II. Doch seit der Mitte des 16. Jahrhunderts ging der politische Einfluß der Päpste immer weiter zurück. Auch während der Restauration konnten sie diesen ständigen Prozeß nicht aufhalten. Wie schon der Petersplatz Alexanders VII. scheint auch der Braccio Nuovo die Ohnmacht des Papstes zu kompensieren, und wie dieser repräsentiert er einen Höhepunkt des päpstlichen Mäzenatentums.

Im Braccio Nuovo identifizierte sich Canova noch eindeutiger als jemals zuvor mit den päpstlichen Ideen und stellte sogar den eigenen Geschmack in den Hintergrund, nachdem er in London die Elgin Marbles gesehen und in ihnen die „wahre Kunst" erkannt hatte. Allerdings war ihm im Braccio Nuovo auch eine ganz andere Aufgabe gestellt. Gerade nach Napoleons Sturz war hier die Wiederherstellung der legitimen päpstlichen Macht viel aktueller als das klassische Ideal.

XII. Die Museen in München und Berlin

1. Pinakothek

Während man in Berlin immer noch diskutierte, ob nach äußerlichen Gesichtspunkten, also nach Format und nach Inhalt, oder doch eher historisch gehängt werden sollte, lehnte man sich in München unmittelbar an das Konzept des Louvre an, das durch seine chronologische Hängung bekannt war.

Die Pinakothek des Louvre war von einem einzigen Gelehrten, nämlich Denon, eingerichtet worden, während in München der Kronprinz Ludwig selbst die Entwicklung der Pinakothek steuerte. Das Musée Napoléon gab ihm und Dillis die entscheidenden Anregungen.[519] Das Ziel war, bedeutende Meisterwerke aus allen Epochen zu besitzen. Die vielen Lücken der bestehenden Sammlung sollten durch eine systematische Ankaufspolitik ausgeglichen werden. Dabei spielte der Geschmack des Königs eine untergeordnete Rolle. Sein Ziel war es nicht, eine Privatsammlung, sondern eine öffentliche Galerie einzurichten, und dabei mußte er dem modernen Geschmack und den sammlungspolitischen Grundsätzen folgen. Der Schwerpunkt lag auf dem Einkauf italienischer und altdeutscher wie altniederländischer Gemälde.[520] Doch seine besondere Aufmerksamkeit galt, ähnlich wie für Denon in Paris, den Bildern Raffaels. So wurde am 7. April 1826, als sich der Geburtstag Raffaels zum 343. Male jährte, der Grundstein für die Alte Pinakothek gelegt.[521] Erst am 16. Oktober 1836 öffnete das Museum seine Pforten. In München entwickelte sich also ein ähnliches Konzept wie in Paris. Von dort stammten auch einige Bilder, die Ludwig nach dem Wiener Kongreß angekauft hatte. Auch wenn keine Sammlung des 19. Jahrhunderts den Glanz und die Fülle der Pariser Pinakothek erreichte, war die Sammlung von Ludwig doch beachtlich.

Der Vergleich der vatikanischen Pinakothek mit der Sammlung Ludwigs führt zu den gleichen Ergebnissen wie der Vergleich mit dem Musée Napoléon. Der große Unterschied liegt in der bewußten Steuerung der Ankaufspolitik, während man sich im Vatikan damit begnügte, die zurückgekehrten Werke auszustellen

---

519 Syre 1986, S. 45.

520 Eikemeier 1986, S. 56–67.

521 Graf Armansperg, *Rede bey der Grundsteinlegung der Pinakothek in München am 7.ten April 1826*, München 1826.

und zunächst keine systematische, über die italienischen Schulen hinausgehende Erweiterung der Sammlung anstrebte. Hier wird wieder deutlich, daß die vatikanische Gemäldesammlung eine andere Funktion erfüllte. Interessant sind in diesem Zusammenhang die Veränderungen der kapitolinischen Pinakothek. Im Gegensatz zur kapitolinischen Antikensammlung[522] wurde diese erst Mitte des 18. Jahrhunderts eingerichtet, dann, wie die Pinakothek im Vatikan, durch den Kunstraub zerstreut und ebenfalls erst im Jahre 1817/1818 nach der Rückkehr der Kunstwerke wieder neu geformt. Kein anderer als Canova war für die Umstrukturierung der Pinakothek verantwortlich.[523] Für die zurückgekehrte „Petronilla" von Guercino wurde ein eigener Raum eingerichtet, und so legte man auch hier Wert darauf, den Kunstraub bewußt zu machen. Wenn auch für die kapitolinische Gemäldesammlung keine Ankaufspolitik betrieben wurde, tendierte Canova dort doch eher zu einer chronologischen Anordnung. Dies hing sicherlich mit der Bestimmung der ursprünglichen Sammlung zusammen, die von Benedikt XIV. auch aus didaktischen Gründen, also für die Künstler, angelegt worden war. Canova hatte auch die Accademia del Nudo, 1754 von Benedikt XIV. gegründet, einrichten lassen und war dann 1806 für ihren Umzug in den Corso verantwortlich. Doch blieb die Bestimmung der kapitolinischen Sammlung unverändert. Beschränkt auf die italienischen Meister des 16. und 17. Jahrhunderts sollte sie als Lehrmaterial dienen. Die Gemäldesammlungen im Kapitol und im Vatikan zeigen, wie sehr man sich am ursprünglichen Konzept der Sammlung orientierte. In Paris, München oder Berlin hingegen wurden ganz neue Sammlungen geboren und gestaltet.

2. Glyptothek in München

Gleichzeitig zum Braccio Nuovo entstand in München das erste eigens erbaute Antikenmuseum: die Glyptothek. Sicher wußte Stern, der die Strömungen der Architektur seiner Zeit genau verfolgte, vom Bau der Glyptothek, der im April 1816, mehr als ein Jahr vor dem Braccio Nuovo, begonnen wurde.[524]

Am 9. März 1822 berichtet der Maler, Bildhauer und Kunstagent Ludwigs, Johann Martin Wagner, dem Kronprinzen aus Rom: „Der neue Flügel des vatikanischen Museums erhaltet vielen Beifall, und einen außerordentlichen Zulauf des

---

522 Michaelis 1891, S. 26f.

523 S. P. Raguzzini, „Theodoli e Fuga progetti per il completamento della fabbrica della Pinacoteca in Campidoglio", in: *Roma e la nascita del museo moderno nel XVIII secolo.* Atti del Convegno di studi (Rom, Pinacoteca Capitolina, 14.–16. Dezember 1989), Rom 1989.

524 De Angelis 1994, S. 189.

Volkes. Im Innern ist wirklich alles sehr gut und schön angeordnet, und die Beleuchtung von der Decke herein macht eine ganz vortreffliche Wirkung. Nur ist die Vorhalle, und die Thüre, welche in den Garten (Giardino della Pigna) führt, zweckwiedrig und von schlechtem Verhältniß ...".[525] Wagner lobt besonders die neue Belichtung, in der man nun die Skulpturen betrachten und vergleichen konnte.[526] Über die Einweihung des Braccio Nuovo erhält Kronprinz Ludwig viele positive Mitteilungen. Am 21. November 1823 berichtet er dem Maler Georg von Dillis von seiner Besichtigung des Braccio Nuovo, „der mich trotz aller Fehler freudig überraschte".[527]

Lob wie Kritik über den Braccio Nuovo werden verständlich, wenn man die Planung der Glyptothek verfolgt und mit der des Braccio Nuovo vergleicht. Leo Klenzes endgültiger Plan für die Glyptothek war das Ergebnis eines langen Prozesses. Im März 1814 hatte Wagner das Programm des Preisausschreibens für das neue Antikenmuseum in München in Rom bekannt gemacht. Der Bau sollte Festsäle umfassen, „... welche bei innerer Beleuchtung des Gebäudes zur Versammlung von Gesellschaft dienen sollten" und keine Außenfenster erhalten. Die Skulpturen sollten nach bestimmten Gruppen eingeteilt, die griechischen von den römischen getrennt und in entsprechend eingerichteten Räumen aufgestellt werden. Im September 1815 hatte Ludwig Wagners Stellungnahme zur Anzahl der Säle erbeten.[528]

Wagners Grundidee war es, die Antiken in einem langen Korridor mit kleinen Kammern aufzustellen. „Die Statuen der Götter und Heroen" wünschte er in „besondere Gemächer oder Zellen, nach ihrem verschiedenen Karakter und Inhalt und 3 und 4" plaziert und jene von „gleicher Kunstbehandlung oder Stil, und ähnlichem mythologischen Inhalts zusammen in einer Zelle" zu vereinigen.

Wagners Grundriß lehnt sich an Aloys Hirts Berliner Museumsentwurf von 1798 an (Abb. 39). Auch dort gab es zwei Reihen mit jeweils zehn Kammern und einen Rundgang um einen rechteckigen Hof. Wagner und Hirt orientierten sich am Neapler Museum von Capo di Monte, das König Karl IV. von Spanien 1786

---

525 Leinz 1980, S. 606.

526 Der Kustode Angelo Tomberli spricht bei einer Besichtigung des Intendanten der Museen Daru im Museum in der Nacht mit Antonio D'Este über die Beleuchtung (A.S.M.V., 1813, b. 4, fasc. 1). War es doch Anfang des 19. Jahrhunderts üblich, mit einer Fackel die Kunstwerke zu betrachten (Gasparoni 1842, S. 6: „spandesi per il vasto ambiente una luce uguale e tranquilla, qual si conviene all'uso del loco"). Vgl. Auch die Schilderungen bei Jayme 1994, S. 11 und Jayme 1994a, S. 194–195.

527 Leinz 1980, S. 606.

528 Leinz 1980, S. 139. Dort sind auch die weiteren Wagner-Zitate wiedergegeben. Zur Nutzung der Säle für Festversammlungen Klenze/Schorn 1830, S. 127 und Leinz 1980, S. 167.

gestiftet hatte und das 1790 als Erweiterung des Universitätsgebäudes ausgeführt worden war.[529]

Wagner schlug Türen vor, die die einzelnen Zellen noch stärker, als dies die Gewölbebögen in der Grande Galerie taten, voneinander abtrennen sollten. Diese Einteilung sei den Skulpturen angemessener. Sein Plan umfaßte 18 Säle mit zurückhaltender Dekoration. Die Wände der Räume sollten dezent gefärbt sein, damit die Stücke sich entfalten könnten. Er empfahl „Sandstainfarbe" und warnte, „von Malereyen und Vergoldungen darf schon gar keine Rede sein". „Jede Zierde, alles bunde oder glänzende thut den idealen Kunstwerken schaden". Nicht Größe und Pracht gebühre Priorität, sondern dem Kunstwerk, das alle Blicke auf sich lenken solle, sei doch ein Museum bloßer Aufbewahrungsort für den „Werth und die Schönheit der Statuen".

Für einen Bildhauer und Maler wie Wagner standen Aufstellungs- und Beleuchtungsfragen im Mittelpunkt.[530] Die wenigen Stücke sollten frei vor begehbaren Nischen stehen, um von allen Seiten sichtbar zu sein. Wagner hatte eine Aufstellung nach Hauptwerken mit thematisch zugehörigen Objekten vorgeschlagen, wie sie in der Villa Albani, dem Museo Pio-Clementino und im Louvre verwirklicht worden war. Dabei ging es ihm weniger um die weihevolle Verehrung der Kunstwerke als um ihre künstlerische und historische Bedeutung. Er ordnete die Antiken nach qualitativen Gesichtspunkten, deren Skala vom „bildhauerischen Meisterwerk" bis herab zum lediglich ikonographisch oder historisch interessanten Objekt reichte.[531] Der Wert der Kunstwerke und ihre optimale Aufstellung waren für ihn Merkmale eines guten Museums.

Karl von Fischer griff diese Ideen in seinem Entwurf für die Glyptothek vom 6. März 1816 auf, faßte jedoch seine Kammern zu einer Folge immer prächtigerer Repräsentationsräume zusammen. Nachdem Ludwig drei Kunstkennern die Pläne Fischers und Klenzes vorgelegt hatte, entschied man sich für Klenze.[532]

Am 23. April wurde der Grundstein für Klenzes Projekt gelegt, das den Vorstellungen Wagners teilweise widersprach.[533] Klenze war mit der Aufstellung der Antikensammlung des Kronprinzen beauftragt worden und berief sich dabei auf

---

529 Brues 1958, S. 122.

530 Dabei dachte er an Nordlicht, das aus viereckigen Fenstern von der oberen Wandzone herabfallen sollte (Wünsche 1985, S. 39). – Wagners Vorstellungen zur Innendekoration sind oben zitiert nach Leinz 1980, S. 139.

531 „... bildhauerisches Meisterwerk" und „antiquarischer Knochen" (Wünsche 1985, S. 39).

532 Sie wurden Georg von Dillis, Staatsrat Freiherr von Asbeck und Ministerialrat Baron von Stengel vorgelegt (Leinz 1980, S. 144).

533 Leinz 1980, S. 144.

Wagners Ideen, änderte sie jedoch in entscheidenden Punkten ab.[534] Er versuchte, den Baukörper dem inneren Zweck anzupassen. Er nahm den Bestand der Skulpturen auf, ordnete sie chronologisch und plante entsprechend die Zahl der notwendigen Räume, ihre Form, Belichtung und Dekoration, um daraus dann den Aufbau des Gebäudes zu entwickeln.

Klenzes Glyptothek besteht aus vier um einen quadratischen Hof gelagerten Flügeln. Wie gefordert bleibt der eingeschossige Bau ohne Außenfenster und blickt mit den acht ionischen Säulen seiner Tempelfront und seiner Freitreppe zum Königsplatz (Abb. 40). Dieser monumentalen Hauptfassade entspricht am anderen Ende des Gebäudes der viersäulige Portikus des Nebeneingangs. Hinter der Säulenhalle verleihen vier vom Museo Pio-Clementino inspirierte Rotunden dem Bau jene Würde und jenen festlichen Charakter, der bisher meist Sakralräumen vorbehalten war. Drei Räume im Westflügel, die freskierten Säle des Nordflügels und Kompartimente des Ostflügels wurden jeweils zu Raumgruppen zusammengefaßt.[535]

Die kleinen Bildwerke, die wenig Raum verlangten, waren entlang den Wänden aufgestellt sowie auf Borten oder Sockeln aufgereiht. Die wenig größeren wurden mitten im Raum aufgestellt, um von allen Seiten sichtbar zu sein, und nur die berühmtesten Stücke erhielten eine noch privilegiertere Position. So wurde die Raumachse jedes Saales durch eine zentrale Einzelfigur betont, wie man auch in die Zielpunkte der Blickachsen und in die Mitte der den Fenstern gegenüberliegenden Wände besonders herausfallende, meist kolossale Statuen stellte.

Die Figuren mußten nicht nur in chronologisch-stilistischer Hinsicht, sondern auch in Typus und Größe zusammenpassen. So waren der Ankaufspolitik enge Grenzen gesetzt. Wichtig waren vor allem der harmonische Zusammenklang von Skulptur und Architektur und ihre sich gegenseitig steigernde Wirkung. Die Skulpturen wurden fest in die Architektur eingebunden und betonten oder berücksichtigten Raumachsen, Durchgänge und Nischen. Fast alle Skulpturen sollten sich in ihrem Umriß vom farbigen Stuckmarmor abheben, der durch „abwechselnde, aber kräftige und lebendige Färbung die Bildwerke in warmen Reflexlichtern deutlich hervortreten läßt."[536] Darin folgte Klenze Winckelmann, der im Umriß die wahre Bedeutung der Antiken erkannt hatte.[537] „Der Architekt ist bei der Anordnung der innern Zierden des Gebäudes von dem allgemeinen

534 Leinz 1980, S. 146ff.

535 Die Wandflächen wurden wie im Braccio Nuovo durch umlaufende Gesimse zusammengehalten (Leinz 1980, S. 147, 149).

536 Plagemann 1967, S. 59 (nach Klenze/Schorn 1830).

537 Winckelmann 1764, S. 4; Winckelmann 2002, S. 4. Wünsche 1985, S. 57.

Grundsatz ausgegangen", schreibt Klenze[538] erläuternd, „daß nicht die decorative Nacktheit mancher italienischen und anderen Antikensammlungen, und die graue schmutzige Färbung ihrer Räume, sondern eine gewisse Pracht und kräftige Betonung der Wände, woran antike Bauwerke aufgestellt werden, dazu geeignet sind, dem Beschauer den Begriff der Achtung mitzutheilen, welche die neue Kunst diesen Meisterstücken des Alterthums zollt, und den unscheinbaren Zustand, in welchem sie uns oft Jahrhunderte der Barbarei und Zerstörung überliefert haben, vergessen zu machen".

Klenze schuf mit seiner Architektur wie mit dem Freskenprogramm abwechslungsreiche Inszenierungen für die Skulpturen.[539] Die Götter sollten eine Heimat finden und der Besucher das Kunstwerk in einem adäquaten Ambiente genießen. Die Dekoration sollte die Wirkung des Kunstwerkes noch steigern.[540] „Die Dekken der Säle, alle nach vollen Halbzirkeln, aber stets in abwechselnden Formen und Verbindungen gewölbt, sind reich mit Cassetirungen, erhabenen Stuckarbeiten und reichen Vergoldungen". Klenzes Schulung bei Percier und Fontaine in Paris erklärt auch den linearen Arabeskenstil der Innenausstattung.[541] Klenze meinte, man könne die Antiken nicht in blassen, glanzlosen Räumen genießen. „Eine gut geordnete Pracht der Umgebungen reizt das Auge und gibt dem Beschauer die passliche Stimmung; lebendige Farben des Grundes lassen auch das unscheinbarste antike Bildwerk rein und frisch erscheinen".[542] Die Räume wurden zu Reliquienschreinen und vermittelten gleichzeitig ein einheitliches Bild der ursprünglichen Epoche.

Sie hatten die Aufgabe, jeweils eine Epoche zu veranschaulichen, sollten nacheinander durchschritten werden und einen kontinuierlichen Rundgang zusammenschließen. Winckelmanns Einteilung folgend achtete Klenze auf eine chronologisch konsequente Abfolge. Nach der Vorhalle, dem „Purgatorium",[543] begann der Rundgang mit der ägyptischen Kunst als der Vorläuferin der griechischen. Die Wände waren gelb getönt und die Decke mit einer braun-rot-weiß-goldenen Kassettierung geschmückt. Dann folgten die Kunstwerke des sogenannten „alterthümlichen oder archaistischen, hieratischen oder heiligen Styls" und dessen spätere Nachahmungen in Räumen, deren Wände in Rosso antico und de-

538 Klenze/Schorn 1830, S. 1–2 (Gropplero di Troppenburg 1980, S. 197; Wünsche 1985, S. 40).

539 Gropplero di Troppenburg 1980, S. 190ff.; Vieregg 1991, S. 172–219.

540 Wünsche 1985, S. 40.

541 Beschreibung der „Salle de la Venus" im Stichwerk von 1812: „die Wände sind stukiert und vergoldet" (Wünsche 1985, S. 42).

542 Dieses und das vorhergehende Zitat nach Klenze 1830 bei Plagemann 1967, S. 59.

543 So Wagner (Wünsche 1985, S. 38; Gropplero di Troppenburg 1980, S. 196). Die folgenden Angaben und Titel der Räume nach Klenze/Schorn 1830, S. 27.

ren Decken weiß-azurblau-hochgrün-golden bemalt waren. An einen reich vergoldeten Raum mit den Skulpturen aus Ägina schlossen sich drei Säle mit „Werken der griechischen Kunstblüthe“ an. Nach den in Freskotechnik ausgemalten Festsälen sah man im Heroensaal die Statuen berühmter Männer und griechische Dichterbildnisse, die zur Porträtgalerie des großen Römersaales überleiteten. „Nachdem man in etwa 150 Nummern antiker Kunstwerke die Entwicklung griechischer Plastik von ihrem Beginnen bis zu ihrer Vollendung gesehen“, begründete Klenze diese Anordnung, „konnte es nicht anders als erwünscht seyn, in ein paar Sälen die Götter und Heroen, welche man ihrer individuellen Gestalt und Charakteristik nach kennen gelernt, in ihrem mythologischen und poetischen Wechselwirken und Handeln zu sehen. Durch diese Aufgabe ward dem Maler Gelegenheit gegeben, die monumentale Malerei wieder in ihre Rechte einzusetzen.“[544] Der „Saal der farbigen Bildwerke“ zeigte ebenfalls römische Kunst, die Klenze als Niedergang der antiken Kunstblüte betrachtete. Schließlich folgte ein Raum mit zeitgenössischen Klassizisten, „in welchem nur Werke der neuern Zeit enthalten sind, insofern und seitdem diese wieder zum Styl der Antike und zur Behandlung antiker Gegenstände zurückkehrte“.[545] Die Raumfolge begann und endete im Vestibül. Diese chronologische Anordnung, die Klenze in ständiger Auseinandersetzung mit Wagner erarbeitete, überzeugte durch ihre Folgerichtigkeit und Einfachheit.

Klenze wollte die historische Grundlage der künstlerischen Entwicklung betonen, so daß „der Beschauer den Gang der Kunst, ihr Steigen und Verfallen ... deutlich sieht.“[546] Er favorisierte von Anfang an eine chronologische Aufstellung und setzte sie als einziger in seiner Zeit durch. Die Aufstellung und die Reihenfolge der Antiken sollten das Bild vom Verlauf der Geschichte der antiken Plastik prägen. „Der Künstler wählte“, heißt es in der *Beschreibung der Glyptothek*, „statt des noch sehr schwankenden, und wenigstens nie mit Vollständigkeit durchzuführenden Systems der sogenannten Götterideale, die einzig festbegründete Anordnung nach den historischen Entwicklungsperioden der Kunst, und hieraus scheint der befriedigende Eindruck hervorzugehen, welchen diese Sammlung macht, und dessen man sich nie erfreuen kann, wenn man schwankenden Systemen oder individuellen Ansichten sich anzuschliessen und zu folgen, oder in einem planlosen Wirrwarr sich herumzutreiben gezwungen wird.“[547] Klenze wollte gerade nicht die Idealbilder in den Vordergrund stellen, sondern das historische Verständnis, dieses jedoch durch das prachtvolle Umfeld zu einem festli-

---

544 Klenze 1830 (Vorwort), zitiert nach H. von Einem, „Die Ausmalung der Festsäle durch Peter Cornelius“, in: Leinz 1980, S. 215.
545 Plagemann 1967, S. 58; Wünsche 1985, S. 39 (nach Klenze/Schorn 1830).
546 Plagemann 1967, S. 58 (nach Klenze/Schorn 1830).
547 Klenze/Schorn 1830, S. VI–VII; Plagemann 1967, S. 58.

chen Erlebnis steigern.[548] Wagner hielt er entgegen: „Uns deuchte, dass diese stoische oder fast zynische Einfachheit der Wohnungen, welche Herr Wagner den Göttern und Heroen des Altertums bietet, in einem zu großen Abstand zu den Hallen des olympischen Palastes steht, in denen wir gewohnt sind, sie uns zu denken, und wo sie uns Homer und Hesiod darstellen."[549] Für ihn war das Museum also nicht nur Bildungs- und Belehrungsstätte der Antike, sondern vor allem auch Ort seelischer Erbauung und Begeisterung.[550]

3. Berliner Museum

In Berlin hatte zunächst Friedrich Wilhelm II. im Jahre 1797 die Idee für ein Museum gehabt. Entwürfe und Beschreibungen hatte ihm Aloys Hirt geliefert, der, Archäologe und Bauhistoriker, seit 1796 als Professor an der Bauakademie lehrte und sich dafür einsetzte, den verstreuten Kunstbesitz zu erfassen und zusammenzulegen. Mit Hilfe der königlichen Sammlungen vermittelte er akademisches Wissen klassizistischen Inhalts, wie dies den Ideen der Aufklärung entsprach.[551] Im Jahre 1798 legte Hirt einen Plan für den ersten Museumsbau vor, den Friedrich Wilhelm III. zwar akzeptierte, aber dessen Ausführung er aufgrund der finanziell schwierigen Lage Preußens als nicht unbedingt notwendig erachtete. Erst 1800 griff Hirts Konkurrent Schinkel, den Friedrich Gilly in die Ideen der französischen Museumsbauten eingeführt hatte, den Plan eines Museums wieder auf.[552]

Der Baukörper seines Alten Museums erhebt sich in zwei Geschossen über rechteckigem Grundriß (Abb. 41). Die Räume legen sich „nach dem Muster des Akademiegebäudes"[553] um einen zentralen Kuppelsaal, der von zwei Höfen eingefaßt wird. Wie bei der Glyptothek wendet sich die Hauptfassade nach Süden.

---

548 Wünsche 1985, S. 38.

549 H. Seling, *Die Entstehung des Kunstmuseums als Aufgabe der Architektur*, Dissertation, Freiburg im Breisgau 1952, S. 309; Plagemann 1967, S. 59.

550 Wünsche 1985, S. 39–40.

551 Wyss 1983, S. 124.

552 Hochreiter 1994, S. 9ff.

553 H. Kauffmann, „Zweckbau und Monument: zu Friedrich Schinkels Museum am Berliner Lustgarten", in: *Eine Freundesgabe der Wissenschaft für Ernst Hellmut Vits: zur Vollendung seines 60. Lebensjahres am 19. September 1963*, hrsg. von G. Hess, Frankfurt am Main 1963, S. 135–166, bes. S. 147, hier zitiert nach Plagemann 1967, S. 73. Die folgenden drei Zitate stammen aus: *Schinkel's Votum vom 5. Februar 1823 zu dem Gutachten des Hofrats Hirt*, zitiert bei Wolzogen 1863, S. 248 (Rave 1941, S. 35; Plagemann 1967, S. 74–75); Schinkel 2005, S. 28 (Plagemann 1967, S. 74); Wolzogen 1863, S. 248 (Rave 1941, S. 35; Plagemann 1967, S. 74).

In einem Portikus von 18 Säulen steigt eine zweiarmige Treppe ins Obergeschoß hinauf. Die große Rotunde „betritt man zuerst", so Schinkel selbst, „wenn man aus der äußeren Halle hineingeht, und hier muß der Anblick eines schönen und erhabenen Raumes empfänglich machen und eine Stimmung geben für den Genuß und die Erkenntniß dessen, was das Gebäude überhaupt bewahrt." Ganz ähnlich wie Simonettis vatikanische Rotunde evoziert sie mit ihren antiken Statuen eine fast sakrale Stimmung (Abb. 42). „Die Wände der Rotunde sind marmorartig gehalten und von sanftgrauer Farbe, die Säulenstämme sind einem ganz hellgelben Giallo nachgebildet. ... Bei der Beleuchtung aus dem Zenith der Kuppel bringt diese warme Tönung der Wölbung eine sehr angenehme Wirkung für den ganzen Raum und die darin aufgestellten Kunstwerke hervor." Dort standen die Hauptwerke der Antikensammlung zwischen den Säulen und axial darüber in den dunkelgrundigen Nischen der Empore: „Endlich auch kann die Anlage eines so mächtigen Gebäudes, wie das Museum unter allen Umständen werden wird, eines würdigen Mittelpunktes nicht entbehren, welcher das Heiligthum sein muß, in welchem das Kostbarste bewahrt wird." Der Rundsaal „fordert möglichst viel Colosse in Göttergestalten, so daß die Rotunde das wahre Ansehn von einem alten Pantheon erhielte."[554] Die Säulenhalle, die offene Treppe und der Mittelblock mit der Rotunde waren die wichtigsten Elemente des Baukörpers.

Wie Schinkel für die architektonische Gestalt, so waren die Bildhauer Tieck und Rauch für die Aufstellung der Antikensammlung verantwortlich.[555] Schon Hirt hatte vorgeschlagen, im Erdgeschoß die Antiken und Gipsabgüsse und im Obergeschoß die Gemälde anzuordnen. Während Klenze in München die Antiken vor flache Wände gestellt hatte, waren Schinkels Räume durch Säulen gegliedert, so daß man um die Figuren herumschreiten konnte. Nicht umsonst hob Humboldt diese den Eindruck steigernde Neuerung hervor.

Bei dieser Aufstellung ging es nicht so sehr um die Vermittlung historischer Kenntnisse als vielmehr um normative Ideale, um den geistigen Auftrag der Kunst. „Im Publikum den Sinn für bildende Kunst ... zu wecken ... und Gelegenheit zu immer feinerer Ausbildung zu verschaffen", stand an erster Stelle.[556] Sinn und Aufgabe eines Antikenmuseums wurden damit neu bestimmt.[557] Die Hauptwerke „klassischer Kunst" dominierten. Mit der Richtschnur des Klassischen beschrieben dann auch Gustav Friedrich Waagen und Karl Friedrich Schinkel die auf- und absteigenden Linien der Kunst, die sie in fünf Gruppen unterteilten, um den ästhetischen wie den wissenschaftlichen Prinzipien gerecht zu

---

554 *Schinkel's und Hirt's Bericht an den König vom 31. Oktober 1825, Beilage A*; zitiert bei Wolzogen 1863, S. 258.

555 Plagemann 1967, S. 75.

556 Stock 1930, S. 210; Mai 1994, S. 30.

557 Brues 1958, S. 71.

werden: „Ein solches Bild hat vor allen anderen voraus, daß seine Trefflichkeit jedermann, dem Künstler, wie dem Laien unmittelbar einleuchtet, keines weiteren Commentars, keines wenn und abers bedarf.“[558]

4. Deutung der drei Museen: Braccio Nuovo, Glyptothek und Berliner Museum

a. Architektur

Die musealen Ziele der Glyptothek, des Braccio Nuovo und des Berliner Museums wurden nicht nur durch die Objekte und deren visuelle Vermittlung, sondern auch durch das Raumprogramm und die repräsentative Architektur des Außenbaus dargestellt. Das Antikenmuseum des frühen 19. Jahrhunderts war aus dem System einzelner, um eine Hofmitte gruppierter Kammern hervorgewachsen. Schon im Cortile delle Statue Julius' II. standen die Statuen in den Nischen eines Hofes.[559] Große Säle wie das Münchner Antiquarium blieben die Ausnahme. Im Museo Pio-Clementino von 1773/1780 wurden diese kleinen Räume dann zu einer großzügigen Abfolge verbunden. Das Musée Napoléon und die deutschen Museumsprojekte übernahmen dieses System, indem sich ihre Räume um einen Hof oder eine Rotunde gruppierten. Den wichtigsten Impuls erhielten diese Projekte durch die sogenannte Revolutionsarchitektur von Boullée und Ledoux, die vor allem von Schinkels Lehrer Friedrich Gilly begeistert aufgenommen wurde.[560] Der Braccio Nuovo mit seiner durch eine Exedra nobilierten Galerie stellte jedoch gewiß einen Höhepunkt dieser ganzen Entwicklung dar und übertraf in seiner räumlichen Großzügigkeit alle übrigen Museumsbauten Europas.

Alle drei Bauten, der Braccio Nuovo, die Glyptothek und das Berliner Museum, wurden durch die Architektur zu Tempeln der Kunst erhoben.[561] Diese festliche Stimmung lag in der Tradition der italienischen Antikensammlungen. Die Antikengärten bei San Marco in Florenz, beim Cortile del Belvedere oder beim

558 Stock 1930, S. 210; Mai 1994, S. 33.

559 Diese wurden erst 1956 entfernt, als auch die erste sternförmige Pflasterung ausgeführt wurde.

560 K. F. Schinkel, *Lebenswerk*, hrsg. von P. O. Rave, IV, Berlin 1941, S. 297; J. von Simson, *Das Berliner Denkmal von Friedrich dem Großen: die Entwürfe als Spiegelung des preußischen Selbstverständnisses*, Berlin 1976.

561 Zur historischen Entwicklung der Bauformen siehe G. Bandmann, „Ikonologie der Architektur“, in: *Jahrbuch für Aesthetik und Allgemeine Kunstwissenschaft*, 1 (1951), S. 67–109.

Palazzo Valle[562] waren Orte, die die antiken Statuen und Reliefs festlich umrahmten. Auch das erste Museum im engeren Sinne, das Museo Pio-Clementino, war prachtvoll ausgeschmückt. Nach dem Kunstraub trat im Museo Chiaramonti die Festlichkeit jedoch hinter den antiquarischen Gesichtspunkten zurück, ästhetisch gesehen ein Tiefpunkt in der Geschichte der vatikanischen Museen. Doch die Reaktion blieb nicht aus. Der Braccio Nuovo und die Museen, die in Deutschland entstanden, sollten zunächst vor allem Freude und Genuß gewähren.

b. Chronologische Aufstellung

Auch wenn in den neuen Antikenmuseen die idealen Meisterwerke in prachtvoller Umgebung ausgestellt wurden, blieb doch auch Winckelmanns Einfluß bestimmend. Seine Entwicklungsgeschichte gipfelte in den griechischen Kunstwerken. Der Kardinal Albani hatte diese Prinzipien für die Aufstellung seiner Antikensammlung abgelehnt,[563] doch die deutschen Museen des frühen 19. Jahrhunderts folgten Winckelmanns Auffassung und versuchten, Genuß und Festlichkeit mit dem enzyklopädischen Bildungserlebnis zu verbinden. Klenze zeigte in seinem Museum den Beginn, den Höhepunkt und den Niedergang der antiken Kunst. So schrieb er an Ludwig: „Der Grund, welcher uns als der mächtigste für die Wahl einer historischen Ordnung bestimmt, ist die Entfernung unserer Kunstideen von denen der Alten, denen die Idealcharaktere ihrer Götter als religiöser und pantheistischer Grund der stets lebendig, vor der Seele schwebte. Da diese Aussicht uns aber entrückt, so glauben wir, daß nächst des artistischen Genusses die Verfolgung der historischen Ordnung, und der daraus entspringenden Entwicklung des Ganges der Kunst, uns lebhafter ergreifen muß, als eine unvollkommene Reihe von Idealen, welche unsere religiösen Begriffe verwerfen. So wie der Geist der Zeit das Leben und die Kunst beherrscht, so scheint es uns auch, daß wir den Gang dieser herrschenden Ideen am liebsten in einer Kunstsammlung bemerken."[564]

Im Braccio Nuovo gab es ähnlich wie in der Villa Albani, aber im Gegensatz zur Glyptothek, keine chronologische Klassifizierung. Dieses festliche Ambiente war weder von Winckelmanns Verherrlichung der griechischen Klassik noch von

---

562 *Die römischen Skizzenbücher von Marten van Heemskerck im Königlichen Kupferstichkabinett zu Berlin*, hrsg. von Ch. Hülsen und E. Egger, Berlin 1913–1916 (Nachdruck Soest 1975), Nr. 128; Frommel 1973, III, S. 88.

563 Schon Albani verhinderte bei der Ausstattung seiner Villa Winckelmanns Konzept einer konzentrierten Betrachtung antiker Kunstwerke, die einer stilistischen Gruppierung anhand detaillierter Vergleiche gefolgt wäre.

564 Zitiert nach Wünsche 1985, S. 38

seiner Theorie vom Auf- und Abstieg der Kunst beeinflußt. Im ikonographischen Programm verschmolzen die griechische und die römische Welt mit jener der Päpste.

Dennoch wäre es verfehlt, den Braccio Nuovo als rückschrittlich zu kritisieren. Die Unterscheidung verschiedener Kunstepochen war durch das Musée Napoléon angeregt worden und beeinflußte auch in Rom und im Vatikan den Umgang mit der antiken Kunst. So führte die Neubewertung der Kunstwerke zur getrennten Aufstellung einzelner Stilgruppen.[565]

Es sei daran erinnert, daß sich an den Braccio Nuovo nicht nur das Museo Chiaramonti und das Museo Pio-Clementino anschlossen, sondern auch eine attische und ägyptische Sammlung, die Canova hinter dem Nicchione eingerichtet hatte. Man muß den Braccio Nuovo also im Kontext mit diesen anderen musealen Räume betrachten. Auch aus der Entstehungsgeschichte dieser Sammlungen wird der grundsätzliche Unterschied zur Museumsentwicklung in Deutschland und besonders in München noch verständlicher.

aa. Ägyptische Sammlung im Vatikan

Im Gegensatz zu anderen europäischen Städten war die Einrichtung einer ägyptischen Sammlung im Vatikan zur Zeit Canovas alles andere als selbstverständlich, obwohl schon immer ein Interesse für diese Kultur bestanden hatte. Die erste Sammlung ägyptischer und ägyptisierender Kunstwerke in Rom befand sich im Kapitolinischen Museum und hatte dort schon eine lange Tradition. Im Vatikan wurde um 1750 ein ägyptisches Kabinett, die Sala dei Papiri, eingerichtet und von Mengs ausgemalt.[566] Seit 1582 standen am Fuß der kapitolinischen Treppe zwei ägyptische Basaltlöwen.[567] Im Jahre 1714 hatte Clemens XI. Albani vier ägyptische Porphyrstatuen aus der Sammlung Verospi aufs Kapitol bringen lassen,[568] und schließlich begann 1748 mit der Gründung eines ägyptischen Museums auf dem Kapitol das sammlerische Interesse für diese Epoche.[569] Gegen Mitte des 18. Jahrhunderts machte dann die Überfülle an Kunstwerken auf dem Ka-

565 Eine Beschreibung der Aufstellung bei D'Este 1821, S. 313–319.

566 Über das Papyruskabinett ausführlich Roettgen 1980.

567 Die Löwen stammten aus dem Isis-Heiligtum im Campo Marzio und wurden dem Volk von Pius IV. zum Geschenk gemacht. Erst im Jahre 1588 wurden sie mit Wasserspeiern und Brunnenschalen versehen (C. Pietrangeli, *Guide rionali di Roma: Rione X, Campitelli*, II, Rom 1976, S. 33); siehe Roettgen 1980, S. 234, Anm. 136.

568 C. Justi, *Winckelmann und seine Zeitgenossen*, hrsg. von W. Rehm, 5. Aufl., Köln 1956, II, S. 175.

569 Roettgen 1980, S. 217.

pitol die Überführung der ägyptischen Stücke in den Vatikan und den Bau eines neuen Museums notwendig.[570]

War die Aufnahme ägyptischer Kunstwerke ins Kapitolinische Museum selbstverständlich gewesen, so stieß sie im Vatikanischen Museum auf Widerstand. Schon von Anfang an hatte man dort zwischen christlicher und nichtchristlicher Kunst unterschieden. Nicht umsonst war die Antikensammlung Julius' II. weit entfernt vom päpstlichen Appartement, im Garten der Villa Innozenz' VIII., angelegt worden. Jede Erweiterung der Sammlung nichtchristlicher Kunstwerke im Vatikan wurde durch Fresken oder schriftliche Dokumente gerechtfertigt.

Seit Napoleons Expedition im Jahre 1798/1799 verstärkte sich in den europäischen Städten das Interesse für die Kultur des Alten Ägypten.[571] Die Entschlüsselung der Hieroglyphen, die Jean François Champollion 1816 gelungen war, galt als Sensation. Der Weg für die Ägyptologie war damit geebnet. Man interessierte sich immer mehr für das Leben und die Kunst der „alten" Ägypter. Auch Privatleute aus verschiedensten Ländern versuchten, dem Geheimnis dieser Kultur nachzuspüren. Die ägyptische Regierung unterstützte dieses Interesse, so daß Recherchen in großem Umfang durchgeführt werden konnten. Die fieberhaften Untersuchungen und Diskussionen führten zum Aufbau privater wie großer staatlicher Sammlungen ägyptischer Altertümer.

So wurde die Einrichtung einer ägyptischen Sammlung zur Zeit Canovas zunächst verweigert, obwohl auch in Rom ein großes Interesse für die ägyptische Kunst bestand und viele Verantwortliche des Vatikanischen Museums sich um die Erforschung dieser Kultur bemühten.[572] Die Stücke widersprächen den Regeln des klassischen Geschmacks, ließen sich unter den ausgewählten Meisterwerken antiker Kunst nicht organisch aufstellen und störten. Gleichzeitig plante Carlo Fea, der Kommissar der Antiken, die Inschriften aller ägyptischen Obelisken Roms auf Stichen abzubilden und sie dann von Champollion interpretieren zu lassen.[573] Andere Römer reisten nach Ägypten und bemühten sich um das Verständnis der Sprache und der Kultur.[574]

---

570 Siehe Roettgen 1980, S. 234. Erst 1770 hatte man die Idee, ein Museum zu bauen, umgesetzt.

571 D. Syndram, *Ägypten-Faszinationen: Untersuchungen zum Ägyptenbild im europäischen Klassizismus bis 1800*, Frankfurt am Main 1990.

572 Zur Entstehung dieser Sammlung Lefevre 1941, 1948.

573 Fea 1821, S. 34.

574 Das Interesse an Ägypten und der Erforschung insbesondere seiner schriftlichen Zeugnisse war in der Renaissance und dann wieder im Barock neu erwacht. Neben den Obelisken in Rom und anderen ägyptischen und ägyptisierenden Monumenten standen zwei Handschriftenfunde des 15. Jahrhunderts im Mittelpunkt, die Hieroglyphica des Horapollon und die hermetischen Schriften (Corpus Hermeticum). Der Universalgelehrte Athanasius Kircher (1602–1680) bemühte sich erstmals um eine

Neben Carlo Fea trug besonders Silvestro Guidi[575] zur Neubewertung der ägyptischen Kunst in Rom bei.[576] Guidi war ein echter Römer, Kaufmann und archäologischer Antiquar, Abenteurer und Wissenschaftler in einem.[577] Er war von der päpstlichen Regierung für einige Jahre nach Ägypten entsandt worden und hatte mit diplomatischem Geschick, politischer Sensibilität und Liebe zur Kunst die päpstlichen Aufträge erfolgreich ausgeführt. Im Jahre 1816 reiste er dann in eigener Sache mit den Brüdern Filippo und Pietro Cavazzi für einige Jahre durch Ägypten. Erst drei Jahre später kehrte er nach Rom zurück und versuchte nun, einige Stücke, die er auf seinen achtzehn Reisen in Ägypten und Nubien gemeinsam mit Filippo und Pietro Cavazzi erworben hatte, an den Vatikan zu verkaufen.[578]

Kardinal Bartolomeo Pacca, der damalige Camerlengo, begutachtete die Stücke und entschied sich gegen einen Kauf. Er begründete die Entscheidung mit der Knappheit der päpstlichen Mittel, war dabei aber sicherlich auch von den divergierenden Meinungen seiner Ratgeber beeinflußt. Der Hauptgrund lag gewiß in seinem mangelnden Verständnis für die ägyptischen Kunstwerke, die sich in seinen Augen zu weit vom griechisch-römischen Ideal entfernten. Es handelte sich also eher um ein ästhetisches als um ein theologisches Problem. Auch die Abscheu vor dem Handel mit ägyptischer Ware könnte dabei eine Rolle gespielt haben. Pacca war jedenfalls nicht bereit, Geld für derartige Stücke aus-

---

wissenschaftlich-systematische Erforschung der Schriftquellen. Kirchers Vorarbeiten zu einer koptischen Grammatik wurden von Champollion weitergeführt, während seine Vermutungen zur Bedeutung der Hieroglyphen sich weitgehend als unzutreffend erweisen sollten. Seine Erkenntnisse hatte Kircher in zahlreichen Publikationen veröffentlicht, vor allem in dem Werk: *Oedipus aegyptiacus, hoc est Universalis hieroglyphicae veterum doctrinae, temporum injuria abolitae, instauratio; Gymnasium, sive Phrontisterion hieroglyphicum in duodecim classes distributum; Theatrum hieroglyphicum, hoc est nova et hucusque intentata obeliscorum coeterorumque hieroglyphicorum monumentorum interpretatio*, 3 Teile, Rom 1652–1654. Vgl. zur Auseinandersetzung mit Zeugnissen der ägyptischen Kultur im antiken Rom auch die Beiträge von M. Clauss, „Quellen zum Ägyptenbild der Römer", und von C. Maderna, „Ägypten – phantastische ‚römische' Welt", in: *Ägypten, Griechenland, Rom: Abwehr und Berührung* (Ausst. Kat., Frankfurt, Städelsches Kunstinstitut und Städtische Galerie, 26. November 2005 – 26. Februar 2006), hrsg. von H. Beck, P. C. Bol, M. Bückling, Frankfurt am Main 2005, S. 392–397, S. 434–445.

575 Zu Guidi siehe L. Cavazzi, „Viaggiatori romani: Silvestro Guidi", in: *Roma* (1928), S. 416; Lefevre 1941, S. 432; Lefevre 1948, S. 227ff.

576 Lefevre 1941, S. 432; Lefevre 1948, S. 226ff.

577 Lefevre 1948, S. 227ff.

578 A.S.R. Camerlengato, parte II, tit. IV, b. 172, fasc. 551, fol. 1; Lefevre 1941, S. 447, S. 438ff.

zugeben.[579] Als passionierter Archäologe und Liebhaber der Künste erhob jedoch Carlo Fea seine Stimme gegen Paccas Entscheidung und wußte als Kommissar der Antiken in der päpstlichen Verwaltung der Schönen Künste seinem Einwand Gehör zu verschaffen. Er sprach von einem großen Skandal. Der Vatikan werde mit der Ablehnung dieses Angebotes eine außergewöhnliche Gelegenheit zur Bereicherung seiner Sammlungen versäumen. Bekanntlich stand Fea auch sonst oft den Vorurteilen der päpstlichen Bürokratie entgegen.[580] Mit nationalem Eifer argumentierte er, ein Römer habe doch den Mut gehabt, aus eigenem Antrieb nach Ägypten zu gehen, sich dort unter Mühen und Risiken und auf eigene Kosten auf die Suche nach den antiken Stücken gemacht und sie in die Heimat zurückgebracht, um sie dem Heiligen Stuhl für ein angemessenes Entgelt anzubieten. Wie könne man ein solches Angebot nur ausschlagen! Guidi habe sogar eine Ratenzahlung vorgeschlagen, die vom Camerlengato leicht beglichen werden könne. Außerdem handele es sich bei diesen ägyptischen Stücken um eine Sammlung, für die die Höfe Englands, Frankreichs, Preußens und Bayerns wie auch viele private Antiquare eine noch viel höhere Summe bezahlen würden.[581] Wegen seines Eifers zog sich Fea bissige Verweise und Drohungen des verärgerten Pacca zu. Doch entsprach das Pathos seiner Argumentation dem damaligen Zeitgeist. So schreibt der Philologe Girolamo Amati im Jahre 1822: „... comitiva di coraggiosi e zelanti nostri concittadini che su quel mare cui solcavano le formidabili flotte dei Duili e dei Pompei, han tragittato in pacifico naviglio spoglie più care allo spirito del secolo ed alla umanità. ... un nuovo commendevolissimo genere di commercio tutto nobilmente inteso allo splendore ed all'utile delle scienze e delle arti ingenue."[582] Man pries die neue Art des Handels und feierte die Reisenden als moralisch hochstehende Persönlichkeiten, da sie alle diese Wagnisse für ihr Vaterland auf sich nähmen. Jedenfalls war Feas Argumentation so überzeugend, daß der Staatssekretär den Auftrag gab, die Stücke doch zu erwerben. Pacca wandte jedoch ein, man solle nicht voreilig handeln und genau überprüfen, ob der Staat Stücke von solch zweifelhafter Wichtigkeit kaufen dürfe.[583] Die Stimme des Camerlengo hatte großes Gewicht, und die Frage war nun, wie dieses Problem zu lösen sei. Der betagte Papst sah sich nicht im Stande, eine Entscheidung zu treffen, und wandte sich daher an Canova, den Generaldirektor der Schönen Künste und Hauptverantwortlichen der Kommission für den Einkauf antiker

---

579 Lefevre 1941, S. 438.

580 Lefevre 1948, S. 230; Pietrangeli 1985, S. 135.

581 Lefevre 1941, S. 447.

582 G. Amati, „Insigne monumento de' Tolomei in Egitto recato in Roma da Alessandria", in: *Giornale arcadico di scienze, lettere e arti*, 14 (1822), S. 254; Lefevre 1941, S. 432, Anm. 6.

583 Zum Konflikt zwischen Pacca und Consalvi vgl. Sande 1979.

Kunstwerke. Kein anderer als er konnte diesen Streit lösen: Consalvi, der in diesem Fall nur vermittelte, bat ihn, er möge „voler corrispondere alla confidenza di Sua Beatudine con quella imparzialità e giustizia che si distinguono eminentemente fra le molte sue esimie virtù". Canovas Neutralität in Fragen der Kunst und Politik war bekannt, und gegen seine Entscheidung war Widerspruch schwer möglich.[584] Er hatte in jungen Jahren Erfahrung im Umgang mit der ägyptischer Kunst sammeln können, da er für das „museo" des Botschafters Zulian, das auch einige ägyptische Stücke enthielt, verantwortlich war.[585] Auch wenn Canova dort für die Schätzung und den Verkauf ägyptischer Kunstwerke stets Berater hinzuzog, gab ihm diese Aufgabe doch die Möglichkeit, sein Auge zu schulen. Canova war also sofort bereit, dem Wunsch des Papstes nachzukommen, und fand sich schon einen Tag später im Magazin ein, um sich persönlich ein Bild von der Sammlung zu machen.

Pacca schmeichelte ihm und erklärte, Canova werde schon erkennen, ob diese Stücke der Tradition des Vatikans entsprächen und für die päpstliche Sammlung Wert besäßen. Nachdem Canova sie angesehen hatte, schrieb er an Pacca: „... non posso dissimulare la mia sorpresa in aver veduto un'infinità di cose interessantissime, e singolari, e degne da fregiarne qualunque più illustre Museo"[586] und erklärte: „cose, che devono destare la maraviglia in chiunque ... oggetti preziosi, che possono destare la brama di qualunque curioso, e collettore di cose rare."[587] Canova war von den Reliefs, Papyri, Inschriften und Stoffen auf Anhieb begeistert. Als neugieriger Sammler bewunderte er in ihnen Zeugnisse eines fremden Lebens und einer geheimnisvollen Kultur und Religion, besonders auch, weil man von jedem einzelnen Stück wußte, wann und an welchem Ort des alten Theben es gefunden worden war. Er sah hier eine Gelegenheit, das Interesse der römischen Archäologen und Historiker auch auf die ägyptische Kunst zu auszudehnen: „... il deposito generale di quanto è uscito di uomo di più grande, e di più leggiadro delle arti greche e latine e dal genio degli Artisti di tutto il globo."[588]

In den Etruskern erblickte er die Vorfahren der Römer, in den Ägyptern die Vorbilder der Griechen und erkannte damit, ganz im Sinne Winckelmanns, ihre historische Bedeutung für die Tradition Roms. Im Führer von 1822 findet sich

---

584 Lefevre 1948, S. 228; Lefevre 1968, S. 7.

585 De Paoli 1998, S. 19. Zulian schreibt am 17. Juli 1794 an Canova: „... mi farà un piacere di cambiarle in qualche cosa, che meglio mi convenga sia Statua, o pietra incisa, o in qualunque modo scolpita. Ella già sa quali cose possono convenire alla mia piccola collezione, ed al mio gusto." (Biblioteca Civica di Bassano del Grappa, Manoscritti Canoviana I–2–20/26; De Paoli 1998, S. 34).

586 Lefevre 1941, S. 447.

587 Lefevre 1941, S. 448.

588 Lefevre 1941, S. 448.

eine Erklärung für das ägyptische Museum:[589] „Giova bensi ricordare, che le arti nate in Egitto, si propagarano poscia nella Grecia… indi nel romano suolo, con vario successo ristrette nella culla dalla superstizione, e da' sistemi della teogonia, che formava la base della religione degli egziani, non fecero colà grandi progressi, poiché le leggi costringevano lo spirito di quei popoli a ricalar l'orme de padri loro, ed ogni maniera d'innovazione interdicevano, all'opposto nella Grecia la varietà del clima de costumi, delle leggi, e della religione influì in particolar modo allo sviluppo, ed all' avanzamento delle arti, ed i Romani vincitori de' Greci dovettero imitarli, e seguirne le orme, per migliorare in questa parte a loro condizione … dopo che i Greci avevano colà introdotto un miglioramento nello stile, o sono lavorate ad imitazione di quelle di Egitto, ne tempi in cui venne qui introdotto, promiscuamente agli altri, anche il culto degli idoli egiziani."[590]

Canovas Umgang mit den Kunstwerken unterschied sich wesentlich etwa von jenem Francesco Bianchinis, der unter Clemens XIV. nicht nur für den Aufbau eines christlichen Museums verantwortlich gewesen war, sondern, wie dann später auch Canova, ägyptische Stücke zu bewerten hatte. Bianchini hatte versucht, die auf Anregung Ficoronis für das Kapitol erworbenen Stücke aufgrund der Gesteinsarten, der Maße und des Erhaltungszustandes zu deuten,[591] wobei er bei den ägyptischen Kunstwerken vor allem „la materia", „la grandezza", „l'artificio" und „erudizione" hervorhob. Zu Bianchinis Bedauern waren die Hieroglyphen noch nicht entschlüsselt, und so konnte die verborgene „Weisheit" der Stücke nicht ans Licht kommen.

Die von Ficoroni erworbenen Stücke erklärte er unter Berufung auf Herodot als Priester und Priesterinnen und akzeptierte sie als Teile des Tempels von Bubastis, dessen Vestibül „voll" von ihnen gewesen sei. Ihn interessierten dabei vor allem Kleidung und Attribute der Figuren als religionsgeschichtliche Vergleichsstücke zum Alten Testament.[592] Bemerkenswert sind in Bianchinis Text die Ansätze einer vergleichenden historischen Religionsbetrachtung, etwa in der Gegenüberstellung der hebräischen und der ägyptischen Sakralbekleidung. Als päpstlicher Antiquar scheute er sich nicht, die alttestamentarische Religion mit dem ägyptischen Kult, also mit heidnischen Statuen „wertfrei" zu konfrontieren.[593] Für einen Gelehrten wie Bianchini besaßen die Stücke vor allem wissenschaftlich-antiquarisches Interesse. Er behandelte sie als kulturgeschichtliches

---

589 D'Este 1822, S. 300: „le antichità egizie, aquistate per ordine di Nostro Signore".

590 D'Este 1822, S. 300–301.

591 Liebenwein 1981 verweist auf F. Bianchini, *Relazione critica sopra le cinque statue Egiziane scoperte nel 1710 nella Villa Verospi accanto al Cicco Sallustiamo* (Manuskript in der Biblioteca Capitolare Verona, S. 75).

592 Liebenwein 1981, S. 75.

593 Liebenwein 1981, S. 98.

Material und wollte die ägyptische Kunst nicht mehr nur mit Hilfe von Schriftquellen verstehen. Dies entsprach allerdings mehr einem Wunsch als der Realität, da Bianchini sich dann letztendlich doch nur an den Schriftquellen orientierte. Erst Winckelmann versuchte durch seine Formanalysen, auch den Kunstwerken Ägyptens gerecht zu werden. Canova schloß sich Winckelmann an, wenn er die ägyptische Kunst als den Beginn der antiken Kunst sah, die auch den Künstlern und Besuchern der vatikanischen Museen nicht vorenthalten werden dürfe, stützte sich dabei aber auf keinerlei Gelehrsamkeit. Allerdings sah auch er sie nicht als exemplarisch für die Künstler an, ja lehnte sie als Vorbild für Lernende von vornherein ab.[594] Diese Aufgabe konnte in seinen Augen nur die griechische und römische Skulptur erfüllen.[595] Die vatikanische Sammlung sollte ein Museum der Kunst für alle Welt sein und folgte damit dem Vorbild des Louvre.

Canovas Plädoyer führte schließlich zum Kauf der Stücke für 8.000 Scudi.[596] Die Sammlung umfaßte nun unter anderem zwei hundsköpfige Figuren, eine Serie sitzender Statuen und eine stehende Figur der Göttin Sachmis aus Theben, eine „tavola di offerte" mit den Kartuschen Tutmosis' II. und ein Krokodil aus Basalt.[597] Diese Sammlung wurde um die seit dem Ende des 18. Jahrhunderts von Ignazio Vescovali[598] und den Brüdern Cavazzi[599] erworbenen Stücke, vor allem aber die in Rom und Umgebung gefundenen, die in römischer Zeit aus Ägypten eingeführt worden waren, sowie um römisch-ägyptisierende Statuen bereichert. So entstand der erste Kern des ägyptischen Museums, dessen Räume mit gemalter Alabasterimitation und ägyptischen Landschaften von Giuseppe de Fabris ausgeschmückt wurden. Diese erste ägyptische Sammlung des Vatikan war trotz Paccas Protest entstanden.[600]

---

594 Lefevre 1947, S. 45–46.

595 Man könnte von einer „Nationalisierung" der Kunstbetrachtung sprechen.

596 A.S.R. Camerlengato, parte II, tit. IV, b. 172, fasc. 551, fol. 1–10; C. Fea, *Varietà di notizie antiquarie*, Rom 1820, S. 149; *Diario di Roma*, 22. September 1819; Lefevre 1941, S. 439–440.

597 Botti/Romanelli 1951, n. 1, 2, 6, 7, 9, 10.

598 Giovanni Fulgoni, Kustode der Magazine der Vatikanischen Museen, übernahm am 21. Februar 1810 die „Statua sedente del Cornuto", gekauft von Vescovali (A.S.M.V., cart. IV, 4).

599 Amelung/Lippold 1903, I, S. 138; Helbig/Speier 1963, I, S. 343.

600 Pacca blieb seiner ablehnenden Haltung auch während des Pontifikats Leos XII. treu. Nachdem Leo XII. den Einkauf weiterer ägyptischer Stücke angeordnet hatte, war Pacca so erbittert, daß er sich mit kleinen Schikanen an den Verantwortlichen rächte. Auch Paccas Nachfolger Kardinal Galleffi folgte dieser Auffassung und lehnte einige Jahre später ein weiteres Angebot Guidis ab (Lefevre 1948, S. 232). Seit 1828 tauchten für einige Jahre weder Guidi noch andere Anbieter ägyptischer Stükke in den Akten des Camerlengato auf. Der Kontakt wurde systematisch abgebrochen, um die Erweiterung der ägyptischen Sammlung zu verhindern.

Auch wenn in der Literatur immer zu Recht darauf hingewiesen wird, daß das ägyptische Museum erst unter Gregor XVI. entstanden sei, hatte doch bereits Canova das Verständnis für eine derartige Sammlung im Vatikan geweckt. Carlo Fea, der 1801 in der Nachfolge Winckelmanns zum Leiter der Antiken im Vatikan ernannt worden war,[601] und die Mitglieder der Commissione Generale Consultiva di Antichità e Belle Arti hatten durch ihre Kritik den ersten Schritt zu einer Öffnung für die ägyptische Kunst getan und sich damit gegen den konservativen Geschmack durchgesetzt. Doch erst Canova hatte die positive Entscheidung herbeigeführt.

bb. Attische Sammlung des Vatikan

Der ägyptischen wurde dann im halbrunden Korridor hinter der Exedra eine weitere Sammlung mit griechischen Originalen angefügt, die man in den östlich angrenzenden Räumen unterbrachte und „Museo Egizio Attico" nannte.[602] Über der Eingangstür liest man noch heute in gelbem Marmor: PIVS VII PONTIFICATVS SVI ANNO XXI AEGYPTIIS ATTICIS ALIIS SIGNIS.[603] In der Sammlung befanden sich neben vielen anderen Stücken Gipsabgüsse von zwei Metopenfriesen, die Georg IV. von England dem Papst 1820 geschenkt hatte.[604] Diese Gipse hatten sich zunächst im Lateran befunden, wurden später in der Accademia di San Luca aufbewahrt und fanden von dort den Weg in den Vatikan, wo sie ihre Bedeutung für die kleine Sammlung entfalten konnten. Dem Führer von 1822 zufolge „sarà sempre inferiore al merito delle medesime, ed a quello può dirsi delle opere di Fidia eseguite nel Partenone di Atene, in queste famose reliquie dell'arte antica si ammira la verità della natura, congiunta alla scelta delle forme belle, e fino dal tempo, che visse Plutarco venivano riguardate come inimitabili per la loro bellezza, e per la loro grazia."[605]

Nachdem also zuvor im vatikanischen Museum stets griechische, römische und etruskische Stücke gemeinsam ausgestellt worden waren, änderten sich mit Canova zum ersten Mal die Ausstellungskriterien. Er nahm bei der Neuplanung der vatikanischen Museen eine Auswahl der Kunstwerke vor und trennte die ägyptischen Stücke von den griechischen, wobei er sich auf Winckelmann beru-

601 Ausführlich zu seiner Person Rossi Pinelli 1978/79.
602 Beschreibung des Museums in D'Este 1821, S. 299–313; Pietrangeli 1985, S. 136–137.
603 Vgl. die Inschrift in der zweiten Lünette des Chiaramonti-Zyklus bei Forcella 1875, S. 209 Nr. 800.
604 Zu ihrer Ankunft in Rom siehe A.S.M.V., b. 8, fasc. 2, n. 12 und 14.
605 D'Este 1822, S. 313.

fen konnte.[606] Erwähnenswert ist nur, daß die Gruppe, so klein sie auch war, von der ägyptischen getrennt wurde. Also auch hier führte eine Art Rundgang durch die verschiedenen Stile, und auch hier folgte man chronologischen und hierarchischen Kriterien.

Doch diese neuen Räume waren klein und unscheinbar und konnten sich mit jenen in München und Berlin in keiner Weise messen. Während Klenze einen prachtvollen chronologischen Rundgang konzipierte, wurde in Rom zwar gezeigt, daß man die neuen Strömungen kannte und ebenfalls nach Stilgruppen trennte, daß aber alle diese Sammlungen nur als Teil eines Ganzen zu verstehen und im Zusammenhang mit den älteren Abteilungen des Museums zu betrachten seien.

Entscheidend war auch die Verbindung des Braccio Nuovo mit der Bibliothek und der den Inschriften gewidmeten Galleria Lapidaria, und so war seine Lage innerhalb der vatikanischen Museen von besonderer Bedeutung.

Schon früh wurde der Braccio Nuovo mit dem antiken „Museion" von Alexandria verglichen,[607] wie es Strabo beschrieben hatte.[608] Das „Museion" war ein Ort zum Studieren, nahe der Bibliothek und mit einer Galerie sowie einem großen Raum ausgestattet, in dem die Mitglieder gemeinsam ihre Mahlzeiten einnahmen.[609] Auch der Braccio Nuovo war Teil des Palastes, war öffentlich und besaß eine Exedra. So war auch der Braccio Nuovo zur Erholung des Geistes gedacht, wenn auch seine wichtigste Funktion die kultivierte Promenade blieb.[610] Damit erfüllte das Antikenmuseum im Vatikan eine ganz andere Aufgabe als jenes in München oder auch Berlin.

c. *Nationale Idee?*

Die deutschen Museen verstanden sich nach den Befreiungskriegen von 1815 einmal als monumentaler Ausdruck der Kunstwissenschaft,[611] gleichzeitig aber

---

606 Pietrangeli 1985, S. 136–137.

607 Pistolesi vergleicht die Galerie dagegen mit einem anderen antiken Prototyp, der sogenannten Galerie von Verres. Diese berühmte Galerie umfaßte nur Meisterwerke und elegante Gärten.

608 Strabon 17, 1, 8 (C 794): „Ein Theil der königlichen Gebäude ist auch das Museum, welches eine Halle zum Herumwandeln, eine andre zum Sitzen und einen großen Bau enthält, worin sich der Speisesaal der am Museum angestellten Gelehrten befindet" (*Strabo's Erdbeschreibung*. Übersetzt und durch Anmerkungen erläutert von A. Forbiger, VII, Buch 16 und 17, Stuttgart 1860, S. 93).

609 Müller-Graupa, „Museion", in: *RE* XVI, 1, Stuttgart 1933, Sp. 797–821, bes. Sp. 806; A. Glock, „Museion", in: *DNP* VIII, Stuttgart, Weimar 2000, Sp. 155–167.

610 Hudson 1975, S. 160–161.

611 Plagemann 1976, S. 30.

auch als dichterische Verklärung der Kunst. Die Kunst wurde zur neuen Religion, wurde das Allerhöchste und Heiligste der Nation: „Es liegt in der als leitendes Princip angegebenen Höchsten Idee des Staates, dass er den höchsten Werth auf ächte Wissenschaft und schöne Kunst legte ...“.[612]

Nicht einem prachtliebenden Fürsten zuliebe hatte Klenze sein Gebäude der Kunst errichtet, sondern für den Genuß und die Bildung eines bürgerlichen Publikums. Er sah in den antiken Plastiken mehr als nur Objekte für Zeichenschüler und Archäologen.[613] „Nach meiner Meinung ist es ganz unnütz für Statuen, die Beleuchtung von Norden zu nehmen, insofern nämlich ein Museum kein Zeichnungssaal, akademischer Kunstzwinger und Kunststudium ist, wo die hereinscheinende Sonne den zeichnenden Schüler hindert oder den Effekt der Statuen aendert, während man zeichnet, sondern dessen wahre Tendenz sich darauf beschränkt, eine Reihe von Kunstschätzen einer jeden Art von Beschauern auf eine jede doch stets dem Gegenstand würdige, und der Freude der Sache erweckende Weise zu zeigen. Eine solche Sammlung ist nach meiner Meinung mehr eine Institution für die Nation, als für den studierenden Künstler, dazu geeignet, die Kunst ins Leben zu führen und mit dem Leben zu vermengen; denn dieses und nicht das Zeichnen nach Statuen ist es, was große Kunstepochen herbeiführt.“[614] Eine große Kunstepoche sollte herbeigeführt werden. Während ein Jahrhundert zuvor die antiken Ideale richtungsweisend gewesen waren, werde nun, so Klenze in einem Vergleich mit den literarischen Präferenzen des damaligen Publikums, „das Trauerspiel Calderons, Shakespeares und Schillers, wo sich, wie in unserem Leben, ein buntes Gemisch von Charakteren bewegt und treibt“, vorgezogen den klassischen griechischen Schauspielen, ungeachtet der „abstrakten, gewiß höheren Vortrefflichkeit des Euripides und Sophokles“. Als Grund hierfür meint Klenze erkannt zu haben: „Das Ganze dieses Vorzuges entspringt aus unserem Leben und Zeitalter, woraus niemand heraus kann. Die anthroposophischen und mythologischen Sprünge, zu welchen uns Shakespeare und die von uns vorgeschlagene historische Ordnung der Antiken zwingt, reizen und ergötzen unseren an Veränderungen und Kontrast gewohnten Sinn, die historische Incoherenz der Anordnung nach Idealen aber beleidigt unser Wissen und unseren Forschungsgeist.“[615] Der Blick auf die antike Kunst hatte sich gewandelt.

---

612 Stock 1928, S. 146ff.

613 Plagemann 1976, S. 59.

614 W. von Pölnitz, *Ludwig I. von Bayern und Johann Martin von Wagner*, München 1929, S. 272; Plagemann 1967, S. 59.

615 Klenze in einem undatierten Manuskript, abgedruckt bei Schwahn 1983, S. 296–297; hier zitiert nach Wünsche 1985, S. 38.

In München forderte Kronprinz Ludwig von Anfang an den „reinsten antiken Styl".[616] Wie die Korrespondenz Ludwigs mit dem Architekten und Altertumsforscher Carl Haller von Hallerstein zeigt, meinte er damit den „reingriechischen", genauer den griechisch-dorischen Stil.[617] Klenze schrieb im Nachhinein, daß er sich erst einmal „durch Selbststudien ... dem Griechentum zuwendete".[618] Seine Einsendung dreier Entwürfe zeigt aber auch seine Unsicherheit: er habe den „Styl der drei Hauptepochen der neueren Architektur angewandt, d.i. der griechischen, römischen und italienischen des 15. und 16. Jahrhunderts". Er klagte: „... man ist um so mehr unschlüssig nach welchen dieser Typen man sich richten soll, da der vorzüglichste derselben, wie gesagt, kein Beispiel eines ähnlichen Monuments darbietet".[619] Das Bestreben, sich an das griechische Vorbild anzulehnen, äußert sich auch in den Einzelformen. Seine Entwurfsmethode habe darauf abgezielt, „... die alten Elemente zu ordnen, ohne neue hinzuzufügen und

---

616 So die Formulierung der von Ludwig in Auftrag gegebenen und mit eigenhändigem Textentwurf vorbereiteten öffentlichen Ausschreibung für den Bau der Glyptothek und Walhalla, unterzeichnet von Akademiedirektor J. P. Langer und Generalsekretär F. W. J. Schelling, Königlich Baierische Akademie der Bildenden Künste, 4. Februar 1814 (*Allgemeine Zeitung*, 28. Februar 1814, Beilage, Nr. 22, S. 89–90); zitiert in K. Fräßle, *Carl Haller von Hallerstein (1774–1817)*, Dissertation, Freiburg i. Br. 1971, S. 137–139, bes. S. 138; Leinz 1980, S. 98; W. Nerdinger, „‚Ein Bild des reinen Hellenismus in unsere Welt verpflanzen': Leo von Klenzes Bauten für Isar-Athen", in: *Das neue Hellas: Griechen und Bayern zur Zeit Ludwigs I.* (Ausst. Kat., München, Bayerisches Nationalmuseum, 9. November 1999 – 13. Februar 2000), hrsg. von R. Baumstark, München 1999, S. 187–192, bes. S. 187; Buttlar 1999, S. 111. Im Kapitel 5 „Glyptothek und Königsplatz 1815–1830" gibt Buttlar 1999 (S. 109–139) eine neue Interpretation von Klenzes Glyptothek und zeigt den Einfluß des griechischen Stils auf die Planungsgeschichte.

617 Ludwig an Haller am 14. Juni 1813, G.H.A. I A 37, Brief Nr. 7; K. Fräßle, *Carl Haller von Hallerstein (1774–1817)*, Dissertation, Freiburg i. Br. 1971, S. 296. Auszüge der Korrespondenz des Kronprinzen Ludwig mit Haller, der 1811 maßgeblich an der Ausgrabung und Rekonstruktion des Tempels der Aphaia auf Aegina beteiligt war, in Fräßle 1971, S. 296–306 (Briefe, die Glyptothek und die Walhalla betreffend); Leinz 1980, S. 122. Vgl. auch *Carl Haller von Hallerstein in Griechenland, 1810–1817: Architekt, Zeichner, Bauforscher*, hrsg. von H. Bankel (Ausst. Kat., München, Preysing-Palais, 14. Februar – 15. März 1986; Nürnberg, Albrecht Dürer-Haus und Fembohaus, 22. März – 11. Mai 1986; Berlin, Antikenmuseum, 14. Juni – 31. August 1986), Berlin 1986.

618 Buttlar 1999, S. 113.

619 L. v. Klenze, *Erklärung dreyer Entwürfe eines Gebäudes zur Aufstellung von Statuen bestimmt*, 1815 (von Paris am 13. November 1815 nach München gesandt), zitiert nach Buttlar 1999, S. 113–114 (die Begleittexte zu Klenzes Entwürfen sind auszugsweise abgedruckt bei Buttlar 1999, S. 113ff.; Schwahn 1983, S. 37ff.; Leinz 1980, S. 136ff.; Plagemann 1967, S. 383f.).

hierbei die Monumente stets zu Rate gezogen".[620] Die unbedingte Verwirklichung griechischer Größe und Vollkommenheit konnte nur im Außenbau angestrebt werden. Für den Innenbau sei „das allgemeine Vorbild des Museums ... nicht sowohl im Innern des Tempels zu Delphi und Olympia, wohl aber im Friedenstempel zu Rom, in den Kaiserpallästen und Villen zu suchen".[621] Die ursprüngliche Idee Wagners, eine Aufstellung mit Götteridealen, mußte also letztendlich der chronologischen Aufstellung weichen. Gerade hier wird deutlich, wie viele Einflüsse in der Glyptothek zusammenströmten und wie sehr sie darin Ausdruck der modernen Gedanken des 19. Jahrhunderts war. Sie verband das Ideal der griechischen Kunst, das auch in der geschlossenen Museumsikonographie,[622] im Statuenschmuck des Giebels und in der Außenfassade gefeiert wurde, mit enzyklopädischem Gedankengut.

Canovas Verhältnis zur Antike war völlig anderer Art. Als Künstler folgte zwar auch er der griechischen Kunst, als Direktor der Vatikanischen Museen jedoch der großen römischen Tradition bis hin zu Pius VII. Ohne sich und seinen Geschmack zu verraten, gehorchte er der Tradition dieser Stadt und ihrer Geschichte. So stand auch die römische Kunst im Vordergrund des Programms.

In Deutschland war man keiner vergleichbaren Tradition verpflichtet und konnte sich uneingeschränkt Winckelmann anschließen, der Griechisch studiert hatte und die griechische als den Höhepunkt der Kunst betrachtete.[623] Im Braccio Nuovo, wo es weniger um die Kunstgeschichte als um die Selbstdarstellung des Papsttums ging, wurden römische und griechische Kunst ohne jede hierarchische oder historische Differenzierung miteinander verwoben – nicht anders als dies noch im 18. Jahrhundert üblich gewesen war. Canova nahm weder auf Originalität noch auf chronologische und topographische Unterscheidungen Rücksicht: „Unica preoccupazione degli ordinatori era stata quella ... di adattare i monumenti agli edifici, in modo che ognuno di essi facesse l'impressione migliore; dando ospitalità in un medesimo locale ad opere diverse di età e di diverso stile".[624]

Der Braccio Nuovo sollte ein lebendiger Organismus sein: „possono avvenire mutamenti e migliorie ai fini dell'estetica e della cultura".[625] Über den ästhetischen Aspekt hinaus dokumentieren die Stücke die „storia antica", die „storia

---

620 Buttlar 1999, S. 114.

621 L. v. Klenze, *Ueber die Aufstellung von Antiken* (G.H.A. I A 36 I, undatiert [1816]), zitiert nach Buttlar 1999, S. 120.

622 Schwahn 1983, S. 212.

623 Gerade Bayern fühlte sich besonders mit Griechenland verbunden, war doch ein Wittelsbacher, Otto I., König von Griechenland geworden.

624 Nogara 1948, S. 49; auch zitiert bei Cagiano 1997, S. 360, Anm. 43.

625 De Angelis 1994, S. 196.

romana“, die „storia letteraria“, die „storia naturale“ und „le arti e i costumi“, also auch Aspekte der Kulturgeschichte. Im Unterschied zum Museo Pio-Clementino, in dem den einzelnen Räumen bestimmte Themen zugeteilt wurden, war der Braccio Nuovo ein „museo totale della storia antica“.[626] Das Durchwandern der Räume ließ den Besucher in Kontakt zu Objekten aus allen Bereichen der Antike treten, ohne auf eine Abstufung oder Grenze zwischen römischer und griechischer Welt zu stoßen. Das Bewußtsein der großen Tradition stand sowohl den wissenschaftlichen und enzyklopädischen Tendenzen der Revolutionszeit als auch jedem Nationalismus entgegen, den man Canova bisweilen nachsagen wollte.

626 De Angelis 1994, S. 196.

XIII. Seine Ikonographie des Kunstrechts im Freskenzyklus des Museo Chiaramonti

1. Entstehungsgeschichte des Chiaramonti-Zyklus

Die Rückkehr der Kunstwerke und die Gründung der Museen spiegeln sich auch in einem wenig bekannten Freskenzyklus, an dessen Entstehung Canova maßgeblich mitwirkte.[627] Canova hatte Pius VII. angeboten, auf eigene Kosten Künstler mit der Ausmalung der Lünetten des Museo Chiaramonti zu beauftragen und die Zustimmung des Papstes gewonnen.[628] Die Lünetten sollten mit Episoden aus dem Pontifikat Pius' VII. geschmückt werden.[629] Zum ersten Mal wurde für einen Papst ein zweiter Freskenzyklus ausgeführt, und zwar nicht im Auftrag des Papstes, sondern eines Künstlers, und nicht wie üblich in der Bibliothek, sondern in einem der Museen.[630] Vielleicht wollte Canova dem Papst für die Anerkennung nach der Rückführung der Kunstwerke danken, indem er die Leistungen seines Pontifikates verherrlichen ließ.[631] Canova verfolgte die Ausführung der Fresken des Museo Chiaramonti mit großer Aufmerksamkeit. Er stand in reger Korrespondenz mit den Malern, rügte sie, wenn sie sich nicht an den Auftrag hielten, und ließ ihnen stets finanzielle und persönliche Unterstützung zukommen.

2. Vergleich mit Papstzyklen der vatikanischen Bibliothek

Der Zyklus im Museo Chiaramonti zielt durch die Auswahl der Themen, seine allegorischen Darstellungen wie auch die Ideen des Auftraggebers in eine andere

627 Zu diesem Zyklus ausführlich Hiesinger 1978, der insbesondere auf die Zuschreibungen der Fresken und die einzelnen Künstler eingeht, sowie Nogara 1925, S. 86ff. Im übrigen wurden die Künstler und die dargestellten Themen meist in Führern genannt (Fea 1821, S. 95; A. Nibby, *Itinerario di Roma e delle sue Vicinanze*, Rom 1827, II, S. 736). Danken möchte ich insbesondere K. Herrmann Fiore und M. Winner für Hinweise und Anregungen zu diesem Kapitel.

628 Die Hintergründe dieses Projektes beschrieben bei D'Este 1864, S. 253. Das Projekt wurde nicht nur vom Papst, sondern auch mit Canovas jährlicher Rente finanziell unterstützt (Hiesinger 1978, S. 655).

629 D'Este 1864, S. 253ff.

630 1. Zyklus für Pius VII. in der Galleria Clementina der Vatikanischen Museen.

631 Hiesinger 1978, S. 657.

Richtung als die traditionellen Fresken in der Galleria Clementina und der Galleria Alessandrina der Bibliothek. Dies soll ein Vergleich des Chiaramonti-Zyklus mit dem 1818 in der Bibliothek entstandenen Zyklus für Pius VII. verdeutlichen.

Der Zyklus Pius' VII. der Bibliothek fügt sich formal in die Reihe der früheren Papstzyklen ein. Die Darstellungen päpstlicher Taten in rechteckigen Bildfeldern werden durch Beischriften erklärt. Darüber befinden sich Lünetten, die mit Allegorien geschmückt sind oder als Fensteröffnungen dienen. Der Freskenzyklus listet 35 wichtige Begebenheiten aus dem Leben Pius' VII. und Pius' VI. auf.[632] Die Bilder preisen den Papst als großen Förderer der Malerei, Skulptur und Architektur, als Verschönerer des Vatikans, als Wiedereroberer der Kunstwerke, Restaurator der antiken Bauten und nicht zuletzt als Gesetzgeber, der die Sammlung und Erhaltung der Kunstwerke bereits in seinem dritten Pontifikatsjahr gesetzlich regelte. Indem dieser Zyklus über die Höhen und Tiefen des Pontifikats unterrichtet und die Figur des Papstes in den Mittelpunkt jeder Darstellung rückt, folgt er der Tradition früherer Zyklen. Die Ereignisse werden aneinandergereiht und durch berühmte Persönlichkeiten, die ihnen beiwohnten, belebt. Die frühen Biographen des Papstes kritisierten an diesen Darstellungen, daß der Maler Domenico de Angelis[633] trotz großer Auslagen und Vorschüsse des Auftraggebers dem Gegenstand nicht wirklich gerecht geworden sei.[634] Ähnlich beurteilten zeitgenössische Autoren die Ausschmückung der fünf Säle als „una povera cosa".[635] Offenbar legte man im Bilderzyklus der Bibliothek größeren Wert auf den Inhalt als auf dessen künstlerische Gestaltung.[636] D'Este zufolge wählte Ca-

632 Schmidlin 1933, S. 172; Forcella 1875, S. 202–206 Nr. 768–791 (Texte und Anmerkungen); Nogara 1925, S. 92ff.

633 Domenico de Angelis (Ponzano Romano, 1735 – Rom, 1804), Stipendiat an der Accademia di San Luca, arbeitete 1775/1776 im Palazzo Borghese. In der Sammlung der Accademia di San Luca befindet sich seine „Magdalena" (1775). Im Vatikan malte er das Gabinetto delle Maschere aus (1791–1792). Ihm werden auch die Fresken in der vatikanischen Bibliothek zugeschrieben (Redig De Campos 1954, S. 244. Zur Biographie siehe auch A. M. Ramieri, *Il pittore Domenico de Angelis, 1735–1804*, Ponzano Romano 1994). Dabei kann auch eine Verwechslung mit Domenico del Frate vorliegen.

634 Besonders das Fresko über die Abführung des Papstes verrate einen groben Pinsel und lasse natürliche Würde und die Kenntnis der Perspektive vermissen (G. Giucci, *Storia della vita e del pontificato di Pio VII*, II, Rom 1857, S. 201).

635 Pistolesi 1829, S. 98.

636 Die Darstellungen des Freskenzyklus für Pius VII. in der Biblioteca Vaticana zeigen bildlich und inschriftlich in chronologischer Reihung:
1. Pius VII. wird am 14. März 1800 in Venedig einstimmig gewählt und empfängt den Kuß der Kardinäle: PLERAQVE . ITALIA . COPIIS . OCCVPATA / CONVENTVS . A . PATRIBVS . CARDD . VENETIAS . INDICTVS / IBI . IN . COENOBIO . D . GEORGII / CVNCTIS . SVFFRAGIIS . PIVS . VII . PONTI-

FEX . MAXIMVS . RENVNCIATVS . EST / PBIDIE . ID . MART . AN . MDCCC. (1800);
2. Der Papst wird von der ganzen Stadt mit festlicher Freude zum Vatikan geleitet und nimmt in der Karosse vom römischen Senat die Stadtschlüssel entgegen: PIVM . VII . VENETIIS . ADVENIENTEM . TOTA . CIVITAS . OBVIAM . EFFVSA / GESTIENS . LAETITIA . ET . FESTO . APPARATV / AD . TEMPLVM . VATICANVM . DEDVCIT / V . NON . QVINT . AN . MDCCC. (1800);
3. Die Gebeine Pius' VI. werden unter großem Pomp durch die Porta del Popolo zurückgeführt: OSSA . PII . VI . POPVLO . ROMANO . REDDITA / A . PORTA . FLAMINIA . LVGVBRI . POMPA . ET . FVNERE . PVBLICO . ELATA / PRO . GRADIBVS . TEMPLI . VATICANI / A . PIO . VII . P . M . ET . PATRIBVS . CARDD . ACCEPTA / ANNO . MDCCCII . (1802);
4. Pius VII. und die Kardinäle trauern in St. Peter um Pius VI.: PIO . VI. / SOLEMNIA . PARENTALIA . IN . TEMPLO . VATICANO / ADSTANTE . PIO . VII . PONT . MAX . CVM . PATRIBVS . CARDINALIBVS / ANNO . MDCCCII. (1802);
5. Pius VII. befestigt das Kolosseum durch Substruktionen und bewahrt es vor dem Zusammenbruch: AMPHITHEATRVM . FLAVIVM / A . PIO . VII . CONTRA . RVINAM . EXCELSO . FVLGIMENTO . SOLIDATVM / ET . PLVRIFARIAM . SVBSTRVCTIONE . MVNITVM / ANNO . MDCCCVII. (1807);
6. Er läßt zahlreiche Inschriften aller Art zu Studienzwecken in der Julius-Galerie aufstellen: PIVS . VII . INSCRIPTIONES . OMNIS . GENERIS . MAGNAM . COPIAM / IN . AMBVLACRO . IVLIANO . AN . MDCCCVIII. / AD . ORNATVM . EXPLICANDAS . CVRAVIT / VTI . STVDIIS . CVLTORVM . PARATAE . SIENT (1808);
7. Auf Anordnung Pius' VII. werden die Reste des antiken Ostia ausgegraben und in die Stadt gebracht: IVSSV . PII . VII . RELIQVIAE . VETERIS . COLONIAE / EGESTIS . RVDERIBVS . IN . AGRO . OSTIENSI . EFFOSSAE / ET . IN . VRBEM . AVECTAE / AN . MDCCCIX. (1809);
8. Der Papst wird nach seiner Entthronung vom Quirinal nach Grenoble und als Gefangener im Wagen nach Savona deportiert: ADEMPTO . IMPERIO / PIVS . VII . PRIDIE . NONAS . QVINTILES . AN . MDCCCIX. / QVIRINALI . EXACTVS . GRATIANOPOLIM . TRANSVEHITVR (1809); PIVS . VII . GRATIANOPOLI . SAVONAM . TRADVCITVR / AN . MDCCCIX. (1809);
9. Pius VII. muß von Savona nach Fontainebleau und zurück nach Savona reisen: PIVS . VII . SAVONA . DVCITVR . AD . FONTEM . BELLAQVEVM / AN . MDCCCIX. (1809); PIVS . VII . E . GALLIA . ITERVM . SAVONAM . DEPORTATVS / AN . MDCCCXIV. (1814);
10. Im Triumph und unter dem Jubel der Stände kehrt der Papst zurück und zieht von der Porta Flaminia zum Vatikan und Quirinal: PIVS . VII . IN . LIBERTATEM . VINDICATVS . ROMAM . SE . CONTVLIT / ET INCREDIBILI . OMNIVM . ORDINVM . GAVDIO . ACCEPTVS / A . PORTA . FLAMINIA . IN . VATICANVM . ET . QVIRINALEM . ASCENDIT / VIII . KAL . IVN . MDCCCXIV. (1814);
11. Aufgrund der Kriegsbedrohung muß Pius VII. erneut flüchten und weicht nach Genua aus: TVRBATA . VRBE . OB . BELLVM . IMPENDENS / PIVS . VII . GENVAM . SECEDIT / X . KAL . APRIL . AN . MDCCCXV. (1815);

12. Nach der Befriedung Italiens betritt er Rom zum dritten Mal: PACATA . ITALIA . TERRORE . BELLI . PIVS . VII . GENVA . MOVIT / ET TERTIVM . VRBEM . INGREDITVR / NONIS . IVN . MDCCCXV . (1815);
13. Der Papst nimmt Bologna, Ferrara, Emilia, Urbino, Piceno, Camerino, Benevent, Frosinone wieder in den Kirchenstaat auf und segnet die ihm ihre Schlüssel reichenden Städte: PIVS . VII . BONONIAM . FERRARIAM . AEMILIAM . VRBINVM / PICENVM . CAMERINVM . BENEVENTVM . FREGELLAS / PONTIFICIAE . DITIONI . RECEPIT / AN . MDCCCXV . (1815);
14. Pius VII. schenkt der vatikanischen Bibliothek zahlreiche teuer erworbene Bücher und Handschriften und läßt diese in den Schränken aufstellen: AD . BIBLIOTHECAM . VATICANAM . LOCUPLETANDAM / PIVS . VII . QVAMPLVRIMOS . LIBROS . CODICESQVE . MAGNO . PRETIO . COEMPTOS / HIC . DONVM . DEDIT . AN . MDCCCXV . (1815);
15. Pius VII. reiht die etruskischen Tongefäße der Bibliothek ein und ordnet ihre Aufstellung über den Schränken an: PIVS . VII . / EXIMIA . VASORVM . FICTILIVM . ETRVSCÆ . CELEBRITATIS . SERIE / BIBLIOTHECAM . VATICANAM . DITAVIT . AN . MDCCCXV . (1815);
16. Aufgrund der Bemühung des Papstes werden das römische Forum und die Reste alter Pracht auf den drei Foren der öffentlichen Bewunderung zurückgegeben: STVDIO . PII . VII . / ROMANAE . MAGNIFICENTIAE . IN . TRIBVS . FORIS . QVOD . RELIQVVM / PVBLICAE . ADMIRATIONI . REDDITVM / AN . MDCCCXVII . (1817);
17. Er öffnet das Hospiz bei den Diokletianthermen für die Armen, stattet es mit Liegenschaften aus und zeigt es den Bettlern: PIVS . VII . AEDIFICIVM . AD . THERMAS . DIOCLETIANI / EGENIS . PRECARIA . STIPE . VICTITANTIBVS . APERVIT / ET . FVNDOS . IN . ALIMENTA . ADSIGNAVIT . AN . MDCCCXVII . (1817);
18. Pius VII. stellt die neuen Zivil-, Kriminal-, Handels-, Prozeß- und Militärgesetzbücher auf und verteilt sie: PIVS . VII . PRIVORVM . IVRIVM . FINES / RECTAM / CRIMINVM . VINDICATIONEM . COMMERCII . INCREMENTVM / RATIONEM . FORENSEM . REM . ET . DISCIPLINAM . MILITAREM / NOVIS . CODICIBVS . ADSERVIT . AN . MDCCCXVIII . (1818);
19. Der Papst schließt der Bibliothek acht Zimmer für Bücher, Münzen, Diagramme, Marmorstücke an und schmückt sie aus, indem er die Skizze für den Medagliere in Empfang nimmt: PIVS . VII . CONCLAVIA . BIBLIOTHECAE . VATICANAE . OCTO . ADIECIT / ET . OMNI . ORNATV . DECORAVIT . VTI . LIBROS . CONGESTOS / NOMISMATA . DIAGRAMMATA . FRAGMENTA . MARMOREA . LATERES / TEGVLASQVE . LITTERATAS . EXPLANANDAS . DISPONERET / AN . MDCCCXVIII . (1818);
20. Der Plan der kapitolinischen Pinakothek, die er samt dem Museum mit Sälen, Fenstern, Schmuck und Objekten bereichert, wird dem Papst vom Architekten vorgewiesen: PIVS . VII . MVSEVM . ET . PINACOTHECAM . IN . CAPITOLIO / RESTITVTIS . AVCTISQVE . SIGNIS . CONCLAVIBVS . ADDITIS / LVMINIBVS . AMPLIATIS . CVLTV . SPLENDIDIORE . EXORNAVIT / AN . MDCCCXVIII . (1818);
21. Auf Anweisung Pius' VII. wird das Museum mit der Bibliothek verbunden und ein neues Museum für die erworbenen Stücke aufgebaut: IVSSV . PII . VII .

nova zwar die Themen für diesen Zyklus aus, ohne aber für die Ausführung verantwortlich gewesen zu sein.[637]

3. Inhaltliches Programm des Chiaramonti-Zyklus

Im Zyklus des Museo Chiaramonti sind hingegen die historischen Begebenheiten nur durch allegorische Darstellungen wiedergegeben. Die Zahl der Themen war geringer und wurde nach Missirini von Kardinal Consalvi bestimmt,[638] wahrscheinlich in enger Absprache mit Canova, der als Generaldirektor mit der Museumspolitik noch vertrauter war. Canova bemühte sich bis kurz vor seinem Tode um die Fertigstellung des Zyklus und suchte noch 1822 Maler für nicht vollendete Lünetten.[639]

Alles spricht nun dafür, daß Canova auch an der Auswahl der Themen beteiligt war.[640] Der Zyklus im Museo Chiaramonti besteht aus 15 Lünetten, die sich in vier Kategorien gliedern: die Rekonstruktion und Restauration antiker Monumente (Septimius Severus- und Konstantinsbogen, Kolosseum), die Neugründungen und Ergänzungen der vatikanischen Sammlungen (Rückkehr der Kunstwerke, Museo Chiaramonti, Pinakothek, Münzsammlung, Raffaelteppiche, ägyptische und attische Sammlung), die Allegorien der drei Kunstgattungen (Malerei, Architektur, Bildhauerei) und die institutionellen Reformen (Malschule, Vereinigung der Archäologischen Akademie mit der Accademia di San Luca, Gesetzgebung) (Abb. 43). Auf jeder Szene zeigt jeweils eine Tafel das Jahr des Pontifikates, in dem das Ereignis stattfand. Zusätzlich wird jede Lünette durch eine lateinische Beischrift ergänzt, welche die Darstellungen erläutert. Die meisten Beischriften schmückten zuvor das Feld der Lünetten, wie dies noch in der „Ausstellung der Raffaelteppiche“ erkennbar ist. Heute befinden sich die Texte in einem Feld un-

---

MVSEO . ET . BIBLIOTHECA . EXCELSA . PORTICV . IVNCTIS / CHALCIDICVM . COMPARATIS . SIGNIS . CONLOCANDIS / AB . INCHOATO . EXTRVCTVM . AN . MDCCCXVIII . (1818);

22. Der Papst betrachtet gemeinsam mit einem Architekten ein Modell für einen Brunnen, den er dann auf dem Quirinalsplatz mit der vom Forum dahin überführten Basis aufrichtet: PIVS . VII . LABRVM . CVM . BASI . IMMENSAE . MOLIS / ADHVC . IN . TRIBVS . FORIS . NEGLECTVM / ANTE . OBELISCVM . QVIRINALEM . TRANSTVLIT / FACTA . HYPOBASI . ET . SEPTO . FONTEM . CONSTITVIT . AN . MDCCCXVIII . (1818).

637 D'Este 1864, S. 125.

638 Missirini 1825, S. 98.

639 Hiesinger 1978, S. 660.

640 Canovas Einfluß auf die Themen des Bibliothekszyklus ist dagegen sicher (D'Este 1864, S. 127).

ter den Lünetten.[641] Die Künstler waren Francesco Hayez, Giovanni Demin, Philipp Veit, Carl Eggers, Giovanni Colombo, Michele Ridolfi, Filippo Agricola, Giacomo Conca, Luigi Durantini, Giuseppe Caponeri und Vincenzo Ferreri.[642]

Wie der Zyklus in der Bibliothek so haben auch die Fresken des Museo Chiaramonti die Maßnahmen zum Schutz und zur Bewahrung der Kunst während des Pontifikates Pius' VII. zum Gegenstand. Der Papst steht jedoch nicht unmittelbar im Zentrum, und seine Figur taucht nur ein einziges Mal auf, während er im Zyklus der Bibliothek auf jedem einzelnen Bild dargestellt wurde. Schon dieser Umstand verleiht dem Chiaramonti-Zyklus einen anderen Charakter.

Von einer der wichtigsten Persönlichkeiten Roms an einem solchen Ort geplant stellt der Zyklus ein Résumé dar und ist als Reaktion auf die schwere Zeit der französischen Besetzung zu verstehen, als Wertung und Deutung dieser Zeit. Doch enthält er auch subtile Andeutungen persönlicher Natur auf die Person Canovas. Der Zyklus im Museo Chiaramonti ist als ein Denkmal seiner kulturpolitischen Ideen anzusehen. Im Bibliothekszyklus werden Canovas Mitarbeiter, aber nicht er selbst, gerühmt, und so scheint es, als ob ihm die von ihm selbst angeregte Ehrung im Museo Chiaramonti eine besondere Stellung einräumte.

a. Grundlage für die Kulturpolitik: Gesetz von 1802

Im Zentrum des gesamten Zyklus steht eine Lünette,[643] die Vincenzo Ferreri 1816 malte und mit folgender Legende versah (Abb. 44): PIVS · VII · P · M / A · III / VETERIBVS · ARTIVM · MONVMENTIS / SERVANDIS · COMPARANDISQVE · DATA · LEX (Pius VII., Pontifex Maximus, im Jahre 3: Es ist ein Gesetz erlassen worden zum Schutz und Erwerb antiker Kunstdenkmäler). Diese Lünette nimmt eine besondere Stellung im Zyklus ein, da sie sich in der Mitte der Galerie, gegenüber dem Eingang zum Cortile della Pigna, befindet. Als einzige bildet sie den Papst ab. Im Gegensatz zu den Darstellungen des Bibliothekszyklus, wo der Papst stets in realen Szenen mit den jeweiligen Persönlichkeiten dargestellt ist, empfängt er hier von einem Putto eine Schriftrolle, auf der die Jahrzahl 1802 und das Wort CHIROGRAFO zu erkennen sind. Der chirogra-

641 Einige Änderungen der heutigen Inschriftentexte gegenüber den ursprünglichen (nach den Angaben bei Forcella 1875): AD . INCREMENTVM . PROSEQVVTA (Forcella 1875, S. 210 Nr. 809), heute AD · INCREMENTVM · PROVECTA (Lünette 11); ET . PVBLICE . SPECTANDA (Forcella 1875, S. 211 Nr. 812), heute ET · PVBLICE · AD · SPECTANDVM · PROLATA (Lünette 14). Vgl. Hiesinger 1978, S. 656.

642 Zur genauen Zuschreibung Hiesinger 1978, S. 655–665.

643 Forcella 1875, S. 210 Nr. 806; Hiesinger 1978, S. 663 Abb. 25.

fo von 1802 war das Gesetz, das die weitere kulturpolitische Entwicklung in Rom nach dem Kunstraub bestimmte. Neben dem Schutz der Sammlungen und dem Aufbau der Museen geht es dort auch um ideelle und künstlerische Ziele wie den „aspetto didattico".[644] Im Edikt stehen die Interessen Roms im Vordergrund: „Questi preziosi avanzi della culta antichità forniscono alla città di Roma un ornamento, che la distingue tra tutte le altre più insigni città dell'Europa ...", heißt es im zweiten Absatz der Richtlinie, die Rom in einen großen europäisch-kulturellen Kontext stellt. Und weiter: „... somministrano i soggetti li più importanti alle meditazioni degli eruditi, ed i modelli, e gli esemplari i piu pregiati agli artisti, per sollevare li loro ingegni alle idee del bello, e del sublime". Die alte Kunst hatte nicht nur die Aufgabe, die Stadt zu verschönern oder, wie in Frankreich, die Nation zu verherrlichen, sondern wurde auch als Erziehungsinstrument für die Arbeit künftiger Künstler betrachtet. Dieser Gedanke findet sich in einigen Anweisungen, die den Export gewisser Gemälde beschränkten. Werke klassischer Künstler und solche, die für die Ausbildung bedeutsam oder aus anderen Gründen berühmt waren, sollten niemals ausgeführt werden. Sie dienten nicht nur der Identität des Staates, sondern spielten auch als erzieherisches Mittel eine entscheidende Rolle. Diese Grundidee des Gesetzes spiegelt sich im Programm des gesamten Zyklus wider.

b. Sein Ruhm nach der Rückkehr der Kunstwerke

Hayez' Darstellung der „Rückkehr der Kunstwerke"[645] von 1818 trägt die Beischrift (Abb. 45): PIVS · VII · P · M · A · XVI / CLARIORA · ARTIFICVM · EXCELLENTIVM · OPERA · AD · EXTEROS · AVECTA / VRBI · RECVPERATA (Pius VII., Pontifex Maximus, im Jahre 16: Die überaus glänzenden Werke der hervorragenden Künstler, die ins Ausland geschafft worden waren, sind für die Stadt wiedergewonnen worden). Die Lünette zeigt, wie die vollbeladenen Wagen durch die Porta Angelica in den Borgo fahren. Vor einem Pfeiler der Engelsburg liegt die Personifikation des Tiber, in ähnlicher Haltung wie die antiken Statuen der Flußgötter „Nil" und „Tiber", auf ein Gebälkfragment gestützt und mit Lorbeer bekränzt. Er blickt nach links, wo zwei Putten auf das Ereignis im Hintergrund weisen. Dort sieht man am Fuße des Monte Mario drei Pferdewagen mit Kisten voller Kunstwerke vorüberziehen. Das Fresko folgt der Tradition von Darstellungen, die die Rückkehr oder den Abtransport von Kunstwerken festhal-

---

644 Emiliani 1996, S. 8; die folgenden Auszüge aus dem Text des Edikts bei Emiliani 1996, S. 86.
645 Forcella 1875, S. 210 Nr. 808; Hiesinger 1978, S. 654 Abb. 12.

ten. Links im Vordergrund steht vor einem Gebälkstück eine Büste, die zum Tiber blickt.

Über die Identifizierung dieser Büste besteht keine Einigkeit. Meist wird sie mit dem Gipskopf eines jungen Mannes in Verbindung gebracht, der sich heute in der Gipsothek in Possagno befindet (Abb. 46). Die Ähnlichkeit ist in der Tat frappant: Beide Köpfe besitzen einen abgeflachten Schädel, nach vorne gekämmtes Haar, eine lange Nase und markant geschwungene Lippen. Elena Bassi identifizierte den Gipskopf in Possagno 1957 als Porträt des Malers, Archäologen und Kunsthändlers Gavin Hamilton und datiert seine Entstehung in das Jahr 1797, also ein Jahr vor Hamiltons Tod (Abb. 47).[646]

Die Lippen der beiden einander so ähnlichen Köpfe gaben 1994 Anlaß zu einer neuen Identifikation. Man meinte, im Fresko einen älteren weisen Mann, nämlich William Hamilton, erkennen zu können.[647] Wenn auch in der Lithographie von Baugniet die Lippen nicht in vergleichbarer Weise hervorgehoben werden (Abb. 48), scheint doch auf einem ähnlichen Stich nach Thomas Phillips' Porträt von William Hamilton der außergewöhnliche Mund mit dem der Büste identisch (Abb. 49). Diese Identifizierung wird in der Tat von Antonio D'Este, der William Hamilton gut kannte, bestätigt: „La testa monocromatica che da un lato si vede è il ritratto del cav. Guglielmo Hamilton che tanto contribui a quella ricupera."[648] William Hamilton hatte Canova beim Kampf um die Rückführung der Kunstwerke in Paris erfolgreich unterstützt und sich somit einen Platz in Hayez' Fresko verdient. Canova hatte offensichtlich Consalvis Zustimmung erhalten, die Verdienste seines Freundes durch ein Porträt zu verewigen.[649] Canova verlieh seinem Dank an William Hamilton noch weiteren Ausdruck, indem er ihn zum Mitglied der Accademia di San Luca machte und ihm damit eine Ehre erwies, die sonst nur Künstlern vorbehalten war. Durch William Hamiltons diplomatischen Einsatz für die Rückkehr der wertvollsten römischen Kunstwerke schien diese Ehrung gerechtfertigt.[650]

Tatsache bleibt jedoch, daß der von Elena Bassi identifizierte Gipskopf in Possagno der Büste auf dem Fresko von Hayez gleicht. Um diesen Kopf mit William Hamilton zu identifizieren, müßte man von einer verjüngenden Darstellung ausgehen, wie sie für Canovas Arbeitsweise untypisch wäre. Hayez könnte die

646 Bassi 1957, S. 112 Nr. 92; Pavanello/Praz 1976, Nr. 55.

647 Eustace 1997, S. 29.

648 D'Este 1864, S. 102.

649 Nach Hiesinger 1978, S. 659 handelt es sich um „... a portrait bust of William Richard Hamilton memorialized, undoubtedly at Canova's request ...", ohne weitere Angaben.

650 Dies behauptet auch Katharine Eustace im Einvernehmen mit Hugh Honour (Eustace 1997, S. 28).

Gipsbüste Canovas als Ausgangspunkt für das Porträt William Hamiltons im Freskenzyklus benutzt und mit Canovas Hilfe dessen Alter und Physiognomie angepaßt haben. Hayez hätte damit nicht nur William, sondern auch Gavin Hamilton verewigt.

Durch die Abbildung von Canovas Gipskopf wird auch er als Künstler unmittelbar miteinbezogen. Im übrigen scheint es, als sei der Kopf erst später in das Fresko eingesetzt worden. Er wirkt zu groß und ohne Sockel zu unvermittelt ins Bild gesetzt. Außerdem ist der Schädel zu abgeflacht, um noch unter die Pferdewagen zu passen.[651] Vor diesen Fuhrwerken, die die Antiken nach Rom transportieren, steht der Kopf einsam auf der Erde. Es scheint, als gehöre er zu den Monumenten, die die Stadt bald wie das Werk eines der Antike ebenbürtigen Bildhauers glorreich schmücken sollten. In der Tat wurden Canovas Werke ja schon seit langem Antiken gleichgestellt. Im Edikt von 1802 war Canova nicht nur als „neuer Phidias" bezeichnet, sondern auch bestimmt worden, seinen „Perseus" wie die Antiken vor der Ausfuhr zu schützen. Canova wird somit gemeinsam mit William Hamilton als Retter der Kunstwerke gefeiert. Jedenfalls bezeugt gerade dieses Fresko den eminenten Einfluß Canovas auf die Ausgestaltung des Zyklus, wie er auch in den anderen Lünetten zur Geltung kommt.

c. *Museo Chiaramonti*

Filippo Agricolas Lünette[652] stellt die Angliederung des Museo Chiaramonti an das Museo Pio-Clementino im Jahre 1809 dar. Die Inschrift lautet (Abb. 50): PIVS · VII / P · M · / A · VII · / MVSEVM · CLARAMONTANVM / PIO · CLEMENTINO · ADIECTVM (Pius VII., Pontifex Maximus, im Jahr 7: Das Museo Chiaramonti ist dem Pio-Clementino angefügt worden). Ein geflügelter Genius sitzt am Eingang des Museums und zeigt in den Innenraum. Er umarmt einen Putto, der die Werkzeuge der Bildhauerei in Händen hält und auf zwei weitere Putti am linken Bildrand mit den Werkzeugen der Architektur und der Malerei deutet. Durch die Umarmung des Genius sind die Werkzeuge der Bildhauerei hervorgehoben und spielen damit auf die Funktion des Museums als Sammlung antiker Skulptur an, vielleicht sogar auch auf Canova selbst, der als Bildhauer das Museum eingerichtet hatte. Die Werkzeuge der Malerei könnten auf den Freskenzyklus selbst hinweisen, jene der Architektur auf die erstmalige Ausstellung in einem vom Louvre beeinflußten Galeriegang, da es zuvor nur kleine Museumsräume gab. Da die drei Künste als „Putti" und nicht als erwachsene Allegorien ge-

---

651 Man erkennt Bruchstellen.

652 Forcella 1875, S. 209 Nr. 803; Hiesinger 1978, S. 658 Abb. 21.

staltet sind, könnte ein didaktisches Ziel verbildlicht sein. Der „Amor studii artis" bedeutet Liebe zum Studium. Die Knaben in der Schule der Künste werden durch den Eros auf die Antiken im Museum verwiesen und sollen von klein auf die Künste erlernen.[653]

Auf alle Fälle deuten die drei Putten und ihre Werkzeuge auf die „Einheit der drei Künste" hin, die Canova immer vertrat und die als Grundgedanke seiner Kulturpolitik den gesamten Zyklus durchzieht. Deutlich wird dies in dem von Giuseppe de Fabris für Canova geschaffenen Monument in der Protomoteca.[654] Canova liegt, mit den Werkzeugen des Bildhauers bestückt, auf einem Sarkophag (Abb. 51). Unter ihm erkennt man die drei Allegorien der Künste, wie sie auch im Freskenzyklus auftauchen. Canova war es auch gewesen, der in den Akademien alle drei Künste unterstützte und für die einzelnen Wettbewerbe Preise verlieh, worauf Beischriften hindeuten. Bei der Allegorie der Bildhauerei steht: „Die Bildhauerei wurde großzügig mit Ehren bedacht", bei der Allegorie der Malerei: „Indem Preise vergeben werden, wurde der Malkunst Ehre erwiesen", und bei der Allegorie der Architektur: „Die Architektur wurde mit aller Großzügigkeit zum Wachstum gebracht". Die Wettbewerbe waren fest mit der reformatorischen Umwälzung der Akademie im Rom des frühen 19. Jahrhunderts verbunden. Sowohl der „Concorso dell'Anonimo" als auch der „Concorso Triennale" verdankten ihre Einsetzung Canova. Er hatte ein Modell regionaler Wettbewerbe entwikkelt, um mehr Studenten durch ein Stipendium zu fördern,[655] eine Wiederbelebung der seit dem frühen 18. Jahrhundert bestehenden Wettbewerbe. In jedem Jahr waren die Studenten verpflichtet, sich mit ihren Werken um einen Preis zu bewerben. So hatte Canova im Juli 1811 mit seinem Gehalt fünf Stipendien für junge Künstler eingerichtet, nämlich zwei Erstsemester für das Aktstudium, ein Jahr für Architektur und jeden September einen Wettbewerb für Malerei und Skulptur, den sogenannten corso dell'Anonimo.[656] Alle drei Bereiche sollten gefördert werden.[657] Da Canova das Museum im langen Galeriegang einrichtete und den Freskenzyklus für das Museum finanzierte sowie organisierte, könnte auch hier auf seine Ideen hingewiesen sein.

Der Zusammenhang dieses Freskos mit der Persönlichkeit Canovas wird jedoch erst offensichtlich durch die Identifizierung der Stücke, die im Hintergrund

---

653 Für diesen Hinweis danke ich K. Herrmann Fiore.

654 Pietrangeli 1952; Pietrangeli 1955.

655 T. F. Hufschmidt, *Tadolini Adamo, Scipione, Giulio, Enrico: quattro generazioni di scultori a Roma nei secoli XIX e XX*, Rom 1996, S. 43ff.

656 „Due premi semestrali per le accademie del nudo e uno annuale di architettura, in settembre organizza un concorso di pittura e scultura detto *corso dell'Anonimo*", Pavanello/Praz 1981, S. 86.

657 Tambroni 1982, S. 16.

an den Wänden des Museo Chiaramonti aufgestellt sind. Es handelt sich um den Kolossalkopf der Athena[658] und eine Grab-Ara,[659] die aus den Orti Giustiniani in den Besitz Canovas gelangt waren (Abb. 52). Später schenkte Canova dem Papst den Altar für sein neues Museo Chiaramonti. Auch dieser Altar ist, da er zu den wenigen antiken Stücken gehört, die in den Fresken dargestellt wurden, als versteckte Anspielung auf Canova zu verstehen.

d. Pinakothek

An die Gründung der Pinakothek erinnert die 1818 von Giacomo Conca gemalte Lünette[660] mit der Inschrift (Abb. 53): EXIMIAE · CAMERARVM · PICTVRAE · IN · AEDIBVS · ALEX · VI · DETERSAE / PINACOTHECA · INSTITVTA (Die Pinakothek ist in den Gemächern Alexanders VI. eingerichtet worden, wo die ausgezeichneten Gemälde der Gewölbe gereinigt worden waren).

Man blickt in die Sala dei Pontefici, den größten Raum des Appartamento Borgia, das der in der Inschrift erwähnte Papst Alexander VI., Rodrigo de Borgia, Ende des 15. Jahrhunderts errichten und von Pinturicchio glanzvoll hatte ausschmücken lassen, seine Ausstattung jedoch erst Leo X. verdankt; auf dem Türrahmen ist oben eine Inschrifttafel im Stil einer antiken Tabula ansata mit der Legende PIVS · VII · P · M · / A · XVI · angebracht. Am linken Bildrand sitzt Roma/Minerva, die durch die Gorgo auf ihrer Brust, eine Lanze und einen Schild mit dem Chiaramonti-Wappen ausgewiesen ist, auf einem antiken Sarkophag, den der Künstler aus Teilen zweier rechteckiger Altäre mit Kallimachos-Mänaden[661] kombinierte.[662] Er benutzte dafür zwei weibliche Motive, die sich jeweils am äußeren Ende der beiden Altäre befinden (Abb. 54–55).[663] Die eine Frau hält tanzend einen runden Gegenstand, die andere tötet nicht, wie sonst auf Altären üblich, ein Zicklein mit dem Messer, sondern wirft nur den rechten Arm nach oben und führt ein Kind an ihrer Hand.

---

658 Heute im Museo Chiaramonti, Amelung/Lippold 1903, I, S. 445; Fea 1819, S. 87; Guattani 1805, Taf. XV; Platner 1838, S. 52 Nr. 195.

659 Mit der Inschrift: DIS / MANIBVS / SACRVM (CIL VI, 4, 1, 29.858); Pistolesi 1829, IV, Taf. XXXVIII; Platner 1838, S. 53 Nr. 196; J. Bachofen, „La lupa Romana su monumenti“, in: *Annali dell'Instituto di Corrispondenza Archeologica*, 40 (1868), S. 421–432, bes. S. 427–428 Nr. 8, Taf. OP Fig. 3, 3a, 3b; Amelung/Lippold 1903, I, S. 448.

660 Forcella 1875, S. 209 Nr. 802; Hiesinger 1978, S. 663 Abb. 22

661 Amelung/Lippold 1903, I, S. 436–439 Nr. 182, Taf. 45.

662 B. Ewald hatte mich auf die beiden Basen aufmerksam gemacht.

663 Andreae 1995, I, Taf. 18, 19, S. 245–246.

Beide Altäre gewinnen in diesem Zusammenhang besondere Bedeutung, weil sie von Gavin Hamilton bei einer Ausgrabung in Gabii 1792 gefunden worden waren,[664] also zu genau der Zeit, als Canova mit Hamilton Freundschaft schloß. Wie in der „Rückkehr der Kunstwerke", in der Canova William Hamilton für dessen Hilfe dankt, könnte er mit dieser versteckten Anspielung seiner Dankbarkeit an Gavin Hamilton Ausdruck verliehen haben, der ihn künstlerisch geformt und ihm den Einstieg in das römische Kunstleben ermöglicht hatte. Canova hätte also seinem Freund auch hier auf versteckte Weise ein Denkmal gesetzt. Canova, der selbst tanzende Frauen malte, muß von diesen schmückenden Mänaden begeistert gewesen sein und könnte sie als Vorbilder für seine eigenen Motive benutzt haben.

In der Lünette sitzt Minerva auf dem Sarkophag, und an ihrer rechten Seite steht ein Putto, der sich anschickt, sie mit Lorbeer zu bekränzen, daneben ein Schild mit einem Papstwappen. Rechts auf den Stufen betrachten zwei raffaeleske Jünglinge gemeinsam ein Bild, auf dem zwei entsprechende Jünglingsköpfe erscheinen. Ein weiteres Paar bewegt sich, in ein Gespräch vertieft, im Hintergrund durch die neue Sammlung.

Im Gegensatz zu den Fresken im thematisch ähnlichen Bibliothekszyklus des Museo Chiaramonti findet sich hier kein Hinweis auf die Eröffnung von Museen. Nur im Zyklus Pius' VI., seines Vorgängers, weisen zwei Bilder auf neue Sammlungen hin, etwa auf die „Eröffnung des Museo Pio-Clementino", an der auch ein Staatsbesuch im Beisein des Papstes teilnimmt (Abb. 56). In einem anderen Fresko stehen Pius VI. und Gustav III. von Schweden mit drei Begleitern vor dem „Torso von Belvedere" (Abb. 57). Im Hintergrund erkennt man die „Kurzgewandete Diana" (Abb. 58), die heute in der Sala della Biga aufgestellt ist.[665] Offensichtlich ging es im Fresko der Bibliothek um etwas ganz anderes, nämlich um den Stolz auf die Sammlung, das Vorzeigen ihrer Kostbarkeiten, daneben aber auch um die Darstellung politisch wichtiger Ereignisse. Gustav III. von Schweden wollte durch seinen Besuch eine Annäherung der protestantischen Welt an die katholische bezeugen. Dieser offizielle und eher dokumentierende Charakter, die zentrale Gestalt des Papstes und die Darstellung eines realen Ereignisses kennzeichnen die Fresken der Biblioteca Vaticana. Nur die Inschrift scheint noch auf einen weiteren Aspekt anzuspielen. Sie gedenkt der „Artium Bonarum", also der „guten Künste". Die Kunst wird also zum Mittel ethischer Erziehung erhoben.[666]

---

664 Vgl. *Princeton Encyclopedia of Classical Sites*, 2. ed., Princeton 1979, S. 340.

665 Abbildung bei Amelung/Lippold 1956, III, 2, S. 99–100, Tafelbd. III, S. 622, Taf. 45; Visconti 1782–1783, I, Taf. 30.

666 Hinweis von K. Herrmann Fiore.

Die Lünette mit der „Eröffnung der Pinakothek“ im Museo Chiaramonti zeigt junge Menschen, die die Kunstwerke studieren und gemeinsam durch die Räume wandeln. Dieses Fresko besitzt also eher symbolischen Charakter, und diesen gilt es zu entschlüsseln. Wie vom Wiener Kongreß angeordnet, war die Pinakothek nun öffentlich zugänglich und diente den Künstlern und Gelehrten zum Studium, worauf die Darstellung der Lünette hindeutet. Die Tür zur Gemäldesammlung ist weit geöffnet, eine Parallele zu Mengs' Deckenfresko im Papyruskabinett, in das man durch eine geöffnete Tür blickt (Abb. 59–60). Jeder hat also die Möglichkeit, in die Räume hineinzuschauen, und ist aufgefordert, einzutreten. Die beiden Paare unterstreichen noch diesen Eindruck. Die Motive sind Raffaels „Schule von Athen“ motivisch wie auch formal ähnlich. Dort verteilen sich die Vertreter der wissenschaftlichen Disziplinen in einzelnen Gruppen über die vier Stufen und deuten in ihrer Haltung die verschiedenen Grade des Lernens an. Den Höhepunkt des aktiven Miteinanders von Lehrer und Schüler zeigt die Gruppe um Euklid (Abb. 61). Goethe fand dort zum ersten Mal den Prozeß des Lernens und Verstehens bildhaft ausgedrückt. Die jungen Männer stehen fragend, zeigend und beobachtend um eine Skizze, die Euklid auf den Boden zeichnet. Im Gesicht des einen sehen wir Erstaunen. Der Junge unter ihm scheint mehr zu begreifen, während das Gesicht des Blondgelockten von Erkenntnis durchleuchtet ist. „Wahrer und lebendiger“, schreibt Springer, „ist der psychologische Prozeß des Erkennens von der äußeren Aneignung bis zur Durchdringung des Gegenstandes niemals geschildert worden.“[667]

Auch wenn dieser Eindruck in den stilistisch wenig reizvollen Lünetten des Museo Chiaramonti nur abgeschwächt anklingt, bleibt die Intention doch die gleiche. Im Fresko der „Gründung der Pinakothek“ legt der rechte Jüngling mit kurzem Haar und kurzem Gewand den Arm um die Schulter des linken, würdiger Bekleideten, der ihm etwas an der Tafel erläutert – ganz ähnlich wie der Mathematiker oder die Gruppe über dem linken Säulenstumpf in der „Schule von Athen“, wo ein Älterer von einem Jungen umarmt wird und in ein Buch schreibt. Das Sich-Umarmen kehrt in vielen Gruppen Raffaels wieder, so in der Mittelgruppe, wo zwei Reihen jüngerer und älterer Verehrer Plato und Aristoteles flankieren. Raffael hatte auch mehrfach einem Jungen mit langem einen mit kürzerem Gewand gegenüber gestellt, etwa die beiden über Euklid.[668]

Die Paare kehren außerdem noch in einer anderen Lünette des Freskenzyklus wieder: in Hayez' „Gründung der Malschule“ von 1818, in der die großen Lettern

---

667 Springer 1883, S. 125.

668 Dies deutet auf ein enges Verhältnis zwischen Schüler und Lehrer hin, in dem der Ältere dem Jüngeren etwas erklärt. Die überkreuzten Beine sind schon seit der Antike ein Topos und weisen besonders in englischen Porträts auf das Nachdenken hin.

PIVS · VII · P · M · A · XIV · auf das Jahr der Einrichtung der Malschule hindeuten, eine Stiftung des Papstes an die Accademia di San Luca im Jahr 1814 (Abb. 62).[669] Auch in dieser Lünette erinnern die Gewänder, das Umarmen und das Miteinander-Diskutieren an die „Eröffnung der Pinakothek" und die „Schule von Athen". Zwei Paare und eine Dreiergruppe, jeweils Jungen, ziehen in die Schule ein.[670] Ihre Kleidung unterscheidet sich in Länge und Faltenwurf. Der Kurzberockte wirkt in seiner Erscheinung antikisch und zeigt einem anderen die Zeichnung eines nackten Jünglings, der sie, in ein langes Kleid gehüllt, aufmerksam betrachtet (Abb. 63). Letzterer trägt das Haar offen, während sein Begleiter auf antike Art ein Band in den Haaren trägt. Die Darstellung erinnert an die „Apotheose Homers" von Ingres, wo Apelles Raffael bei der Hand nimmt (Abb. 64).[671] Wie bei Ingres ist die Renaissance durch den Jungen mit dem langen Gewand gekennzeichnet und geht bei der Antike in die Schule. Der Fingerzeig aufs Kinn symbolisiert eine wachsame Aufmerksamkeit und damit seine Rolle als Schüler.[672] Doch anders als bei Ingres geht es hier nicht so sehr um akademisches Lernen als um das innige Verhältnis von Lehrer und Schüler.

Das gemeinschaftliche Lernen und Verstehen wird auf die Neugründung der Pinakothek bezogen und überhaupt im Zyklus hervorgehoben. Dieses Studieren und Lernen steht im Gegensatz zu den eher offiziellen Darstellungen des Bibliothekszyklus. Die jugendlichen Gruppen sind also nicht nur schönes Beiwerk, sondern sollen auch auf etwas aufmerksam machen, sei es nun auf das Ingenium Raffaels oder auf die neue Funktion des Museums als Bildungsstätte. Minerva/Roma am linken Bildrand unterstreicht auch hier diesen Zusammenhang, indem sie mit ihrem Arm ins Innere des Museums zeigt und alle Besucher ins Museum einlädt.

Nicht nur die antike Skulptur, sondern auch die Malerei hatte nunmehr in Rom eine neue Bedeutung erhalten. Im übrigen entsprach die Darstellung in der Lünette der neuen Bestimmung der Sammlung, die der Wiener Kongreß gefordert hatte.

---

669 D'Este 1864, S. 189; Hiesinger 1978, S. 656. Diese 12. Lünette abgebildet bei Hiesinger 1978, S. 654 Abb. 11; die Inschrift bei Forcella 1875, S. 211 Nr. 810.

670 Ursprünglich ein Renaissance-Palast in der Via del Corso.

671 Für diesen Hinweis danke ich H. Belting.

672 Haskell/Penny 1981, S. 57.

e. *Ägyptische Sammlung*

Den neuen Umgang mit der griechischen Kunst hält die Lünette[673] des Giuseppe Caponeri, eines Bologneser Malers, fest. Das Fresko erinnert an die kleine ägyptische Sammlung, die unter Canova in den vatikanischen Museen gegründet worden war, und seine Inschrift erläutert (Abb. 65): AEGYPTIIS · ET · ATTICIS · MONVMENTIS / MVSEI · VATICANI · OPES · ADAVCTAE (Der Reichtum des Vatikanischen Museums ist um die ägyptischen und attischen Kunstwerke vermehrt worden). Diese Gründung wird in der Lünette also gemeinsam mit einem anderen Ereignis dargestellt: der Gründung einer attischen Sammlung. Der Situation entsprechend sind im Fresko zwei aufeinanderfolgende Räume dargestellt.

Die Allegorie der Geschichtsschreibung sitzt mit einem Stift in ihrer linken Hand im vorderen Raum auf einem Hocker, unter dem einige Schriftrollen liegen. Sie zeigt auf die Inschrift PIVS · VII · / P · M · / A · XXI · , die 1821 als das Jahr der Eröffnung nennt. Sie ist von den damals bewunderten Stücken griechischer Kunst umgeben, wie die Beischrift unter der Lünette sagt. Rechts blickt ein antiker Pferdekopf hinter einem Säulenstumpf hervor, den man im Vatikanführer von 1822 wiederfindet: „la testa di Cavallo inchinata all in giù in atto di discendere il sole cadente situata alla destra del frontone del tempio".[674] An der hinteren Wand ist ein Metopenfries aus Gips befestigt, den König Georg IV. von England dem Papst im Jahre 1820 schenkte.[675] Es handelt sich um ein Relief, das die Schlacht der Kentauren mit den Lapithen darstellt.[676] Im Fresko ist ein Lapith zu erkennen, im Standmotiv dem canovianischen Kämpfer gleich eine Keule schwingend, während zu seiner Rechten ein Kentaur am Boden liegt. Der Pferdekörper ist gut zu erkennen und erinnert an Canovas „Theseus"-Gruppe.

Die Allegorie der Geschichtsschreibung schaut aus dem Bild heraus und weist mit ihrer Rechten in einen Nebenraum. Dort sind drei ägyptische Skulpturen in Nischen an der Wand aufgestellt, zwei sitzende „simulacri" der Gottheit Sechet und eine stehende Figur der Göttin Sachmis aus Theben. Beide befanden sich in der 1819 von Canova für den Vatikan erworbenen Sammlung.

Canova hatte diese Lünette in Auftrag gegeben und war für Darstellung und Inhalt verantwortlich.[677] Wie zuvor schon erwähnt, hatte er sich persönlich für

---

673 Forcella 1875, S. 209 Nr. 800; Hiesinger 1978, S. 663 Abb. 24.

674 D'Este 1822, I, S. 318.

675 Zu seiner Ankunft in Rom, siehe A.S.M.V., b. 8, fasc. 2, n. 12 und 14. Vom Lateran wanderte er in die Accademia di San Luca, von dort in die Accademia delle Belle Arti.

676 D'Este 1822, S. 55: „bassorilievi rappresentano la battaglia dei Centauri coi Lapiti".

677 Pietrangeli 1985, S. 137.

die Einrichtung dieser Museen eingesetzt. Die zwei getrennten Räume, die auf der Lünette zu erkennen sind, weisen nicht nur auf die Gründung zweier Museen, sondern auch auf einen Wandel der Kunstbetrachtung hin. Canova hatte die griechischen und ägyptischen Stücke zum ersten Mal im Vatikan getrennt aufgestellt. Damit verewigt das Fresko nicht nur die Gründung der neuen Sammlungen, sondern auch Canovas Sinn für die Unterteilung der verschiedenen Stile und sein neues historisch orientiertes Ausstellungskonzept, das er Winckelmann verdankte.

Die Tatsache, daß die ägyptischen Stücke im Hintergrund des Bildes schwer zu erkennen, die griechischen Kunstwerke dagegen im Vordergrund präsentiert sind, deutet auf die unterschiedliche Bewertung beider Stile hin. Auch hier folgt Canova Winckelmann, der die griechische Kunst als den Höhepunkt betrachtete. Damit erklärt sich auch die Anordnung der Räume auf dem Fresko. Wenn auch versteckt, wird also der Blick Canovas auf die griechische und ägyptische Kunst, der seiner Zeit entsprach, in einem vatikanischen Fresko festgehalten. In der „Gründung der Sammlung etruskischer Vasen" im Bibliothekszyklus steht dagegen der Papst im Mittelpunkt, während die Vasen um ihn herum ausgepackt und aufgestellt werden. Die Darstellung geht also nicht über das Ereignis selbst hinaus, während die Lünette des Museo Chiaramonti das Außergewöhnliche der Einrichtung dieser Sammlung betont und ihre Funktion innerhalb der vatikanischen Tradition festlegt. Das Fresko soll jedoch, im Gegensatz zu Mengs' Deckenfresko im Papyruskabinett, gerade nicht als eine Art Rechtfertigung für die Einrichtung einer ägyptischen Sammlung dienen.

Solche rechtfertigenden Darstellungen waren im Vatikan nicht selten. Das Deckenfresko Stefano Pozzos im Museo Profano von 1767 zeigt, daß man die ägyptische Kunst eher negativ beurteilte: Dargestellt ist eine geflügelte Gestalt, die, ein ägyptisches Idol in Händen, im Begriff ist abzustürzen und wohl die Personifikation des Unglaubens darstellt (Abb. 66).[678] Das Museo Profano, das 1767 Clemens XIII. für nichtchristliche Altertümer gegründet hatte, war weit vom Museo Sacro entfernt und wurde in der Nähe der Villa eingerichtet, während das von Benedikt XIV. 1755 eingerichtete Museo Sacro am anderen Ende des langen Bibliotheksgangs in der Nähe der päpstlichen Gemächer lag und ungleich größer war. Die Lage und die Dimensionen der christlichen Sammlung machten deren Vorrang deutlich.

Clemens XIV. versuchte, sich von solchen Vorurteilen freizumachen. Doch als nun 1770 die Sammlung der profanen Kunstwerke im Vatikan erweitert wurde,[679] mußte auch er eine historisch-theologische Rechtfertigung finden. Das un-

678 Roettgen 1980, S. 218.
679 Pietrangeli 1951, S. 87–109; Pietrangeli 1978, S. 195–233.

ter Clemens XIV. eingerichtete Papyruskabinett gibt Zeugnis von diesem Legitimationsprozeß und stellt durch seine Einrichtung zum Museumsraum eine „interpretatio christiana“[680] des neuen vatikanischen Museumskonzeptes dar. Der Papst begründete die Sammlung ägyptischer Altertümer im Vatikan damit, daß die ravennatischen Papyri, für die dieser Raum eingerichtet wurde, in ihrer Herstellung an die noch lebendige ägyptische Tradition angeknüpft hätten. Die ravennatische Kirche hatte die ägyptische Papyrusproduktion weitergeführt.[681] Mit der Gegenüberstellung wurde auch deutlich gemacht, daß Ravenna das Erbe Ägyptens in christlicher Zeit fortgesetzt hatte. Die Kontinuität der Überlieferung und die Unterscheidung der christlichen von der vorchristlichen Religion sind auch Gegenstand der beiden Fresken in den nördlichen und südlichen Zwickeln des Papyruskabinetts, die Moses und Petrus darstellen (Abb. 67–68).[682] Nach der Apostelgeschichte war Moses im Besitz aller Weisheiten Ägyptens: „et eruditus est Moyses in omni sapientia Aegyptiorum“.[683] Damit hatte man eine direkte Verbindung zu Ägypten hergestellt, dem Land, in dem Moses geboren worden war.[684] Wie schon in den Fresken der Capella Sistina sollte daran erinnert werden, daß Moses ein Vorläufer von Petrus und die christliche Kirche damit berechtigt war, Zeugnisse zu schützen, die auch dem Ägypten der Zeit Moses' angehörten.[685] Die Papyri sollten zwischen heidnischer und christlicher Kultur vermitteln. Der „Überlieferungs- und Bewahrungsanspruch“ dieser Zeit wurde nun in kultureller Hinsicht universal und stand damit im Gegensatz zu den Vorstellungen des vorangegangenen Papstes.

Die Fresken-Programme des Museo Sacro und des Papyruskabinetts machen die unterschiedliche Bedeutung der Sammlungen innerhalb der Bibliotheksmuseen deutlich. Während das Deckenfresko im Museo Sacro sich der ägyptischen Kultur verschließt, stellt jenes der Sala dei Papiri ägyptische Kunstwerke dar: ein ägyptisches Idol, die Säulenbasis Mattei und die „Kleopatra“. Diese stehen sinnbildlich für das Weiterleben der ägyptischen Religion unter den Römern und das

680 Zu dieser Problematik Roettgen 1980, S. 190ff.

681 Roettgen 1980, S. 216.

682 Roettgen 1980, S. 214ff.

683 Actus Apostolorum 7, 22 (Nova Vulgata); vgl. G. Cozza-Luzi, „L'aula di papiri nella Biblioteca Vaticana“, in: O. Marucchi, *Monumenta papyracea latina Bibliothecae Vaticanae*, Rom 1895, S. 20 (Roettgen 1980, S. 234, Anm. 131).

684 Roettgen 1980, S. 215.

685 P. G. Chattard, *Nuova descrizione del Vaticano o sia della sacrosanta Basilica di San Pietro date in luce da Gio. Pietro Chattard*, III, Rom 1767, S. 18–31. Dieser Gedanke klingt schon in dem „Salone Sistino“ an und bezieht sich auf die Legitimation des Studiums und der Erhaltung von Zeugnissen vorchristlicher Kulturen (Roettgen 1980, S. 216; zum Überlieferungs- und Bewahrungsanspruch S. 218).

Aufgehen Ägyptens im römischen Weltreich.[686] Das Deckenfresko der Sala dei Papiri diente nicht nur als Legitimierung der ravennatischen Papyri, sondern rechtfertigte auch das neue, mit profanen Kunstwerken gefüllte Museo Clementino. In einer von Mengs gemalten Vedute, die den Eingang des Museo Pio-Clementino zeigt, erkennt man die gleichen ägyptischen Kunstwerke, die auch auf dem Fresko der Sala dei Papiri zu sehen sind.

Es handelt sich also um eine lange Reihe von Rechtfertigungen, die sich bis zur Gründung des Museo Pio-Clementino fortsetzte. Dabei standen jedoch eher ästhetische als theologische Gesichtspunkte im Vordergrund.[687] Weder das Museo Chiaramonti noch der Braccio Nuovo bedurften einer entsprechenden Rechtfertigung. Auch das Fresko aus dem Zyklus im Museo Chiaramonti zeigt, daß die ägyptischen Kunstwerke nun selbstverständlich zur vatikanischen Sammlung gehörten, und erklärt, welchen Platz sie dort einnahmen.

f. Freilegung des Septimius Severus- und des Konstantinsbogens

Luigi Durantini zeigt in seiner Lünette[688] von 1818 die Freilegung antiker Triumphbögen (Abb. 69). Die Inschrift sagt: FORNICES · TRIVMPHALES · SEVERIANVS · ET · CONSTANTINIANVS / AD · BASIM · DETECTI · ET · OPERE · NOVO · CIRCVMCLVSI (Die Triumphbögen des Septimius Severus und des Konstantin sind bis zur Basis freigelegt und mit einer neuen Einfassung umschlossen worden). Ein Genius im Vordergrund, der auf einen Altar mit der Inschrift PIVS · VII / P · M · A · IV gelehnt ist, deutet auf den gerade ausgegrabenen Bogen des Septimius Severus im Hintergrund. Davor sieht man Arbeiter, die die Basis noch weiter freilegen. Der Konstantinsbogen steckt dagegen noch fast vollständig im Boden und ist nur in seinem oberen Teil zu sehen.

---

686 Roettgen 1980, S. 219.

687 Nachdem lange Zeit gegensätzliche Auffassungen im Widerstreit lagen, setzte sich in der Zeit Pius' VII. der universale Überlieferungs- und Bewahrungsanspruch der Kirche auch im Hinblick auf die heidnischen Monumente durch, was sich nicht zuletzt in der Eröffnung des Ägyptischen Museums 1821 manifestiert. Vgl. Roettgen 1980, S. 218. – Für die Beschäftigung mit Zeugnissen ägyptischer Kultur lassen sich im päpstlichen Umfeld frühe Ansatzpunkte feststellen. So veröffentlichte der Humanist und Theologe Giovanni Pierio Valeriano Bolzani, auch genannt Giovan Pietro della Fosse (1477–1558), Lehrer am Collegio Romano, 1556 sein Werk *Hieroglyphica, sev de sacris Aegyptiorvm aliarvmqve gentivm literis commentarii*, in dem er Bilder aus der Natur (Pflanzen, Körperteile) in 58 Bänden versammelte (ein Nachdruck dieser Basler Originalausgabe erschien 2005 in Hildesheim in der Reihe *Emblematisches Cabinet*). Hinweis von K. Herrmann Fiore.

688 Forcella 1875, S. 209 Nr. 801; Hiesinger 1978, S. 663 Abb. 23.

Die vollständige Freilegung der Bögen war das Ergebnis einer neuen archäologischen Betrachtungsweise. Carlo Fea, der für die Ausgrabungen in Rom verantwortlich war, hatte vorgeschlagen, nicht mehr nur nach einzelnen Kunstwerken zu suchen, wie dies bei den vorangegangenen Ausgrabungen der Fall gewesen war, sondern ganze architektonische Komplexe freizulegen.[689] Er ging davon aus, daß profunde Kenntnisse der Architektur nützlicher seien als die Bergung einzelner Kostbarkeiten.[690] Er hatte vor, das Forum Romanum vom Kolosseum bis zum Kapitol freizulegen.[691] Begonnen wurde dann letztendlich nur mit der Freilegung der beiden Bögen, zuerst mit der des Septimius Severus-, dann mit der des Konstantinsbogens.

Schon viele Päpste hatten versucht, den Septimius Severus-Bogen auszugraben.[692] Er steckte fast bis zur Höhe der kleinen seitlichen Bogenöffnungen in der Erde.[693] 1802 begannen nun auf Anordnung Pius' VII. die Ausgrabungen.[694] Die Arbeiten waren 1803 schon beendet, wie die Inschrift am Bogen zeigt.[695] Im Anschluß daran wurde der Konstantinsbogen ausgegraben.[696] Die beiden Triumphbögen weckten offenbar besonderes Interesse. Sie symbolisierten die Herrschaft Roms über die Welt: der Septimius Severus-Bogen den Triumph des heidnischen Imperium Romanum, der Konstantinsbogen den des mundus christianus. In die-

---

689 Grabungen beim Palatin und Tivoli dienten zunächst zur Auffindung von kostbaren Kunstwerken.

690 Jonsson 1986, S. 18.

691 Brief Feas an Pius VII. vom 3.12.1803; Jonsson 1986, S. 19; A.S.R. Cam. II, Antichità delle Belle Arti, b. 6, fasc. 192. Doch kam es zu Streitigkeiten über dieses Projekt (Jonsson 1986, S. 18), da G. Petrini, der seit 1. Juli 1801 die Grabungen in Ostia leitete, die Freilegung des gesamten Forumsbereiches als unsinnig ansah (D. Schumacher, unpublizierte Arbeit über die Maxentiusbasilika). Ein Fresko in der Bibliotheca Vaticana zeigt die Ausgrabungen in Ostia und weist dort auf die Bedeutung der einzelnen Teile hin.

692 A.S.R. Cam. II (inv. V/35), A.B.A., n. ord. 192. Nach C. Fea, *Annotazioni alla memoria sui diritti del Principato sugli antichi edifizj publici sacri e profani*, Rom 1806, S. 40 waren bereits Aufbauten heruntergenommen.

693 G. B. Piranesi, *Alcune vedute di archi Trionfali ed altri monumenti inalzati da Romani parte de quali si veggono in Roma e parte per l'Italia, disegnati ed incisi dal Cav. G. B. Piranesi*, Rom 1748.

694 A.S.R. Cam. II (inv. V/35), A.B.A., n. ord. 149.

695 PIVS VII. P. M / RVDERIBVS CIRCVM / EGESTIS / ARCVM RESTITVENDVM / ET MVRO SEPIENDVM / CVRAVIT AN. MDCCCIII (Pius VII., Pontifex Maximus, hat im Jahre 1803 dafür Sorge getragen, daß der Bogen, nachdem der Schutt von allen Seiten hinweggeschafft worden war, wiederhergestellt und mit einer Mauer umgeben wurde); Forcella 1879, S. 196 Nr. 407.

696 Pasquali 1985, S. 55.

ser Bedeutung hatten sie in päpstlichen Prozessionen schon seit dem 16. Jahrhundert eine große Rolle gespielt.[697]

Doch es gab auch andere Motive für die Ausgrabung der Monumente. In einem Bericht von 1831 schreibt Fea über die Ausgrabungen: „che possono recare un profitto inesprimabile all'architettura, alla storia topografica e a tanti rami di artisti, non meno che eccitare e attirare gli amatori delle grandezza romane da tutto il mondo".[698] Sie sollten also Künstlern und Architekten eine Hilfe sein. Außerdem wurde erst jetzt die Konservierung der architektonischen Monumente angestrebt,[699] mit der Absicht, die Antikenliebhaber aus aller Welt nach Rom zu locken. Doch stand natürlich die in voller Entfaltung begriffene Erforschung der antiken Monumente im Vordergrund. Dieser neue Umgang mit der Antike kam auch in den Veränderungen der Akademien zum Ausdruck.

g. Zusammenlegung der Akademien

Giovanni Colombos Lünette von 1818 (Abb. 70)[700] ist mit folgender Inschrift versehen: AD · MONVMENTA · VETVSTATIS · EXPLANANDA / ACADEMIAE · D · LVCAE · ARCHEOLOGICA · CONSOCIATA (Zur Erklärung der Denkmäler des Altertums sind die Accademia di Archeologia und die Accademia di San Luca vereinigt worden). Dargestellt ist der Fuß der Trajanssäule, deren Sockelzone genau in diesen Jahren ans Licht kam. Auf dem Sockel sitzt Klio, die Muse der Geschichtsschreibung, mit Lorbeer bekränzt. Sie hält eine Tuba in der rechten Hand, während die linke auf die von einer männlichen Gestalt gehaltenen Tafel mit dem Jahr des Ereignisses zeigt: PIVS · VII / P · M · / A · XV.[701] Von rechts blickt ein junger Mann, eine Maltafel in Händen, zu ihr auf. Zwischen ihnen liegt ein Buch, unter dem ein aufgerolltes Papier mit dem Wort HISTO / RIA hervorschaut. Diese Lünette weist auf die Angliederung der Archäologischen Akademie an die Accademia di San Luca hin.[702]

Die Accademia di San Luca war eine der ältesten und gefeiertsten Akademien Europas und ihr Urteilsspruch unanfechtbar. Auch sie war unter der französi-

---

697 Vorbild für den Verlauf päpstlicher Prozessionen war der Triumphzug Kaiser Karls V. von 1536 (Fagiolo 1997, S. 50ff.; S. 26ff.). Das Forum war in den Processo des Papstes einbezogen, der nach der Papstwahl von St. Peter zum Lateran führte.

698 A.S.R. Camerlengato, parte II, tit. IV, b. 258.

699 Im 18. Jahrhundert war das noch nicht der Fall gewesen (Jonsson 1986, S. 15–16).

700 Forcella 1875, S. 208 Nr. 799; Hiesinger 1978, S. 658 Abb. 19.

701 Vergleiche die „Tugenden" in der Stanza della Segnatura.

702 Zur Geschichte der römischen Akademien im späten 18. und frühen 19. Jahrhundert siehe auch Donato 2000, Donato/Cirinei 2002.

schen Regierung grundsätzlich verändert worden. Unter Pius VII. wurden neue Lehrveranstaltungen und auf Canovas Veranlassung hin auch öffentliche Ausstellungen junger Künstler eingeführt. Diese sollten in der Akademie ihr Handwerk tadellos erlernen und in Wettbewerben ihr Können unter Beweis stellen. Canova wurde zum „principe" der Accademia di San Luca gewählt und setzte sich 1805 in Paris für deren Unterstützung ein. Als der Papst Canova 400 Scudi in Silber zusandte, überließ Canova den Betrag der Accademia di San Luca. Sein Einsatz war also institutioneller wie finanzieller Natur, sah er doch in dieser Institution die Brutstätte allen künstlerischen Werdens.

Die Archäologische Akademie hingegen hatte eine andere Aufgabe. Sie war zwar von der französischen Regierung institutionalisiert worden, blieb letztlich jedoch die gleiche wie seit ihrer Gründung. Die Franzosen hatten sie unter dem Baron De Gérando, „maître des requêtes" und Generalsekretär des französischen Innenministeriums, am 4. Oktober 1810 wiedergegründet und den Palazzo Orsini zu ihrem Sitz bestimmt.[703] Ihr oblag die Aufgabe, die Grabungen beratend zu begleiten und die neuerschienenen archäologischen Schriften zu diskutieren.

Canovas Einfluß auf die Akademien wuchs, als man ihn 1804 zum „direttore perpetuo" der Accademia del Nudo ernannte. Auch außerhalb Roms spielte er in den Akademien eine Rolle. Die Accademia delle Belle Arti von Mailand machte ihn gemeinsam mit David und Giacomo Quarenghi zu ihrem Mitglied.[704] 1805 wurde er Ehrenmitglied der Accademia delle Belle Arti di Bologna. Giuseppe Bossi, der damalige Leiter der Mailänder Akademie, berief sich bei seinen Bemühungen um ein didaktisches Konzept der Akademie auf Canova.[705] Auch auf das Lehrprogramm der Accademia di San Luca nahm er unmittelbaren Einfluß. An der Accademia di San Luca, die nach den neuen Statuten vom 13. Oktober 1810 auch die Restaurierung der antiken Monumente zu beaufsichtigen hatte, wurden die Fächer Kunstgeschichte und Mythologie eingerichtet. In der Zeit der französischen Besetzung Roms überließ Canova die Koordination der konservatorischen Maßnahmen der dortigen Architekturklasse, während die Arbeiten selbst von Camporese und Valadier geleitet wurden.

Diese Veränderungen sollten dazu beitragen, die Antike besser kennenzulernen. Man las dort „memorie tendenti", um die Monumente vorzustellen. Ziel war es, den Umgang mit der Geschichte zu fördern und den Fortschritt der Schönen

703 Tambroni 1982, S. 56.
704 Pavan 1975, S. 205.
705 Pavan 1975, S. 205.

Künste zu beleben.[706] Damit war auch eine intensive Beteiligung des Denkmalschutzes an der Erforschung der antiken Monumente gewährleistet.

Am 4. Juli 1816 wurde die Archäologische Akademie unter Pius VII. offiziell wiedereröffnet. Als Ehrenmitglied verdeutlichte Canova in seiner Rede vom 18. Juli 1816 seine Absichten. Er sprach von einer „Kunstwissenschaft" und betonte neben dem künstlerischen Können auch die Wichtigkeit wissenschaftlich-antiquarischer Kenntnisse: „Le Arti, o Signori, come hanno una scienza di esecuzione, cosi si adornano di una scienza di abbellimento. Questa, prescindendo anche dai principi intrinseci dell'Arte e del bello, considerata solamente sotto l'aspetto della erudizione, è necessarissima. Tutto ciò che ha rapporto alle varie maniere di antico, ai processi diversi dei lavoro, agli esimi fautori e cultori dell'arte, alla storia delle loro vicende, alla illustrazione degli oggetti che esistono, e che si vanno tuttogiorno scoprendo, forma una scienza collegata essenzialmente coll'Arte e cogli Artisti."[707] Canova dachte dabei nicht an die Analyse der Kunst, sondern an die Förderung der Sachkunde.

Auf Canovas Betreiben wurde die Archäologische Akademie 1816 der Accademia di San Luca angeschlossen, ein Hinweis darauf, daß unter Pius VII. auch die Künstler lernen sollten, die Monumente geschichtlich und philologisch zu betrachten. Dieses Bestreben ist auch im Fresko verschlüsselt zu sehen. Der junge Mann zeichnet die auf der Säule dargestellten Ereignisse. Das Buch, das neben ihm liegt, deutet auf die wissenschaftliche Belehrung über das Kunstwerk hin. Das künstlerische Verständnis der Antike sollte dem wissenschaftlichen zugutekommen und dieses dem künstlerischen Schaffen. Diese fortschrittliche Entwicklung der Akademie war durch die kulturellen Veränderungen eingeleitet und von Canova in die Praxis umgesetzt worden. Dies hatte die Gründung weiterer wissenschaftlicher Institute zur Folge.[708] Für Canova war die Antike nicht Selbstzweck, sondern eher Verpflichtung und Herausforderung und repräsentierte die Vergangenheit und die Zukunft Roms.

Im Bibliothekszyklus sind in den Lünetten oberhalb der realistischen Hauptszenen die Allegorien der Philosophie, Theologie, Malerei, Musik, Algebra, Astronomie, Poesie, Geschichte, Hydraulik, Schiffahrt, Mechanik, Mathematik, Fruchtbarkeit, Medizin und Jurisprudenz dargestellt. Die verschiedenen Wissenschaften werden jeweils durch weibliche Gestalten repräsentiert, die ein charakterisierendes Attribut in den Händen halten. Alle Lünetten sind einheitlich konzipiert und durch eine Beischrift benannt. In den drei Allegorien des Chiaramonti-

706 Tambroni 1982, S. 232.

707 Canova, Prolusione (De Angelis 1994, S. 194).

708 Magi 1940, S. 113ff. Als sein Nachfolger wurde N. M. Nicolai eingesetzt. Canova übergab ihm eine hohe Schenkung, die zur Erhaltung der Akademie beitrug. 1821 wurden seine Ausgaben im ersten Band der Akten publiziert.

Zyklus hingegen bleiben sie auf die drei Kunstgattungen beschränkt und sind im Gegensatz zum Bibliothekszyklus viel individueller gestaltet.

h. Allegorie der Malerei mit Raffaels „Transfiguration"

1818 malte Giovanni Demin in einer Lünette die Allegorie der Malerei, die in klassischer Pose vor einer Staffelei mit Raffaels „Transfiguration" sitzt (Abb. 71). Die Inschrift[709] lautet: PICTORIAE · ARTI · HONOS · TRIBVTVS / PRAEMIA · DELATA (Indem Preise vergeben wurden, ist der Malkunst Ehre erwiesen worden). Die Allegorie der Malerei mit dem Putto im Fresko soll sicher auf Venus und Amor hindeuten.[710] Die dargestellte Venus symbolisiert hier die „Pittura", die einen Pinsel in den Händen hält. Amor, der ihr als Inspirationsfigur die „Idea" einsagt, flüstert ihr ins linke Ohr, damit sie die „Transfiguration" vollenden kann. Damit wird Raffaels Meisterwerk zum Inbegriff der Malerei erhoben. Der Sockel, auf den die „Transfiguration" gestellt ist, zeigt eine weitere Inschrift: PIVS · VII · P · M / A · XV.

Raffaels „Transfiguration" hatte schon immer besondere Bewunderung hervorgerufen. Nicolas Dorignys Kupferstich von 1705 hatte das Bild weiten Kreisen bekannt gemacht.[711] In der Mappe *Bonarum artium splendori tabulae* von 1776, die Kunstwerke aus der Peterskirche enthält, nimmt Benedetto Eredis Stich der „Transfiguration" Raffaels eine besondere Stellung ein.[712]

Die Schätze des Vatikans, vor allem aber die Werke Raffaels und Michelangelos standen im Mittelpunkt des Interesses der Reisenden des 18. Jahrhunderts. Man betrachtete nicht nur Raffaels Gemälde in den Sammlungen, sondern auch seine Fresken in den Stanzen, den Loggien oder der Farnesina, die wesentlich zur einzigartigen Wertschätzung Raffaels beigetragen hatten.[713]

Auch der französische Kunstraub gewann bedeutenden Einfluß auf die Rezeption der Werke Raffaels und insbesondere der „Transfiguration".[714] Von Raffaels

---

709 Forcella 1875, 210 Nr. 805.

710 Hiesinger 1978, S. 659.

711 B. Gady, in: *Saur Allgemeines Künstler-Lexikon*, XXIX, München, Leipzig 2001, S. 72.

712 Reifenscheid 1994, S. 53; *Raccolta di ottanta stampe rappresentanti i quadri più scelti de' Sig[no].ri March[e]si Gerini di Firenze divisa in due parti*, I, Florenz 1786 (Microfiche-Ausgabe Urbana 1998).

713 Reifenscheid 1994, S. 36.

714 Während man es bei der Besetzung der belgischen Gebiete vor allem auf die Meisterwerke von Rubens und Van Dyck abgesehen hatte, dachte man in Italien in erster Linie an Raffael und Michelangelo (Reichardt 1805, S. 131). Von Michelangelo hatte man nur ein einziges Werk, die „Brügger Madonna", nach Paris bringen können.

Werken besaß Frankreich schon seit Franz I., also fast seit 300 Jahren, eine hervorragende Sammlung. Nun gelang es, fast alle beweglichen Kunstwerke Raffaels aus Spanien[715] und Italien nach Paris zu schaffen. Selbst der Abtransport der vatikanischen Fresken Raffaels wurde in Erwägung gezogen, was schließlich daran scheiterte, daß man diese nicht wie Gemälde in Kisten verpacken konnte.[716] Jean Antoine Gros war für die Überführung der Altarwerke Raffaels verantwortlich.[717] Insgesamt waren es sechsundzwanzig Gemälde Raffaels, die in Paris vereinigt werden konnten, von denen siebzehn aus Italien kamen.[718]

Ein Jahr, nachdem eine sorgfältige Auswahl der einhundert Kunstobjekte getroffen worden war, die nach dem Friedensvertrag von Tolentino vom Papst an Frankreich ausgeliefert werden mußten, verließ die „Transfiguration" am 10. Mai 1797 Rom.[719] Nach Meinung der Franzosen war das Bild ohnehin ihr Eigentum, da es Kardinal Giulio de' Medici für sein Erzbistum Narbonne bestimmt, aber dann als Papst in Rom zurückbehalten habe. Der Abtransport der „Transfiguration" bedeutete für die Stadt eine Niederlage. In Paris hingegen wurde der Einzug des berühmten Bildes zum größten Triumph. Das Auspacken des Bildes am 10. August 1798 im Louvre wurde feierlich begangen: „Ihre Erhaltung war so vollkommen, daß die anwesenden Personen ihre Beifallsbezeugungen nicht zurückhalten konnten". Sie wurde als das gefeiertste Kunstwerk zuerst in der Galerie d'Apollon ausgestellt. Die „Transfiguration" hatte Jahrhunderte schlecht belichtet auf dem dunklen Hochaltar von S. Pietro in Montorio in Rom gestanden. Nun erhielt sie in der 1786 errichteten „Galerie Royale", die seit 1802 als Musée Napoléon berühmt wurde und dem europäischen Publikum Kunstwerke aller Nationen präsentierte, den Ehrenplatz inmitten von anderen Werken Raffaels.[720] Friedrich Schlegel beschreibt, wie man die Gemälde Raffaels von den anderen isoliert und zu einer wirkungsvollen Gruppe zusammengefaßt hatte. Der Gemäldekatalog der Galerie Napoléon von 1811, der noch im Jahr 1814 unverändert nachgedruckt

---

„La statue de Michel-Ange" wird als erstes Stück der an Brügge im November 1815 zurückgegebenen Kunstobjekte aufgeführt (Ch. Piot, *Rapport à Mr. le Ministre de l'intérieur sur les tableaux enlevés à la Belgique en 1794 et restitués en 1815*, Brüssel 1883 [Nachdruck Brüssel 1996], S. 345).

715 Schröter 1990, S. 325.

716 „Si la peinture avait besoin de ces grandes fresques, qui ornent encore le Vatican, immenses compositions où brille tout le génie de Raphael, il suffit à la république française de les desirer pour les acquerir" schrieb der General Pommereul (*L'art de voir dans les Beaux-Arts*, Paris 1798, S. 315).

717 Gros, der spätere Lehrer Passavants.

718 Schröter 1990, S. 325.

719 *Magasin encyclopédique*, nouvelle série, 3 (1797), I, S. 116.

720 Reifenscheid 1994, S. 54.

wurde, läßt den Glanz der Räume ahnen,[721] die damals mit sechsundzwanzig[722] Gemälden Raffaels geschmückt waren. Trotz der Bewunderung sahen viele, was Rom verloren hatte. „St. Peter in Montorio muß man jetzt in Paris suchen, denn seitdem das Meisterwerk Raphaels, die berühmte Transfiguration, von den Franzosen herausgehohlt worden, verlohnt es nicht mehr der Mühe, diese Kirche zu besuchen", schrieb Augustus von Kotzebue.[723]

Die Tatsache, daß so viele Werke Raffaels zum ersten Mal vereint waren, übte eine große Faszination und einen bedeutenden Einfluß auf die Kunstanschauung des frühen 19. Jahrhunderts aus. Männer wie Schlegel, Thiersch, Benzenberg und Meyer besuchten immer wieder den Louvre und setzten sich philosophisch, ästhetisch oder künstlerisch mit Raffael auseinander. Der große Einfluß, den seine Kunst auf die folgende Generation ausübte, ging nicht zuletzt auf die Ausstellung seiner Werke in Paris zurück.[724] Das gilt auch für die Anfänge der wissenschaftlichen Erforschung von Raffaels Oeuvre. Charles Paul Landon, ein Schüler Jacques Davids, gab zwischen 1805 und 1809 in acht Bänden Stiche nach Raffaels Werk heraus, das für das 19. Jahrhundert wichtigste Abbildungswerk.[725] Quatremère de Quincy, der David beriet, faßte im Musée Napoléon den Plan zu einer Raffael-Monographie, die 1824 erschien.[726] Unter dem Einfluß der im Musée Napoléon versammelten Gemälde beschloß Friedrich Wilhelm III. von Preußen, von allen Werken Raffaels Kopien für sein Berliner Palais anfertigen zu lassen. Neunundvierzig von deutschen und italienischen Malern ausgeführte Raffaelkopien befinden sich noch heute in der Orangerie in Sanssouci.[727]

---

721 *Notice des tableaux exposés dans la Galerie Napoléon*, Paris 1811, Nr. 1116–1141, S. 134–139. In der Ausgabe von 1814 ist bereits der Titel den Zeitumständen entsprechend verändert: Statt Galerie Napoléon liest man einfach Galerie du Musée.

722 „Sieben und dreißig Gemälde besitzen wir von ihm", schreibt Helmina von Hastfer übertreibend (H. v. Hastfer, geb. Klenk, *Leben und Kunst in Paris seit Napoleon dem Ersten*, II, Weimar 1806, S. 74).

723 Kotzebue 1805, S. 41–42.

724 Steinmann 1917, S. 17; Becker 1971, S. 61, S. 142, Anm. 451, S. 350 Nr. 119, S. 351.

725 Ch. P. Landon, *Annales du Musée et de l'École moderne des beaux-arts: recueil de gravures au trait d'après les principaux ouvrages de peinture, sculpture ou projets d'architecture, qui, chaque année ont remporté le prix ...*, 8 Bde., Paris 1805–1809; Passavant 1839, I, S. 30; Becker 1971, S. 61, S. 142, Anm. 450; *Raphael et l'art français* (Ausst. Kat., Paris, Galeries Nationales du Grand Palais, 15. November 1983 – 13. Februar 1984), Paris 1983, S. 136 Abb. Nr. 141; Schröter 1990, S. 326.

726 Passavant 1839, I, S. 14; Schneider 1910.

727 G. Eckardt, *Die Orangerie in Sanssouci* (amtlicher Führer, hrsg. von der Generaldirektion der Staatlichen Schlösser und Gärten, Potsdam-Sanssouci), Potsdam 1968, S. 21–37 Abb. 6. Kopien nach Raffaels Werken waren natürlich bereits in den vorangegangenen Jahrhunderten beliebte Ausstattungsstücke. Eine Fülle von Kopien

Im Jahre 1815, während des Wiener Kongresses, kehrte die „Transfiguration" nach Rom zurück. Als das Bild an Italien zurückgegeben werden sollte, scharten sich die Menschen in Paris um sie, um diese traurige Stunde mitzuerleben. „Jedermann wollte sehen, wie dieses Bild herabgenommen wurde ...", schreibt ein Augenzeuge.[728] „Seine Preisgabe wurde als das *,consumatum est'* der Zerstörung der Gemäldegalerie des Louvre angesehen. Es wurde fast zuletzt abgenommen." Canova, der in Paris um die Rückkehr der Kunstwerke kämpfte, hatte als wichtigste Stücke stets die „Transfiguration" und den „Apoll von Belvedere" im Auge. Unter den Kunstwerken, die wieder nach Rom zurückkehrten, war die „Transfiguration" das kostbarste und erhielt daher auch einen Ehrenplatz im Freskenzyklus des Museo Chiaramonti. Obwohl sie nicht zu den Lieblingswerken der Romantiker zählte, wurde sie in der Lünette immer noch zum höchsten Kunstwerk erhoben, und dies gewiß nicht zuletzt auf Canovas Wunsch.[729]

i. Allegorie der Bildhauerei mit dem „Zeus von Otricoli"

Auf dieser Lünette,[730] die wahrscheinlich von Hayez ausgeführt wurde,[731] hält die Allegorie der Bildhauerei einen Meißel in Händen (Abb. 72) und wird durch

---

nach den Fresken im Vatikan, darunter auch eine von Anton Raphael Mengs nach der „Schule von Athen", befindet sich im Herrenhaus von Emkendorf (bei Kiel), das Graf Friedrich von Reventlow zwischen 1800 und 1806 eingerichtet hat (W. J. Müller, „Emkendorf und seine Bildersammlung: Adelskultur des späten 18. Jahrhunderts im Spiegel ihrer Bilderwelt," in: *Staatsdienst und Menschlichkeit: Studien zur Adelskultur des späten 18. Jahrhunderts in Schleswig-Holstein und Dänemark* [Akten eines Symposiums an der Universität Kiel, Sonderforschungsbereich Skandinavien- und Ostseeraumforschung, Oktober 1977], hrsg. von Ch. Degn und D. Lohmeier, Neumünster 1980, S. 251–270, Taf. 24–29).

728 „... it was every one's wish to see it taken down, for the fame which this great work of Raphael had acquired, and its notoriety in the general knowledge, caused its departure to be regarded as the consummation of the destruction of the picture gallery ot the Louvre. It was taken away among the last." (J. Scott, *Paris revisited in 1815 by way of Brussels, including a walk over the field of Battle at Waterloo*, 3. Aufl., London 1816, S. 335–336).

729 Bei der jüngsten Restaurierung entfernte man die in Paris dem Zeitgeschmack des Empire entsprechende goldbraune und ölige Lasierung und entdeckte das starke Kolorit Raffaels, das an einigen Stellen auch grelle, metallen schimmernde Töne aufweist; vgl. *Raffaello in Vaticano* (Ausst. Kat., Vatikan, Braccio di Carlo Magno, 16. Oktober 1984 – 16. Januar 1985), Mailand 1984, S. 307–309, Kat. Nr. 116.

730 Hiesinger 1978, S. 654 Abb. 13.

731 Brief von Canova an Cicognara vom 8. November 1817: „Sento con piacere che Hayez abbia fatto un quadro bellissimo" (Malamani 1890, S. 134; Hiesinger 1978, S. 659, Anm. 10).

die Inschrift[732] SCVLPENDI · ARS / LIBERALITATE · HONORIBVS · AVCTA (Die Bildhauerkunst ist durch Freigebigkeit mit Ehren verherrlicht worden). Die Allegorie der Bildhauerei blickt auf die Büste des „Zeus von Otricoli", der somit als die bedeutendste Skulptur vorgestellt wird. Auf der Seite des Postaments des Kopfes steht die Datierung: PIVS · VII / P · M · A · XV. Links neben der Allegorie sind Putten zu sehen, vor denen die Bildhauerwerkzeuge am Boden liegen.

Der Kopf des „Zeus" war bei päpstlichen Ausgrabungen 1781–1782 im Theater von Otricoli gefunden worden (Abb. 73).[733] Schon 1783, kurz nach seiner Restaurierung durch Giovanni Pierantoni, wurde er auf Veranlassung Pius' VI. in der Sala Rotonda des Museo Pio-Clementino aufgestellt.[734] Er fand viele Bewunderer, und so ließ sich auch Goethe 1786 eine Gipskopie anfertigen. Nach dem Kunstraub wurde der Kopf im Museo Pio-Clementino durch eine Gipskopie ersetzt.[735] Nach seiner Rückkehr aus Paris im Jahre 1816 erhielt der „Zeus von Otricoli" wieder seinen ursprünglichen Platz in der Sala Rotonda.

Als Inbegriff antiker Skulptur galt eigentlich der „Apoll von Belvedere", und so ist es erstaunlich, daß auf der Lünette der „Zeus von Otricoli" erscheint. Dies läßt sich nur aus einem grundlegenden Bedeutungs- und Geschmackswandel erklären.[736] Der „Apoll" hatte seit seiner Entdeckung am Ende des 15. Jahrhunderts bis zu Winckelmann und zum Kunstraub als „höchstes Ideal der Kunst unter allen Werken des Altertums" gegolten und wurde noch in Paris als griechisches Original verehrt. Ähnlich wie die „Transfiguration" zog er auf einem großen Triumphwagen in Paris ein und sollte als das Heiligste, was Rom besaß, nun in Paris die Künstler inspirieren. Am 9. November 1800 wurde das erste Antikenmuseum

732 Forcella 1875, S. 210 Nr. 807.

733 Amelung/Lippold 1908, II, S. 24; Eu. Thiemann, *Hellenistische Vatergottheiten: das Bild des bärtigen Gottes in der nachklassischen Kunst*, Münster 1959, S. 15; Helbig/Speier 1963, S. 27–28 Nr. 33; I. Leventi, „Zeus", in: *LIMC* VIII, 1, Zürich, Düsseldorf 1997, S. 342 Nr. 219a; F. Canciana, „Zeus/Iuppiter", ebd., S. 435–436 Nr. 154 (jeweils mit weiterer Literatur), VIII, 2, Taf. 282; B. Bäbler, „Zeus V. Ikonographie", in: *DNP* XII, 2, Stuttgart, Weimar 2002, Sp. 790. Zunächst war der Kopf als einer der „due teste colossali di Homini, rappresentanti Filosofi" identifiziert worden (Notiz von 1782 bei Pietrangeli 1944, S. 100). Heute wird er als späthellenistische oder frühkaiserzeitliche Kopie des Kopfes einer Statue des sitzenden Zeus aus dem späten 4. Jahrhundert v. Chr. angesehen und von verschiedenen Forschern mit Bryaxis bzw. mit Lysippos in Verbindung gebracht.

734 Brief vom 13. Dezember 1783: L. Borsari, „Notizie inedite intorno a scoperte di antichità in Roma e suo territori", in: *Bullettino della Commissione Archeologica Comunale di Roma*, serie terza, 26 (1898), S. 18–39, bes. S. 37.

735 Im Museo Napoleonico befindet sich eine Tabaksdose von C. Ciuli aus dem Jahr 1803 mit einem Mosaik, den „Zeus von Otricoli" darstellend.

736 Zum Bedeutungsverlust des „Perseus" Belting 1998, S. 79.

Frankreichs für das Publikum geöffnet.[737] Mit dem Besitz der Antiken war man nun sicher, ganz Italien nach Frankreich gebracht zu haben. Des Einzuges des „Apoll von Belvedere" in das Museum wurde jedes Jahr wieder durch eine Feier gedacht. Man veranstaltete ein Bankett für die Kommissare Italiens und die Beamten des Nationalmuseums, um den „Jahrestag der Einweihung des Pythischen Apoll zu feiern."[738] Nur die Statue des „Apoll" schmückte den Raum.

Der „Zeus von Otricoli" befand sich, wie auf einem von Jenkins publizierten anonymen Grundriß von 1802 zu sehen ist,[739] im selben Raum wie der „Apoll" und der „Laokoon". Medaillenbilder von Bertrand Andrieu aus dem Jahre 1804 zeigen den Blick in den Saal des Laokoon und in den Saal des Apoll.[740] Zu beiden Seiten des Eingangs des „Apollon-Saales" stehen zwei Köpfe auf Sockeln; es ist wohl anzunehmen, daß dabei auch der Zeuskopf dargestellt ist (Abb. 74). Neben diesem waren die Büsten Alexanders des Großen als Helios und die Bacchus-Ariadne-Gruppe aus dem Kapitolinischen Museum sowie die „Diskobolen", der „Menelaus", die „Amazone" und der „Meleager" aus dem Vatikan ausgestellt.[741] Der Zeuskopf gehörte somit zwar zur Gruppe der wertvollsten Kunstwerke, war aber nicht in gleicher Weise wie der „Apoll von Belvedere" hervorgehoben.

---

737 Lanzac de Laborie 1912, S. 616.

738 *Moniteur universel*, 25 (1801), S. 291.

739 Anonymer Plan der Skulpturengalerie des Louvre von 1802 (British Museum, Department of Greek and Roman Antiquities), abgebildet bei Jenkins 1998, S. 459.

740 Medaille auf die Ausstellung des Apoll: Vorderseite: Kopf Napoleons mit Lorbeerkranz nach rechts, unter dem Halsabschnitt ANDRIEU F.; Rückseite: Blick in den reich ausgestatteten Saal des Museums, an dessen Ende auf einem Podest die Statue des Apoll ausgestellt ist, im Abschnitt ANDRIEU F. – DENON D., darunter MUSÉE NAPOLÉON, über dem Portal eine Büste Napoleons, auf dem Bogen SALLE DE L'APOLLON. Auf die Laokoon-Ausstellung: Vorderseite: Kopf Napoleons mit Lorbeerkranz nach rechts, unter dem Halsabschnitt ANDRIEU F.; Rückseite: Blick in den Saal des Museums, an dessen Ende die Laokoon-Gruppe ausgestellt ist, an einem Bogen R . F (für République Française), im Abschnitt ANDRIEU F. – DENON D., darunter MUSÉE NAPOLÉON. Exemplare in Silber und Bronze. Es existiert auch eine Version, die, mit kleinen Abänderungen, die Ansichten der beiden Säle als Vor- und Rückseite einer Medaille präsentiert. A. Évrard de Fayolle, *Recherches sur Bertrand Andrieu de Bordeaux, graveur en médailles: sa vie, son oeuvre. Mémoire*, Chalon-sur-Saône, Paris 1902, S. 167 Nr. 49 (Laokoon), Nr. 50 (Apollo), Nr. 51 (Laokoon und Apollo), Taf. I Nr. 6–8; R. Martini, *Catalogo delle medaglie delle Civiche Raccolte Numismatiche*, V. Secoli XVIII–XIX, 1. Rivoluzione francese – Epoca napoleonica (1789–1815), Mailand 1997, S. 117 Nr. 452 (Laokoon), Nr. 453–454 (Apollo), Taf. LXII.

741 *Notice des statues, bustes, bas-reliefs et autres objets composant la galerie des antiques du Musée central des arts, ouverte pour la premiere fois le 18 Brumaire an IX* … (= 9. novembre 1800), Paris (o. J. [1800]).

Dem „Apoll von Belvedere“ baute Ennio Quirino Visconti, der neue Direktor des Pariser Antikenmuseums, sogar eine Art von Tempel: „Zwischen den beiden schönsten Säulen aus dem Aachener Münster stellte er die Statue an das Ende des Saales vor eine Nische auf einem besonderen Podium aus, das mit kostbarsten Mosaiken belegt war. Feierlich ließ er den heiligen Besitz, der durch ein besonderes Gitter abgesperrt war, von zwei Sphinxen aus rotem orientalischen Granit bewachen, die einst das Pio-Clementino geschmückt hatten.“[742] Doch Apolls Ruhm war von kurzer Dauer.

Die archäologische Auseinandersetzung mit dem „Apoll“ führte zur Erkenntnis, daß es sich nicht um ein griechisches Original, sondern um eine römische Kopie handele, da der Marmor aus den Steinbrüchen von Luni in Italien stamme.[743] Als der „Apoll“ nach dem Wiener Kongreß mit den anderen Kunstwerken Paris verließ und nach Rom zurückkehrte, hatte er einiges von seiner Wertschätzung eingebüßt.[744] Dennoch blieb er für Rom ein Symbol, behielt über seinen literarischen Ruhm hinaus seine historische und museumspolitische Bedeutung und wurde denn auch sogleich an seine ursprüngliche Stelle zurückgebracht.[745] Die Statue ist auf auch einer Medaille aus dem Jahre 1816 dargestellt, die Canovas Verdienste um die Rückführung der Kunstwerke preist.[746] Daß sie jedoch in der „Allegorie der Bildhauerei“ von Hayez im Chiaramonti-Zyklus nicht auftaucht, erklärt sich gewiß nicht dadurch, daß Canova mit seinem „Perseus“ ein neues Ideal geschaffen hätte, sondern weil der „Zeus von Otricoli“ für das Museum eine größere Bedeutung besaß.

Nach seinem Fund hatte man den Kopf aus Otricoli mit dem größten griechischen Künstler Phidias in Zusammenhang gebracht, weil man glaubte, er spiegele den „Zeus von Olympia“ wider.[747] Durch die Beschäftigung mit den Elgin Mar-

---

742 Steinmann 1916, S. 273–277.

743 Helbig/Speier 1963, S. 170–172 Nr. 226. Mengs hatte diese Vermutung geäußert, die dann von dem Mineralogen Dieudonné Gratet de Dolomieu bestätigt wurde (Belting 1998, S. 78). Die Skulptur stammt angeblich aus Antium und wird vielfach als Arbeit des 2. Jahrhunderts n. Chr. nach einer Bronzestatue um 330–325 v. Chr. angesehen. H. Kenner, *Der Apoll vom Belvedere*, Wien 1972; O. Palagia, „Apollon“, in: *LIMC* II, 1, Zürich, München 1984, S. 198 Nr. 79 (mit weiterer Literatur), II, 2, Taf. 189; E. Simon, „Apollon/Apollo“, ebd., S. 381–382 Nr. 57. Vgl. auch die Diskussion bei N. Himmelmann, „Apoll vom Belvedere“, in: *Il Cortile delle Statue: der Statuenhof des Belvedere im Vatikan*. Akten des Internationalen Kongresses zu Ehren von Richard Krautheimer (Rom, 21.–23. Oktober 1992), hrsg. von M. Winner, B. Andreae, C. Pietrangeli, Mainz 1998, S. 211–225; Winner 1998, S. 227–252.

744 Belting 1998, S. 79.

745 Belting 1998, S. 75.

746 C. Johnson, „Avvenimenti e personaggi della vita di Antonio Canova in medaglie“, in: *Medaglia*, 16 (1981), S. 32–33 Abb. 21, S. 51. Siehe oben Anm. 315.

747 Amelung/Lippold 1908, II, S. 112, S. 116.

bles war die Kunst des Phidias zum neuen Schönheitsideal geworden – gewiß nicht der einzige Grund für die besondere Hervorhebung des Kopfes von Otricoli im Zyklus.

Welchen Eindruck der Zeuskopf von Otricoli seit seinem Bekanntwerden gemacht hatte, zeigt ein Gemälde von Bernardino Nocchi im Palazzo della Consulta, das die Einweihung des Museo Pio-Clementino im Jahre 1782 darstellt (Abb. 75). In dieser Allegorie meißelt die Personifikation der Skulptur den „Zeus von Otricoli", der auf einer der Stufen der Scala Simonetti liegt (Ausschnitt-Abb. 76). Damit wird der Kopf als eine der wichtigsten Antiken des Museo Pio-Clementino hervorgehoben. Der Kopf hatte also schon eine Geschichte, und seine Darstellung in der Lünette zeigt, daß man in erster Linie an die Tradition Pius' VI. und damit an das Museo Pio-Clementino anknüpfen wollte. Dies wäre mit dem „Apoll" nicht der Fall gewesen, der ja nicht aus der Sammlung Pius' VI. stammte.

Canova, der für den Zyklus im Museo Chiaramonti mitverantwortlich war, hatte ein eher distanziertes Verhältnis zum „Apoll von Belvedere". Als er am 11. März 1780 in der Galleria Borghese bewundernd vor Berninis „Apoll und Daphne" stand, sprach er begeistert über das Werk, ohne das bedeutende Vorbild, den damals noch für ein griechisches Original gehaltenen „Apoll von Belvedere", zu erwähnen.[748] Später versuchte er, den „Apollo" mit seinem „Perseus" noch zu übertreffen.

So ist das Fehlen des „Apoll" im Freskenzyklus verständlich. Die Darstellung der Allegorie der Bildhauerei im Zyklus des Museo Chiaramonti weist nicht nur auf ein neues Geschmacksideal hin, sondern auch auf Canovas eigene Vorstellungen. Wie der Kopf in der Lünette der „Rückkehr der Kunstwerke" von Hayez indirekt eine Ehrung Canovas bedeutet, so könnte dies auch hier der Fall sein. Canova hatte in seinem letzten Werk, dem Altarbild für den Tempel in Possagno, auf den „Zeus von Otricoli" zurückgegriffen (Abb. 77). In den Vorzeichnungen für den Gottvater sieht man unter den Köpfen von Jünglingen, die sich vom jugendlichen zum fortgeschrittenen Alter entwickeln, einen, der jenem von Otricoli stark ähnelt. Canova verwendet dann für das Gesicht Gottvaters den Kopf des reifen Mannes, nach Missirini die „gagliarda virilità vincitrice dei secoli".[749] Statt jugendlicher Locken wie in den Jünglingszeichnungen bestimmen nun herabfallende Strähnen den Kopf, und das Gesicht entspricht dem des Zeus, wie wir ihn aus zahlreichen Antikendarstellungen kennen und wie ihn Canova selbst im Garten der Villa Ludovisi gezeichnet hatte: Die Augenbrauen sind zusammengezogen und der Blick stechend, die Lippen leicht geöffnet und wellenförmig vom

748 Winner 1998, S. 234.
749 Missirini 1825, S. 122.

Schnurrbart gerahmt, der Kinnbart ist breit und massig und durch eine Mittelfurche geteilt.[750] Die Fortentwicklung dieses Kopfes auf der linken Blattseite läßt den Zusammenhang mit dem Typ des Zeuskopfes noch deutlicher hervortreten. Wie beim „Zeus von Otricoli“ ist er von radial ausstrahlenden Locken gerahmt. Noch deutlicher wird Canovas Affinität zum „Zeus von Otricoli“ in einer Skulptur seines Schülers Giovanni Ceccarini, in der Canova eine Herme mit dem Kopf des „Zeus von Otricoli“ umarmt (Abb. 78).[751]

Die Hervorhebung des „Zeus“ anstelle des „Apoll von Belvedere“ ist ein weiteres Indiz für die enge Mitarbeit Canovas am Zyklus. In diesem Fall hätte er auch zur Abwertung des „Apoll von Belvedere“ beigetragen.

j. Allegorie der Architektur mit einem Entwurf für den Braccio Nuovo

Wie die „Transfiguration“ und der „Zeus von Otricoli“ als Inbegriff von Malerei und Skulptur so steht der Braccio Nuovo für die Architektur (Abb. 79). Die Lünette war von Hayez erdacht, doch von anderer Hand beendet worden.[752] Die Inschrift erklärt: ARCHITECTVRA · OMNI · BENIGNITATIS · NVMERO / AD · INCREMENTVM · PROVECTA (Die Baukunst ist mit aller Großzügigkeit zum Wachstum gebracht worden). Damit ist die Leistung Raffaele Sterns gemeint, des Architekten des Bauwerks. Die Allegorie der Architektur sitzt vor einem Malbrett, auf dem die Kuppel des Braccio Nuovo zu sehen ist. Es handelt sich dabei um eine Kopie von Sterns letztem Entwurf mit dem Blick ins Innere des Museumsflügels. Eine kleine Inschrift ist auf dem Sockel zu erkennen: PIVS · VII / P · M · A · XVIII. Darunter befinden sich noch Reste einer anderen Inschrift.

Der Braccio Nuovo wurde gleichzeitig mit dem Freskenzyklus des Museo Chiaramonti geplant und ausgeführt. Er ging in seinen Dimensionen und seiner Einrichtung über die Ausstattung der vatikanischen Antikenmuseen hinaus und verdeutlichte damit die eminente Bedeutung, die man der Antike in Rom immer noch beimaß, während sie im übrigen Europa eher zurückgegangen war. Räumte man gerade in Frankreich der Malerei den gleichen Rang wie der antiken Skulptur ein, so schuf man in Rom nur für die Antiken einen neuen Bau und knüpfte damit unübersehbar an die große Tradition Pius' VI. an.

In der Lünette sollte nicht nur die moderne Architektur gezeigt, sondern auch auf die neue Ausstellung der Antiken im Braccio Nuovo hingewiesen werden, de-

---

750 Skizzenbuch: physiognomisches Musterblatt, fol. 35, 1022.

751 „... das theomorphe Idealporträt des Bildhauers folgt deutlich dem Vorbild des phidiasischen Zeus“ (Springer 1982, S. 8).

752 Forcella 1875, S. 210 Nr. 809 (frühere Version); Hiesinger 1978, S. 659; S. 657 Abb. 14; De Angelis 1994, S. 201, Anm. 42.

ren Programm und Einrichtung Canova bestimmt hatte. Auffallend ist die das gesamte Bild einnehmende Bauplastik im Vordergrund. Neben einem monumentalen Kantharos liegen Kapitelle korinthischer und ionischer Ordnung, doch fehlt ein Kapitell der nicht so prächtigen dorischen Ordnung. Die Architektur des Baus steht im Vordergrund, während im Fresko der Bibliothek Stern dem Papst eine Grundrißzeichnung zeigt (Abb. 80). Auch hier steht der offizielle Akt, die Annahme des Planes durch den Papst im Gegensatz zu der monumentalen Darstellung in der Lünette des Museo Chiaramonti.

Offenbar sollen die drei Allegorien der bisher betrachteten Lünetten nicht nur auf die Förderung der drei Künste hinweisen, sondern auch Höhepunkte der drei Künste repräsentieren.

k. Restaurierung des Kolosseums

Die „Restaurierung des Kolosseums" wurde 1818 von Philipp Veit gemalt (Abb. 81)[753] und trägt die Inschrift: AMPHITHEATRVM · FLAVIVM · MARTYRVM · CRVORE · RIGATVM / RVDERIBVS · EGESTVM (Das flavische Amphitheater, das von den Blutströmen der Märtyrer getränkt ist, ist von Schutt befreit worden).

Das Kolosseum, schon seit Jahrhunderten verwahrlost und 1703 durch ein Erdbeben noch weiter beschädigt, befand sich in der Zeit um 1800 in einem so schlechtem Zustand, daß eine Restaurierung erforderlich wurde.[754] So schreibt etwa der Architekt Abate Angelo Uggeri, ein Mitglied der Accademia di San Luca: „In tale stato di ruina presentasi ora una si superba mole, che non offre allo sguardo più che un oggetto pittorico si nell'esterno che nell' interno totalmente sfigurato, e potranno certamente contentarsi l'età future di vederla nello stato, in cui è al presente, se una particolar cura non si opporrà al progresso della sua distruzione, che a gran passi si avanza."[755]

Überlegungen zu einem teilweisen Abriß stießen auf Ablehnung. Nicht einmal der Hinweis auf die geringen Kosten war überzeugend, da der Konservierung

---

753 Forcella 1875, S. 211 Nr. 813; Hiesinger 1978, S. 657 Abb. 16.

754 Ende der dreißiger Jahre des 18. Jahrhunderts waren die ersten Pläne aufgetaucht, die Ruine vor weiterem Verfall zu schützen, darunter auch ein Vorschlag des Schriftstellers und Mitglieds der Pariser Académie des Inscriptions et Belles-Lettres, Charles de Brosses, aus dem Jahr 1739, einen Teil des Bauwerks niederzulegen und die andere Hälfte wieder aufzubauen (Pastor 1961, XVI, 1, S. 121–122; Brues 1958, S. 138).

755 A. Uggeri, *Journées pittoresques des édifices de Rome ancienne*, Rom 1800, I, S. 37.

aller Teile des Monuments in jedem Fall Vorrang gebühre. Auch ein anderer Vorschlag, nur einen kleinen Teil des Gebäudes zu opfern, wurde mit Empörung zurückgewiesen. Man entschied sich schließlich für einen Strebepfeiler, der senkrecht an die östliche Wand angebaut werden sollte, mit dem Hinweis, dieser „sperone" sei das einzige Mittel, das Stabilität garantiere und gleichzeitig dem Gebäude seine ursprüngliche Form belasse. Die Wahrung des Alten wird wie ein schöner Neubau gewertet und dem antiken Monument ein unschätzbarer Wert beigemessen.[756]

Die Restaurierung des Kolosseums[757] ist auch Gegenstand eines Freskos aus dem Zyklus für Pius VII. in der Bibliothek (Abb. 82), dessen Inschrift als Datierung der erfolgten Baumaßnahmen das Jahr 1807 nennt:[758] AMPHITHEATRVM . FLAVIVM / A . PIO . VII . CONTRA . RVINAM . EXCELSO . FVLGIMENTO . SOLIDATVM / ET . PLVRIFARIAM . SVBSTRVCTIONE . MVNITVM / ANNO . MDCCCVII. (Das flavische Amphitheater ist im Jahre 1807 von Pius VII. mit einem Strebepfeiler gegen Einsturz befestigt und durch einen Unterbau vielfältig gesichert worden). Im Fresko ist ein Genius der Architektur oder „genius loci", also Roms, dargestellt, der mit beiden Händen auf das Kolosseum im Hintergrund zeigt. Aus dem Mittelpunkt des Bildes ragt das riesige Gemäuer des Kolosseums hervor, dessen Strebepfeiler schon errichtet ist. Im Vordergrund liegen die Werkzeuge des Architekten, ein Zirkel und ein Richtscheit.

Die Darstellung in der Lünette des Chiaramonti-Zyklus geht auch hier wieder thematisch über das entsprechende Fresko des Bibliothekszyklus hinaus. Im Inneren des Kolosseums sitzt die Allegorie der Religion, die die Gesichtszüge der Gräfin Julie Zichy tragen soll, mit Kreuz und Palmzweig auf einem Altar und blickt zu einem Pilger zu ihrer Rechten herüber, der als Abbé Martin de Noirlieu,

---

756 Brues 1958, S. 140.

757 Der Arbeiten am Kolosseum wird auch auf einer Medaille gedacht, die Tommaso Mercandetti im Jahre 1807 geschaffen hat. Es existieren Exemplare in Silber, Bronze und Blei. Vorderseite: PIVS SEPTIMVS – PONTIFEX MAX, Büste Pius' VII. nach links, auf der Stola PAX, im Armabschnitt die Signatur MERCANDETTI · F · R · , Rückseite: AMPHIT – FLAVIVM – REPARATVM, das links eingerüstete Kolosseum, auf dem Bodenstreifen · MERCANDETTI · SCVLPSIT · ROMAE · MDCCCVII ·, im Abschnitt ANNO · A · NATIVITATE · / CHRISTI · / · MDCCCVI · ; A. Patrignani, *Le medaglie di Pio VII (1800–1823)*, Bologna 1930, S. 106–114 Nr. 45, Taf. III; Bartolotti 1971, S. 35 Nr. 78, S. 32 Abb. 30; *Bauten Roms auf Münzen und Medaillen* (Ausst. Kat., München, Staatliche Münzsammlung, Ausstellungsräume des Bayerischen Hauptstaatsarchivs, 16. Oktober – 2. Dezember 1973), bearb. v. H. Küthmann u.a., München 1973, S. 134 Nr. 232; R. Martini, *Catalogo delle medaglie delle Civiche Raccolte Numismatiche*, V. Secoli XVIII–XIX, 2. Stato Pontificio – Stato del Vaticano (1800–1903), Mailand 1998, S. 9–10 Nr. 1004–1006, Taf. III.

758 Forcella 1875, S. 203 Nr. 772.

ein enger Freund Veits, identifiziert wird.[759] Die Muscheln an seinem Gewand zeichnen ihn als Pilger aus Santiago de Compostela aus.[760] Zu Füßen der Allegorie, und zwar an der Stelle, an der der lange Stab des Kreuzes auf den Boden trifft, liegen ein Rechen, eine Harke und ein Striegel. Die Werkzeuge für das Jäten von Unkraut sind wahrscheinlich als Hinweis auf Marterinstrumente zu verstehen. Sie deuten auch auf die Befreiung der römischen Ruinen von Unkraut hin, dem ersten Schritt zum Schutz eines Denkmals.

Mit seiner linken Hand deutet der Pilger auf eine Tafel, auf der ihm ein Engel inschriftlich das sechste Jahr des Pontifikats Pius' VII. anzeigt, in dem die ersten Sanierungsmaßnahmen stattfanden: PIVS · VII · / P · M · / A · VI. In der rechten Bildhälfte hält ein anderer Engel die Zeichnung mit dem geplanten neuen Strebepfeiler in Händen. Das eigentliche Ereignis, der Umbau des Kolosseums, bildet lediglich den Hintergrund.[761]

Zwar zeigt die Zeichnung den neuen Strebepfeiler, dieser erhält jedoch durch die übrigen Figuren eine ganz neue Bedeutung. Veit verbannte mit dem Enthusiasmus der Nazarener das Kolosseum in den hinteren Teil des Bildes und schob dafür die Allegorie der Religion ins Zentrum, die unmittelbar an die „Religion" in Canovas Grabmal Clemens' XIII. erinnert. Wie im Falle der Hamilton-Büste wird also wieder auf eines von Canovas Werken angespielt.[762]

Diese Darstellung weist jedoch nicht nur auf die religiöse Einstellung der Nazarener hin, sondern auch auf die Unterscheidung der Ideen des Papstes von jenen Napoleons. Die Bemühungen der beiden um das Kolosseum stimmten jedoch

---

759 Beide Identifikationen bei Hiesinger 1978, S. 660. Vgl. *Religion, Macht, Kunst: die Nazarener*, hrsg. von M. Hollein und Ch. Steinle (Ausst. Kat., Frankfurt am Main, Schirn Kunsthalle, 15. April – 24. Juli 2005), Köln 2005, S. 279. Dank an E. Jayme für diesen Hinweis. – Julie Zichy, Nichte des ungarischen Grafen und Politikers Franz von Széchényi, eine viel bewunderte Schönheit am Wiener Kongreß, 1816 26jährig verstorben, gehörte mit Philipp und Johannes Veit, Dorothea und Friedrich Schlegel zum Freundeskreis („Romantikerkreis") des Redemptoristenpredigers Klemens Hofbauer, des „Apostels von Wien" 1808–1820; K. Fleischmann, *Klemens Maria Hofbauer: sein Leben und seine Zeit*, Graz 1988, S. 168ff., 266.

760 Hinweis von K. Herrmann Fiore.

761 Die Lünette von Veit ist die einzige, die nähere Beachtung fand. Zunächst wurde sie fälschlicherweise dem englischen Maler Wais bzw. Way zugeschrieben (siehe Fea 1820, S. 95; D'Este 1864, S. 254; Nogara 1925, S. 86ff.; Platner 1834, 2, S. 38; M. Spahn, *Philipp Veit*, Bielefeld, Leipzig 1901, S. 36; A. Neumeyer, „Beiträge zur Kunst der Nazarener in Rom", in: *Repertorium für Kunstwissenschaft*, 50 (1929), S. 76; H. Geller, *Deutsche Künstler in Rom: von Raphael Mengs bis Hans von Marées*, Rom 1961, S. 34; Andrews 1964, S. 37. Zu Veit siehe auch N. Suhr, *Philipp Veit (1793–1877): Leben und Werk eines Nazareners*, Weinheim 1991).

762 Diesen Hinweis verdanke ich K. Herrmann Fiore.

in zwei Punkten überein: Beide wollten Arbeitsplätze für die Armen schaffen und gleichzeitig bessere Kenntnis über die Geschichte des Bauwerks erhalten.

Ihre Auffassungen von der Bedeutung des Kolosseums für die Stadt Rom waren gegensätzlich. Indem die Franzosen die Altäre und Kreuze aus dem Amphitheater entfernten, wollten sie es entchristianisieren und in seinen originalen Zustand mit allen seinen imperialen Assoziationen zurückversetzen. Napoleon hatte eine Idealvorstellung von Rom, die mit dem Rom seiner Zeit nicht übereinstimmte. Er schloß damit an Ideen an, die schon in Vivant Denons Reiseberichten auftauchen.[763] In seinen Briefen an Napoleon, in denen er über seinen Aufenthalt in Rom berichtet, bringt er seine Vorstellung zum Ausdruck, wie weit sich der antike Römer vom heutigen Bewohner unterscheide. Für die Zerstörung Roms machte er das Christentum verantwortlich:[764] „Ce sont moins les irruptions des Barbares ... que les prêtres chrétiens qui, pour abolir la religion des païens, ont mutilé les statues et les temples de leurs dieux. Ainsi depuis Constantin qui, à la sollicitation du pape Silvestre, fit enlever les magnifiques colonnes du Mausolée d'Adrien pour édifier l'Église de Saint-Paul hors les murs, jusqu'à Léon X, et même plus tard, il ne s'est pas passé de jour qui n'ait vu commettre quelque profanation de ce genre“.[765] Denon betrachtete die Päpste als mutwillige Zerstörer der antiken Stadt und damit auch ihrer Werte. Wie viele andere hatte er für die bedeutungsvolle Rolle des christlichen Rom, das sich auf den Ruinen des kaiserlichen Rom entfaltet hatte, kein Verständnis.[766] Das Übereinander der Epochen, die verschiedenen Stile scheinen ihn abgestoßen zu haben. Ganz in seinem Sinne waren in der Zeit der französischen Besetzung alle Bemühungen darauf ausgerichtet, das antike Rom aus der Gewalt der Kleriker zu befreien, und wer konnte dies besser tun, als das auserwählte französische Volk, das in Europa für die Freiheit kämpfte. Rom sollte wieder in seinem antiken Glanz aufblühen. Man verstand nicht, daß die Schönheit Roms auch auf seiner stetigen Veränderung beruhte.

Nach der Rückkehr Pius' VII. sollte gerade das Kolosseum zu einem Symbol für die erneuerte Macht des Papstes werden. Man wollte es rechristianisieren, den

---

763 Ausführlich Cagiano 1997.

764 Diese Deutung wurde bereits von dem britischen Historiker Edward Gibbon (1737–1794) in seinem Hauptwerk *History of the decline and fall of the Roman Empire*, 6 Bde., London 1776–1788, vertreten (zahlreiche Neuausgaben; Auszüge aus dem ersten Band unter dem Titel *The Christians and the fall of Rome*, London 2004). Zu Gibbon vgl. P. B. Craddock, *Edward Gibbon: luminous historian, 1772–1794*, Baltimore 1989.

765 Vivant Denon, Brief an Napoleon vom 23. Januar 1812, zitiert bei Lelièvre 1993, S. 219; Cagiano 1997, S. 347.

766 Cagiano 1997, S. 348.

geweihten Grund wieder mit Erde bedecken und den Altar mit einem Kreuz in die Mitte stellen, das die Franzosen, um den Glauben auszulöschen, so brutal entfernt hatten. Diese hätten das Kolosseum räumen wollen, da es mit dem Blut der Märtyrer getränkt sei. Der Kult der Märtyrer war im Kolosseum unter Benedikt XIV. (1740–1758) aufgelebt, und die Pilger strömten wieder nach Rom, nachdem er die 14 Kreuzwegstationen erneuert hatte. Er hatte damit eine Tradition fortgeführt, die bis auf Sixtus V. (1585–1590) zurückging.[767] Dieser hatte als Zeichen des Sieges des Christentums über das antike Imperium die Statuen von Petrus und Paulus auf die Spitze der Trajans- und Marc Aurels-Säule setzen lassen. Pius VII. knüpfte an diese Ideen an. Die Ideologie des französischen Kaiserreiches mußte jener des päpstlichen Katholizismus weichen. Der ursprüngliche Zustand des Kolosseums wurde so hergestellt, als seien die Franzosen nie dagewesen.[768]

Der Triumph der Religion steht also im Vordergrund der Lünette und deutet somit nicht nur auf die neue Bedeutung des Papsttums hin, sondern auch auf die „pittura sacra", die man seit dem Tridentinischen Konzil immer wieder zu neuem Leben hatte erwecken wollen. Indem die Nazarener der Religion die Priorität vor der Restaurierung einräumten, deuteten sie nun einen neuen Weg in der Kunst an. Inmitten der klassischen Antikenbegeisterung stellt das Fresko wieder ein geheimes Verhältnis zwischen Religion und Kunst her, wie es die Schriften Wackenroders und anderer vorbereitet hatten.

l. Darstellung einer Künstlergruppe mit Raffaelteppichen

Die herausragende Bedeutung der Religion kommt auch in der von Michele Ridolfi gemalten Lünette[769] der „Öffentlichen Ausstellung der Raffaelteppiche" aus dem Jahr 1818 zum Ausdruck (Abb. 83). Die Inschrift erklärt: PERISTROMATA · RAPHAELIS · AD · CORRVPTIONEM · ARCENDAM · DIGESTA / ET · PVBLICE · AD · SPECTANDVM · PROLATA (Die Raffaelteppiche sind neu angeordnet worden, um ihr Verderben zu verhindern und sie öffentlich zu betrachten); im Bogen der Lünette steht die Datierung: PIVS · VII · P · M / A · XIV.[770]

---

767 Springer 1987, S. 8–10.

768 Johns 1998, S. 68.

769 Forcella 1875, S. 211 Nr. 812 (frühere Version); Hiesinger 1978, S. 658 Abb. 20.

770 Im Hintergrund dieser Inschrift sind Teile jener Inschrift aus der Galleria degli Arazzi zu erkennen, die Forcella 1875, S. 201 Nr. 759 dokumentiert hat: PIVS . VII . P . M. / CONCLAVIA . HAEC. / AVLAEIS . INTEXTIS . EX . ARCHETYPIS . VRBINATIS. / GENTIVM . ADMIRATIONI . ARTIVM . COMMODITATI. / EXPLICANDIS . ET . SERVANDIS. / APTIVS . DISPOSVIT . EXORNA-

Laut Inschrift feiert Ridolfis Lünette also nicht nur die Rückkehr der Teppiche, sondern auch ihre neue Hängung. Die Teppiche waren 1798 während der ersten Besetzung Roms von General Berthier weggebracht und 1808 durch Kardinal Consalvi von einem jüdischen Händler aus Livorno zurückgekauft worden.[771] Von den ursprünglich 22 Teppichen waren nur noch 21 erhalten, deren Restaurierung im Hospiz von S. Michele durch eine Kommission der Accademia di San Luca überwacht wurde.[772] Zuvor waren die Teppiche nur an Ostern[773] in der Vorhalle von Sankt Peter zu sehen gewesen. Seit Oktober 1814 sollten sie nach den Angaben des Architekten Raffaele Stern ständig in den beiden letzten Räumen der alten Pinakothek Pius' VI. zwischen der Galleria dei Candelabri und der Galleria delle Carte Geografiche ausgestellt werden.[774] Die Teppiche waren nun zum ersten Mal ständig der Öffentlichkeit zugänglich und trugen seit ihrer Rückkehr als neue Museumsstücke zum Ruhm der vatikanischen Sammlung bei. Auch die Beischrift deutet auf die seit dem Wiener Kongreß in Rom nachweisbare kulturpolitische Tendenz hin, Kunstwerke, Monumente oder Parkanlagen der Öffentlichkeit zugänglich zu machen und zu erhalten. Diese Idee beherrscht die Darstellungen des gesamten Zyklus, so auch die Darstellung der „Eröffnung des Pincio",[775] die mit folgender Inschrift versehen ist (Abb. 84): PIVS · VII · P · M. A · XIV. / PINCIVS · AMOENITATE · REDDITA / AD · APRICANDVM · FERIATIS · GENTIBVS · ADAPERTVS (Pius VII., Pontifex Maximus, im 14. Jahr: Der Pincio ist, nach Wiederherstellung der lieblichen Landschaft, geöffnet worden für die Menschen, um darin in ihren Mußestunden die Sonne zu genießen).

Die „Ausstellung der Teppiche" zeigt diese, deutet aber noch auf einen anderen Aspekt hin. Die Teppiche werden nicht in ihrer neuen Umgebung, also im Museum, gezeigt, sondern befinden sich in einem kleinen Raum, in einer Art Werkstatt, und werden dort von Künstlern studiert und kopiert. Die Kunstwerke sind nun also der Öffentlichkeit zugänglich, sollen aber auch als Studienobjekt dienen. So wie hier klingt die Aufforderung zum Lernen und Studieren der römischen Kunstwerke auch in anderen Lünetten an. Erneut wird Raffael, der schon in

---

VITQVE. / CVR . B . NARO . S . P . A . PRÆFECTO (diese Inschrift siehe oben S. 93). In Z. 7 ist also der Prefetto del Sacro Palazzo Apostolico, Benedetto Naro (1744–1832), namentlich genannt; dieses Amt übte er ab 1807 aus, 1816 wurde er zum Kardinal geweiht.

771 D'Este 1864, S. 215.

772 Pietrangeli 1985, S. 124; D'Este 1864, S. 215; A.S.R. Cam., II, Antiquità e Belle Arti, b. 9, n. 224.

773 Hiesinger 1978, S. 660.

774 Pietrangeli 1985, S. 125.

775 Forcella 1875, S. 211 Nr. 811; Hiesinger 1978, S. 657 Abb. 17.

der Allegorie der Malerei als der bedeutendste Künstler erscheint, als Vorbild gefeiert.

Im Fresko sind zeitgenössische Künstler zu sehen, was zuvor in keinem anderen Papstzyklus möglich gewesen war. Eine Gruppe von jungen Malern ist in einer Werkstatt versammelt, in dem zwei Teppiche Raffaels – links die „Berufung Petri“ und rechts der „Fischfang“ – einander gegenüberhängen. Einige der Dargestellten tragen eine Art deutsche Studententracht, andere lange Gewänder, wie man sie auf den Figurenstudien der Nazarener sieht. Wegen ihrer pseudomittelalterlichen Umhänge und ihres langen Haares wurden sie denn auch „i Nazareni“ genannt.[776] Auch wenn die Gesichter auf den ersten Blick entindividualisiert scheinen, erkennt man im links Sitzenden die Züge des Peter Cornelius, im rechts außen Stehenden Friedrich Overbeck und dem in der Mitte Sitzenden Friedrich Wilhelm Schadow.[777] Bei dem vierten, der eine Zeichnung von St. Peter in Händen hält, könnte es sich um Karl Philipp Fohr oder einen Architekten der Zeit handeln. Die Maler sind mit Kopieren beschäftigt, und der Stehende in der Mitte blickt zum Betrachter heraus, während die sitzende Gestalt zur Papst-Inschrift an der Decke emporzublicken scheint.

Die Darstellung einer solchen Künstlergemeinschaft in einem vatikanischen Papstzyklus wirft mehrere Fragen auf. Welche Bedeutung kommt den Künstlern im Zentrum des Bildes zu, und warum wurden gerade diese Motive der Raffaelteppiche ausgewählt? Warum stehen aber, entgegen der Inschrift, nicht die Teppiche, sondern Künstler im Mittelpunkt?

Dargestellt sind drei Hauptvertreter der Nazarener, Friedrich Wilhelm Schadow, Johann Friedrich Overbeck und Peter Cornelius, die im zweiten Geschoß des Palazzo Zuccari für den Konsul Bartholdy einen Raum ausgemalt hatten. Veit, der als Vierter die „Bartholdy-Gruppe“ auf dem Fresko vervollständigt hätte, fehlt. An seine Stelle setzte man Karl Philipp Fohr, der im gleichen Jahr, als die Lünette gemalt wurde, gestorben war. Dieses Unglück verhinderte die Darstellung des gesamten Quartetts, da man den jungen Künstler ehren wollte und ihm den Platz von Veit gab, der ja durch seine Lünette indirekt im Zyklus vertre-

776 Noack 1907, S. 376. Es ist nicht auszumachen, ob der Spitzname original römisch ist oder der spitzen Zunge von Johann Christian Reinhart, einem deutschen Maler der alten Schule, entsprang.

777 Hiesinger 1978, S. 660. Zu den Benennungen siehe Andrews 1964 und die Kataloge *La peinture allemande à l'époque du Romantisme* (Ausst. Kat., Paris, Orangerie des Tuileries, 25. Oktober 1976 – 28. Februar 1977), Paris 1976, S. XXXVIII ff., und *Die Nazarener* (Ausst. Kat., Frankfurt am Main, Städtische Galerie im Städelschen Kunstinstitut, 28. April – 28. August 1977), hrsg. von K. Gallwitz, Frankfurt am Main 1977, S. 149ff. (A. Merk). Siehe auch Gallwitz 1981.

ten war. Doch welche Bedeutung besaß diese Gruppe für Rom und für diese Lünette?

In der zweiten Dekade des 19. Jahrhunderts hatte die Freskomalerei in Italien an Boden verloren und wurde nur noch selten ausgeübt.[778] Giuseppe Tambroni, der damals als Konsul des Königreichs Italien in Rom lebte, unterhielt zusammen mit seiner Frau Teresa während der napoleonischen Besetzung einen schöngeistigen Zirkel. Tambroni hatte die Aufstellung von Canovas „Herkules und Lichas“ und den Freskenzyklus im Palazzo Torlonia zum Anlaß genommen, Pelagio Palagi, der ihn 1813 beendet hatte, herauszustellen und gleichzeitig bei den reichen Gönnern wieder ein neues Interesse für die Freskomalerei zu wecken. Dieses Buch widmete er Canova.[779] Die Freskomalerei war für ihn nicht nur technisch und inhaltlich die edelste Art der Malerei, sondern auch ein geeignetes Mittel zur Wiederbelebung des künstlerischen Ruhmes Italiens. Im Vorwort seines Buches würdigt er ihre Bedeutung: „... spero ancora risvegliare con questo esempio l'animo dei ricchi tra gl'Italiani ed eccitare gli altri egregj moderni Artefici perché si faccia risorgere questo modo di dipingere, il quale à reso l'Italia, e in particolar modo Roma, l'oggetto della invidia e dell'ammirazione degli stranieri. Che se un modo di dipingere tanto sublime e durevole quanto lo è il fresco si venisse in Italia resuscitando, si vedrebbero rivivere que' bei tempi ne' quali la nostra gloria oscurò anche nella pittura quella delle altre nazioni, della qual cosa durano tuttora maravigliosi e invidiati monumenti.“[780] Außerdem bittet er Canova,[781] der als Direktor der Museen bestätigt worden war, sich für die Erneuerung der Freskomalerei einzusetzen: „Quindi vi prego, l'onore d'Italia, che non vi rimanghiate dall'eccitare colla vostra autorevole voce e col sapiente vostro consiglio coloro ai quali la fortuna è stata larga dispensiera di beni affinchè di questi usino ad animare moderni Dipintori, i quali esercitando essi pure il pennello in questo nobilissimo e gagliardo modo di operare, lascieranno di se onorate memorie.“[782]

Nach der Revolution und während der napoleonischen Kriege hatten sich auch die deutschen Höfe mit größeren Aufträgen zurückgehalten. Und da durch

---

778 Hiesinger 1978, S. 660f.

779 G. Tambroni, *Descrizione dei dipinti a Buon Fresco eseguiti in una Galleria del Palazzo del Sig. Ducca di Bracciano in Roma dal Signor Pelagio Palagi, Accademico di S. Luca*, Rom 1816.

780 Tambroni 1816, S. 7 und IV, zitiert nach Hiesinger 1978, S. 662.

781 Boyer 1969, S. 153. Canova wurde am 25. Februar 1811 durch ein französisches Dekret und am 19. März 1812 durch Beeidigung der „obbedienza alla Costituzione dell'Impero e di fedeltà all'Imperatore e re d'Italia“ als Direktor aller Museen bestätigt (schon in Kapitel V dargestellt).

782 Tambroni 1816, S. IV, zitiert nach Hiesinger 1978, S. 662. Tambroni 1982, S. 76.

die Säkularisation auch die Kirche als Auftraggeber ausfiel, gingen viele Künstler nach Rom, wo sie sich Aufträge erhofften.[783] Rom war erst in der neuen Epoche von Frieden und Restauration wieder zu einem Zentrum der Kunst geworden, in das schwärmerisch veranlagte und für alles Schöne empfängliche Kunstfreunde strömten.[784] Die deutschen Maler und besonders die Bartholdy-Gruppe leiteten gerade in dieser Hinsicht in Rom eine neue Ära ein.

Cornelius war mit dem Ziel nach Rom gekommen, die religiöse Kunst durch die Freskomalerei wieder zu beleben, und hatte sich im Jahr 1810 dem Kreis um Overbeck angenähert. Schon er propagierte die Wiedereinführung der Freskomalerei als wirksamstes Mittel zur Erneuerung der Kunst, da er glaubte, sie könne als monumentale Dekoration integrierend wirken. Er war überzeugt, durch ihre Gebundenheit an die Architektur sei sie Inbegriff einer dienenden Kunst und für eine Wirkung in der Öffentlichkeit prädestiniert.[785]

Cornelius betrachtete den Aufenthalt in Italien als notwendig, um die deutsche Malerei zu neuem Leben zu erwecken.[786] Wie die anderen Nazarener, so hatte auch er das Bedürfnis, sich an der „reinen" Quelle der frühen Italiener zu schulen, ohne es bei bloßer Nachahmung zu belassen. „Unser Vaterland steht an einem Punkt, wo es einer solchen Kunst nicht entbehren sollte ... Daß aber solche wieder gleich einem Phönix aus ihrer Asche entstehen kann, daran zweifle ich nicht im mindesten ...", schrieb er in einem Programm, das er 1814 in einem Brief an Joseph Görres, den Herausgeber des national-demokratisch orientierten *Rheinischen Merkur*, darlegte.[787] Mit den Bartholdy-Fresken sollte eine Regeneration der deutschen Kunst erfolgen und eine neue monumentale Malerei, die sich öffentlich von den Wänden und Fassaden der Klöster und Kirchen und Privathäusern der Stadt verkündet. Der Erfolg in der Casa Bartholdy schien seine Thesen zu bestätigen.

Canova hatte Mitte Dezember 1816 die Fresken der Casa Bartholdy gesehen und war so beeindruckt, daß er die Maler für das Museo Chiaramonti zu gewinnen suchte: „Ihre Frescobilder haben Canova so erstaunt, dass er sie im Vatican malen lassen will", schrieb Christian von Bunsen 1816.[788] Canova mag vielleicht in der Bartholdy-Gruppe die Protagonisten einer neuen Freskomalerei erkannt

783 Büttner 1995, S. 496.
784 Schmidlin 1933, S. 68; Brosch 1882, II, S. 319ff.
785 Förster 1874, I, S. 155.
786 Büttner 1995, S. 496.
787 Förster 1874, I, S. 152–157, bes. S. 153; Andrews 1964, S. 34–35.
788 Bunsen 1868, S. 109: Brief vom 14. Dezember 1816 (zitiert nach Hiesinger 1978, S. 659, Anm. 11).

und daher ihre Förderung beabsichtigt haben.[789] Deshalb stellte er das Geld zur Verfügung und berief eine Kommission ein, die die Planung dieses damals bedeutendsten Projektes im Vatikan übernahm.

Doch die Bartholdy-Gruppe lehnte Canovas Angebot ab und nahm stattdessen den Auftrag für die Ausmalung eines Raumes in der Villa Massimo an.[790] Canova versuchte nun andere Künstler, die den Nazarenern nahestanden, zu beauftragen, auch wenn sie nur geringe oder gar keine Erfahrung in der Freskomalerei besaßen. Gemeinsam mit einigen ebenfalls in der Freskotechnik unerfahrenen Anhängern der klassizistischen Richtung führten diese den Zyklus aus. Die vollendete Anwendung der Freskomalerei kann also nicht Canovas einziges Ziel gewesen sein.

Die Beischrift der „Ausstellung der Raffaelteppiche" ließe erwarten, daß die Gestalten der Lünette auf die zurückgekauften und neu ausgestellten Raffaelteppiche hindeuten. Aber ebensowenig wie in Veits Darstellung der „Restaurierung des Kolosseums" steht auch hier das eigentliche historische Ereignis im Vordergrund. Die Teppiche sind vom Bildrand abgeschnitten. Auf dem Fresko ist nur die Berufung Petri deutlich zu erkennen. Ohne Raffaels Teppich der „Schlüsselübergabe" nun vollständig vor Augen zu haben, weiß der Betrachter doch, daß die dargestellte Szene am Ufer des Sees Genezareth spielt, wo die Apostel versammelt sind und Petrus in demütiger Dankbarkeit auf die Knie gefallen ist, um die Schlüssel an die Brust zu pressen. Die Maler wenden sich auch nur dieser Szene zu. Genau diese Situation wiederholt sich in der Gruppe der Nazarener. Auch auf dem Fresko hat sich eine Gruppe versammelt und steht der Zeigegestus im Mittelpunkt des Bildes.

Overbeck, der, vom Betrachter aus gesehen, rechts von Fohr steht, zeigt auf dessen Skizze. Auf dieser erkennt man die Kopie des Kopfes Petri aus der „Schlüsselübergabe", der nach rechts blickt. Damit wird die Zeichnung und nicht der Teppich selbst als das eigentlich Bedeutsame gekennzeichnet und mit ihr der begnadete Zeichner Fohr. Overbeck zeigt auch auf den vor ihm sitzenden Cornelius, der zu ihm heraufschaut. Als Haupt der Nazarener und deren einflußreichste Stimme war Cornelius für den Aufbau der deutschen Kunst in Rom verantwortlich. Er kümmerte sich um die Kontakte und überzeugte den Generalkonsul Bartholdy, vier Nazarener mit Fresken in seinem Haus zu betrauen. Er verfaßte das Programm, legte die Richtlinien ihrer Malerei fest und war somit der Kopf der

789 Die Freskomalerei spielt auch in Canovas Oeuvre eine Rolle. Canovas Angebot wird bestätigt von Passavant (1820, S. 81) und Julius Schnorr von Carolsfeld in einem Brief vom 9. Januar 1818 (Schnorr von Carolsfeld 1886, S. 41; *Der Briefwechsel Friedrich und Dorothea Schlegels 1818–1820*, hrsg. von H. Finke, München 1923, S. 270).

790 Schnorr von Carolsfeld 1886, S. 41; Passavant 1820, S. 81.

Bewegung. Die Gruppe der Nazarener ist der religiösen „Apostelgemeinschaft" auf dem Teppich der „Schlüsselübergabe" nachempfunden. Es scheint, als seien sie auserwählt und ihnen die Verantwortung für die Tradition Raffaels anvertraut, aus der eine neue religiöse Kunst hervorwachsen würde.

Der „Fischzug" und die „Berufung Petri", die beiden bekanntesten unter Raffaels Teppichen, haben jedoch in diesem Zusammenhang eine besondere Bedeutung. Der „Fischzug" weist auf die Bibelstelle Lukas 5, 10 hin, in der Jesus zu Simon Petrus sagt: „Von jetzt an wirst du Menschen fangen". Die Nazarener erscheinen im Fresko als die berufenen Jünger, als seien sie ausgewählt, den Menschen die Augen zu öffnen. Damit erhöhten sie sich nicht nur selbst, sondern auch Raffael, den sie zum Vorbild nahmen und der sie zur Nachahmung anregte.[791] Es scheint, als hätten sie die Bedeutung der heidnischen Antike für sein Oeuvre schmälern und durch die christliche Religiosität ersetzen wollen.

In der Tat wurden die Nazarener, die in einer streng geregelten Gemeinschaft lebten, in Rom auch als die „Wiedererwecker der Religion" und damit auch der religiösen Kunst gefeiert. In ihren Fresken symbolisierten sie den Aufbruch zu einer neuen, geistlicheren Kunst, die nur aus der Religion, und manche setzten zuversichtlich hinzu, nur aus der römisch-katholischen Religion sich entwickeln könnte.[792] Die Rückbesinnung auf eine religiösere Kunst war in Rom spürbar und hatte den Unmut der Klassizisten ausgelöst. In seinem Aufsatz *Über die Begeisterung des Künstlers* kommt auch Fernow unvermittelt auf die Religion zu sprechen, offenbar ohne sich ganz bewußt zu sein, daß er damit von den Grundbegriffen seiner Lehren abwich: „Das Ideal der Schönheit, das in der Erscheinung der Ausdruk vollendeter Menschheit ist, konte nur durch religiöse Begeisterung der Einbildungskraft erzeugt werden."[793]

Die unterschiedliche Haltung der Klassizisten und Romantiker in Rom und Deutschland führte bald zu einer Auseinandersetzung, die in Deutschland vor allem durch den Kampf der jungen Romantiker gegen die Geschmackstyrannei der sogenannten „Weimarer Kunstfreunde" bekannt ist.

Während ihres zweiten Romaufenthaltes in den Jahren 1817–1819 kam Caroline von Humboldt mit den neuesten deutschen Strömungen in Berührung. An Friedrich Gottlieb Welcker, der seit 1807 Hauslehrer bei den Humboldts gewesen war, berichtete sie ausführlich über das seit 1811 grundlegend gewandelte Kunstleben der Stadt. Erstaunlicherweise deutete sie die Neuorientierung der Ma-

---

791 Andrews 1964, S. 14–15.

792 Schlegel 1819, S. 1–16; Schlegel 1984, S. 215; Andrews 1964, S. 77.

793 C. L. Fernow, *Römische Studien*, Zürich 1806, I, S. 275. Vgl. Andrews 1964, S. 77; *Traum und Wahrheit: Deutsche Romantik aus Museen der Deutschen Demokratischen Republik* (Ausst. Kat., Bern, Kunstmuseum, 24. Mai – 4. August 1985), hrsg. von J. Glaesemer, Bern 1985, S. 13.

lerei auf religiöse Themen, vor allem aber die den Nazarenern zu verdankende neue Blüte der deutschen Kunst, als überraschendes Ergebnis der Förderung, die ihr Mann während des ersten Jahrzehnts des Jahrhunderts der Kunst hatte angedeihen lassen. Von Klassizisten wie Thorvaldsen, Koch und Reinhart angeregt hätten nun die Nazarener einen grundlegenden Geschmackswandel eingeleitet. Caroline von Humboldt ist eine der wenigen, die, aus dem klassizistischen Lager kommend, das „neue Geschlecht" begrüßt. Zu Michele Ridolfi, Friedrich Wilhelm Schadow, Overbeck, Cornelius, Philipp Veit, Carl Philipp Fohr, Schnorr von Carolsfeld und den Brüdern Riepenhausen äußert sie nur: „Ich kann sie Ihnen nicht alle nennen. Es sind gegen 30 Preußen und über 100 deutsche Künstler hier ..., und in jeder Art sehr bedeutende Menschen."[794]

Ihr Mann sah das anders. Er konnte sich nie für diese Art der Malerei erwärmen. Er stand dem Kreis um Goethe nahe, der damals einen kritischen Gegenpol zu den deutschen Nazarenern bildete und für die klassizistischen Bestrebungen eintrat. Goethe hatte die *Propyläen* (1798–1800) gegründet, die seine Kunstanschauungen verbreiten und mahnen sollten, sich möglichst wenig vom klassischen Boden zu entfernen.[795] Goethe war erschrocken über die Tendenzen der neuen Bewegung, die die Prinzipien der klassischen Kunst, die er doch als die einzig wahre betrachtete und deren Fortbestand er gefährdet sah, unterminieren könnten. Doch muß man Goethes Haltung aus seiner spezifischen Situation heraus verstehen. In Deutschland waren Barock und Rokoko gerade überwunden. Er fürchtete, daß der schmale Grad von Klassizität, den man sich mühsam erkämpft hatte, schon wieder von einer Vorliebe für das Mittelalter und die Primitiven verdrängt werden könne. Auch Goethe hatte Ossian gelesen und war in seiner Jugend von gotischer Kunst begeistert gewesen. Doch zu Beginn des 19. Jahrhunderts empfand er diese Tendenz gerade für Deutschland als zerstörerisch. Hier war im Gegensatz zu Frankreich und besonders Italien die klassische Bewegung noch zu jung und zu anfällig. Goethe knüpfte dabei an Winckelmann an, der in seinem Brief vom 28. November 1756 an Johann Daniel Herz genau diesen Gedanken ausspricht: „Ich weiß, daß eine junge Pflanze den Gärtner mehr gebraucht als ein wohl eingewurzelter Baum: in Deutschland ist die Kunst noch jung, und

794 *Karoline von Humboldt und Friedrich Gottlieb Welcker: Briefwechsel 1807–1826*, hrsg. von E. Sauder-Rindtorff, Bonn 1936, S. 231 (Brief vom 8. Mai 1818); E. Osterkamp, „Wilhelm und Caroline von Humboldt und die deutschen Künstler in Rom", in: *Zeichnen in Rom, 1790–1830*, hrsg. von M. Stuffmann, W. Busch, Köln 2001, S. 247–274, bes. S. 268; über Wilhelm von Humboldts Kunstgeschmack ausführlich Belting 1999, S. 76ff.

795 Wilhelm Heinrich Wackenroders und Ludwig Tiecks Programmschrift *Herzensergießungen eines kunstliebenden Klosterbruders*, Berlin 1797 (Nachdruck Stuttgart 2005), hob hingegen die religiöse und christliche Bestimmung der Kunst hervor.

also braucht dieselbe die alle höchste Aufmerksamkeit, in welche ich dieselbe, Hochedle Herren, empfehle."[796] Die Antike, die Goethe als einziges Vorbild für Künstler ansah, die einzige Kunst, die den Menschen wirklich bildete, durfte nicht verdrängt werden.

Goethes Kritik galt besonders Friedrich Schlegel, dessen Schriften mit Begeisterung gelesen wurden, da sie den Widerstand gegen die einseitige Bewunderung der Antike und der antikisierenden Hochrenaissance aufgriffen. Mit polemisierenden Worten versuchte Goethe 1817, die neue Kunstströmung niederzumachen:[797] „Im Jahr 1803 trat Friedrich Schlegel, in der von ihm herausgegebenen Zeitschrift Europa genannt, zuerst als schriftlicher Lehrer des neuen alterthümelnden, catholisch-christelnden Kunstgeschmacks auf ... Diese Europa nun hat, seit sie erschienen bis jetzt, ein gewissermaßen gesetzgebendes Ansehen bey den Theilnehmern des von ihr begünstigten Kunstgeschmacks behauptet ...". Ebenso wie er Kleist, Schubert und sogar Beethoven als „störende" Neuerer und als „gefährliche" Ikonoklasten ablehnen konnte, so bestürzten ihn auch die Aktivitäten der Nazarener. Er fürchtete, sie könnten eine Tradition systematisch untergraben, als deren Hauptrepräsentanten er sich selbst sah.

Er nannte sie „klosterbrudrisirende, sternbaldisirende Unwesen", die schädlicher seien als der wildeste Naturalismus.[798] Die Hauptkritik, ein Angriff auf ganzer Front, war in einem Aufsatz von Heinrich Meyer, Goethes Schweizer Freund und Ratgeber in Kunstfragen, mit dem Titel *Neu-deutsche religios-patriotische Kunst* von 1817 zu lesen.[799]

Meyer erkannte in ihren Werken einen neuen Nationalismus, der aus dem Gegensatz zur französischen Tyrannei geboren war, und verwarf ihn als gefährlich. Diese Idee dann mit der frühen italienischen Kunst zu mischen, erschien ihm als verwerfliche Abweichung. Er bezeichnete sie als „bloße Handwerker". Goethe wiederum konnte die nazarenischen Prinzipien nicht mit seiner Vorstellung von einem universalen Pantheismus vereinbaren. Der Enthusiasmus dieser Künstler offenbarte ihm nur Frömmelei. Das starke Ineinander von ästhetischen und religiösen Elementen ließ die Beziehung der romantischen Auffassung von Kunst

---

796 Winckelmann/Disselkamp 1997, S. 62–63.

797 H. Meyer, „Neu-deutsche religios-patriotische Kunst", in: J. W. von Goethe, *Ueber Kunst und Alterthum*, I, 2, Stuttgart 1817, S. 32–34 (H. Meyer, *Kleine Schriften zur Kunst*, Heilbronn 1886, S. 108). Vgl. Andrews 1964, S. 41.

798 *Deutsche Rundschau*, 176 (1805), S. 225 Anm. 3; zitiert nach *Der Briefwechsel Friedrich und Dorothea Schlegels 1818–1820*, hrsg. von H. Finke, München 1923, S. XXIV.

799 In: J. W. von Goethe, *Ueber Kunst und Alterthum*, I, 2, Stuttgart 1817, S. 5–62, 133–162 (H. Meyer, *Kleine Schriften zur Kunst*, Heilbronn 1886, S. 97–131). Vgl. Andrews 1964, S. 41.

und Religion nicht rational erfaßbar erscheinen. Goethe nannte es 1817 „Mengerey von bildender Kunst, Poesie und Religion".[800] Doch obwohl er die Nazarener kritisierte, wurde ihm eine gewisse „Janusköpfigkeit" gegenüber der Kunst seiner Zeit vorgeworfen, fand er doch für einzelne Künstler wie Cornelius und Overbeck wohlwollende Worte.[801] Er besaß sogar ein Bild Overbecks, die „Heilige Elisabeth" von 1814.[802]

Während die Mitglieder des Weimarer Kreises die neue Kunstrichtung kritisierten, versuchten die Nazarener, ihren Weg zu rechtfertigen. Als anläßlich des Besuches des österreichischen Kaisers im Jahre 1819 in Rom eine Ausstellung der Nazarener und anderer Künstler wie Thorvaldsens und seiner Schüler veranstaltet wurde, publizierte Friedrich Schlegel einen Überblick über die neue Strömung.[803] Er sah in dieser Kunst die Erfüllung seiner eigenen Theorien und war erzürnt über den „rückwärtsgewandten" Geist Goethes. Nannte er auch keine Namen, so wandte er sich doch zweifellos gegen den Autor der Weimarer Schrift. Er kritisierte den französischen Klassizismus, den Meyer als ein Beispiel von „guter Kunst" ansah, und setzte ihm die Bemühungen der neuen deutschen Schule in Rom entgegen. Dieser neue Geschmack basierte auf dem „gusto dei primitivi". Die Anlehnung an die Frührenaissance führte zu einem neuen Kunstschaffen, das durch Schlegels Theorien in der Vierteljahresschrift *Europa* begründet wurde. Schlegel erklärte, die Nachahmung der Antike sei unproduktiv. Die „ältere Kunst" sei plastischer, weil sie einen begrenzten Gegenstand im vollen Glanz seiner Gegenwart darstelle, die neuere Kunst – wie die Literatur – hingegen symbolischer und malerischer, da die Malerei den Ausblick ins Unendliche zwischen der Vergangenheit und einer Vorahnung der Zukunft eröffnen könne.[804]

---

800 *Ueber Kunst und Alterthum* (Anm. 797), I, 2, S. 31 (H. Meyer, *Kleine Schriften zur Kunst*, Heilbronn 1886, S. 107); Plagemann 1967, S. 25.

801 Goethe an Sulpiz Boisserée am 14. Februar 1814: „Von Cornelius und Overbeck haben mir Schlossers stupende Dinge geschickt. Der Fall tritt in der Kunstgeschichte zum erstenmal ein, daß bedeutende Talente Lust haben, sich rückwärts zu bilden, in den Schooß der Mutter zurückzukehren und so eine neue Kunstepoche zu gründen." (Boisserée 1970, II, S. 34). – Vgl. auch *Ueber Kunst und Alterthum* (Anm. 797), I, 2, S. 42 (H. Meyer, *Kleine Schriften zur Kunst*, Heilbronn 1886, S. 112).

802 Benz 1940, S. 39.

803 Schlegel 1819. In der Ausstellung befinden sich einige Porträts, auch Bilder der Fresken im Casino Massimo. – Schlegel war 1815 zum Legationsrat der Gesandtschaft am Deutschen Bundestag ernannt worden; Metternich schätzte ihn als „Geschäftsmann von litterarischem Ruf und litterarischen Verbindungen zur Bearbeitung der öffentlichen Meinung in Deutschland" (*Der Briefwechsel Friedrich und Dorothea Schlegels 1818–1820*, hrsg. von H. Finke, München 1923, S. X).

804 Siehe dazu Roettgen 1996, S. 109; Andrews 1964, S. 16ff.

Die Abkehr vom Klassizismus hatte auch Konsequenzen für die Ausbildung an den Kunstschulen. Schlegels höchste Prinzipien waren nicht „Reiz und Schönheit", sondern die „göttliche Bedeutung".[805] Er sah die eigentliche Aufgabe der Malerei darin, „die Religion zu verherrlichen, und die Geheimnisse derselben ... zu offenbaren".[806] Auch die Nazarener standen im engen Kontakt zu Schlegel. Fritz Flemming, der engste Freund von Peter Cornelius, kam im Mai 1806 nach Köln, um bei Schlegel „seine Studien fortzusetzen" und Cornelius dann Schlegels Gedankengut zu vermitteln.[807] Die Lukasbrüder – zunächst umfaßte der kleine Kreis Overbeck, Franz Pforr, Joseph Wintergerst, Ludwig Vogel, Johann Konrad Hottinger und Joseph Sutter – verdankten ihr „Ethos" besonders Wackenroder und in gewissem Maße auch Schlegel.[808] Schlegel setzte sich dann auch wiederholt persönlich für die Nazarener ein. Er schrieb einen Bericht über die Ausstellung deutscher Künstler im Palazzo Cafarelli 1819, verfaßte Schriften zur Malerei und erörterte in seinen Briefen auch Canovas Einsatz für die Nazarener.[809]

In der ersten Dekade des 19. Jahrhunderts rangen also zwei Lager miteinander, von denen jedes behauptete, der wahren Tradition zu folgen und sie fortzuführen. Beide waren von einem hohen Sendungsbewußtsein getragen, jedoch so verhärtet, daß die einen den Rückgriff auf die Antike und die anderen die Rückbesinnung auf die älteren Italiener ganz ablehnten.

Trotz des großen Erfolges der Nazarener in der Casa Bartholdy war es alles andere als selbstverständlich, daß diese in einer Lünette des Museo Chiaramonti dargestellt wurden. In Rom bahnten sich nämlich heftige Auseinandersetzungen über das Verhältnis von christlichem Geist und klassischer Schönheit an, die nach der ersten großen Ausstellung der Nazarener im April 1819 im Palazzo Cafarelli eskalierten. Nach der Eröffnung war von deutscher Seite ein vernichtender anonymer Aufsatz erschienen, der die Nazarener als „Nachäffer", „Schwärmer" der alten Meister und deren Kunst, als gewollt „naiv" und „respektiv" verurteilte.

Für viele bedeutete das rühmende Gruppenporträt offensichtlich eine Provokation, zeigten sich die Künstler im Vatikan doch als „Auserwählte", als Verkünder einer neuen Kunst. Es bestand die Gefahr, daß die Fresken des Museo Chiaramonti wieder abgeschlagen werden würden, wie ein Brief Dorothea Schlegels vom 21. August 1819 an ihren Mann bezeugt: „Wenn Du über die deutschen Künstler hier schreibst, so wäre es gut, wenn Du Gelegenheit fändest, ein paar

805 Schlegel 1959, S. XXIII; Schlegel 1984, S. 216.
806 Schlegel 1959, S. XXIII; Schlegel 1984, S. 216.
807 Kuhn 1921, S. 44.
808 Die persönliche Bekanntschaft mit Schlegel wurde erst durch dessen Stiefsohn Johannes Veit vermittelt. Es war jedoch der Kreis der Lukasbrüder oder Nazarener, der Schlegels Programm am genauesten zu verwirklichen suchte.
809 Schlegel 1819; Schlegel 1959.

Worte über P(hilipps) Fresco im Vatikan etwas zu sagen, und ganz insbesondere mit Rücksicht auf Canova ...; nämlich er war es, der dem Philipp sowohl als dem Eggers die Aufträge für die Fresco's zukommen ließ. ... Steht dann die Geschichte einmal gedruckt, so kann es ihnen nicht helfen, wenn sie auch die Frescos im Vatikan wieder herunterschlagen, womit sie immer wieder von Neuem drohen, dann ist das Factum doch durch die Geschichte in Sicherheit ...".[810] So veranschaulicht gerade diese Lünette das Ringen um die Kunst und ein neues Künstlertum, wie es Canova so selbstbewußt vertrat: „... die Thowaldischen haben, wie Du selbst gehört hast, sich ungezogen gegen ihn (Canova) betragen, und die jungen Leute haben auf Kafehhäusern und dgl. Örtern öffentlich geschimpft, was sehr unklug ist, und auch Unrecht in Hinsicht auf Canovas Verdienst und persönlichen guten Charakter ...", schreibt Dorothea Schlegel weiter am 21. August 1819 an ihren Mann. Obwohl die Lünette gerade nicht als Parteinahme des Papstes gelten konnte, zeigte sie im Vatikan eine gewisse Wende an. Offen bleibt, wieso Canova im Vatikan ein solches Bild zuließ und gerade Künstler unterstützte, die die klassische Kunst ablehnten und sich als Propheten einer neuen darstellten.

aa. Sein Verhältnis zu den Nazarenern

Da Canova die Kunstgeschichte als zyklischen Ablauf verstand, versuchte er, beide Richtungen miteinander zu verbinden. In der Lünette wollte er also gewiß nicht Stellung zur theoretischen Auseinandersetzung von Klassizisten und Nazarenern beziehen, obwohl er, wie Boisserée berichtet, den Realismus der Altdeutschen und Niederländer bewunderte und dadurch auch das nordische Element in der Kunst der Nazarener besser verstehen gelernt hatte, ja sogar in seine eigene Kunst integrierte.

Canova mag in der Entwicklung der Nazarener gewisse Parallelen zu seinem eigenen Werdegang gesehen haben. Auch er war als Wahlrömer nach Rom gekommen, hatte sich zu Anfang gegen alle akademischen Regeln aufgelehnt und versucht, eine neue Kunst hervorzubringen. So könnte er in den Nazarenern sogar Gleichgesinnte gesehen haben. Die Lukasbrüder hatten in einer Urkunde von 1809 „die Abkehr vom Akademismus" schwören müssen. Canova hatte selbst zu Anfang gegen den Akademismus gekämpft und sich gegen die Normen und das Kopieren von Antiken gewehrt, auch wenn er sich später dem Geschmack anpassen mußte.

---

810 *Der Briefwechsel Friedrich und Dorothea Schlegels 1818–1820*, hrsg. von H. Finke, München 1923, S. 269; vgl. Hiesinger 1978, S. 662, Anm. 27.

Man kann davon ausgehen, daß die Nazarener in ihm die Hoffnung auf Wiedererweckung der Kunst Raffaels und der geistlichen Kunst sahen. Sicherlich war es auch die jugendliche Begeisterung für die Stadt Rom und ihre Kunst, die diese deutschen Künstler zur Religion zurücktrug, ihre Werke erfüllte und damit Canova beeindruckte. Vielleicht war es auch das hohe Ethos ihrer Kunst, das ihn so berührte, da sie sich auserwählt fühlten, die große Tradition weiterzuführen, obwohl nicht deutlich ist, ob Canova sie ähnlich verstand.

bb. Seine religiöse Einstellung

Es ist nicht leicht, Genaueres über Canovas persönliche Einstellung zum Glauben, zur Kirche und zum Papst in Erfahrung zu bringen.[811] Missirini, der selbst Geistlicher war und dem gleichen Orden wie Canovas Halbbruder Giovanni Battista Sartori-Canova angehörte,[812] berichtet, Canova sei gläubig gewesen und habe nach den Vorschriften des Evangeliums gelebt. Canovas Briefe von seiner Reise nach Rom aus dem Jahr 1779 überliefern, daß er damals regelmäßig die Messe besuchte und bei seiner Ankunft in Bologna bedauert habe, zu spät zur „elevazione" der Hostie gekommen zu sein.[813]

Doch nicht nur Canovas Verbindung mit protestantischen Auftraggebern,[814] sondern auch die kleine Anzahl seiner religiösen Werke erweckte bei manchen den Eindruck, er sei zu Beginn eher „agnostisch" eingestellt gewesen. Dazu hatte auch jeglicher Verzicht auf konfessionelle Akzentuierung seiner Werke beigetragen. Doch mag er sich auch dem Stil der Zeit angepaßt haben.

Hatte er in einigen Frühwerken wie der „Madonna" und Grabmälern, wie jenem für Clemens XIV. Ganganelli in Santi Apostoli, antike und religiöse Elemente vereinigt, so nahm die Religion seit 1814 doch unvermittelt eine zentrale Rolle in seinem Oeuvre ein.[815] Auch sein Verhältnis zur Kirche wurde ernster. Als er 1815 von London nach Hause zurückkehrte, feierte er Weihnachten in Verona. Dort wollte er sich mit Saverio della Rosa, dem Direktor der Akademie, treffen und ließ vorher anfragen, ob dies nicht in der Kirche Sant' Anastasia geschehen könne, wo er der Messe beiwohnen wollte.[816] Dies war nicht nur religiö-

---

811 Johns 1998, S. 26ff. setzt sich mit dem Thema auseinander.

812 Er war Titularbischof von Mindo. – Zu Canovas Religiosität äußern sich neben Missirini (1825, S. 468–469) in ähnlicher Weise D'Este 1864, S. 290 und Falier 1823, S. 27.

813 Canova, Viaggio, S. 13.

814 Die zur Zeit von Van Dyck oder Rubens noch kein Aufsehen erregt hatten.

815 A. Agnoletto, *Canova e l'arte sacra*, Rom 1922, S. 7–8; von einem glühenden Katholizismus spricht L. Coletti, *Mostra Canoviana*, Treviso 1957, S. 92–93.

816 P. Caliari, *Il Canova a Verona*, Verona und Padua 1896, S. 15.

ser Gehorsam, sondern auch charakteristisch für sein Verhalten und seine Projekte in den späteren Jahren.

Als Papst Pius VII. aus dem Exil nach Rom zurückkehrte, begann Canova sofort mit den Entwürfen für eine kolossale Statue der „Religion" (Abb. 85). Sie war für St. Peter bestimmt und ähnelte der entsprechenden Figur am Grabmal Clemens' XIII. Sie sollte eine Höhe von neun Metern erreichen, wurde dann aber nicht ausgeführt. Für Canova besaß sie eine solche Bedeutung, daß er einige Zeichnungen an Cicognara schickte und einen Brief beilegte, in dem er seine Absicht zum Ausdruck brachte, in der Statue die Religion und den zurückgekehrten Papst zu ehren, und um Stellungnahme bat.[817] Im Oktober 1814 beschrieb er Cicognara das Modell und hoffte, da ein einzelner Block zu teuer gewesen wäre, sie in zwei Teilen ausführen zu können, um den Transport und die Aufstellung zu erleichtern.[818]

Cicognara war von der Idee begeistert. Auf einem Familienbild, das Francesco Hayez zwei Jahre später für ihn malte, sieht man Cicognara und seine Frau Lucia gemeinsam einen Stich betrachten. Dieser zeigt Canovas „Religion", auf die eine große Büste des Bildhauers schaut, ein Geschenk Canovas an seinen Freund.[819] Canova hatte auch Bossi neben Zeichnungen der „Drei Grazien" solche der „Religion" zugesandt.[820] Dieser war zwar von den Zeichnungen der „Grazien" begeistert, stand der „Religion" jedoch eher kritisch gegenüber.[821] Er vermißte die symbolische Kraft und fragte Canova, welche Form der Religion er eigentlich habe ausdrücken wollen: eine moderne, eine römische oder eine päpstliche. Am Ende lehnte Bossi die Statue als Monument für Pius VII. ab und schrieb: „se tu vuoi fare un monumento a Pio VII, fallo altrove ...".[822] Canova reagierte, indem er dem Papst nach seiner Rückkehr drei kleine Modelle zusandte, die sich nur in der Ikonographie des Schildes unterschieden. Der Papst wählte

817 Johns 1998, S. 30ff.

818 Canovas Brief vom 22. Oktober 1814 aus Rom an Cicognara in Ferrara, in: G. Bottari / St. Ticozzi, *Raccolta di lettere sulla pittura, scultura ed architettura, scritte da' più celebri personaggi dei secoli XV, XVI e XVII*, VIII, Mailand 1825, S. 201–203.

819 Bassi 1978, S. 256–257.

820 Johns 1998, S. 30ff.

821 Federici 1839, S. 27.

822 Valmarana 1854, S. 8–9; Johns 1998, S. 205 bespricht das Datum des Briefes, der am 1. Oktober 1813 datiert ist, als die Franzosen noch Rom beherrschten, aber anderswo schon ihre Macht verloren. Sicherlich wollte Canova die Religion ehren, hatte aber auch seine Antipathie gegen die Franzosen zum Ausdruck gebracht. Sollte der Brief mit verschriebenem Datum ein Jahr später abgeschickt worden sein, wäre er in die Zeit wie Canovas Schreiben an Cicognara (s. Anm. 818) gefallen.

jene mit Peter und Paul.[823] Canova identifizierte sich ganz mit seiner „Religion“, verstand sie als Huldigung der Kunst an den Glauben, als eine christliche Athena Parthenos, und scheute weder Mühen noch Kosten, um die Ausführung voranzutreiben. Den architektonischen Teil des Projektes hatte er schon Valadier übergeben. Die Figur wurde dann jedoch vom Kapitel für Sankt Peter abgelehnt, woraufhin Canova sie enttäuscht in kleinerem Format ausführte und der Gräfin Emma Sophia Brownlow für die protestantische Kirche in Belton verkaufte (Abb. 86).[824] Dies zeigt deutlich, wie wenig konfessionell die Statue gebunden war. Doch welchen Aufwand hatte Canova betrieben, um dieses Projekt zu realisieren, und wie enttäuscht muß er gewesen sein, als er die Figur an eine protestantische Kirche weitergab!

An die „Religion“ schließt sich sein größtes Projekt überhaupt an, der Tempel in Possagno (Abb. 87). Anstatt der Aufforderung nachzukommen, bei der Restaurierung der alten Kirche zu helfen, errichtete er auf eigene Kosten einen Neubau in Form eines Tempels. Missirini schreibt, dieser Tempel müsse als ein Zugeständnis an die Religion betrachtet werden, die doch in jener Zeit eine eher geringe Rolle spielte. Das *Journal des Débats* lobte Canovas enorme Ausgaben für den Ruhm der Religion und seinen Einsatz für die Kunst, den Glauben und sein Heimatland.[825] Dieser Bau, der eine Mischung aus Parthenon und Pantheon darstellt, symbolisierte die Vereinigung der griechischen und der römischen Welt mit der Religion. Diese monumentale Kirche sollte dann sein Mausoleum werden.[826] Sein Grab steht in offensichtlicher Beziehung zu Raffaels Grabstätte im Pantheon,[827] war also eine Verbindung von Museum, Denkmal und Kirche, wie Canova sie auch im Pantheon geplant hatte. Doch wurden die von Canova noch zu seinen Lebzeiten aufgestellten Büsten auf Veranlassung des Papstes 1820 wieder aus dem Pantheon entfernt und zum Kapitol gebracht.[828] Nach Ansicht des Papstes sollte das Pantheon wieder eine Kirche und gerade kein Museum sein.

Doch was bedeuteten alle diese Projekte im Hinblick auf Canovas Verhältnis zur Religion? Die kulturelle Situation Roms während der Restauration und der Widerstand, den Pius VII. gegen Napoleon geleistet hatte, machten den päpstlichen Katholizismus auch in protestantischen Ländern wie Preußen und Großbri-

---

823 Diese Modelle sind bei Bassi 1957, S. 218–220 diskutiert.
824 Ein Modell des Originals in der römischen Kirche SS. Luca e Martina (Vici 1966).
825 Missirini 1825, S. 431–432. Die Berechnungen hatte das *Journal* aus dem *Diario di Roma* vom 8. August 1821.
826 Roettgen 1995, S. 84.
827 Springer 1982, S. 6–7.
828 Springer 1982, S. 7.

tannien populär.[829] Außerdem profitierte die Kirche von der Rückkehr der Bourbonen, und all dies kam gewiß Canovas Vorstellungen entgegen.[830] So kämpfte er für die Rückkehr Pius' VII. und versuchte, Napoleon die Bedeutung des päpstlichen Katholizismus für die Künste, und zwar sowohl für Aufträge wie für die künstlerische Inspiration, deutlich zu machen.[831] Auch wenn das Wechselverhältnis von Kunst und Religion zu dieser Zeit diskutiert wurde und Napoleon und Marie Luise bestätigten, sie hätten in protestantischen Kirchen keine schöne Kunst gefunden, ging es Canova nicht nur um den Katholizismus als solchen, sondern vor allem um den Papst als Oberhaupt und Mäzen. Der Papst war für ihn eine unantastbare Größe, der er bedingungslos diente. Hatte er auch für Napoleon und Auftraggeber aller Art gearbeitet, so galt sein größter Einsatz doch dem Papst und der Aufgabe, die Stadt zu verschönern. Canova sah sich als Künstler wie als Museumsdirektor in der Nachfolge Raffaels und fühlte sich wie dieser verantwortlich für das Weiterleben der Tradition. Es ging ihm auch um die Erneuerung der religiösen Kunst, die ihm mit seiner „Religion" nicht gelungen war.

Es wäre deshalb verfehlt, von einer „Katholisierung" Canovas zu sprechen, auf die gerade sein Halbbruder Sartori gedrängt hatte.[832] Dieser stilisierte ihn auf der Todesfeier zu einem religiösen Künstler.[833] Das viereinhalb Meter große Gipsmodell der „Religion", das Canovas Bruder der Accademia di San Luca vermacht hatte, stand auf einem von Giuseppe Valadier entworfenen Katafalk, daneben Modelle einiger Grabstelen, und, auf Veranlassung Valadiers, das Gipsmodell für das Christinen-Monument. Dieses Programm war ein charakteristisches Bekenntnis zur katholischen Welt. Canova war es jedoch weniger um die religiöse Erneuerung als um die Erweckung der Kunst durch die Religion gegangen.

4. Bedeutung des Zyklus

Berücksichtigt man diese Hintergründe, so wird auch die Bedeutung der Nazarener für den Chiaramonti-Zyklus verständlich. Sie waren diejenigen, die die „pittura sacra" zu neuem Leben erwecken wollten, die die Religion rühmten, ja zu ihrem Lebensinhalt machten. Damit erscheint auch Canova in einem neuen Licht,

829 Olson 1986, S. 77–93.
830 Missirini 1825, S. 468–469.
831 Canovas Fürsprache wurde vom Biographen Pius' VII. vermerkt (G. Giucci, *Storia della vita e del pontificato di Pio VII*, II, Rom 1857, S. 19–22).
832 Nach Canovas Tod wurden die beiden Todesgenien mit „Höschen" versehen ... (Roettgen 1996, S. 84, Anm. 82).
833 Roettgen 1996, S. 99.

nicht mehr nur als Bewunderer der Antike, sondern auch als Befürworter der Religion und damit der Stärkung des Papsttums. In den Fresken wird der Religion ein besonderer Platz eingeräumt und damit der Sieg des Christentums in Rom betont. Canova hatte bereits in der Madeleine in Paris eine „Christianisierung" der Kunst versucht. Dort ging es darum, den napoleonischen Siegestempel nach 1815 wieder in eine Kirche zu verwandeln, und zwar als „Sühne" für den Königsmord. Canova wurde gebeten, das französische Volk in der Form der reuigen Hure darzustellen, die sich nach dem Fall Napoleons und damit auch Ludwigs XVI. Christus wie in einem „dernier jugement" voller Zerknirschung zu Füßen wirft. Die Skulptur, die dann im Fries der Madeleine entstand, stammte aus der Zeit unmittelbar nach dem Konkordat, als in den Pariser Salons zum ersten Mal wieder „christliche" Sujets auftauchten und eine heftige Auseinandersetzung über das Verhältnis von christlichem Geist und klassischer Schönheit auslösten.[834] Der Chiaramonti-Zyklus zeigt Canovas Stellung in diesem Streit und macht seine persönliche Richtung in der römischen Malerei deutlich. Es ist allerdings zu fragen, ob diese neue Malerei erfolgreich war.

Wir sahen, daß Canovas Projekt zur Ausmalung des Museo Chiaramonti bereits zum Zeitpunkt der Vergabe des Auftrags problematisch war: Lünetten sollten von Nazarenern mit Allegorien geschmückt werden. Durch ein solches Angebot an die Bartholdy-Gruppe legitimierte Canova diese Bewegung. Sie zogen jedoch ein Angebot des Marchese Carlo Massimo vor. Am 20. Februar 1817 schreibt Cornelius: „Es sind mir nämlich von zwei Seiten in Rom Aufträge in Fresko-Arbeiten gemacht. Zuerst hat mir Canova eine solche im Vatikan angeboten, nachher ersuchte mich der Marchese Massimi in seiner Villa ... Ich brauche Ihnen wohl kaum zu sagen, mit welcher Begeisterung ich letzteres ergriffen, um mit dieser Gelegenheit von Rom aus zu zeigen, wie ich in meinem Vaterlande könne gebraucht werden."[835]

Cornelius zufolge verlangte die Freskomalerei eine besondere Einstellung und Eignung und einen monumentalen Stil.[836] Die Künstler waren auf große Wandflächen angewiesen, auf Räume, in denen sich menschliches Leben entfalten, wo Architektur und Malerei miteinander verschmelzen konnten.[837] In den großen

---

834 Mit dieser Problematik befaßt sich E. Naginski, *Sculpture and Revolution: the art of commemoration at the end of the Enlightenment*, Dissertation, University of California, Berkeley 1997. Ausgangspunkt sind die klassizistischen Projekte für den Fries von Ste. Geneviève, der nach dem Vorbild des Petersdoms konzipierten Grablege der Könige, die das gotische St. Denis ablösen sollte und 1791 zum Pantheon wurde.

835 Gerstenberg/Rave 1934, S. 22.

836 Andrews 1964, S. 34, 36–37.

837 Gerstenberg/Rave 1934, S. 28ff.

Räumen der Villa Massimo waren all diese Voraussetzungen gegeben. Die hochliegenden Lünetten des Museo Chiaramonti waren für diese Aufgabe weniger geeignet. Zwar schließen sich die Fresken mit den Skulpturen zu einer Einheit zusammen und verleihen die kräftigen Farben der kühlen Galerie einen besonderen Reiz, doch verlieren sich die Bilder in dem riesigen Raum, nicht zuletzt, weil sie zu weit vom Betrachter entfernt sind.

Außer Philipp Veit waren noch drei weitere Nazarener am Zyklus beteiligt: Carl Eggers, Giovanni Colombo und Michele Ridolfi. Doch nur bei genauer Betrachtung ist der nazarenische Gehalt der Fresken zu erkennen, am klarsten noch in der Lünette von Philipp Veit, der als einziger der Bartholdy-Gruppe kein Angebot des Marchese Massimo erhalten und deshalb Canova zugesagt hatte.[838] Ihm wurden stilistisch wie auch inhaltlich alle Freiheiten gelassen. Bewußt kehrte er zu generalisierenden Formen zurück, vermied subtile Effekte von Perspektive und Atmosphäre und unterstrich die Rolle der Linie und weiter Farbflächen auf einer relativ flachen Raumbühne. Dieser abgeflachte Nazarenerstil wirkt letztlich nicht überzeugend. Veit hatte sich den benachbarten, von Mengs inspirierten Lünetten anzupassen versucht. Mengs' 1760/1761 entstandener „Parnaß" in der Villa Albani hatte zum ersten Mal die Prinzipien des akademischen Klassizismus programmatisch verdeutlicht, und wie bei Mengs konzentrierten sich die Lünetten des Museo Chiaramonti auf Allegorien. In der malerischen Ausgestaltung des Museo Chiaramonti orientierte man sich am Stil des Museo Pio-Clementino, für dessen Programm Mengs die Verantwortung getragen hatte. Blieb auch der Zyklus stilistisch letztlich dem Denken des Klassizismus verhaftet, so hob er sich mit seinen subtilen Andeutungen doch von den Darstellungen der üblichen Papstzyklen ab. All das charakterisiert die Tendenzen der römischen Malerei in der Zeit der Restauration.

So überzeugend die Lünetten auch die Ziele der römischen Kulturpolitik enthüllen, so enttäuschend war die künstlerische Umsetzung. Ihr fehlte der reale Hintergrund. Rom als neues Kunstzentrum, der Vatikan als Weltmuseum und die herausragende Bedeutung der großen Meister – all dies war mehr Wunsch als Realität.

Gemessen an der Entwicklung der folgenden Jahrzehnte darf das Pontifikat Pius' VII. dennoch als ein letzter Höhepunkt gelten. Damals wurde die Konzeption der vatikanischen Museen festgelegt, die an die große Tradition anknüpfte.

---

838 Doch auch er äußerte einige Bedenken zum Vatikanprojekt, vgl. *Dorothea von Schlegel und deren Söhne Johannes und Philipp Veit*, hrsg. von D. J. M. Raich, Mainz 1881, II, S. 429 Nr. 339; S. 437ff. steht die Antwort auf Philipps Brief an Dorothea von Schlegel vom Sommer 1817, worin er ankündigt, mit seiner Arbeit bald zu beginnen (Hiesinger 1978, S. 659).

Der Zyklus repräsentierte weniger die Realität als die Hoffnungen dieses Pontifikates und spielte daher eine primär kompensatorische Rolle.[839]

Wenn das Projekt nicht den gewünschten Erfolg hatte, so muß doch Canovas Bemühen anerkannt werden, nach der Absage der Bartholdy-Gruppe bedürftige Künstler unterstützt oder jungen, noch unbekannten Malern die Möglichkeit zur Erlernung der Freskotechnik gewährt zu haben.[840] Es war eines der wenigen Projekte, das den jungen Künstlern eine finanzielle Stütze bot, zumal es während der Jahre der Restauration kaum Aufträge gab. Bekanntlich hatte Canova schon vorher einen Teil seines Einkommens und seiner Jahresrente regelmäßig dafür eingesetzt, die Akademien zu unterstützen und den Künstlern zu helfen.[841] So im Falle von Michele Ridolfi. Als italienischer Sympathisant der Nazarener war der Künstler 1813 von Lucca nach Rom gekommen, wo er zunächst mit Camuccini zusammenarbeitete. Später eröffnete er eine eigene Werkstatt. In seinen Memoiren berichtet er von dem Auftrag für den Freskenzyklus: „(Canova) mi ha inoltre detto che facendo un poco di pratica nel dipingere in muro vuol darmi una commissione per il Museo Pio Clementino, ove lavorano i primi giovani che siano in Roma".[842] In diesen Zeilen kommt zum Ausdruck, wie dankbar er war, die Freskentechnik erlernen zu dürfen. Canova habe ihn sehr unterstützt: „Vedendo quanto questa commissione, venutami per parte di si gran'uomo senza averla io ricercata, fosse per riescire onorevole a me, alla patria di cui son figlio ed a miei mecenati, l'accettai di buon cuore; e in breve sotto la direzione del nostro signor Del Frate andró facendo pratica di dipingere a fresco ...".[843]

Aber auch Francesco Hayez, der 1809 als junger Stipendiat der venezianischen Akademie nach Rom gekommen war, schreibt in seinen Lebenserinnerungen, Canova habe ihm mit dem Auftrag aus einer finanziellen Not geholfen. Da er aus Neapel noch nicht die Bezahlung für seinen „Odysseus am Hof von Alkinoos" erhalten hatte, wußte er nicht, wie er seine bevorstehende Hochzeit finanzieren sollte. Davon unterrichtet, erteilte ihm Canova den Auftrag für die Ausmalung von fünf Lünetten, von denen allerdings nur drei zur Ausführung kamen. Auch Hayez hatte keinerlei Erfahrungen mit der Freskomalerei: „... dipinsi per la prima volta a fresco e questi miei lavori esistono nel Museo Vaticano ...".[844]

---

839 Für diesen Hinweis danke ich H. Belting.

840 Hiesinger 1978, S. 662ff.

841 D'Este 1864, S. 253ff.

842 M. Ridolfi, *Scritti d'arte e d'antichità*, hrsg. von E. Ridolfi, Florenz 1879, S. XVII; zitiert nach Hiesinger 1978, S. 660, Anm. 20.

843 Hiesinger 1978, S. 660, Anm. 20.

844 F. Hayez, *Le mie memorie*, Mailand 1890, S. 127; zitiert nach Hiesinger 1978, S. 656, Anm. 7. – Den Haupterfolg des Projekts im Museo Chiaramonti sieht Hiesinger

Noch Jahrzehnte nach der Fertigstellung der Fresken wurde Canovas Initiative gerühmt und von einigen sogar anerkennend bemerkt, daß nur durch seinen Einsatz der Freskomalerei neues Leben eingehaucht worden sei. So schreibt etwa Antonio Mazzarosa am 1. Juni 1839 an Michele Ridolfi: „Della pittura poi vi dirò che il Turlonia ha il vanto d'incoraggiare quella a fresco. Questa maniera di decorare le case e le chiese, nobilissima e propria della madre delle arti, la nostra Italia, risorta in Roma per le cure del Canova con l'opera di qualche tedesco e italiano, fa adesso notevoli progressi alle mani del Goghetti e del Podesti ...".[845] Der Zyklus trug also maßgeblich zur Wiederbelebung der Freskomalerei und zur dekorativen Ausgestaltung ganzer Räume bei. Gerade in Deutschland erfreuten sich die Nazarener großer Anerkennung; Cornelius entwarf das Konzept für die malerische Ausgestaltung der Münchner Glyptothek. Damit war ein wichtiges Ziel Canovas erreicht, obwohl der Zyklus im Museo Chiaramonti niemals große Anerkennung fand.

1978, S. 665 in der stimulierenden Wirkung auf die jungen Talente in einer wirtschaftlich schwierigen Zeit.

845 Mazzarosa 1841, S. 94.

XIV. Schlußbetrachtung

Die Sammlungen spiegeln also die Geschichte der Stadt und deren Tradition, und Canovas Verantwortungsbewußtsein für diese Tradition hinderte ihn auch daran, die Ausstellungsprinzipien des Musée Napoléon wirklich zu berücksichtigen und Denons beginnender Kunstgeschichtsforschung zu folgen.

Im Louvre war die Kunst von ihren ursprünglichen Funktionen getrennt, ihrem Herkunftsort und ihrer historischen Einbettung entrissen worden. Mythen wie der des „Apoll von Belvedere“ wurden durch die historische Betrachtungsweise zerstört.[846] Der moderne Geschmack und insbesondere die Tendenzen des Realismus und des Naturalismus standen den Idealen entgegen, an denen Canova festhielt. In Rom spielte die Tradition eine größere Rolle als der Fortschritt, der die geheimnisvolle Aura der Stadt und des Vatikans untergraben hätte. Canova setzte auf die Kontinuität der römischen Tradition und wollte den Künstlern weiter die Möglichkeit bieten, sich an den großen klassischen Meistern zu bilden und zu orientieren. Er betrachtete die Kunst nicht als Gelehrter und Wissenschaftler, sondern als Künstler und Verehrer Roms und war damit aus nord- und westeuropäischer Sicht rückständig. Gerade weil er sich so vorbehaltlos mit der Stadt und ihrer Kunst identifizierte, konnte er ihr, trotz aller politischen Rückschläge, noch einmal zu einer letzten Blüte verhelfen.

Canova hatte von Anfang an versucht, den kulturpolitischen Einfluß Frankreichs in Rom nicht zu stark werden zu lassen. Die stabile Situation in Rom nach der Rückkehr Pius' VII. und seine Position als Generaldirektor aller Museen eröffneten ihm die Möglichkeit, an die große Tradition Roms anzuknüpfen und dadurch den französischen Museumskonzepten, wie sie sich etwa in Deutschland ausbreiteten, Eigenes entgegenzusetzen. Die Einrichtung der neuen Museen vermittelt also einen konkreten Einblick in Canovas Vorstellungen wie in die Entwicklung der vatikanischen Sammlungen nach 1815. In der Pinakothek wurden die einzelnen Bilder im Kontext ihres Ursprungsortes und ihrer Bedeutung für die Stadt gezeigt und damit auch die Auswirkungen des Kunstraubes, die Verwundbarkeit der Kunst und die Notwendigkeit zum Schutz der Kunstwerke.

---

846 Belting 1998, S. 63ff.

Nach Canovas Tod schaffte man das Amt des „Ispettore Generale“ ab.[847] Damit endete eine Periode einzigartiger Einheit der vatikanischen Museen, doch knüpften die nachfolgenden Päpste unmittelbar an Canovas Museumskonzept an, das denn auch in der weiteren Entwicklung der vatikanischen Museen seine Bestätigung fand. Ließ sich auch seine Aufstellung nicht mehr aufrechterhalten, so blieb doch die Pinakothek Pius' IX. insofern der Tradition ihrer Vorgängerin treu, als sie auf die italienische Kunst beschränkt blieb, an der Pius IX. wie schon Pius VII. allein interessiert war. Nur solche Bilder, die für die zeitgenössischen Künstler vorbildlich waren, wurden für wichtig erachtet, und dies waren jene der italienischen und nicht der französischen oder niederländischen Schule.

Canova hatte der Sammlung antiker Kunst Priorität eingeräumt, und dies blieb auch während der folgenden Jahre so. Die zahlreichen Funde griechischer und etruskischer Vasen während der dreißiger Jahre des 19. Jahrhunderts im nördlichen Latium leiteten nun eine neue, allerdings noch immer ganz von der römischen Tradition geprägte Phase ein. Unter Gregor XVI. wurde 1834 das Museo Etrusco gegründet.[848] Vincenzo Campanari war Hauptorganisator und zugleich Förderer der Institution eines staatlichen Museums. Er vereinbarte mit dem Camerlengo, gemeinsame Ausgrabungen zu unternehmen und den Fund zu teilen. Die kleine, von Canova eingerichtete Sammlung ägyptischer Kunstwerke sollte zu einem großen ägyptischen Museum erweitert werden, was schließlich 1839 geschah. Selbst die Revolution von 1848 und die Ausrufung der Repubblica Romana im Jahre 1849 konnten diese Erweiterungen der vatikanischen Museen nicht unterbrechen.

Die Wurzeln der meisten dieser Projekte reichten bis zu Pius VII. zurück. Doch ihr Schwerpunkt hatte sich verschoben. Einen Teil der griechisch-römischen Kunst, die unter Pius VII. im Mittelpunkt gestanden hatte, verbrachte man nun in den Lateran, um für andere Werke Raum zu schaffen. Die Sammlung nicht-klassischer Altertümer erreichte unter Pius IX. einen ersten Höhepunkt.

Diese Entwicklung ging Hand in Hand mit neuen wissenschaftlichen Tendenzen, wie sie schon Canova eingeleitet hatte. Auch im Bereich der Akademien baute man auf den von Canova geschaffenen Grundlagen auf. Er hatte schon früh die Notwendigkeit erkannt, die Struktur der Akademie zu erneuern, und hatte als Präsident der Accademia di San Luca den Zusammenschluß mit der Archäologi-

---

847 Antonio D'Este ersetzte in gewisser Weise dieses Amt als „Direttore del Museo Vaticano“ (1815), sein Sohn Alessandro D'Este wurde im selben Jahr „Sottodirettore“, Giuseppe D'Este, Bruder von Alessandro, folgte ihm nach und Pasquale Belli wurde neuer Architekt (Pietrangeli 1985, S. 149).

848 Notizen zur Organisation des Museums in: A.S.V. S.P.A., Prefettura, und A.S.R., Cam., tit. IV, 2570, 1836.

schen Akademie bewirkt, um die Erforschung der römischen Bauwerke voranzutreiben.

Das fortschreitende Interesse am kulturellen Leben Europas führte im Jahre 1823 zur Gründung des „Circolo degli Iperborei". Aus ihm ging 1829 das „Istituto di Corrispondenza Archeologica" hervor, die Keimzelle des Deutschen Archäologischen Institutes. Die „Accademia Romana di Archeologia" wurde 1829 als „päpstliche" anerkannt – alles Maßnahmen, die das wachsende wissenschaftliche Interesse am Altertum bezeugen. Die Einrichtung großer Museen für Altertümer und die wachsende Einbeziehung der Wissenschaft schlossen an die allgemeine europäische Entwicklung des 19. Jahrhunderts an.

In Europa wurden zwei Typen von „Nationalmuseen" geboren. Der eine zeigte die Nation als Teil der Universalkultur, der andere ihre Eigenart im Gegensatz zu der der anderen Nationen. Die Hegemonie Frankreichs hatte den Sinn für national bedeutsames Kulturgut entwickelt, das man zurückfordern und in die bestehenden oder neu gegründeten Museen eingliedern konnte. Überall entstanden nun Zentralmuseen, deren Aufgabe es war, die kulturellen Grundlagen für ein nationales Selbstbewußtsein zu schaffen. Das Museum sollte ein Ort sein, der die Geschichte einer Nation repräsentierte.[849]

Die „Bilder der Vergangenheit" erinnerten an den Kulturauftrag der Nation und die Notwendigkeit, sich gegen äußere Bedrohungen zu verteidigen und die eigene kulturelle und ethnische Identität zu bewahren.[850] Das Museum als Ort der Vermittlung nationaler Kultur löste ein neues Interesse für das Mittelalter wie für die Altertümer der eigenen Landschaft aus. Sie wurden zu „nationalen Altertümern" und beanspruchten nunmehr einen Platz im Museum. Trotz aller Widerstände und Kontroversen drohte das Klassische Altertum Ägyptens, Griechenlands und Roms seine traditionelle Vorherrschaft zu verlieren. Ethnisch orientierte Sammlungen wie die iberischen in Spanien, die germanischen in Deutschland und die nordischen in Skandinavien gewannen Bedeutung und sollten die Macht der eigenen Nation veranschaulichen.

In Rom hatten Funde von Altertümern seit Jahrhunderten die kulturelle Entwicklung und damit auch die Einrichtung und Neugründung von Sammlungen bestimmt und die Malerei in den Hintergrund gedrängt. Dies änderte sich auch mit der Vergrößerung der vatikanischen Pinakothek unter Pius IX. nicht und bestimmt bis heute das Bild der vatikanischen Museen. Doch im Unterschied zu Frankreich und Deutschland waren im römischen Boden ägyptische, griechische

849 Belting 1998, S. 68 (Nipperdey und andere).

850 Quatremère de Quincy schlug die Gründung eines gallisch-römischen Museums vor, das dann nach 1820 auch verwirklicht wurde. Dieses Projekt wäre schon 1819 ausgeführt worden, hätten die politischen Umwälzungen es nicht vereitelt.

und römische Antiken gefunden worden und besaßen die archäologischen Sammlungen hier keinen eigentlich nationalen Charakter – mit Ausnahme allenfalls der Etrusker, in denen man die Ahnen der Toskaner verehrte.

Auch für ein Weltmuseum mit Meisterwerken aller europäischen Kulturen im Sinne Denons war der Vatikan schwerlich geeignet. Er sollte zwar ein Museum für die Welt sein, aber mit dem Ziel, die Besucher durch die Schätze Roms zu erfreuen und durch seine Geschichte zu bilden. Die Entwicklungsgeschichte dieser Stadt, der römischen Kultur und des Papstes steht auch im Mittelpunkt des vatikanischen Museumskonzeptes. Während man in Frankreich nach einer Art Rechtfertigung suchte, den Fortschrittsglauben vorantrieb und neue Sammlungen aus dem Boden stampfte, konnte oder wollte man in Rom nicht wirklich davon berührt werden. Canova hatte direkt an die Tradition angeknüpft und die vatikanischen Sammlungen in diesem Sinne angelegt, und die Päpste folgten ihm, auch wenn sie sich neueren Strömungen nicht völlig verschlossen.

Doch das Beharren auf der uralten Tradition nahm nach dem Tod Canovas mehr und mehr restaurativen und defensiven Charakter an. Mit dem Erfolg des Risorgimento und der Verwirklichung eines italienischen Nationalstaates sahen sich Papst und Kurie immer hoffnungsloser von den politischen und sozialen Ideologien des 19. Jahrhunderts bedrängt, und dies mag zur Verhärtung ihrer konservativen Positionen beigetragen haben. Als das neue Königreich 1871 dann sogar Ansprüche auf die päpstlichen Sammlungen erhob, brachte ein hoher Kurienbeamter die Reaktion des Vatikans ganz unverhohlen zum Ausdruck: Er verteidigte den „Apollo“ und den „Laokoon“ gegen die prüden Kritiker, die der Kirche Verweltlichung vorwarfen,[851] die klassische Kunst gegen mittelalterliche Frömmigkeit, die römische Universalität gegen den Partikularismus der Nationen und die Tradition gegen die modernen Strömungen, die das Museum zu dem machten, was es heute ist.[852] Nach wie vor waren der „Apollo“ und der „Laokoon“, Raffael und sein Erbe Canova ästhetischer Maßstab. So wird im Rückblick deutlich, daß mit Canova eine große Epoche ihr Ende fand.

---

851 Nardi 1871.
852 Zum modernen Museum siehe Belting 1995, S. 104ff.

Abkürzungsverzeichnis

Die Zitierweise orientiert sich an den Richtlinien der Bibliotheca Hertziana (Fassung vom September 1996).

A.B.V.	Archivio Biblioteca Vaticana
A.S.M.V.	Archivio Storico dei Musei Vaticani
A.S.R. Cam.	Archivio di Stato di Roma, Camerale
A.S.V. S.P.A	Archivio Segreto Vaticano, Sacro Palazzo Apostolico
A.V. S.S.	Archivio Segreto, Segreteria di Stato
B.H.St.A.	Bayerisches Hauptstaatsarchiv München
B.V.	Biblioteca Vaticana
Bibl.Naz.Mss.It.	Biblioteca Nazionale Manoscritti
G.H.A.	Geheimes Hausarchiv München (Abteilung des B.H.St.A.)
H.H. St.A.	Haus-, Hof- und Staatsarchiv Wien
M.C.B.	Museo Civico Bassano
M.C.R.R.	Museo Centrale Romano del Risorgimento

a.	anno
Anm.	Anmerkung
art.	articolo
Art.	Artikel
Ausst. Kat.	Ausstellungskatalog
b.	busta
Bd(e).	Band, Bände
Ber.	Bericht
bes.	besonders
Cam.	Camerale
cart.	carta
com.	computisteria
ders.	derselbe
ebd.	ebenda
est.	estero
fasc.	fascicolo
Fasz.	Faszikel
f., ff.	die folgende(n)

fol.	foglio
hrsg.	herausgegeben
int.	interno
inv.	inventario
Kart.	Karton
Ms.	Manuskript
n.	numero
Nr.	Nummer
ord.	ordine
pos.	posizione
r.	recto
Red.	Redakteur
rubr.	rubrica
Slg.	Sammlung
Suppl.	Supplement
tit.	titolo
u.a.	und andere
v.	verso
vgl.	vergleiche

Literaturverzeichnis

Abita 1998 — Abita, Maria Fabiana, „La sfortunata storia della prima ‚Galleria di Quadri' di Pio VI in Vaticano: 1789–1797“, in: *Ricerche di Storia dell'Arte*, 66 (1998), S. 67–78.

Ackerman 1954 — Ackerman, James Sloss, *The Cortile del Belvedere*, Vatikanstadt 1954.

Agnoletto 1922 — Agnoletto, Alberigo, *Canova e l'arte sacra*, Rom, Mailand 1922.

Albrizzi 1809 — *Opere di scultura e di plastica di Antonio Canova, descritte da Isabella Albrizzi nata Teotochi*, Florenz 1809.

Amelung/Lippold — Amelung, Walther / Lippold, Georg, *Die Sculpturen des Vaticanischen Museums*, I, Berlin 1903; II, Berlin 1908; III, 1, Berlin, Leipzig 1936; III, 2, Berlin 1956.

Andreae 1995 — *Bildkatalog der Skulpturen des Vatikanischen Museums*, I. Museo Chiaramonti, hrsg. von B. Andreae, bearb. von M. Stadler, 3 Bde., Berlin 1995.

Andreae 1998 — *Bildkatalog der Skulpturen des Vatikanischen Museums*, II. Museo Pio Clementino: Cortile Ottagono, hrsg. von B. Andreae, bearb. von J. Köhler, Berlin 1998.

Andrews 1964 — Andrews, Keith, *The Nazarenes: a brotherhood of German painters in Rome*, Oxford 1964 (Nachdruck New York 1988).

Androsov 2003	*Canova* (Ausst. Kat., Bassano del Grappa, Museo Civico, und Possagno, Gipsoteca Canoviana e Casa del Canova, 22. November 2003 – 12. April 2004), hrsg. von S. Androsov, M. Guderzo, G. Pavanello, Mailand 2003.
Angeloni 1818	Angeloni, Luigi, *Dell'Italia uscente il settembre del 1818: ragionamenti IV dedicati all'Italia Nazione*, 2 Bde., Paris 1818.
Argan 1969	Argan, Giulio Carlo, *Antonio Canova*, hrsg. von E. Debenedetti, Rom 1969.
Aubert 1981	*History of the Church*, hrsg. von H. Jedin, J. Dolan, VII. Aubert, Roger, u.a., *The church between revolution and restoration*, London 1981.
Aulanier 1806	Aulanier, Christiane, *Histoire du Palais et du Musée du Louvre*, V. La Petite Galérie, Appartement d'Anne d'Autriche, Salles Romaines, Paris 1955, S. 62–81.
Banzato 2000	*Dal Medioevo a Canova: sculture dei Musei civici di Padova dal Trecento all'Ottocento* (Ausst. Kat., Padua, Musei Civici agli Eremitani, 20. Februar – 16. Juli 2000), hrsg. von D. Banzato, F. Pellegrini, M. De Vincenti, Venedig 2000.
Bartolotti 1971	Bartolotti, Franco, „Le medaglie di Tommaso Mercandetti: parte prima", in: *Medaglia*, 2 (1971), S. 18–37.
Bartolotti 1972	Bartolotti, Franco, „Le medaglie di Tommaso Mercandetti: parte seconda", in: *Medaglia*, 3 (1972), S. 25–41.
Bassi 1943	Bassi, Elena, *Canova,* Bergamo 1943.

Bassi 1957 — *La gipsoteca di Possagno: sculture e dipinti di Antonio Canova*, hrsg. von E. Bassi, Venedig 1957.

Bassi 1978 — Bassi, Elena, *Venezia nell'età di Canova, 1780–1830* (Ausst. Kat., Venedig, Museo Correr, Ala Napoleonica, Oktober – Dezember 1978), hrsg. von E. Bassi, A. Dorigato, Venedig 1978.

Becker 1971 — Becker, Wolfgang, *Paris und die deutsche Malerei 1750–1840*, München 1971.

Beenken 1944 — Beenken, Hermann, *Das 19. Jahrhundert in der deutschen Kunst: Aufgaben und Gehalte, Versuch einer Rechenschaft*, München 1944.

Bellori — Bellori, Giovanni Pietro, *Le vite de' pittori, scultori et architetti moderni*, Rom 1672 (Nachdruck Forni 2000).

Belting 1983 — Belting, Hans, „Vasari und die Folgen: die Geschichte der Kunst als Prozeß?“, in: *Das Ende der Kunstgeschichte?*, München 1983, S. 63–91.

Belting 1995 — Belting, Hans, *Das Ende der Kunstgeschichte: eine Revision nach zehn Jahren*, München 1995.

Belting 1995a — Belting, Hans, „Le musée et la conception du chef-d'oeuvre“, in: *Histoire de l'histoire de l'art*, hrsg. von É. Pommier, I. De l'antiquité au XVIIIe siècle: cycles de conférences organisés au Musée du Louvre par le Service Culturel du 10 octobre au 14 novembre 1991 et du 25 janvier au 15 mars 1993, Paris 1995, S. 345–368.

Belting 1998 — Belting, Hans, *Das unsichtbare Meisterwerk: die modernen Mythen der Kunst*, München 1998 (München 2001).

Belting 1999 — Belting, Hans, *Identität im Zweifel: Ansichten der deutschen Kunst*, Köln 1999.

Bencivenga 1905 — Bencivenga, Tommaso, *Le Gallerie Vaticane*, Rom 1905.

Benocci 1983 — Benocci, Carla, „Antonio Canova collezionista: una raccolta di terracotte e sculture antiche passate ai Musei Vaticani", in: *L'urbe*, 46 (1983), S. 27–36.

Benz 1940 — Benz, Richard, *Goethe und die romantische Kunst*, München 1940.

Berra 1955 — Berra, Luigi, „Opere d'arte asportate dai Francesi da Roma e dallo Stato Pontificio e restituite nel 1815 dopo il Congresso di Vienna", in: *Atti della Pontificia Accademia Romana di Archeologia*, serie III: Rendiconti, 27 (1951–1954 [1955]), S. 239–246.

Biblioteca Canoviana — *Biblioteca Canoviana ossia raccolta delle migliori prose, e de' più scelti componimenti poetici sulla vita, sulle opere ed in morte di Antonio Canova*, hrsg. von G. Parolari, 4 Bde., Venedig 1823–1824.

Blumer 1934 — Blumer, Marie-Louise, „La mission de Denon en Italie (1811)", in: *Revue des études napoléoniennes*, 39 (23.2) (1934), S. 237–257.

Blumer 1936 — Blumer, Marie-Louise, „Catalogue des peintures transportées d'Italie en France de 1796 à 1814", in: *Bulletin de la Société de l'Histoire de l'Art Français*, 8 (1936), S. 244–348.

Bösel/Krasa 1994 — Bösel, Richard / Krasa, Selma, *Monumente: Wiener Denkmäler. Vom Klassizismus zur Secession* (Ausst. Kat., Wien, Kulturkreis Looshaus und Graphische Sammlung Albertina, 5. Mai – 3. Juli 1994), Wien 1994.

Boime 1987 — Boime, Albert, *Art in an age of revolution, 1750–1800,* Chicago, London 1987.

Boime 1993 — Boime, Albert, *Art in an age of Bonapartism, 1800–1815: a social history of modern art*, Chicago 1993.

Boisserée 1970 — Boisserée, Sulpiz, *Briefwechsel/Tagebücher*, 2 Bde. (Stuttgart 1862), Nachdruck Göttingen 1970.

Bordini 1998 — Bordini, Silvia, „‚Studiare in un istesso luogo la natura, e ciò che ha saputo far l'arte': il museo e l'educazione degli artisti nella politica culturale di Benedetto XIV", in: *Benedetto XIV e le arti del disegno.* Convegno internazionale di studi di storia dell'arte (Bologna, 28–30 novembre 1994): Atti, hrsg. von D. Biagi Maino, Rom 1998, S. 385–393.

Botti/Romanelli 1951 — Botti, Giuseppe / Romanelli, Pietro, *Le sculture del Museo Gregoriano Egizio,* Vatikanstadt 1951.

Boyer 1937 — Boyer, Ferdinand, „Autour de Canova et de Napoléon", in: *Revue des études italiennes*, 2 (1937), S. 202–232.

Boyer 1965 — Boyer, Ferdinand, „Louis XVIII et la restitution des oeuvres d'art confisquées sous la Révolution et l'Empire", in: *Bulletin de la Société de l'Histoire de l'Art Français* 1965 (1966), S. 201–207.

Boyer 1969 — Boyer, Ferdinand, *Le monde des arts en Italie et la France de la Révolution et de l'Empire*, Turin 1969.

Bratti 1917 — Bratti, Ricciotti, „Antonio Canova nella sua vita artistica privata (da un carteggio inedito)", in: *Nuovo Archivio Veneto*, 33 (1917), S. 281–350.

Bratti 1918 — Bratti, Ricciotti, „Antonio Canova nella sua vita artistica privata (da un carteggio inedito)", in: *Nuovo Archivio Veneto*, 35 (1918), S. 206–246.

Brosch 1882 — Brosch, Moritz, *Geschichte des Kirchenstaates (1500–1870)*, 2 Bde., Gotha 1880–1882.

Brues 1958 — Brues, Eva, *Raffaele Stern: ein Beitrag zur Architekturgeschichte in Rom zwischen 1790 und 1830*, Dissertation, Bonn 1958 (Exemplare in der Biblioteca dei Musei Vaticani und in der Bibliotheca Hertziana).

Bullarii continuatio — *Bullarii Romani continuatio Summorum Pontificum Benedicti XIV, Clementis XIII, Clementis XIV, Pii VI, Pii VII, Leonis XII, et Pii VIII: constitutiones litteras in forma brevis, epistolas ad principes viros, et alios atque allocutiones complectens*, VII. Pii VII, 1. Continens Pontificatum ab anno primo usque ad annum XV, Prati 1850; 2. Continens Pontificatum ab anno XVI usque ad finem, Prati 1852.

Bunsen 1868 — *Christian Carl Josias Freiherr von Bunsen: aus seinen Briefen und nach eigener Erinnerung geschildert von seiner Witwe (Frances Freifrau von Bunsen)*, I, Leipzig 1868.

Buttlar 1999 — Buttlar, Adrian von, *Leo von Klenze: Leben – Werk – Vision*, München 1999.

Büttner 1980 — Büttner, Frank, *Peter Cornelius: Fresken und Freskenprojekte*, I, Wiesbaden 1980.

Büttner 1995 — Büttner, Frank, „‚Offizielle‘ Kunst der Romantik als ‚Gesamtkunstwerk‘“, in: *Ernste Spiele: der Geist der Romantik in der deutschen Kunst 1790–1990* (Ausst. Kat., München, Haus der Kunst, 4. Februar – 1. Mai 1995), hrsg. von Ch. Vitali, München 1995, S. 496–498.

Cagiano 1995 — Norci Cagiano De Azevedo, Letizia, „Stendhal e la Roma di Napoleone“, in: *Studi Romani*, 43 (1995), S. 43–55.

Cagiano 1997 — Norci Cagiano De Azevedo, Letizia, „Parigi Nouvelle Rome: Roma deuxième Capitale de l'Empire nella concezione di Vivant Denon“, in: *Studi Romani*, 45 (1997), S. 347–367.

Cambinossi 1905 — Cambinossi, Giorgio, „Antonio Canova e Napoleone“, in: *L'Italia moderna*, 3 (1905), S. 17–18.

Campani 1892 — Campani, Annibale, „Sull'opera di Antonio Canova pel ricupero dei monumenti d'arte italiani a Parigi“, in: *Archivio storico dell'arte*, 5 (1892), S. 189–196.

Canova, Epistolario — Canova, Antonio, *Epistolario (1816–1817)*, hrsg. von H. Honour, P. Mariuz, 2 Bde., Rom 2002/2003.

Canova, Lettere — Canova, Antonio, *Lettere inedite di Antonio Canova*, Padua 1833.

Canova, Prolusione — „Prolusione alla nuova apertura dell'Accademia del Signor Cavaliere Antonio Canova, Marchese d'Ischia, presidente nell' anno 1816: letta li 4 Iuglio dello stesso anno“, in: *Dissertazioni della Accademia Romana di Archeologia*, 1 (1821), S. 29–36.

Canova, Viaggio — Canova, Antonio, *I quaderni di viaggio (1779–1780)*, hrsg. von E. Bassi, Venedig, Rom 1959.

Cantarel-Besson 1981 — *La naissance du Musée du Louvre: la politique muséologique sous la Révolution d'après les archives des musées nationaux*, hrsg. von Y. Cantarel-Besson, 2 Bde., Paris 1981.

Chadwick 1981 — Chadwick, Owen, *The Popes and European Revolution*, Oxford 1981 (Nachduck Oxford 2004).

Chatelain 1973 — Chatelain, Jean, *Dominique Vivant Denon et le Louvre de Napoléon*, Paris 1973.

Cicognara 1813–1818 — Cicognara, Leopoldo, *Storia della scultura dal suo risorgimento in Italia fino al secolo di Napoleone (secolo XIX), per servire di continuazione alle opere di Winckelmann e di d'Agincourt*, 3 Bde., Venedig 1813–1818.

Cicognara 1823 — Cicognara, Leopoldo, *Biografia di Antonio Canova*, Venedig 1823.

Cicognara, Lettere — Cicognara, Leopoldo, *Lettere ad Antonio Canova*, hrsg. von G. Venturi, Urbino 1973.

CIL VI — *Corpus inscriptionum Latinarum, consilio et auctoritate Academiae Litterarum Regiae Borussicae editum*, VI. Inscriptiones urbis Romae Latinae, bearb. von W. Henzen, J. B. de Rossi, Berlin 1968.

Coletti 1957 — *Mostra canoviana* (Ausst. Kat., Treviso, Palazzo dei Trecento, 15. September – 10. November 1957), hrsg. von L. Coletti, Treviso 1957.

Consoli 1996 — Consoli, Gian Paolo, *Il Museo Pio-Clementino: la scena dell'antico in Vaticano*, Modena 1996.

Contarini 1891 — Contarini, Giovanni, *Canova a Parigi nel 1815: breve studio storico condotto su documenti e manoscritti originali inediti*, Feltre 1891.

Corbo 1970–1971 — Corbo, Anna Maria, „L'esportazione delle opere d'arte dallo Stato Pontificio tra il 1814 e il 1823", in: *L'Arte*, 10 (1970), S. 88–113; 13 (1971), S. 82–103.

Correspondance 1858–1869 — *Correspondance de Napoléon Ier publiée par ordre de l'empereur Napoléon III*, 32 Bde., Paris 1858–1869.

Cusatelli 1991 — Cusatelli, Giorgio, „Canova als ‚Kunsttheoretiker'", in: *Kunstliteratur als Italienerfahrung*, hrsg. von H. Pfotenhauer, Tübingen 1991, S. 197–204.

D'Achiardi 1929 — D'Achiardi, Pietro, *I quadri primitivi della Pinacoteca Vaticana, provenienti dalla Biblioteca Vaticana e dal Museo Cristiano*, Rom 1929.

D'Ambra 1922 — D'Ambra, Alessandro, „Canova e le vicende politiche del suo tempo", in: *La cultura moderna: natura ed arte*, 31 (1922), S. 506–509.

D'Este 1821 — D'Este, Giuseppe / D'Este, Alessandro, *Elenco degli oggetti esistenti nel Museo Vaticano*, I, Rom 1821.

D'Este 1822 — D'Este, Giuseppe / D'Este, Alessandro, *Elenco degli oggetti esistenti nel nuovo braccio del Museo Chiaramonti*, Rom 1822.

D'Este 1864 — *Memorie di Antonio Canova scritte da Antonio D'Este*, hrsg. von Alessandro D'Este, Florenz 1864.

D'Este 1999 — *Memorie di Antonio Canova scritte da Antonio D'Este* (Nachdruck), hrsg. von P. Mariuz, Bassano del Grappa 1999.

Daniel-Rops 1965 — Daniel-Rops, Henri, *The church in an age of Revolution, 1789–1870*, London, New York 1965.

De Angelis 1993 — De Angelis, Maria-Antonietta, „Il primo allestimento del Museo Chiaramonti in un manoscritto del 1808", in: *Bollettino dei Monumenti, Musei e Gallerie Pontificie*, 13 (1993), S. 81–126.

De Angelis 1994 — De Angelis, Maria-Antonietta, „Il ‚Braccio Nuovo' del Museo Chiaramonti: un prototipo di museo tra passato e futuro", in: *Bollettino dei Monumenti, Musei e Gallerie Pontificie*, 14 (1994), S. 187–256.

De Angelis 1997 — De Angelis, Maria-Antonietta, „Musei e istituzioni di belle arti in Roma: cronologia del personale direttivo dal 1768 al 1956", in: *Bollettino dei Monumenti, Musei e Gallerie Pontificie*, 17 (1997), S. 83–103.

De la Chambre 1681 — De la Chambre, Pierre Cureau (Abbé), *L'Éloge du Cavalier Bernini*, Paris 1681.

De Paoli 1998 — De Paoli, Marcella, „Antonio Canova e il ‚museo' Zulian: vicende di una collezione veneziana della seconda metà del Settecento", in: *Ricerche di Storia dell'Arte*, 66 (1998), S. 19–36.

De Rossi 1793 | De Rossi, Giovanni Gherardo, *Lettera sopra tre bassirilievi recentemente modellati dall'illustre scultore Sig. Antonio Canova*, Bassano 1793.

Debenedetti 1993 | Debenedetti, Elisa, „Dominique Vivant Denon e il collezionismo italiano a Roma e a Venezia tra il Settecento e l'Ottocento", in: *Aspetti del collezionismo in Italia da Federico II al primo Novecento* (Ciclo di conferenze, Trapani, Museo Regionale Pepoli, 13 ottobre – 26 novembre 1993), Red.: G. Bongiovanni, Palermo 1993, S. 153–183.

Delfini Filippi 2002 | *Antonio Canova e l'Accademia*, hrsg. von G. Delfini Filippi, Treviso 2002.

Delon 1997 | *Dictionnaire Européen des Lumières*, hrsg. von M. Delon, Paris 1997.

DNP | *Der Neue Pauly: Enzyklopädie der Antike. Altertum*, hrsg. von H. Cancik, H. Schneider, 12 Bde., Stuttgart, Weimar 1996–2002.

Donato 2000 | Donato, Maria Pia, *Accademie romane: una storia sociale, 1671–1824*, Neapel 2000.

Donato/Cirinei 2002 | Donato, Maria Pia / Cirinei, Alfredo, *Cultura e societa: intellettuali, istituzioni, pubblico*, Rom 2002.

Dupuy 1999 | *Dominique Vivant Denon: l'oeil de Napoleon* (Ausst. Kat., Paris, Louvre, 20. Oktober 1999 – 17. Januar 2000), Red.: M.-A. Dupuy, Paris 1999.

Ehrle 1908–1932 | *Le piante maggiori di Roma dei secoli XVI e XVII: riprodotte in fototipia a cura della Biblioteca Vaticana con introduzioni di F. Ehrle*, 8 Bde., Rom 1908–1932.

Eikemeier 1986 — Eikemeier, Peter, „Die Erwerbungen altdeutscher und altniederländischer Gemälde“, in: *‚Ihm, welcher der Andacht Tempel baut ...‘: Ludwig I. und die Alte Pinakothek.* Festschrift zum Jubiläumsjahr 1986, hrsg. von den Bayerischen Staatsgemäldesammlungen, München 1986, S. 56–67.

Emiliani 1978 — Emiliani, Andrea, *Leggi, bandi e provvedimenti per la tutela dei beni artistici e culturali negli antichi stati italiani, 1571–1860*, Bologna 1978.

Emiliani 1996 — Emiliani, Andrea, *Leggi, bandi e provvedimenti per la tutela dei beni artistici e culturali negli antichi stati italiani, 1571–1860*, Bologna 1996.

Emiliani 2004 — Emiliani, Andrea, „Le conquiste napoleoniche in Italia e la nascita del nuovo museo“, in: *Canova direttore di Musei*, I. Settimana di Studi Canoviani (Bassano del Grappa, 12.–15. Oktober 1999), hrsg. von M. Pastore Stocchi, Bassano del Grappa 2004, S. 5–30.

Engstler 1964 — Engstler, Ludwig, *Die territoriale Bindung von Kulturgütern im Rahmen des Völkerrechts*, Köln, München 1964.

Eustace 1997 — Eustace, Katharine, „‚Questa scabrosa missione‘: Canova in Paris and London in 1815“, in: *Canova: ideal heads* (Ausst. Kat., Oxford, Ashmolean Museum, Chambers Hall Gallery, 11. Juli – 14. September 1997), hrsg. von K. Eustace, Oxford 1997, S. 9–38.

Fagiolo 1997 — *La festa a Roma dal Rinascimento al 1870* (Ausst. Kat., Rom, Palazzo Venezia, 23. Mai – 15. September 1997), hrsg. von M. Fagiolo, I, Turin, Rom 1997.

Falco/Forti 1964 — Falco, Giorgio / Forti, Fiorenzo, *Opere di Lodovico Antonio Muratori*, 2 Bde., Mailand, Neapel 1964.

Falco/Forti 2004 — Falco, Giorgio / Forti, Fiorenzo, *Ludovico Antonio Muratori*, 2 Bde., Rom 2004.

Falier 1823 — Falier, Giuseppe, *Memorie per servire alla vita del Marchese Antonio Canova*, Venedig 1823.

Fasolo 1953 — Fasolo, Vincenzo, „Classicismo romano nel Settecento", in: *Quaderni dell'Istituto di Storia dell'Architettura*, 1.3 (1953), S. 11–17.

Fea 1797 — Fea, Carlo, *Discorso intorno alle belle arti in Roma, recitato nell'adunanza degli arcadi il dì XIV settembre ...*, Rom 1797 (Mikrofiche-Ausgabe Urbana 1998).

Fea 1802 — Fea, Carlo, *Relazione di un viaggio ad Ostia*, Rom 1802.

Fea 1819 — Fea, Carlo, *Nuova descrizione de' monumenti antichi ed oggetti d'arte contenuti nel Vaticano e nel Campidoglio: colle nuove scoperte fatte alle fabriche più interessanti nel Foro Romano e sue adjacenze*, Rom 1819.

Fea 1820 — Fea, Carlo, *Nuova descrizione di Roma antica e moderna e de' suoi contorni, sue rarità, specialmente dopo le nuove scoperte cogli scavi arricchita delle vedute più interessanti compilata per uso de' colti viaggiatori*, hrsg. von A. Bonelli, Rom 1820.

Fea 1821 — Fea, Carlo, *Nuova descrizione di Roma antica e moderna e de' suoi contorni, sue rarità, specialmente dopo le nuove scoperte cogli scavi arricchiata delle vedute più interessante*, hrsg. von A. Bonelli, Rom 1821.

Federici 1839 — *Lettere di Giuseppe Bossi ad Antonio Canova*, hrsg. von F. Federici, Padua 1839.

Fedi 1990 — Fedi, Francesca, *L'ideologia del bello: Leopoldo Cicognara e il classicismo fra Settecento e Ottocento*, Mailand 1990.

Fehl 1968 — Fehl, Philipp, „Canova's ‚Hercules and Lichas': notes regarding a small bronze in the North Carolina Museum of Art", in: *North Carolina Museum of Art: Bulletin*, 8 (1968), S. 3–25.

Fehl 1982 — Fehl, Philipp, „Canova's tomb and the cult of genius", in: *Labyrinthos*, 1 (1982), S. 46–66.

Fehl 1985 — Fehl, Philipp, „Improvisation and the artist's responsibility in St. Peter's Rome: papal tombs by Bernini and Canova", in: *Akten des 25. Internationalen Kongresses für Kunstgeschichte (Wien, 4.–10.9.1983)*, hrsg. von H. Fillitz, M. Pippal, IX. Eröffnungs- und Plenarvorträge: Arbeitsgruppe „Neue Forschungsergebnisse und Arbeitsvorhaben", Wien 1985, S. 111–123.

Fernow 1806 — Fernow, Carl Ludwig, „Über den Bildhauer Canova und dessen Werke", in: Ders., *Römische Studien*, I, Zürich 1806, S. 1–248.

Ferrajoli 1888 — *Lettere inedite di Antonio Canova al Cardinale Ercole Consalvi pubblicate da Alessandro Ferrajoli*, Rom 1888.

Forcella 1875 — Forcella, Vincenzo, *Iscrizioni delle chiese e d'altri edificii di Roma dal secolo XI fino ai giorni nostri*, VI, Rom 1875.

Forcella 1879 — Forcella, Vincenzo, *Iscrizioni delle chiese e d'altri edificii di Roma dal secolo XI fino ai giorni nostri*, XIII, Rom 1879.

Förster 1874 | Förster, Ernst, *Peter von Cornelius: ein Gedenkbuch aus seinem Leben und Wirken*, 2 Bde., Berlin 1874.

Francia 1960 | Francia, Ennio, *Pinacoteca Vaticana,* Mailand 1960 (Nachdruck Mailand 1971).

Francia 1972 | Francia, Ennio, *Delfina de Custine, Luisa Stolberg, Giulietta Récamier a Canova: lettere inedite*, Rom 1972.

Fröhlich 1998 | Fröhlich, Thomas, „Winckelmann und die Stadt Rom", in: *Römische Antikensammlungen im 18. Jahrhundert* (Ausst. Kat., Wörlitz, Kulturstiftung Dessau-Wörlitz, 16. Mai – 30. August 1998; Stendal, Winckelmann-Museum, 30. September – 22. November 1998), hrsg. von M. Kunze, St. Bruer u.a., Mainz 1998, S. 1–29.

Frommel 1973 | Frommel, Christoph Luitpold, *Der römische Palastbau der Hochrenaissance*, 3 Bde., Tübingen 1973.

Frommel 1998 | Frommel, Christoph Luitpold, „I tre Progetti bramanteschi per il Cortile del Belvedere", in: *Il Cortile delle Statue: der Statuenhof des Belvedere im Vatikan.* Akten des Internationalen Kongresses zu Ehren von Richard Krautheimer (Rom, 21.–23. Oktober 1992), hrsg. von M. Winner, B. Andreae, C. Pietrangeli, Mainz 1998, S. 17–66.

Furtwängler 1899 | Furtwängler, Adolf, *Ueber Kunstsammlungen in alter und neuer Zeit: Festrede gehalten in der öffentlichen Sitzung der Königlich Bayerischen Akademie der Wissenschaften zu München zur Feier ihres 140. Stiftungstages am 11. März 1899*, München 1899.

Fusco 1997 — Fusco, Annarosa Cerutti, „Raffaele Stern e il Braccio Nuovo del Museo Chiaramonti in Vaticano“, in: *Quaderni dell'Istituto di Storia dell'Architettura*, nuova serie, 25/30 (1995–1997 [1997]), S. 415–424.

Fusconi 1994 — Fusconi, Giulia, *La fortuna delle ‚Nozze Aldobrandini' dall'Esquilino alla Biblioteca Vaticana*, Vatikanstadt 1994.

Gaehtgens 1994 — Gaehtgens, Thomas W., „Wilhelm von Humboldts Konzept des Alten Museums in Berlin“, in: *Aachener Kunstblätter*, 60 (1994), S. 423–430.

Gaehtgens 1997 — Gaehtgens, Thomas W., „Le Musée Napoléon et son influence sur l'histoire de l'art“, in: *Histoire de l'histoire de l'art*, hrsg. von É. Pommier, II. XVIIIe et XIXe siècles: cycles de conférences organisés au Musée du Louvre par le Service culturel du 24 janvier au 7 mars 1994 et du 23 janvier au 6 mars 1995, Paris 1997, S. 89–112.

Gaehtgens 1997a — Gaehtgens, Thomas W., „Das Musée Napoléon und sein Einfluß auf die Kunstgeschichte“, in: *Johann Dominicus Fiorillo: Kunstgeschichte und die romantische Bewegung um 1800.* Akten des Kolloquiums „Johann Dominicus Fiorillo und die Anfänge der Kunstgeschichte in Göttingen“ am Kunstgeschichtlichen Seminar und der Kunstsammlung der Universität Göttingen vom 11.–13. November 1994, hrsg. von A. Middeldorf Kosegarten, Göttingen 1997, S. 339–369.

Gaehtgens 1998 — Gaehtgens, Thomas W. / Pomian, Krzysztof, *Le XVIIIe siècle*, Paris 1998.

Gallo 1991 — Gallo, Daniela, „Les Visconti de Rome“, in: Haman, Françoise / McCallum, Charles, *Louis Visconti 1791–1853*, Paris 1991, S. 48–59.

Gallo 1993 — Gallo, Daniela, „Verzamelingen van oudheden van 1750 tot heden“, in: *Verzamelen: van rariteitenkabinet tot kunstmuseum*, Red.: E. Bergvelt, D. J. Meijers, M. Rijnders, Heerlen, Houten 1993, S. 279–300.

Gallo 1997 — Gallo, Daniela, „L'ideologia imperale e l',iconographie ancienne' di Ennio Quirino Visconti“, in: *Ideologie e patrimonio storicoculturale nell'età rivoluzionaria e napoleonica: a proposito del trattato di Tolentino.* Atti del convegno, Tolentino, 18–21 settembre 1997, hrsg. vom Ministero per i Beni e le Attività Culturali, Ufficio Centrale per i Beni Archivistici, Rom 2000, S. 55–78.

Gallwitz 1981 — *Die Nazarener in Rom: ein deutscher Künstlerbund der Romantik* (Ausst. Kat., Rom, Galleria Nazionale d'Arte moderna, 22. Januar – 22. März 1981), hrsg. von K. Gallwitz, übersetzt aus dem Italienischen von I. Sattel, E. Storm, M. Ufer, Rom 1981.

Garms 1982 — Garms, Elisabeth und Jörg, „Mito e realtà di Roma nella cultura europea: viaggio e idea, immagine e immaginazione“, in: Ruggiero, Romano / Corrado, Vivanti, *Annali della Storia d'Italia*, V. Il paesaggio, hrsg. von C. De Seta, Turin 1982, S. 561–662.

Garms 1986 — Garms-Cornides, Elisabeth, „Zur Kulturpolitik der römischen Kurie um die Mitte des 18. Jahrhunderts“, in: *Johann Joachim Winckelmann: 1717–1768*, hrsg. von Th. W. Gaehtgens, Hamburg 1986, S. 179–193.

Garms 1987 Garms, Elisabeth und Jörg, „La capitale del Grand Tour: il viaggiatore d'Ancien Régime", in: *Roma dei grandi viaggiatori*, hrsg. von F. Paloscia, Rom 1987, S. 127–170.

Garms 1990 Garms-Cornides, Elisabeth, „Tedesci a Roma nel Quattrocento e nell'Ottocento", in: *Roma nel Rinascimento*, 6 (1990), S. 229–234.

Garms 1998 Garms, Elisabeth und Jörg, „Benedetto XIV: arte e politica, contributo alla discussione", in: *Benedetto XIV e le arti del disegno.* Convegno internazionale di studi di storia dell'arte (Bologna, 28.–30. November 1994), hrsg. von D. Biagi Maino, Rom 1998, S. 395–399.

Gasparoni 1842 Gasparoni, Francesco, *L'architetto girovago*, II, Rom 1842.

Gerstenberg 1961 Gerstenberg, Kurt, *Italienische Dichtungen in Wandgemälden deutscher Romantiker in Rom*, München 1961.

Gerstenberg/Rave 1934 Gerstenberg, Kurt / Rave, Paul Ortwin, *Die Wandgemälde der deutschen Romantiker im Casino Massimo zu Rom*, Berlin 1934.

Gould 1965 Gould, Cecil, *Trophy of conquest: the Musée Napoléon and the creation of the Louvre*, London 1965.

Griewank 1954 Griewank, Karl, *Der Wiener Kongreß und die europäische Restauration 1814/15*, 2. Aufl., Leipzig 1954.

Gropplero di Troppenburg 1980 Gropplero di Troppenburg, Elianna, „Die Innenausstattung der Glyptothek durch Leo von Klenze", in: *Glyptothek München 1830–1980: Jubiläumsausstellung zur Entstehungs- und Baugeschichte* (Ausst. Kat., München, Staatli-

	che Antikensammlungen und Glyptothek, 17. September – 23. November 1980), hrsg. von K. Vierneisel, G. Leinz, München 1980, S. 190–213.
Gross 1990	Gross, Hanns, *Rome in the age of Enlightenment: the post-Tridentine syndrome and the Ancient Regime*, Cambridge 1990 (Nachdruck Cambridge 2002); *Roma nel Settecento* (italienische Übersetzung), Rom 1990.
Gualandi 1868	Gualandi, Michelangelo, *Dodici lettere inedite di Antonio Canova scritte a diversi*, Bologna 1868.
Guattani 1805	Guattani, Giuseppe Antonio, *Roma descritta ed illustrata*, 2 Bde., Rom 1805.
Guiffrey 1908	Guiffrey, Jules, „L'Académie de France à Rome de 1793 à 1803", in: *Journal des savants*, nouvelle série, 6 (1908), S. 655–684.
Hager 1997	Hager, Hellmut, „Clemente XI, il museo dei modelli della Reverenda Fabbrica di S. Piettro e l'origine del museo architettonico", in: *Rivista storica del Lazio*, 5, 7 (1997), S. 137–183.
Hardenberg/Schilling 1925	Hardenberg, Kuno Ferdinand von / Schilling, Edmund, *Karl Philipp Fohr: Leben und Werk eines deutschen Malers der Romantik*, Freiburg im Breisgau 1925.
Hartmann 1967	Hartmann, Jørgen Birkedal, *La vicenda di una dimora principesca romana*, Rom 1967.
Hartmann 1968	Hartmann, Jørgen Birkedal, „Appunti sui ritratti canoviani di Pio VII", in: *L'urbe*, 31 (1968), S. 11–19.

Haskell 1985 — Haskell, Francis, *Mecenati e pittori: studio sui rapporti tra arte e societa italiana nell'eta barocca*, 2. Aufl., Florenz 1985.

Haskell/Penny 1981 — Haskell, Francis / Penny, Nicholas, *Taste and the antique: the lure of classical sculpture, 1500–1900*, New Haven 1981.

Hautecoeur 1912 — Hautecoeur, Louis, *Rome et la renaissance de l'antiquité à la fin du XVIIIe siècle*, Paris 1912.

Hautecoeur 1940 — Hautecoeur, Louis, *Histoire du Louvre: le château, le palais, le musée, des origines à nos jours, 1200–1940*, 2. Aufl., Paris 1940.

Hautecoeur 1963 — Hautecoeur, Louis, *Histoire de l'architecture classique en France*, Neue Aufl., Paris 1963.

Heilmann 1986 — Heilmann, Christoph, „Zu Ludwigs Kunstpolitik und zum Kunstverständnis seiner Zeit", in: *‚Ihm, welcher der Andacht Tempel baut ...': Ludwig I. und die Alte Pinakothek.* Festschrift zum Jubiläumsjahr 1986, hrsg. von den Bayerischen Staatsgemäldesammlungen, München 1986, S. 16–24.

Helbig/Reisch 1891 — Helbig, Wolfgang / Reisch, Emil, *Führer durch die öffentlichen Sammlungen klassischer Alterthümer in Rom*, II, Leipzig 1891.

Helbig/Speier 1963 — Helbig, Wolfgang, *Führer durch die öffentlichen Sammlungen klassischer Altertümer in Rom*, I. Die päpstlichen Sammlungen im Vatikan und Lateran, bearb. von B. Andreae u.a., 4. Aufl., hrsg. von H. Speier, Tübingen 1963.

Henry 1978 — Henry, Jean, *Antonio Canova and the tomb to Vittorio Alfieri*, Dissertation, Tallahassee, Florida State University 1978.

Henry 1984 — Henry, Jean, „Antonio Canova and early Italian nationalism“, in: *La scultura nel XIX secolo.* Atti del XXIV Congresso Internazionale di Storia dell'Arte (Bologna, 10.–18. September 1979), hrsg. von H. W. Janson, Bologna 1984, S. 9–16.

Herrman Fiore 1997 — *Apollo e Dafne del Bernini nella Galleria Borghese*, hrsg. von K. Herrmann Fiore, Mailand 1997.

Hetzer 1950 — Hetzer, Theodor, „Francisco Goya und die Krise der Kunst um 1800“, in: *Wiener Jahrbuch für Kunstgeschichte*, 14 (1950), S. 7–22 (Abdruck auch in: *Schriften Theodor Hetzers*, hrsg. von G. Berthold, IX. Zur Geschichte des Bildes von der Antike bis Cézanne, Stuttgart 1998, S. 141–163).

Hiesinger 1978 — Hiesinger, Ulrich, „Canova and the Frescoes of the Galleria Chiaramonti“, in: *The Burlington Magazine*, 120 (1978), S. 655–665.

Hochreiter 1994 — Hochreiter, Walter, *Vom Musentempel zum Lernort: zur Sozialgeschichte deutscher Museen, 1880–1914*, Darmstadt 1994.

Honour 1968 — Honour, Hugh, *Neo-classicism*, Harmondsworth 1968.

Honour 1969 — Honour, Hugh, „Canova's Theseus and the Minotaur“, in: *Victoria and Albert Museum Yearbook*, 1 (1969) S. 1–15.

Honour 1972 — Honour, Hugh, „Canova's studio practice – I: The early years“, in: *The Burlington Magazine*, 114 (1972), S. 146–159.

Honour 1972	Honour, Hugh, „Canova's studio practice – II: 1792–1822", in: *The Burlington Magazine*, 114 (1972), S. 214–229.
Honour 1989	Honour, Hugh, „La decorazione sculturea nel Quirinale napoleonico, 1811–14", in: *Il palazzo del Quirinale: il mondo artistico a Roma nel periodo napoleonico*, hrsg. von M. Natoli, M. A. Scarpati, I, Rom 1989, S. 167–179.
Honour 1994	*Edizione nazionale delle opere di Antonio Canova*, I. Scritti, hrsg. von H. Honour, Rom 1994.
Howard 1973	Howard, Seymour, „An antiquarian handlist and the beginnings of the Pio-Clementino", in: *Eighteenth-Century Studies*, 7 (1973), S. 40–61.
Howitt 1886	Howitt, Margaret, *Friedrich Overbeck: sein Leben und Schaffen. Nach seinen Briefen und andern Documenten des handschriftlichen Nachlasses,* hrsg. von F. Binder, 2 Bde., Freiburg im Breisgau 1886 (Nachdruck Bern 1971).
Hubert 1964	Hubert, Gérard, *Les sculpteurs italiens en France sous la Révolution: l'Empire et la Restauration 1790–1830*, Paris 1964.
Hudson 1975	Hudson, Kenneth, *A social history of museums: what the visitors thought*, London 1975.
Ivanoff 1957	Ivanoff, Nicola, „Leopoldo Cicognara ed il gusto dei primitivi", in: *La Critica d'arte*, 19 (1957), S. 32–46.
Janson 1976	Janson, Horst Woldemar, *The rise and fall of the public monument*, New Orleans 1976.

Jayme 1990 — Jayme, Erik, „Internationaler Kulturgüterschutz: lex originis oder lex rei sitae. Tagung in Heidelberg“, in: *Praxis des internationalen Privat- und Verfahrensrechts*, 10 (1990), S. 347–348.

Jayme 1991 — Jayme, Erik, „Kunstwerk und Nation: Zuordnungsprobleme im internationalen Kulturgüterschutz“, in: *Sitzungsberichte der Heidelberger Akademie der Wissenschaften, Philosophisch-historische Klasse*, Jg. 1991, Bericht 3, S. 7–34.

Jayme 1992 — Jayme, Erik, „Die Nationalität des Kunstwerks als Rechtsfrage“, in: *Internationaler Kulturgüterschutz: Akten des Wiener Symposion, 18./19. Oktober 1990*, hrsg. von G. Reichelt, Wien 1992, S. 7–29.

Jayme 1992a — Jayme, Erik, „Antonio Canova: la Repubblica delle arti ed il diritto internazionale“, in: *Rivista di diritto internazionale*, 75 (1992), S. 889–902.

Jayme 1994 — Jayme, Erik, *Antonio Canova (1757–1822) als Künstler und Diplomat: zur Rückkehr von Teilen der Bibliotheca Palatina nach Heidelberg in den Jahren 1815 und 1816*, Heidelberg 1994.

Jayme 1994a — Jayme, Erik, „Zwischen Klassizismus und Romantik: Antonio Canova und die Kunstanschauungen der Goethezeit“, in: *Jahrbuch des Freien Deutschen Hochstifts*, (1994), S. 190–220.

Jayme 1996 — Jayme, Erik, „Kulturgüterschutz in ausgewählten europäischen Ländern“, in: *Zeitschrift für vergleichende Rechtswissenschaft*, 95 (1996), S. 158–169.

Jayme 2000 | Jayme, Erik, *Die politische Dimension der Kunst: Antonio Canova*, Frankfurt am Main 2000.

Jenkins 1998 | Jenkins, Ian, „Gods without altars: the Belvedere in Paris“, in: *Il Cortile delle Statue: der Statuenhof des Belvedere im Vatikan*. Akten des Internationalen Kongresses zu Ehren von Richard Krautheimer (Rom, 21.–23. Oktober 1992), hrsg. von M. Winner, B. Andreae, C. Pietrangeli, Mainz 1998, S. 459–470.

Jestaz 1963 | Jestaz, Bertrand, „L'exportation des marbres de Rome de 1535 à 1571“, in: *Mélanges d'archéologie et d'histoire*, 75 (1963), S. 415–466.

Johns 1998 | Johns, Christopher M. S., *Canova and the politics of patronage in revolutionary and Napoleonic Europe*, Berkeley, Los Angeles, London 1998.

Johnson 1993 | Johnson, Dorothy, *Jacques-Louis David: art in metamorphosis*, Princeton 1993.

Jonsson 1986 | Jonsson, Marita, *La cura dei monumenti alle origini: restauro e scavo di monumenti antichi a Roma, 1800–1830*, Stockholm 1986.

Ketelsen 1990 | Ketelsen, Thomas, *Künstlerviten, Inventare, Kataloge: drei Studien zur Geschichte der kunsthistorischen Praxis*, Ammersbek bei Hamburg 1990.

Klein 1996 | Klein, Bruno, „Napoleons Triumphbogen in Paris und der Wandel der offiziellen Kunstanschauungen im Premier Empire“, *Zeitschrift für Kunstgeschichte*, 59 (1996), S. 244–269.

Klenze 1830 — Klenze, Leo von, *Sammlung architektonischer Entwürfe für die Ausführung bestimmt oder wirklich ausgeführt*, I, München 1830.

Klenze/Schorn 1830 — Klenze, Leo von / Schorn, Ludwig, *Beschreibung der Glyptothek Sr. Majestät des Königs Ludwig I. von Bayern*, München 1830.

Kotzebue 1805 — Kotzebue, Augustus von, *Erinnerungen von einer Reise aus Liefland nach Rom und Neapel*, III, Berlin 1805.

Kuhn 1921 — Kuhn, Alfred, *Peter Cornelius und die geistigen Strömungen seiner Zeit: mit den Briefen des Meisters an Ludwig I. von Bayern und an Goethe*, Berlin 1921.

Lanzac de Laborie 1905–1913 — Lanzac de Laborie, Léon, *Paris sous Napoléon*, 8 Bde., Paris 1905–1913.

Lanzac de Laborie 1912 — Lanzac de Laborie, Léon, „Le Musée du Louvre au temps de Napoléon d'après des documents inédites", in: *Revue des deux mondes*, 10 (82) (1912), S. 608–643.

Lanzi 1958 — Lanzi, Franco, „L'istoria universale di Bianchini e la Scienza Nuova", in: *Lettere italiane*, 10 (1958), S. 339–348.

Larson 1976 — Larson, James, „Winckelmann's essay on imitation", in: *Eighteenth-Century Studies*, 9 (1976), S. 390–405.

Larsson 1974 — Larsson, Lars Olof, *Von allen Seiten gleich schön: Studien zum Begriff der Vielansichtigkeit in der europäischen Plastik von der Renaissance bis zum Klassizismus*, Stockholm 1974.

Lefevre 1941 — Lefevre, Renato, „Note e documenti sulla fondazione del Museo Gregoriano-Egizio“, in: *Miscellanea Gregoriana: raccolta di scritti pubblicati nel I centenario dalla fondazione del Pont. Museo Egizio (1839–1939),* Vatikanstadt 1941, S. 429–454.

Lefevre 1947 — Lefevre, Renato, „Antonio Canova e il Museo Egiziano Vaticano“, in: *Le vie d'Italie*, 4 (1947), S. 45–56.

Lefevre 1948 — Lefevre, Renato, „La fondazione del Museo Gregoriano Egizio al Vaticano“, in: *Miscellanea Historiae Pontificiae*, XIII. Gregorio XVI, I. Miscellanea Commemorativa, Rom 1948, S. 223–287.

Lehmann-Hartleben 1934 — Lehmann-Hartleben, Karl, „L'arco di Tito“, in: *Bullettino della Commissione Archeologica Comunale di Roma*, 62 (1934), S. 89–122.

Leinz 1980 — *Glyptothek München 1830–1980:* Jubiläumsausstellung zur Entstehungs- und Baugeschichte (Ausst. Kat., München, Staatliche Antikensammlungen und Glyptothek, 17. September – 23. November 1980), hrsg. von K. Vierneisel, G. Leinz, München 1980.

Lelièvre 1942 — Lelièvre, Pierre, *Vivant Denon: Directeur des Beaux-Arts de Napoléon*, Paris 1942.

Lelièvre 1993 — Lelièvre, Pierre, *Vivant Denon: homme des Lumières, ‚Ministre des Arts' de Napoléon*, Paris 1993.

Letarouilly 1953–1963 — Letarouilly, Paul Marie, *Vatican*, 3 Teile, London 1953–1963.

Licht 1983 — Licht, Fred, *Antonio Canova: Beginn der modernen Skulptur*, München 1983.

Licht 1983a — Licht, Fred, *Canova*, New York 1983.

Licht 1984 — Licht, Fred, „Canovas Monumentalplastik“, in: *Ideal und Wirklichkeit der bildenden Kunst im späten 18. Jahrhundert* (Symposium, Frankfurt am Main, 24.–26. November 1982), hrsg. von H. Beck, P. C. Bol, E. Maek-Gérard, Berlin 1984, S. 163–175.

Liebenwein 1981 — Liebenwein, Wolfgang, „Der Portikus Clemens' XI. und sein Statuenschmuck: Antikenrezeption und Kapitolsidee im frühen 18. Jahrhundert“, in: *Antikensammlungen im 18. Jahrhundert*, hrsg. von H. Beck, P. C. Bol, Berlin 1981.

LIMC — *Lexicon Iconographicum Mythologiae Classicae (LIMC)*, 8 Text-, 8 Tafelbde., Zürich, München, Düsseldorf 1981–1997.

Liverani 1992 — Liverani, Paolo, „Reparto antichità classiche“, in: *Bollettino dei Monumenti, Musei e Gallerie Pontificie*, 12 (1992), S. 77–129.

Liverani 1989 — Liverani, Paolo, *Museo Chiaramonti*, Rom 1989.

Liverani 1998 — Liverani, Paolo, „Dal Pio-Clementino al Braccio Nuovo“, in: *Pio VI Braschi e Pio VII Chiaramonti: due Pontefici cesenati nel bicentenario della Campagna d'Italia.* Atti del Convegno Internazionale, Cesena, 24 maggio 1997, hrsg. von A. Emiliani, L. Pepe, B. D. Maraldi, Bologna 1998, S. 27–41.

Liverani 1998a — Liverani, Paolo, „Geschichte des Cortile Ottagono im Belvedere“, in: *Bildkatalog der Skulpturen des Vatikanischen Museums*, II. Museo Pio Clementino: Cortile Ottagono, hrsg. von B.

Andreae, bearb. von J. Köhler, Berlin 1998, S. V–XV.

Liverani 1999 — Liverani, Paolo, *La topografia antica del Vaticano*, Vatikanstadt 1999.

Liverani 2000 — Liverani, Paolo, „L'evoluzione della collezione vaticana di antichità tra il trattato di Tolentino e il congresso di Vienna", in: *Ideologie e patrimonio storico-culturale nell'età rivoluzionaria e napoleonica: a proposito del trattato di Tolentino.* Atti del convegno, Tolentino, 18–21 settembre 1997, hrsg. vom Ministero per i Beni e le Attività Culturali, Ufficio Centrale per i Beni Archivistici, Rom 2000, S. 340–353.

Livarani 2000a — Liverani, Paolo, „La situazione delle collezioni di antichità a Roma nel XVIII secolo", in: *Antikensammlungen des europäischen Adels im 18. Jahrhundert als Ausdruck einer europäischen Identität.* Internationales Kolloquium in Düsseldorf vom 7.–10. Februar 1996, konzipiert von D. Boschung, H. von Hesberg, Mainz 2000, S. 66–73.

Liverani 2004 — Liverani, Paolo, „La nascita del Museo Pio-Clementino e la politica canoviana del Musei Vaticani", in: *Canova direttore di Musei*, I. Settimana di Studi Canoviani (Bassano del Grappa, 12.–15. Oktober 1999), hrsg. von M. Pastore Stocchi, Bassano del Grappa 2004, S. 75–102.

Liverani 2005 — Liverani, Paolo, „Il ‚Museo Ecclesiastico' e dintorni", in: *Francesco Bianchini (1662–1729) und die europäische gelehrte Welt um 1700*, hrsg. von V. Kockel und B. Sölch, Berlin 2005, S. 207–234.

Madelin 1906 — Madelin, Louis, *La Rome de Napoléon: la domination française à Rome de 1809 à 1814*, Paris 1906.

Maestà di Roma — *Maestà di Roma, da Napoleone all'unità d'Italia: universale ed eterna, capitale delle arti* (Ausst. Kat., Rom, Palazzo del Quirinale, Galleria Nazionale d'Arte Moderna, 7. März – 29. Juni 2003), enti organizzatori Ministero per i Beni e le Attività Culturali, progetto: St. Susinno, realizzazione: S. Pinto, Mailand 2003; *Maestà di Roma, da Napoleone all'unità d'Italia: d'Ingres à Degas; les artistes français à Rome* (Ausst. Kat., Rom, Accademia di Francia, Villa Medici, 7. März – 29. Juni 2003), commissaire général: O. Bonfait, Mailand 2003.

Magi 1940 — Magi, Filippo, „Per la storia della Pontificia Accademia Romana di Archeologia", in: *Atti della Pontificia Accademia Romana di Archeologia*, serie III: Rendiconti, 16 (1940), S. 113–130.

Maggi/Mascardi 1914 — Maggi, Giovanni / Mascardi, Giacomo, *La grande veduta Maggi-Mascardi (1615) del Tempio e del Palazzo Vaticano: stampata sui rami originali, con introduzione di Francesco Ehrle* (Le piante maggiori di Roma dei secoli XVI e XVII, appendice 1), Rom 1914.

Mai 1994 — Mai, Ekkehard, „Kanon und Decorum: zur Repräsentanz und Präsentation der Berliner Museumsbauten von Schinkel bis Kreis", in: *Berlins Museen: Geschichte und Zukunft*, hrsg. vom Zentralinstitut für Kunstgeschichte München, bearb. von Ch. Hölz, U. Steiner, München 1994, S. 27–44.

Malamani 1890 — Malamani, Vittorio, *Un'amicizia di Antonio Canova: lettere di lui al conte Leopoldo Cicognara*, Citta di Castello 1890.

Malamani 1911 — Malamani, Vittorio, *Canova*, Mailand 1911.

Marchini 1972–1973 — Marchini, Giampaolo, „Il Museum Veronese nell'edizione del Maffei e nei cataloghi successivi", in: *Studi storici veronesi Luigi Simeoni*, 22–23 (1972–1973), S. 257–321.

Marder 1975 — Marder, Tod Allan, *The Porto di Ripetta in Rome*, Dissertation, New York 1975.

Marucchi 1899 — Marucchi, Orazio, *Il Museo Egizio Vaticano descritto ed illustrato*, Rom 1899.

Massi 1792 — Massi, Pasquale, *Indicazione antiquaria del Ponteficio Museo Pio-Clementino in Vaticano, stesa da Pasquale Massi Cesenate custode del Museo stesso*, Rom 1792 (Microfiche-Ausgabe Urbana 1998).

Massi 1830–1838 — Massi, Tommaso / Massi, Pietro Angelo, *Indicazione antiquaria delle Sale Borgia ora Miscellanee, Corridore Lapidario, Nuovo Braccio, Museo Chiaramonti, Egizio, Attico, e Pio Clementino, Galleria di Quadri, Carte Geografiche ed Arazzi, Camere e Logge di Raffaello, compilata da Tommaso e Pietro Angelo Massi*, 4 Bde., Rom 1830–1838.

Massi 1843 — Massi, Tommaso / Massi, Pietro Angelo, *Braccio Nuovo del Museo Vaticano: indicazione antiquaria*, Rom 1843.

Massi 1847 — Massi, Pietro Angelo, *Indicazione antiquaria delle sculture e pitture del Museo Vaticano: Museo Chiaramonti al Vaticano*, Rom 1847.

Massi 1850 — Massi, Pietro Angelo, *Indicazione antiquaria delle sculture e pitture del Museo Vaticano: Nuovo Braccio del Museo Vaticano*, Rom 1850.

Massi 1882 — Massi, Ercole, *Descrizione delle Gallerie di Pittura nel Pontificio Palazzo Vaticano*, Rom 1882.

Mazzarosa 1841 — Mazzarosa, Antonio, *Opere del Marchese Antonio Mazzarosa*, I, Lucca 1841.

McClellan 1984 — McClellan, Andrew, „The politics and aesthetics of display: museums in Paris, 1750–1800“, in: *Art History*, 7 (1984), S. 438–464.

McClellan 1989 — McClellan, Andrew, „The responsible republic: art, conservation and the museum during the French Revolution“, in: *Apollo*, 130 (1989), S. 5–8.

McClellan 1994 — McClellan, Andrew, *Inventing the Louvre: art, politics, and the origins of the modern museum in eighteenth-century Paris*, Cambridge, New York 1994.

McVaugh 1981 — McVaugh, Robert E., *The Casa Bartholdy frescoes and Nazarene theory in Rome, 1816–1817*, Dissertation, Princeton 1981.

Mechel 1783 — Mechel, Christian von, *Verzeichniß der Gemälde der Kaiserlich Königlichen Bilder Gallerie in Wien*, Wien 1783.

Meneghelli 1829 — Meneghelli, Antonio, *Del Canova discorso letto nell'I. R. Accademia di Belle Arti in Venezia per la distrubuzione de'premi nell'anno 1828*, 2. Aufl., Padova 1829.

Meyer 1898 — Meyer, Alfred Gotthold, *Canova* (Künstlermonographie 36), Bielefeld, Leipzig 1898.

Michaelis 1890 — Michaelis, Adolf, „Geschichte des Statuenhofes im vaticanischen Belvedere“, in: *Jahrbuch des Deutschen Archäologischen Instituts*, 5 (1890), S. 5–72.

Michaelis 1891 — Michaelis, Adolf, „Storia della Collezione Capitolina di antichità fino all'inaugurazione del museo (1734)“, in: *Mittheilungen des Deutschen Archaeologischen Instituts: Roemische Abtheilung*, 6 (1891), S. 3–66.

Michaelis 1906 — Michaelis, Adolf, *Die archäologischen Entdekkungen des 19. Jahrhunderts*, Leipzig 1906.

Micheli 1987 — Micheli, Maria Elisa, „Le raccolte di antichità di Antonio Canova“, in: *Rivista dell'Istituto Nazionale d'Archeologia e Storia dell'Arte*, serie III, 8–9 (1985–1986 [1987]), S. 205–322.

Minges 1998 — Minges, Klaus, *Das Sammlungswesen der frühen Neuzeit: Kriterien der Ordnung und Spezialisierung*, Münster 1998.

Missirini 1824 — Missirini, Melchior, *Della vita di Antonio Canova libri quattro*, Prato 1824 (Nachdruck Bassano del Grappa 2004).

Missirini 1825 — Missirini, Melchior, *Della Vita di Antonio Canova libri quattro, compilati da Melchior Missirini, terza editione, con correzioni, aggiunte e medaglie*, Mailand 1825.

Missirini 1833 — Missirini, Melchior, *Del tempio eretto in Possagno da Antonio Canova,* Venedig 1833.

Molajoli 1975 — Molajoli, Bruno, „Le benemerenze di Antonio Canova nella salvaguardia del patrimonio artistico“, in: *Da Antonio Canova alla convenzione dell'Aja: la protezione delle opere d'arte in caso di conflitto armato*, hrsg. von S. Rosso-Mazzinghi, Florenz 1975, S. 13–44.

Monge 1993 — Monge, Gaspard, *Dall'Italia: 1796–1798*, hrsg. von S. Cardinali, L. Pepe, Palermo 1993.

Montaiglon/Guiffrey 1908 — *Correspondance des directeurs de l'Académie de France à Rome avec les surintendants des bâtiments, publiée d'après les manuscrits des Archives nationales*, hrsg. von A. de Montaiglon, J. Guiffrey, XVII, Paris 1908 (Nachdruck Paris 1969).

Moroni 1847 — Moroni, Gaetano, *Dizionario di erudizione storico-ecclesiastica: da S. Pietro sino ai nostri giorni specialmente intorno ai principali santi, beati, martiri, padri, ai sommi pontefici, cardinali e più celebri scrittori ecclesiastici, ai varii gradi della gerarchia della chiesa cattolica, alle città patriarcali, arcivescovili e vescovili, agli scismi, alle eresie, ai concilii, alle feste più solenni, ai riti, alle ceremonie sacre, alle cappelle papali, cardinalizie e prelatizie, agli ordini religiosi, militari, equestri ed ospitalieri, non che alla corte e curia Romana ed alla famiglia pontificia, ec.*, XLVII, Venedig 1847.

Morrison 1996 — Morrison, Jeffrey, *Winckelmann and the notion of aesthetic education*, Oxford 1996.

Müntz 1894 — Müntz, Eugène S., „Les annexions de collections d'art ou de bibliothèques et leur rôle dans les relations internationales, principalement pendant la Révolution française“, in: *Revue d'histoire diplomatique*, 8 (1894), S. 481–497.

Müntz 1895 — Müntz, Eugène S., „Les annexions de collections d'art ou de bibliothèques et leur rôle dans les relations internationales, principalement pendant la Révolution française“, in: *Revue d'histoire diplomatique*, 9 (1895), S. 375–393.

Müntz 1896 — Müntz, Eugène S., „Les annexions de collections d'art ou de bibliothèques et leur rôle dans les relations internationales, principalement pendant la Révolution française“, in: *Revue d'histoire diplomatique*, 10 (1896), S. 481–508.

Nagari 1992 — Nagari, Mario, „Canova a Parigi nel 1815“, in: *Nuova Antologia*, 2183 (1992), S. 269–281.

Nardi 1871 — Nardi, Francesco, *Del Museo Vaticano opera e proprietà dei Pontefici: discorso letto all'Accademia Pontificia d'Archeologia nella seduta del 26 gennajo 1871 da Mons. Francesco Nardi*, Rom 1871.

Nardi 1989 — Nardi, Carla, *Napoleone e Roma: la politica della Consulta Romana*, Rom 1989.

Nardi 2005 — Nardi, Carla, *Napoleone e Roma: dalla Consulta Romana al ritorno di Pio VII (1811–1814)*, Rom 2005.

Natoli/Scarpati 1989 — *Il Palazzo del Quirinale: il mondo artistico a Roma nel periodo napoleonico*, hrsg. von M. Natoli, M. A. Scarpati, 2 Bde., Rom 1989.

Nibby 1827 — Nibby, Antonio, *Itinerario di Roma e delle sue vicinanze compilato secondo il metodo di M. Vasi da A. Nibby*, Rom 1827.

Nibby 1838 — Nibby, Antonio, *Roma nell'anno MDCCCXXXVIII*, 4 Bde., Rom 1838–1841 (Nachdruck Bologna 1971).

Noack 1907 — Noack, Friedrich, *Deutsches Leben in Rom, 1700 bis 1900*, Stuttgart, Berlin 1907 (Nachdruck Bern 1971).

Noack 1920 — Noack, Friedrich, „Die Künstlerfamilie Stern in Rom“, in: *Monatshefte für Kunstwissenschaft*, 13 (1920), S. 166–173.

Noack 1927 — Noack, Friedrich, *Das Deutschtum in Rom seit dem Ausgang des Mittelalters*, 2 Bde., Stuttgart 1927 (Nachdruck Aalen 1974).

Nogara 1925 — Nogara, Bartolomeo, „Il Card. Ercole Consalvi e le antichità e le belle arti“, in: *Nel I Centenario dalla morte del Card. Ercole Consalvi: 24 gennaio 1824–1924*, Rom 1925, S. 86–128.

Nogara 1948 — Nogara, Bartolomeo, *Origine e sviluppo dei Musei e Gallerie Pontificie*, Rom 1948.

Olson 1986 — Olson, Roberta J. M., „Representations of Pope Pius VII: the first Risorgimento hero“, in: *The Art Bulletin*, 68 (1986), S. 77–93.

Ost 1970 — Ost, Hans, *Ein Skizzenbuch Antonio Canovas: 1796–1799*, Tübingen 1970.

Osterkamp 1998 — Osterkamp, Ernst, „Johann Joachim Winckelmanns Beschreibungen der Statuen im Belvedere in der ‚Geschichte des Altertums‘: Text und Kontext“, in: *Il Cortile delle Statue: der Statuenhof des Belvedere im Vatikan*. Akten des Internationalen Kongresses zu Ehren von Richard Krautheimer (Rom, 21.–23. Oktober 1992), hrsg. von M. Winner, B. Andreae, C. Pietrangeli, Mainz 1998, S. 443–458.

Paravia 1822 — Paravia, Pier Alessandro, *Notizie intorno alla vita di Antonio Canova: giuntovi il catalogo*

	cronologico di tutte le sue opere, Venedig 1822.
Passavant 1820	Passavant, Johann David, *Ansichten über die bildenden Künste und Darstellungen des Ganges derselben in Toscana: zur Bestimmung des Gesichtspunctes, aus welchem die neudeutsche Malerschule zu betrachten ist. Von einem deutschen Künstler in Rom*, Heidelberg, Speyer 1820.
Passavant 1839	Passavant, Johann David, *Rafael von Urbino und sein Vater Giovanni Santi*, 2 Textbde., 1 Tafelbd., Leipzig 1839.
Pastor 1961	Pastor, Ludwig von, *Geschichte der Päpste seit dem Ausgang des Mittelalters,* 8. Aufl., XVI, 1–3, Freiburg im Breisgau, Rom 1961.
Pavan 1974	Pavan, Massimiliano, „Luigi Angeloni, Antonio Canova e Pietro Giordani", in: *Studi Romani*, 20 (1974), S. 457–471.
Pavan 1975	Pavan, Massimiliano, „Canova, Antonio", in: *Dizionario biografico degli Italiani*, XVIII, Rom 1975, S. 197–219.
Pavan 1976	Pavan, Massimiliano, „Antonio Canova e la discussione sugli ‚Elgin Marbles'", in: *Rivista dell'Istituto Nazionale d'Archeologia e Storia dell'Arte*, nuova serie, 21–22 (1974–1975 [1976]), S. 219–344.
Pavan 1998	Pavan, Massimiliano, „I musei Vaticani, il Canova e il governo napoleonico (1809–1814)", in: *Studi in onore di Elena Bassi*, Venedig 1998, S. 135–154.
Pavan 2004	Pavan, Massimiliano, „I Musei Vaticani, il Canova e il governo napoleonico (1809–1814)",

	in: Pavan, Massimiliano, *Scritti su Canova e il Neoclassicismo*, hrsg. von G. Pavanello, Treviso 2004, S. 135–162 (Nachdruck von Pavan 1998).
Pavan/Pavanello 2004	Pavan, Massimiliano, *Scritti su Canova e il Neoclassicismo*, hrsg. von G. Pavanello, Treviso, Possagno 2004.
Pavanello/Androsov 2002	*Antonio Canova: disegni e dipinti del Museo Civico di Bassano del Grappa e della Gipsoteca di Possagno presentati all'Ermitage* (Ausst. Kat., Sankt Petersburg, Ermitage, 16. Oktober 2001 – 6. Januar 2002), hrsg. von G. Pavanello unter Mitarbeit von S. Androsov, Mailand 2002.
Pavanello/Praz 1976	Pavanello, Giuseppe / Praz Mario, *L'opera completa del Canova*, Mailand 1976 (2. Aufl., Mailand 1981).
Pavanello/Romanelli 1992	*Antonio Canova* (Ausst. Kat., Venedig, Museo Correr, und Possagno, Gipsoteca Canoviana e Casa del Canova, 22. März – 30. September 1992), hrsg. von G. Pavanello, G. Romanelli, Venedig 1992.
Pavanello/Stringa 1997	Pavanello, Giuseppe / Stringa, Nico, „I due primi testamenti di Antonio Canova", in: *Arte Veneta*, 51 (1997), S. 115–125.
Perot 1980	Perot, Jacques, „Canova et les diplomates français à Rome: François Cacault et Alexis Artaud de Montor", in: *Bulletin de la Société de l'Histoire de l'Art français*, (1980), S. 219–233.
Peters 1991	Peters, Ursula, *Künstlerleben in Rom – Bertel Thorvaldsen (1770–1844): der dänische Bildhauer und seine deutschen Freunde* (Ausst.

Kat., Nürnberg, Germanisches Nationalmuseum, 1. Dezember 1991 – 1. März 1992), Nürnberg 1991.

Pevsner 1940 — Pevsner, Nikolaus, *Academies of art, past and present*, Cambridge 1940 (Nachdruck New York 1973).

Pietrangeli 1944 — Pietrangeli, Carlo, „Lo scavo pontificio di Otricoli“, in: *Atti della Pontificia Accademia Romana di Archeologia*, serie III: Rendiconti, 19 (1942–1943 [1944]), S. 47–104.

Pietrangeli 1952 — Pietrangeli, Carlo, „La Protomoteca Capitolina“, in: *Capitolium*, 27 (1952), S. 1–56.

Pietrangeli 1953 — Pietrangeli, Carlo, „Il Museo Clementino Vaticano“, in: *Atti della Pontificia Accademia Romana di Archeologia*, serie III: Rendiconti, 27 (1951–1952 [1953]), S. 87–109.

Pietrangeli 1955 — *Cataloghi dei Musei Comunali di Roma*, V. La Protomoteca Capitolina, hrsg. von V. Martinelli, C. Pietrangeli, Rom 1955.

Pietrangeli 1975 — Pietrangeli, Carlo, „I Musei Vaticani dopo Tolentino“, in: *Strenna dei Romanisti*, 36 (1975), S. 354–359.

Pietrangeli 1978 — Pietrangeli, Carlo, „I Musei Vaticani al tempo di Pio VI“, in: *Atti della Pontificia Accademia Romana di Archeologia*, serie III: Rendiconti, 49 (1976–1977 [1978]), S. 195–233.

Pietrangeli 1981 — Pietrangeli, Carlo, „Come funzionava un museo nell'Ottocento: il primo regolamento dei Musei Vaticani“, in: *Strenna dei Romanisti*, 43 (1981), S. 362–373.

Pietrangeli 1985 — Pietrangeli, Carlo, *I Musei Vaticani: cinque secoli di storia*, Rom 1985.

Pietrangeli 1987–1991 — Pietrangeli, Carlo, „La provenienza delle sculture dei Musei Vaticani, I–IV“, in: *Bollettino dei Monumenti, Musei e Gallerie Pontificie*, 7 (1987), S. 115–149; 8 (1988), S. 139–210; 9 (1989), S. 85–140; 11 (1991), S. 163–178.

Pietrangeli 1993 — Pietrangeli, Carlo, *The Vatican museums: five centuries of history*, Rom 1993.

Pinelli 1979 — Pinelli, Antonio, „Storia dell'arte e cultura della tutela: le ‚Lettres à Miranda' de Quatremère de Quincy“, in: *Ricerche di storia dell'arte*, 8 (1978–1979 [1979]), S. 43–62.

Pinelli 1982 — Pinelli, Antonio, „Bello ideale e ‚beau romantique': Il ‚Perseo' di Canova tra Winckelmann e Stendhal“, in: *Stendhal e Milano.* Atti del 14. Congresso Internazionale Stendhaliano, Milano, 19–23 marzo 1980, Florenz 1982, S. 749–776.

Pinelli 1983 — Pinelli, Antonio, „Il ‚Perseo' del Canova“, in: *Piranesi e la cultura antiquaria: gli antecedenti e il contesto.* Atti del Convegno, 14–17 novembre 1979, organizzato da Comune di Roma, Assessorato alla cultura; Universita degli studi di Roma, Istituto storia dell'arte, hrsg. von Anna Lo Bianco, Rom 1983, S. 421–439.

Pinelli 1991 — Pinelli, Antonio, „Il ‚Perseo' di Canova e il ‚Giasone' di Thorvaldsen: due modelli di ‚nudo eroico' a confronto“, in: *Thorvaldsen: l'ambiente, l'influsso, il mito*, hrsg. von P. Kragelund, M. Nykjaer, Rom 1991, S. 21–33.

Pinelli 1997 — Pinelli, Antonio, „La grâce de Persée et la fureur d'Hercule: Canova héroïque et politicien malgré lui“, in: *Histoire de l'histoire de l'art*, hrsg. von É. Pommier, II. XVIIIe et XIXe siècles: cycles de conférences organisés au Musée du Louvre par le Service Culturel du 24 janvier au 7 mars 1994 et du 23 janvier au 26 mars 1995, Paris 1997, S. 113–139.

Pinelli/Emiliani/Scolaro 1989 — Pinelli, Antonio / Emiliani, Andrea / Scolaro, Michela, *Lo studio delle arti e il genio dell'Europa: scritti di A. C. Quatremère de Quincy e di Pio VII Chiaramonti (1796–1802)*, Bologna 1989.

Pistolesi 1824–1830 — Pistolesi, Erasmo, *Vita del Sommo Pontefice Pio VII*, 4 Bde., Rom 1824–1830.

Pistolesi 1829 — Pistolesi, Erasmo, *Il Vaticano: descritto ed illustrato da Erasmo Pistolesi, con disegni a contorni diretti dal pittore Camillo Guerra*, III/IV, Rom 1829.

Plagemann 1967 — Plagemann, Volker, *Das deutsche Kunstmuseum 1790–1870: Lage, Baukörper, Raumorganisation, Bildprogramm*, München 1967.

Platner 1834 — Platner, Ernst, u.a., *Beschreibung der Stadt Rom*, II. Das vaticanische Gebiet, 2 Teile, Stuttgart 1834.

Platner 1838 — Platner, Ernst, u.a., *Museo Chiaramonti: indicazione antiquaria*, IV, Rom 1838.

Plessen 1992 — *Die Nation und ihre Museen*, hrsg. von M.-L. von Plessen für das Deutsche Historische Museum, Frankfurt am Main, New York 1992.

Polvara 1922 — Polvara, Giuseppe, „Osservazioni sull'arte religiosa di Antonio Canova“, in: *Arte cristiana*, 10 (1922), S. 314–316.

Pomian 1987 — Pomian, Krzysztof, *Collectionneurs, amateurs et curieux: Paris–Venise: XVIe–XVIIIe siècle*, Paris 1987.

Pommier 1989 — Pommier, Édouard, „Winckelmann et la vision de l'antiquité classique dans la France des Lumières et de la Révolution", in: *Revue de l'Art*, 83 (1989), S. 9–20.

Pommier 1989a — Quatremère de Quincy, Antoine-Chrysostome, *Lettres à Miranda sur le déplacement des monuments de l'art de l'Italie (1796)*, hrsg. von É. Pommier, Paris 1989 (2. Aufl. Paris 1996).

Pommier 1989b — Pommier, Édouard, *Le problème du musée à la veille de la Révolution*, Montargis 1989.

Pommier 1990 — *Winckelmann: la naissance de l'histoire de l'art à l'époque des Lumières*. Actes du cycle de conférences prononcées à l'Auditorium du Louvre du 11 décembre 1989 au 12 février 1990 sous la direction scientifique d'Édouard Pommier, Paris 1991.

Pommier 1991 — Pommier, Édouard, *L'art de la liberté: doctrines et débats de la Révolution Française*, Paris 1991.

Pommier 1992 — Le Brun, Jean Baptiste-Pierre, *Réflexions sur le Muséum national, 14. janvier 1793*, hrsg. von É. Pommier, Paris 1992.

Pommier 1995 — *Histoire de l'histoire de l'art*, hrsg. von É. Pommier, I. De l'antiquité au XVIIIe siècle: cycles de conférences organisés au Musée du Louvre par le Service Culturel du 10 octobre au 14 novembre 1991 et du 25 janvier au 15 mars 1993, Paris 1995.

Pommier 1995a | *Les musées en Europe à la veille de l'ouverture du Louvre.* Actes du colloque organisé par le Service Culturel du Musée du Louvre à l'occasion de la commémoration du bicentenaire de l'ouverture du Louvre les 3, 4 et 5 juin 1993, hrsg. von É. Pommier, Paris 1995.

Pommier 1998 | Quatremère de Quincy, Antoine-Chrysostome, *Ueber den nachtheiligen Einfluß der Versetzung der Monumente aus Italien auf Künste und Wissenschaften (1796).* Mit einer Einführung von Édouard Pommier, Stendal 1998.

Pommier 1999 | Pommier, Édouard, „Réflexions sur le problème des restitutions d'oeuvres d'art en 1814–1815", in: *Dominique Vivant Denon: l'oeil de Napoleon* (Ausst. Kat., Paris, Louvre, 20. Oktober 1999 – 17. Januar 2000), Red.: M.-A. Dupuy, Paris 1999, S. 254–257.

Pommier 2000 | Pommier, Édouard, „Vienne 1780 – Paris 1793 ou le plus révolutionnaire des deux musées n'est peut-être pas celui auquel on pense d'abord", in: *Revue germanique internationale,* 13 (2000), S. 67–86.

Pommier 2000a | Pommier, Édouard, „Le goût de la République", in: *Ideologie e patrimonio storico-culturale nell'età rivoluzionaria e napoleonica: a proposito del trattato di Tolentino.* Atti del convegno, Tolentino, 18–21 settembre 1997, hrsg. vom Ministero per i Beni e le Attività Culturali, Ufficio Centrale per i Beni Archivistici, Rom 2000, S. 1–32.

Pommier 2002 | Pommier, Édouard, „Le problème des biens artistiques dans le contexte des rapports de force entre les nations: aux origines, 1750–1815", in: *La culture dans les relations internationales.* Actes des colloque „La diplomazia culturale e le nazioni“ (Bologna, 30 novembre – 2 décembre 2000) et „La culture dans le champ multilatéral“ (Lyon, 10–12 mai 2001), organisés par l'École Française de Rome sous la direction de F. Roche, Rom 2002, S. 59–73.

Pommier 2002a | Quatremère de Quincy, Antoine-Chrysostome, *Lettere a Miranda, con scritti di Edouard Pommier, introduzione, traduzione e cura di M. Scolaro*, Bologna 2002.

Pommier 2004 | Pommier, Édouard, „La Rivoluzione e il museo del Louvre“, in: “, in: *Canova direttore di Musei*, I. Settimana di Studi Canoviani (Bassano del Grappa, 12.–15. Oktober 1999), hrsg. von M. Pastore Stocchi, Bassano del Grappa 2004, S. 31–73.

Potts 1980 | Potts, Alexander D., „Greek sculpture and Roman copies, I. Anton Raphael Mengs and the eighteenth century“, in: *Journal of the Warburg and Courtauld Institutes*, 43 (1980), S. 150–173.

Praz 1940 | Praz, Mario, *Gusto neoclassico*, Florenz 1940.

Quatremère 1815 | Quatremère de Quincy, Antoine-Chrysostome, *Lettres sur le préjudice qu'occasionneroient aux arts et à la science, le déplacement des monumens de l'art de l'Italie, le démembrement de ses écoles, et la spoliation de ses collections, galeries, musées, etc., nouvelle édition*, Rom 1815 (Mikrofiche-Ausgabe Urbana 2004).

Quatremère 1834 | Quatremère de Quincy, Antoine-Chrysostome, *Canova et ses ouvrages ou mémoires historiques sur la vie et les travaux de ce célèbre artiste*, Paris 1834.

Quatremère 1842 — Quatremère de Quincy, Antoine-Chrysostome, *Dizionario storico di architettura,* I, Mantua 1842.

Rahn 1993 — Rahn, Dieter, *Die Plastik und die Dinge: zum Streit zwischen Philosophie und Kunst*, Freiburg im Breisgau 1993.

Rava 1923 — Rava, Luigi, „Antonio Canova ambasciatore", in: *L'archiginnasio*, 18 (1923), S. 27–43.

Ravagnan 1997 — Ravagnan, Giovanna Luisa, „Le ultime vicende dello statuario pubblico dalla caduta della Repubblica di Venezia alla nascita del Museo Archeologico Nazionale", in: *Lo statuario pubblico della Serenissima: due secoli di collezionismo di antichità, 1596–1797* (Ausst. Kat., Venedig, Biblioteca Nazionale Marciana, 6. September – 2. November 1997), S. 66–71.

Rave 1941 — Rave, Paul Ortwin, *Karl Friedrich Schinkel*, hrsg. von der Akademie des Bauwesens, II. Berlin, 1. Bauten für die Kunst, Kirchen, Denkmalpflege, Berlin 1941.

RE — *Realencyclopädie der classischen Altertumswissenschaft*, 50 Bde., 83 Teile, Stuttgart 1893–1980.

Redig De Campos 1954 — Redig De Campos, Deoclecio, *Itinerario pittorico dei Musei Vaticani*, Rom 1954.

Redig De Campos 1967 — Redig De Campos, Deoclecio, *I palazzi Vaticani*, Bologna 1967.

Refice 1952 — Refice, Claudia, „Antonio Canova e gli Inglesi", in: *English Miscellany*, 3 (1952), S. 211–233.

Reichardt 1805 — Reichardt, Johann Friedrich, *Vertraute Briefe aus Paris, geschrieben in den Jahren 1802 und 1803*, I, 2. Aufl., Hamburg 1805.

Reifenscheid 1994 — Reifenscheid, Beate, „Raffael in den Bildmedien des 18. Jahrhunderts“, in: *Romantik und Renaissance: die Rezeption der italienischen Renaissance in der deutschen Romantik*, hrsg. von S. Vietta, Stuttgart 1994, S. 33–60.

Ridley 1989 — Ridley, Ronald T., „The monuments of the Roman Forum: the struggle for identity“, in: *Xenia*, 17 (1989), S. 71–90.

Riebesell 1994 — Riebesell, Christina, „Die Sammlung des Kardinal Alessandro Farnese (1520–1589) als Stellvertreterin für das antike Rom“, in: *Macrocosmos in Microcosmo: die Welt in der Stube. Zur Geschichte des Sammelns 1450 bis 1800*, hrsg. von A. Grote, Opladen 1994, S. 397–416.

Riegel 1876 — Riegel, Herman, *Geschichte der deutschen Kunst seit Carstens und Gottfried Schadow*, I. Geschichte des Wiederauflebens der deutschen Kunst zu Ende des 18. und Anfang des 19. Jahrhunderts: ein Beitrag zur Geschichte der allgemeinen Wiedergeburt des deutschen Volkes, Hannover 1876.

Rinieri 1906 — Rinieri, Ilario, *Napoleone e Pio VII (1804–1813): relazioni storiche su documenti inediti dell'Archivio Vaticano*, I, Turin 1906.

Robinson 1987 — Robinson, John Martin, *Cardinal Consalvi: 1757–1824*, London 1987.

Rodenwaldt 1956 — Rodenwaldt, Gerhart, *Griechisches und Römisches in Berliner Bauten des Klassizismus*, Berlin 1956 (Nachdruck Berlin 1979).

Roettgen 1980 — Roettgen, Steffi, „Das Papyruskabinett von Mengs in der Biblioteca Vaticana: ein Beitrag zur Idee und Geschichte des Museo Pio-Clementino“, in: *Münchner Jahrbuch der bildenden Kunst*, 3. Folge, 31 (1980), S. 189–246.

Roettgen 1995 — Roettgen, Steffi, *Antonio Canova und seine Zeit* (unpubliziertes Manuskript einer Vorlesung an der Universität München am 19. Dezember 1995).

Roettgen 1996 — Roettgen, Steffi, *Die Totenklage als Thema der Sepulkralplastik Canovas: die religiösen Themen und das unvermeidliche Fazit* (unpubliziertes Manuskript einer Vorlesung an der Universität München am 13. Februar 1996).

Roettgen 1999 — Roettgen, Steffi, *Anton Raphael Mengs*, I. Das malerische und zeichnerische Werk, München 1999.

Rose 1919 — *Tagebuch des Herrn von Chantelou über die Reise des Cavaliere Bernini nach Frankreich*, bearbeitet von H. Rose, München 1919.

Rosenberg 1985–1986 — Rosenberg, Martin, „Raphael's ‚Transfiguration‘ and Napoleon's cultural politics“, in: *Eighteenth-Century Studies*, 19 (1985–1986), S. 180–205.

Rosini 1830 — Rosini, Giovanni, *Saggio sulla vita e sulle opere di Antonio Canova*, Pisa 1830.

Rossi Pinelli 1978/1979 — Rossi Pinelli, Orietta, „Carlo Fea e il chirografo del 1802: cronaca, giudiziaria e non, delle prime battaglie per la tutela delle ‚Belle Arti‘“, in: *Ricerche di storia dell'arte*, 8 (1978/1979 [1979]), S. 27–42.

Rossi Pinelli 1981 — Rossi Pinelli, Orietta, „Artisti, falsari o filologhi? Da Cavaceppi a Canova, il restauro della scultura tra arte e scienza“, in: *Ricerche di storia dell'arte*, 13–14 (1981), S. 41–56.

Rossi Pinelli 1994 — Rossi Pinelli, Orietta, „Intellettuali e pubblico nel XVIII secolo: mutamenti nella destinazione, definizione e descrizione delle opere d'arte“, in: *Studi in onore di Giulio Carlo Argan*, Florenz 1994, S. 292–307.

Rossi Pinelli 1997 — Rossi Pinelli, Orietta, *Artisti come professionisti, artisti come profeti: accademie, mestieri e mercato nel XVIII secolo*, Rom 1997.

Sande 1979 — Sande, Anton van de, *La Curie romaine au début de la Restauration: le problème de la continuité dans la politique de Restauration du Saint-Siège en Italie, 1814–1817*, 's-Gravenhage 1979.

Saunier 1902 — Saunier, Charles, *Les conquêtes artistiques de la révolution et de l'empire: reprises et abandons des alliés en 1815, leurs conséquences sur les musées d'Europe*, Paris 1902.

Schinkel 2005 — Schinkel, Karl Friedrich, *Sammlung architektonischer Entwürfe: sämtliche Texte und Tafeln der Ausgabe Potsdam 1841–1845*, Einführung, Tabellen und Register von A. Uhl, Nördlingen 2005.

Schlegel 1819 — Schlegel, Friedrich, „Ueber die Deutsche Kunstausstellung zu Rom im Frühjahr 1819 und ueber den gegenwärtigen Stand der deutschen Kunst in Rom“, in: *Jahrbücher der Literatur*, 7 (1819): Anzeige-Blatt für Wissenschaft und Kunst, VII, S. 1–16.

Schlegel 1959 | Schlegel Fridrich, *Ansichten und Ideen von der christlichen Kunst*, hrsg. und eingeleitet von H. Eichner, München, Paderborn, Wien 1959.

Schlegel 1984 | Schlegel, Friedrich, *Gemälde alter Meister*, mit Kommentar und Nachwort von H. Eichner, N. Lelless, Darmstadt 1984.

Schlitter 1901 | Schlitter, Hanns, „Die Zurückstellung der von den Franzosen im Jahre 1809 aus Wien entführten Archive, Bibliotheken und Kunstsammlungen", in: *Mittheilungen des Instituts für oesterreichische Geschichtsforschung*, 22 (1901), S. 108–122.

Schmidlin 1933 | Schmidlin, Joseph, *Papstgeschichte der neuesten Zeit*, I. Papsttum und Päpste im Zeitalter der Restauration (1800–1846), 2. Aufl., München 1933.

Schneider 1910 | Schneider, René, *Quatremère De Quincy et son intervention dans les arts (1788–1830)*, Paris 1910.

Schneider 1912 | Schneider, René, „L'art de Canova et la France impériale", in: *Revue des études napoléoniennes*, 1 (1912), S. 36–57.

Schneider 1952 | Schneider, Artur von, *Carl Philipp Fohr: Skizzenbuch. Bildniszeichnungen deutscher Künstler in Rom*, Berlin 1952.

Schnorr von Carolsfeld 1886 | Schnorr von Carolsfeld, Julius, *Briefe aus Italien, geschrieben in den Jahren 1817 bis 1827*, Gotha 1886.

Schröter 1990 | Schröter, Elisabeth, „Raffael-Kult und Raffael-Forschung: Johann David Passavant und seine Raffael-Monographie im Kontext der Kunst und Kunstgeschichte seiner Zeit", in: *Römi-*

sches Jahrbuch der Bibliotheca Hertziana, 26 (1990), S. 303–397.

Schütze 1994 — Schütze, Sebastian, „„Urbano inalza Pietro, e Pietro Urbano': Beobachtungen zu Idee und Gestalt der Ausstattung von Neu-St. Peter unter Urban VIII.", in: *Römisches Jahrbuch der Bibliotheca Hertziana*, 29 (1994), S. 213–287.

Schwahn 1983 — Schwahn, Britta, *Die Glyptothek in München: Baugeschichte und Ikonologie*, München 1983.

Selva 1835 — Selva, Domenico, *Lettere familiari inedite di Antonio Canova e di Giannantonio Selva*, Venedig 1835.

Settis 1986 — *Memoria dell'antico nell arte italiana*, III. Dalla tradizione all'archeologia, hrsg. von S. Settis, Turin 1986, S. 149–180.

Sforza 1923 — Sforza, Giovanni, „Ennio Quirino Visconti e la sua famiglia", in: *Atti della Società Ligure di Storia Patria*, 51 (1923), S. 45–78.

Sperduti 1982 — Sperduti, Giuseppe, „Luigi Angeloni e il Canova per la restituzione delle opere d'arte", in: *Ottocento nel Lazio*, hrsg. von R. Lefevre, Rom 1982, S. 253–272.

Springer 1883 — Springer, Anton, *Raffael und Michelangelo*, 2. Aufl., 2 Bde., Leipzig 1883.

Springer 1982 — Springer, Peter, „Canova und Raffael – Beiträge zum Künstlerkult des 19. Jahrhunderts", in: *Mitteilungen der Gesellschaft für vergleichende Kunstforschung in Wien*, 34.3 (1982), S. 6–8.

Springer 1987 — Springer, Carolyn, *The Marble Wilderness: ruins and representation in Italian romanticism 1775–1850*, Cambridge, New York 1987.

Stefani 1990 — Stefani, Ottorino, *I rilievi del Canova: una nuova concezione del tempo e dello spazio*, Mailand 1990.

Stefani 1992 — Stefani, Ottorino, *Canova pittore: tra Eros e Thanatos*, Mailand 1992.

Steindl 1993 — Steindl, Barbara, *Mäzenatentum im Rom des 19. Jahrhunderts: die Familie Torlonia*, Hildesheim, New York 1993.

Steinmann 1916 — Steinmann, Ernst, „Das Fest der Freiheit im Jahre 1798 in Paris“, in: *Monatshefte für Kunstwissenschaft*, 9 (1916), S. 273–277.

Steinmann 1917 — Steinmann, Ernst, „Raffael im Musée Napoléon“, in: *Monatshefte für Kunstwissenschaft*, 10 (1917), S. 8–25.

Steinmann 1919 — Steinmann, Ernst, „Sammelleidenschaft der Bonaparte“, in: *Der Cicerone*, 11 (1919), S. 808–813.

Steinmann 1925 — Steinmann, Ernst, „Gemälderestaurationen im Vatikan“, in: *Der Cicerone*, 17 (1925), S. 943–949.

Steuben 1981 — Steuben, Hans von, „Das Museo Pio-Clementino in Antikensammlungen im 18. Jahrhundert“, in: *Frankfurter Forschungen zur Kunst*, 9 (1981), S. 149–165.

Stock 1929 — Stock, Friedrich, „Zur Vorgeschichte der Berliner Museen: Urkunden von 1786 bis 1807“, in: *Jahrbuch der Preuszischen Kunstsammlungen*, 49 (1929), Beiheft, S. 65–174.

Stock 1930 — Stock, Friedrich, „Urkunden zur Vorgeschichte des Berliner Museums“, in: *Jahrbuch der Preuszischen Kunstsammlungen*, 51 (1930), S. 205–222.

Stock 1937 — Stock, Friedrich, „Urkunden zur Einrichtung des Berliner Museums“, in: *Jahrbuch der Preuszischen Kunstsammlungen*, 58 (1937), Beiheft, S. 1–88.

Syre 1986 — Syre, Cornelia, „‚Wirken Sie, was Sie vermögen!‘: Die Erwerbungen italienischer Gemälde in der Korrespondenz mit den Kunstagenten“, in: *‚Ihm, welcher der Andacht Tempel baut ...‘: Ludwig I. und die Alte Pinakothek.* Festschrift zum Jubiläumsjahr 1986, hrsg. von den Bayerischen Staatsgemäldesammlungen, München 1986, S. 41–55.

Tadolini 1900 — *Ricordi autobiografici di Adamo Tadolini scultore*, hrsg. von G. Tadolini, Rom 1900.

Tamblé 1998 — Tamblé, Donato, „‚Tutta Roma è e deve essere una galleria‘: Carlo Fea ed il ritorno dalla Francia a Roma delle opere d'arte dopo la Restaurazione“, in: *Strenna dei Romanisti*, 59 (1998), S. 417–442.

Tambroni 1816 — Tambroni, Giuseppe, *Descrizione dei dipinti a buon fresco eseguiti in una galleria del Palazzo del Sig. Duca di Bracciano in Roma dal Signor Pelagio Palagi, Accademia di San Luca*, Rom 1816.

Tambroni 1823 — Tambroni, Giuseppe, *Intorno la vita di Antonio Canova comentario*, Rom 1823.

Tambroni 1982 — *Giuseppe Tambroni e lo stato delle belle arti in Roma nel 1814*, hrsg. von St. Rudolph, Rom 1982.

Ternois 1970 — Ternois, Daniel, „Napoléon et la décoration du Palais Impérial de Monte Cavallo en 1811–1813“, in: *Revue de l'Art*, 7 (1970), S. 68–89.

Traeger 1981 — Traeger, Jörg, „Monument, Museum, Mausoleum: Aspekte neoklassizistischer Unsterblichkeit“, in: *Atti del XXIV Congresso Internazionale di Storia dell'Arte* (Bologna, 10.–18. September 1979), VII. Saloni, gallerie, musei e loro influenza sullo sviluppo dell'arte dei secoli XIX e XX, hrsg. von F. Haskell, Bologna 1981, S. 37–47.

Ungarelli 1839 — Ungarelli, Luigi Maria, „Nuovo Museo Gregoriano Egizio nel Vaticano“, in: *Album*, 5 (1838–1839), S. 393–397.

Valadier 1804 — Valadier, Giuseppe, *Relazioni e osservazioni di Valadier sulle scoperte fatte nelle scavi al lato ed alla facciata del Pantheon nel 1804*, Rom 1804.

Valadier 1822 — Valadier, Giuseppe, *Narrazione artistica dell'operato finora nel ristauro dell'Arco di Tito, letta nell'Accademia Romana di Archeologia, li 20 decembre 1821*, Rom 1822.

Valmarana 1854 — *Lettere scelte dell'inedito epistolario di Antonio Canova*, hrsg. von A. Valmarana, Vicenza 1854.

Varese 2001 — Paravia, Pier Alessandro, *Notizie intorno alla vita di Canova*, hrsg. von R. Varese, Bassano del Grappa 2001.

Varese 2004 — Varese, Ranieri, „Canova e l'idea di museo“, in: *Canova direttore di Musei*, I. Settimana di Studi Canoviani (Bassano del Grappa, 12.–15. Oktober 1999), hrsg. von M. Pastore Stocchi, Bassano del Grappa 2004, S. 103–125.

Vasari — Vasari, Giorgio, *Le vite de' più eccellenti architetti, pittori, et scultori italiani, da Cimabue insino a' tempi nostri*, Florenz 1550 (Nachdruck, hrsg. von L. Bellosi, Turin 1986).

Vasari 1822–1823 — Vasari, Giorgio, *Opere*, hrsg. von G. Vasari, 6 Bde., Florenz 1822–1823.

Venturi 1890 — Venturi, Adolfo, *La Galleria Vaticana*, Rom 1890.

Venturi 1926 — Venturi, Lionello, *Il gusto dei primitivi*, Bologna 1926.

Venturi 1972 — Venturi, Lionello, *Il gusto dei primitivi*, prefazione di Giulio Carlo Argan, 2. Aufl., Turin 1972 (Nachdruck Turin 1981).

Vici 1966 — Vici, Andrea Busiri, „La statua della Religione del Canova e le sue vicende", in: *Palatino*, 10 (1966), S. 228–234.

Vici 1972 — Vici, Andrea Busiri, „Funzionari napoleonici a Roma", in: *Arte illustrata*, 50 (1972), S. 332–345.

Vieregg 1991 — Vieregg, Hildegard, *Vorgeschichte der Museumspädagogik: dargestellt an der Museumsentwicklung in den Städten Berlin, Dresden, München und Hamburg bis zum Beginn der Weimarer Republik*, Münster, Hamburg 1991.

Visconti, Museo Chiaramonti — Visconti, Filippo Aurelio / Guattani, Giuseppe Antonio, *Il Museo Chiaramonti aggiunto al Pio-Clementino da N. S. Pio VII P. M. con l'esplicazione de Sigg. Filippo Aurelio Visconti e Giuseppe Antonio Guattani, pubblicato da Antonio d'Este e Gaspare Capparone*, 3 Bde., Rom 1808–1843 (Microfiche-Ausgabe Urbana 1998).

Visconti 1782–1807	Visconti, Giovanni Battista (nur Bd. I) / Visconti, Ennio Quirino, *Il Museo Pio-Clementino*, Rom, I, 1782–1783; II, 1784–1785; III, 1790; IV, 1807; V, 1796; VI, 1792; VII, 1807.
Visconti 1820	Visconti, Filippo Aurelio / Guattani, Giuseppe Antonio, *Il Museo Chiaramonti descritto e illustrato da Filippo Aurelio Visconti e Giuseppe Antonio Guattani. Prefazione del dott. Giovanni Labus*, Mailand 1820.
Weber 1999	Weber, Peter Johannes, „Die Verbringung der Kulturgüter aus dem Kirchenstaat und ihre Rückholung am Ende der Napoleonischen Ära“, in: *Römische Quartalschrift für christliche Altertumskunde und Kirchengeschichte*, 94 (1999), S. 275–310.
Welschinger 1913	Welschinger, Henri, „Canova et Napoléon, 1802–1810“, in: *Revue d'histoire diplomatique*, 27 (1913), S. 341–362.
Wescher 1964	Wescher, Paul, „Vivant Denon and the Musée Napoléon“, in: *Apollo*, 31 (1964), S. 178–186.
Wescher 1976	Wescher, Paul, *Kunstraub unter Napoleon*, Berlin 1976.
Winckelmann 1756	Winckelmann, Johann Joachim, *Gedanken über die Nachahmung der griechischen Werke in der Malerey und Bildhauerkunst*, 2. Aufl., Dresden, Leipzig 1756.
Winckelmann 1764	Winckelmann, Johann Joachim, *Geschichte der Kunst des Alterthums*, I, Dresden 1764.
Winckelmann 2002	Winckelmann, Johann Joachim, *Geschichte der Kunst des Alterthums*, *Text*, hrsg. von A. H. Borbein, Th. W. Gaehtgens, J. Irmscher, M. Kunze, Mainz 2002.

Winckelmann 2003 — Winckelmann, Johann Joachim, *Gedanken über die Nachahmung der griechischen Werke in der Malerei und Bildhauerkunst*, hrsg. und bibliographisch ergänzt von L. Uhlig, Stuttgart 2003.

Winckelmann/Disselkamp 1997 — Winckelmann, Johann Joachim, *Briefe aus Rom*, ausgewählt, kommentiert und mit einer Einleitung von M. Disselkamp, Mainz 1997.

Winner 1968 — Winner, Matthias, „Zum Apoll von Belvedere", in: *Jahrbuch der Berliner Museen*, 10 (1968), S. 181–199.

Winner 1998 — Winner, Matthias, „Paragone mit dem Belvederischen Apoll: kleine Wirkungsgeschichte der Statue von Antico bis Canova", in: *Il Cortile delle Statue: der Statuenhof des Belvedere im Vatikan.* Akten des Internationalen Kongresses zu Ehren von Richard Krautheimer (Rom, 21.–23. Oktober 1992), hrsg. von M. Winner, B. Andreae, C. Pietrangeli, Mainz 1998, S. 229–252.

Wittkower 1965 — Wittkower, Rudolf, „Imitation, eclecticism, and genius", in: *Aspects of the eighteenth century*, hrsg. von E. Reeves Wasserman, Baltimore, London 1965, S. 143–161.

Wolzogen 1863 — Wolzogen, Alfred von, *Aus Schinkel's Nachlaß: Reisetagebücher, Briefe und Aphorismen*, III, Berlin 1863.

Wünsche 1985 — Wünsche, Raimund, „‚Göttliche, paßliche, wünschenswerthe und erforderliche Antiken': Leo von Klenze und die Antikenerwerbungen Ludwigs I.", in: *Ein griechischer Traum: Leo von Klenze. Der Archäologe* (Ausst. Kat., München, Glyptothek, 6. Dezember 1985 – 9. Februar 1986), München 1985, S. 9–115.

Wüthrich 1956 — Wüthrich, Lucas Heinrich, *Christian von Mechel: Leben und Werk eines Basler Kupferstechers und Kunsthändlers (1737–1817)*, Basel, Stuttgart 1956.

Wyss 1983 — Wyss, Beat, „Klassizismus und Geschichtsphilosophie im Konflikt mit Aloys Hirt und Hegel", in: *Kunsterfahrung und Kulturpolitik im Berlin Hegels*, hrsg. von O. Pöggeler, A. Gethmann-Siefert, Bonn 1983, S. 115–130.

Zanella 1991 — Zanella, Andrea, *Canova e Roma*, Rom 1991.

Zanker 1987 — Zanker, Paul, *Augustus und die Macht der Bilder*, München 1987 (4. Aufl. München 2003).

Zeitler 1954 — Zeitler, Rudolf, *Klassizismus und Utopia: Interpretationen zu Werken von David, Canova, Carstens, Thorvaldsen, Koch*, Stockholm 1954.

Abbildungsverzeichnis

44. Vincenzo Ferreri, Gesetz zum Schutz der Kunstwerke, 1816 (Musei Vaticani, Museo Chiaramonti)
45. Francesco Hayez, Rückkehr der Kunstwerke, 1818 (Musei Vaticani, Museo Chiaramonti)
46. Antonio Canova, Gipsbüste des Gavin Hamilton, 1789, Photo (Possagno, Gipsoteca)
47. Gavin Hamilton, Selbstporträt, Zeichnung (Edinburgh, National Gallery of Scotland)
48. Charles Baugniet, William Richard Hamilton, Lithographie, 1850 (Oxford, Ashmolean Museum)
49. Richard James Lane, Stich nach einem Porträt von Thomas Phillips (Privatsammlung)
50. Filippo Agricola, Gründung des Museo Chiaramonti (Musei Vaticani, Museo Chiaramonti)
51. Giuseppe de Fabris, Monument Canovas (Rom, Kapitol, Protomoteca)
52. Athena auf Grabaltar (Musei Vaticani, Museo Chiaramonti)
53. Giacomo Conca, Gründung der Pinakothek (Musei Vaticani, Museo Chiaramonti)
54. Altar mit Mänadenrelief (Musei Vaticani, Galleria Lapidaria)
55. Altar mit Mänadenrelief (Musei Vaticani, Galleria Lapidaria)
56. Anonym, Eröffnung des Museo Pio-Clementino, 1819 (Musei Vaticani, Biblioteca Vaticana, Sala Alessandrina)
57. Anonym, Besuch von Gustav III. von Schweden, 1819 (Musei Vaticani, Biblioteca Vaticana, Sala Alessandrina)
58. Diana (Musei Vaticani, Sala della Biga)
59. Anton Raphael Mengs, Allegorie auf das Museum Clementinum, Dekkenfresko in der Stanza dei Papiri (Musei Vaticani, Biblioteca Vaticana)
60. Anton Raphael Mengs, Entwurf für Deckenfresko in der Stanza dei Papiri der Biblioteca Vaticana
61. Raffael, Schule von Athen, Ausschnitt (Musei Vaticani, Stanzen)
62. Francesco Hayez, Malschule (Musei Vaticani, Museo Chiaramonti)
63. Francesco Hayez, Malschule, Ausschnitt (Musei Vaticani, Museo Chiaramonti)
64. Jean Auguste-Dominique Ingres, Apotheose des Homer, 1827 (Paris, Louvre)
65. Giuseppe Caponeri, Ägyptische und Attische Kunst (Musei Vaticani, Museo Chiaramonti)
66. Stefano Pozzo, Allegorie der Gründung des Museo Profano (Musei Vaticani, Biblioteca Vaticana)

Abbildungen

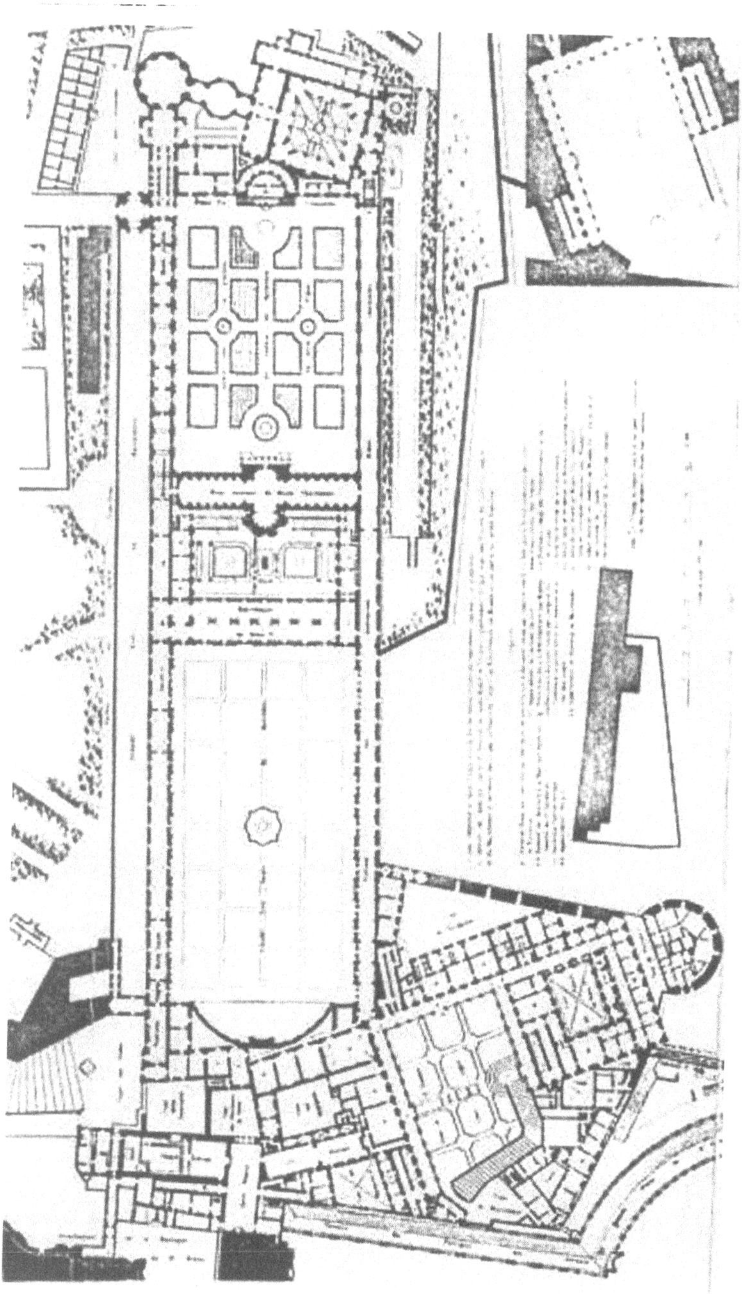

Abb. 1: Paul Letarouilly, *Grundriß des Museo Pio-Clementino (Le Vatican, Paris 1882)*

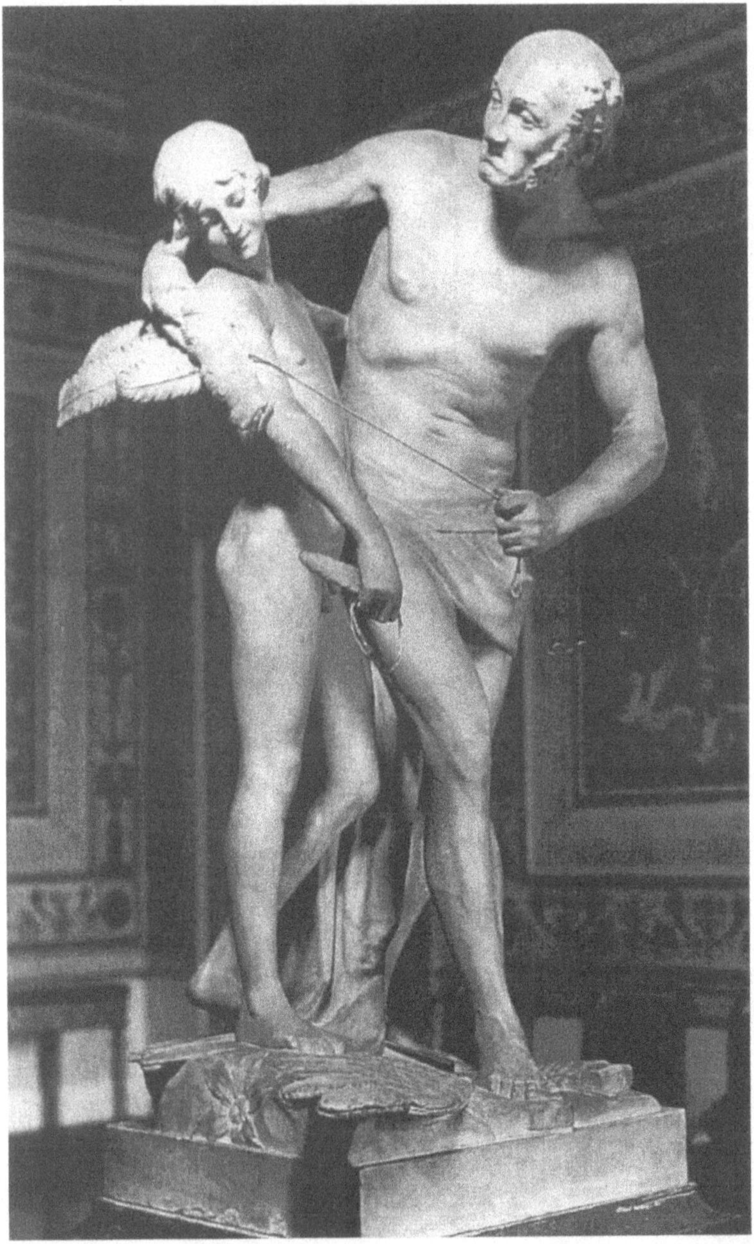

Abb. 2: Antonio Canova, Dädalus und Ikarus, 1777–1779 (Venedig, Museo Correr)

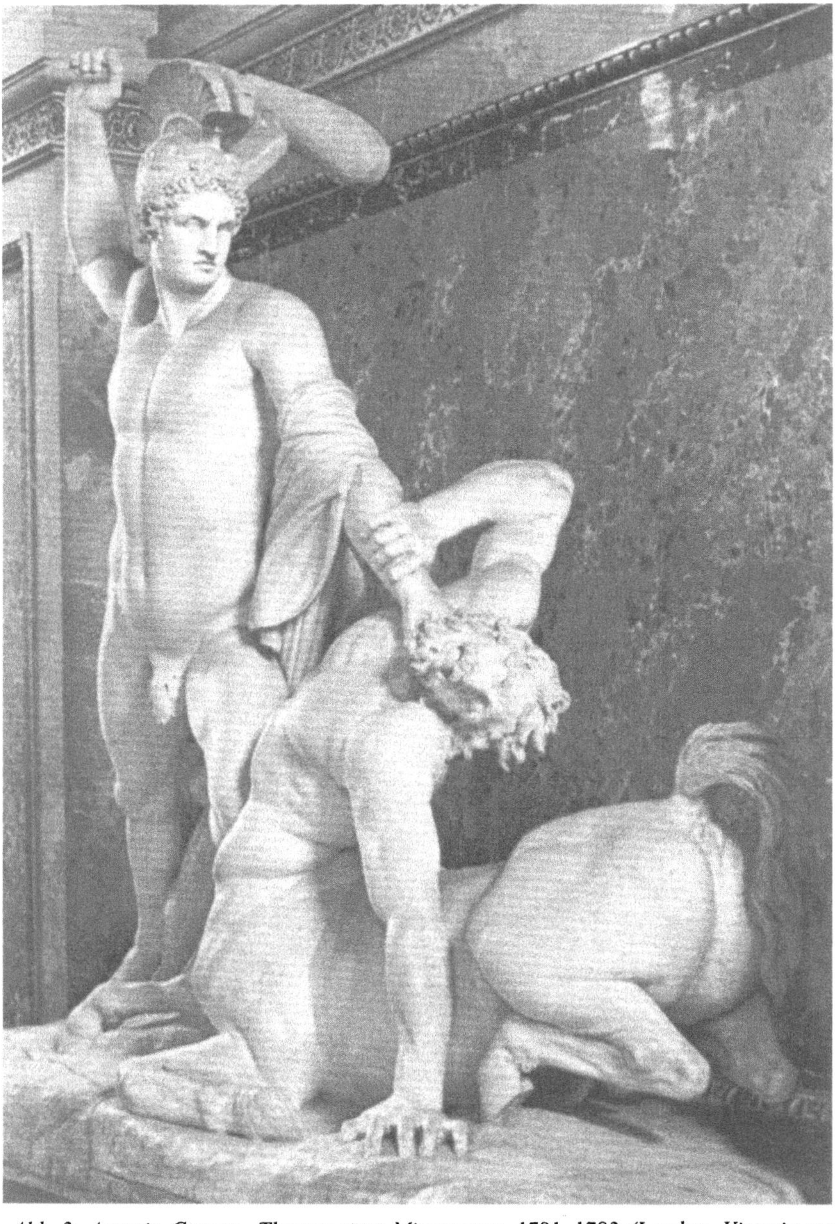

Abb. 3: Antonio Canova, Theseus tötet Minotaurus, 1781–1783 (London, Victoria and Albert Museum)

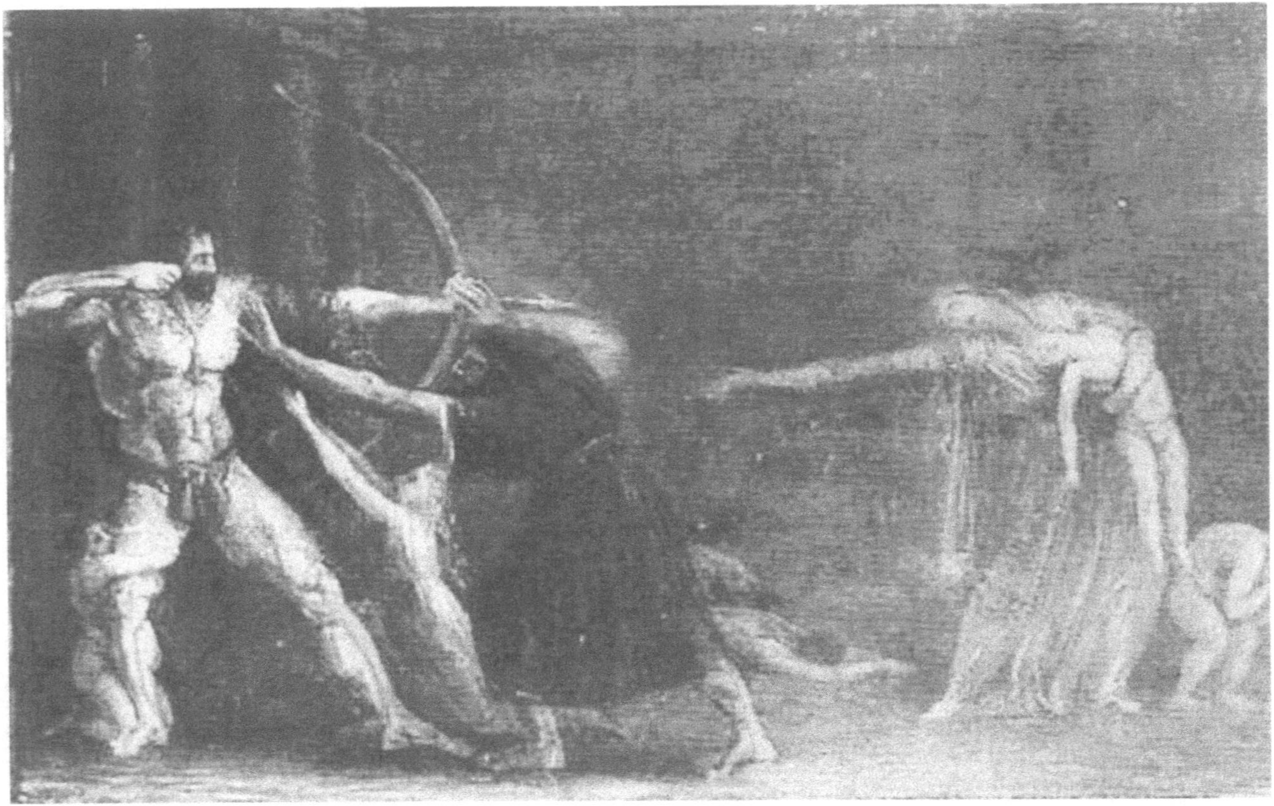

Abb. 4: Antonio Canova, Herakles tötet seine Kinder, 1799 (Bassano del Grappa, Museo Civico)

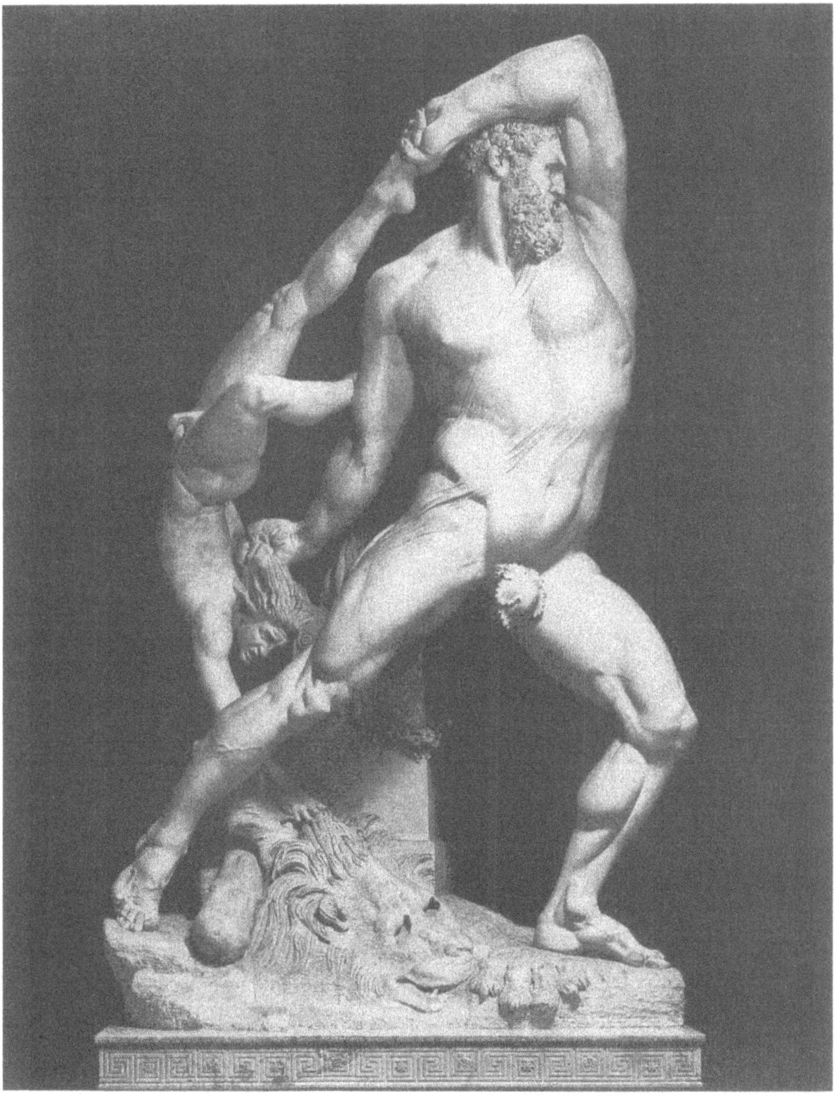

Abb. 5: Antonio Canova, Herkules und Lichas, 1795–1815 (Rom, Galleria d'Arte Moderna)

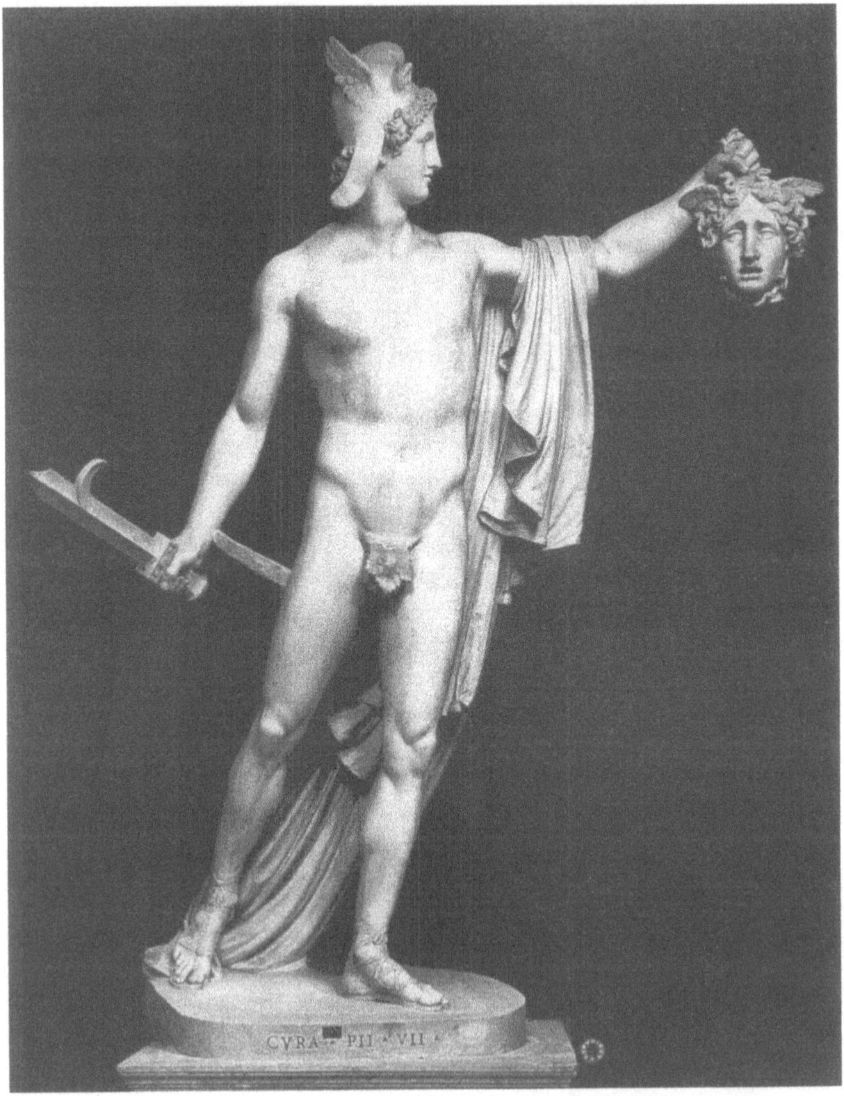

Abb. 6: Antonio Canova, Perseus, 1797–1801 (Musei Vaticani)

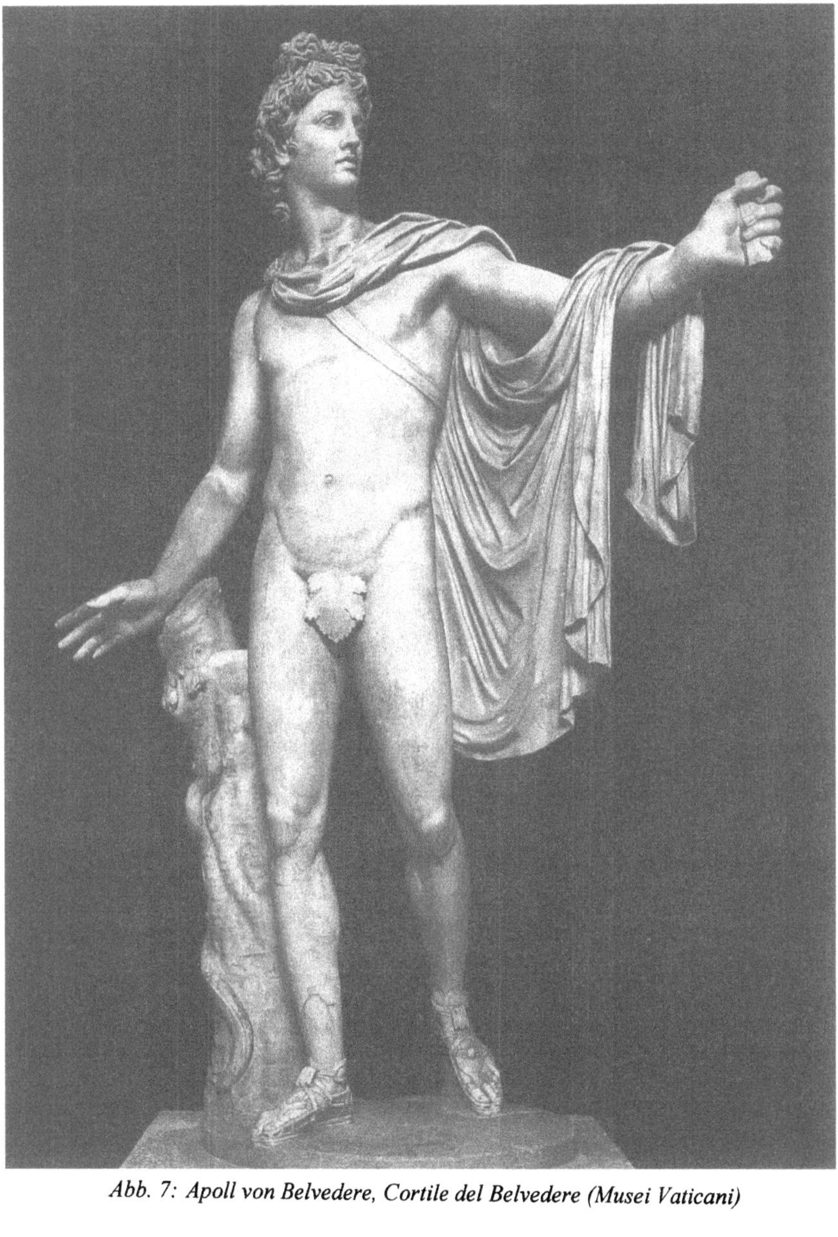

Abb. 7: Apoll von Belvedere, Cortile del Belvedere (Musei Vaticani)

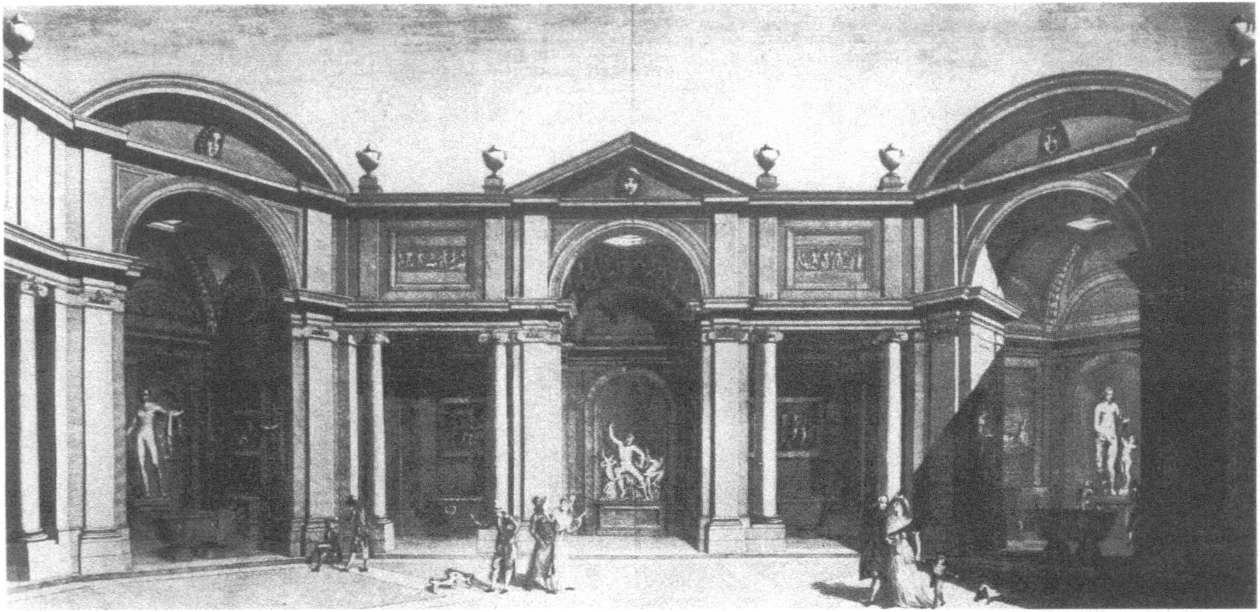

Abb. 8: Cortile delle Statue (Musei Vaticani)

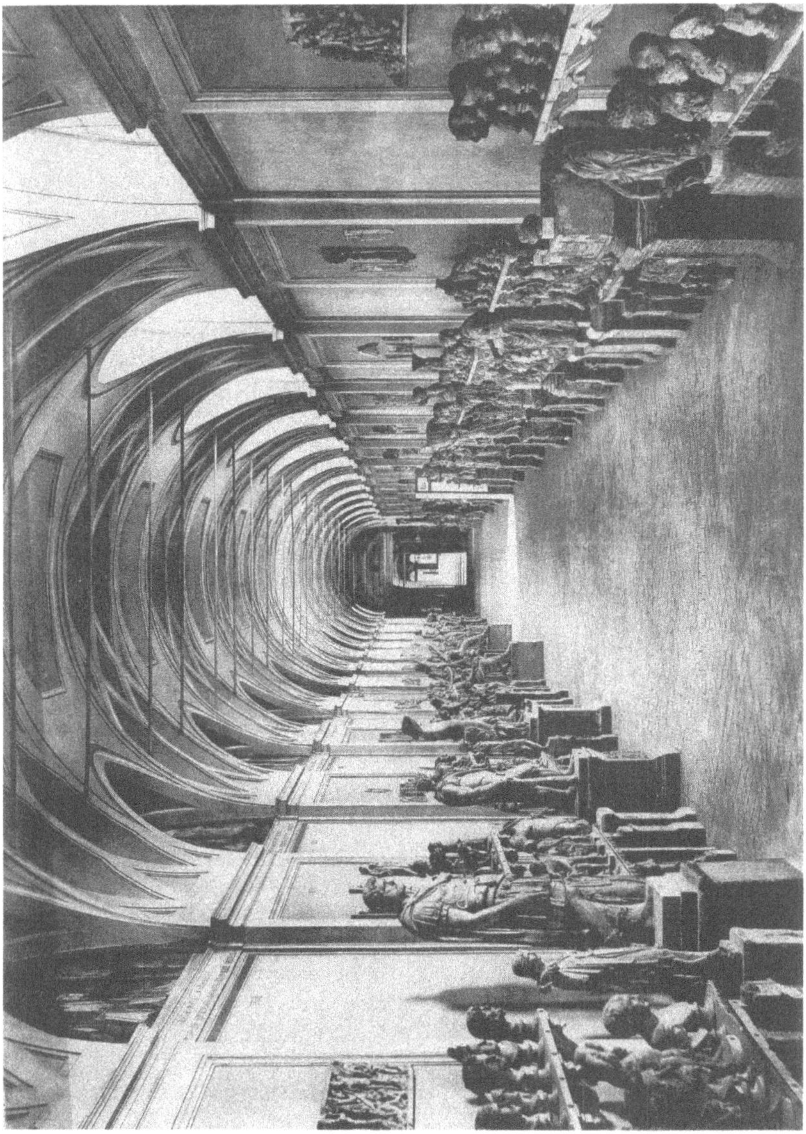

Abb. 9: Blick in das Museo Chiaramonti (Musei Vaticani)

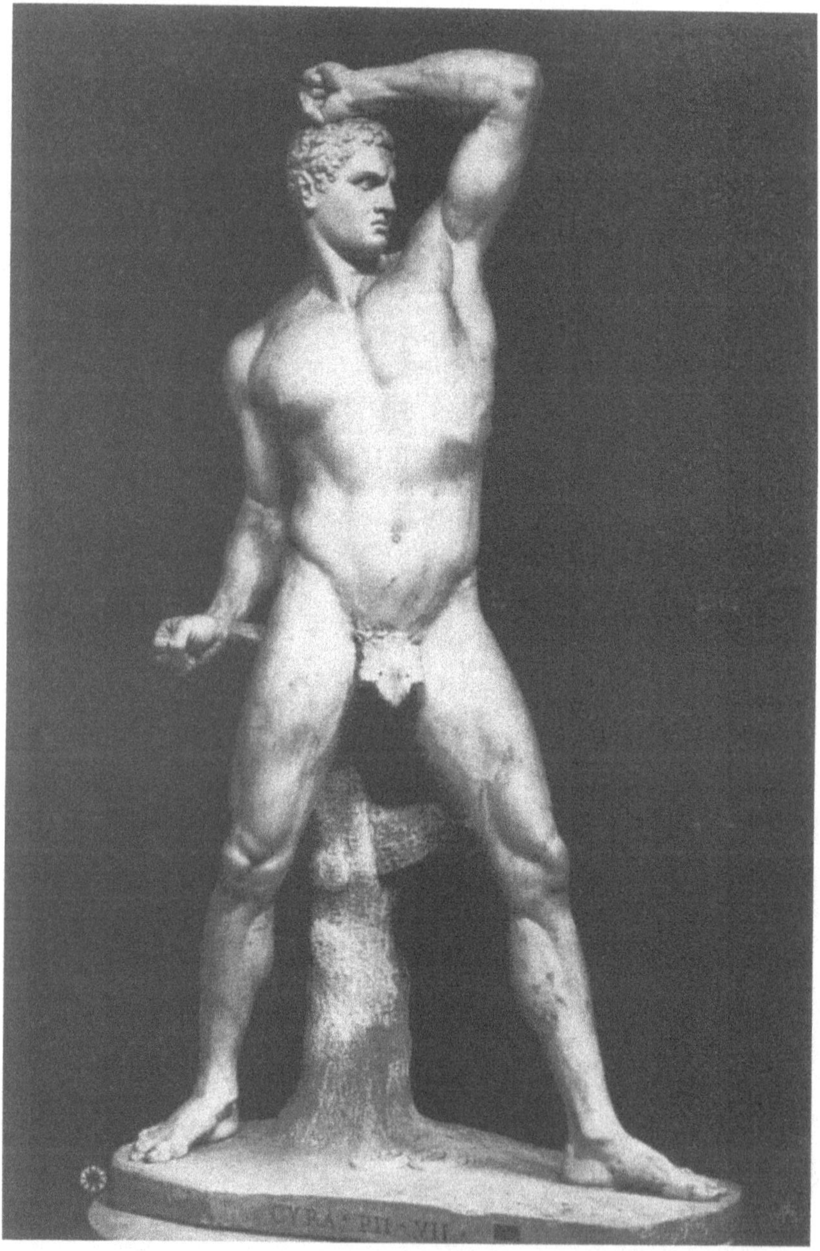

Abb. 10: Antonio Canova, Kreugas, 1795–1801 (Musei Vaticani)

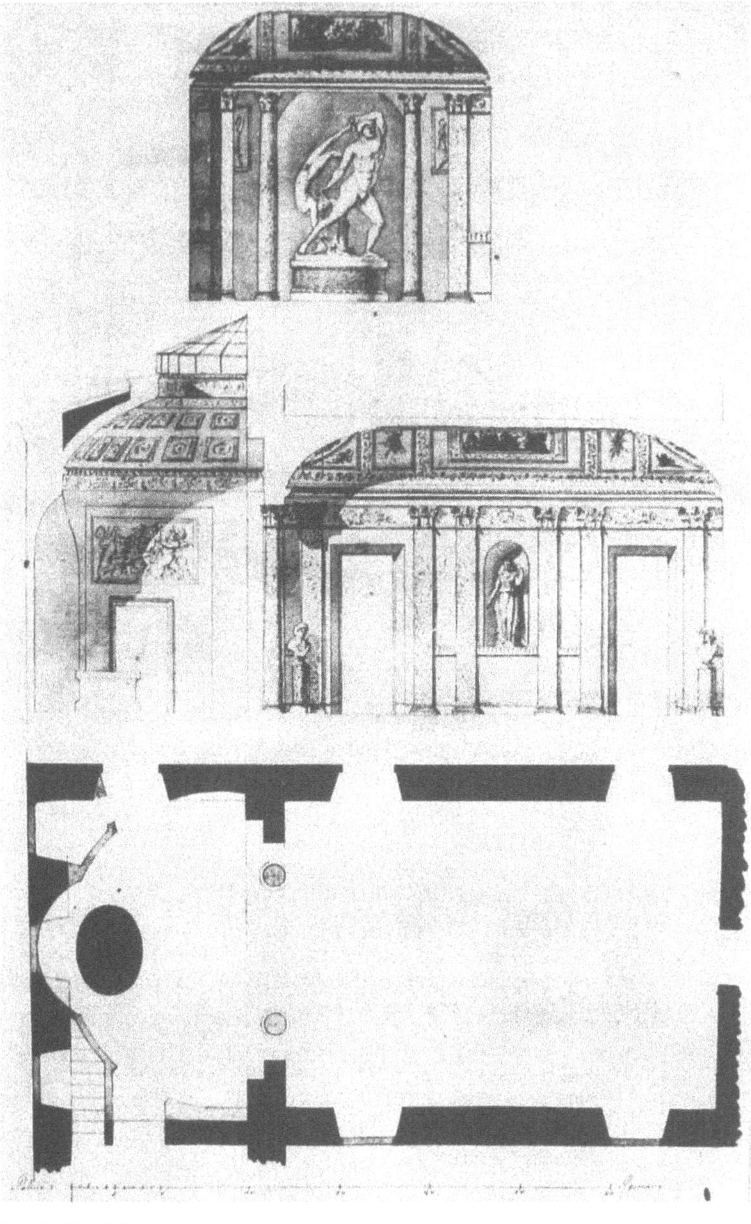

Abb. 11: Herkules und Lichas, Gabinetto für die Statuen, Projekt von 1806 im Palazzo Torlonia, ausgeführt 1814

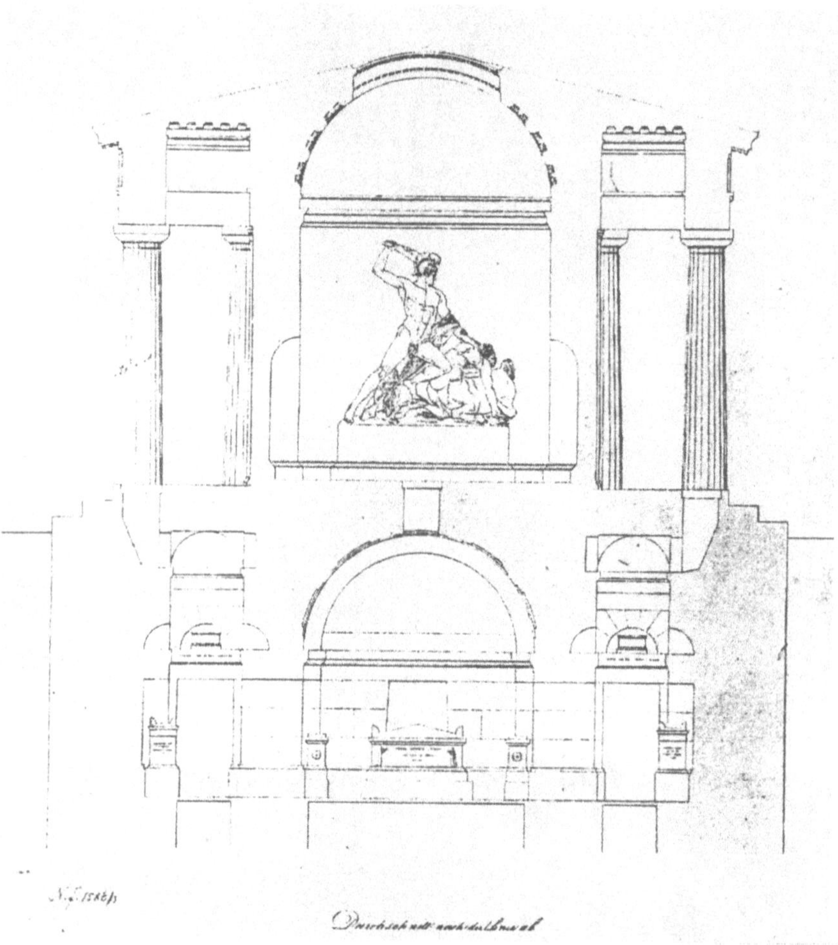

Abb. 12: Carl Schmidt, Querschnitt durch den Tempel und den unterirdischen Sepulkralraum (Wien, Graphische Sammlung Albertina)

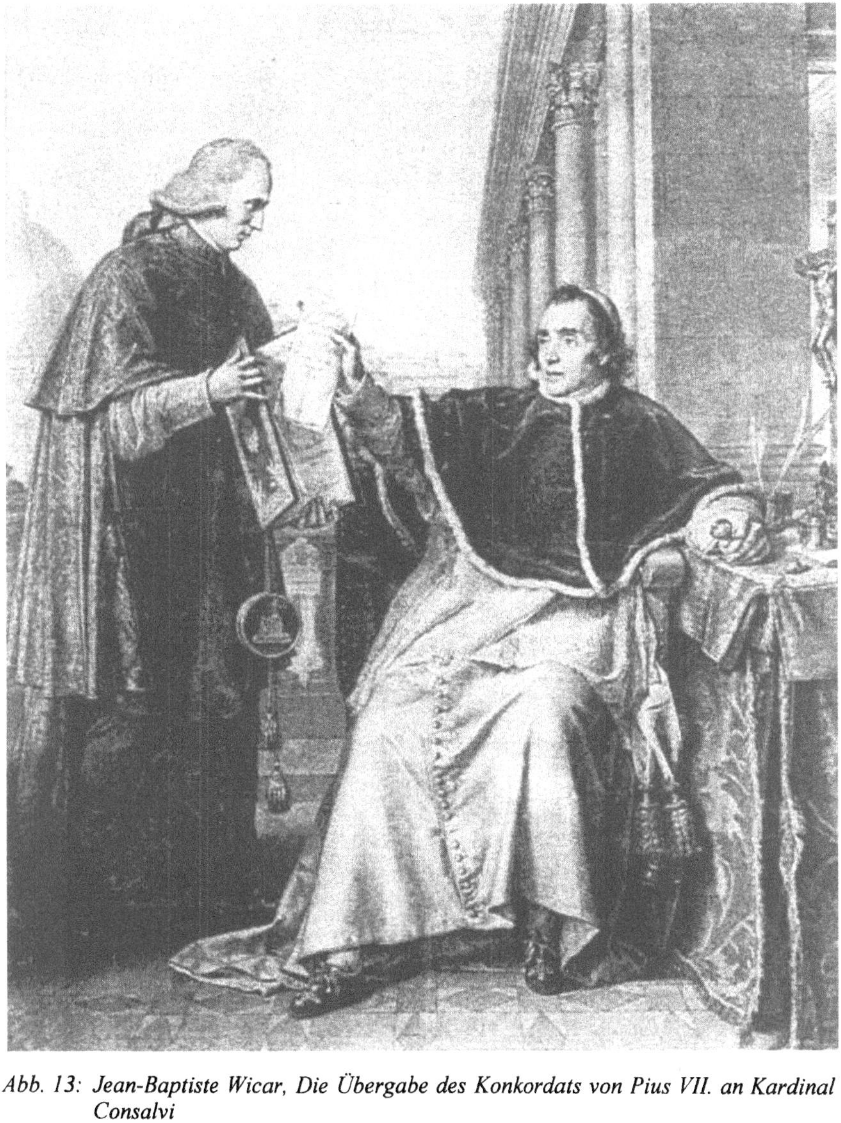

Abb. 13: Jean-Baptiste Wicar, Die Übergabe des Konkordats von Pius VII. an Kardinal Consalvi

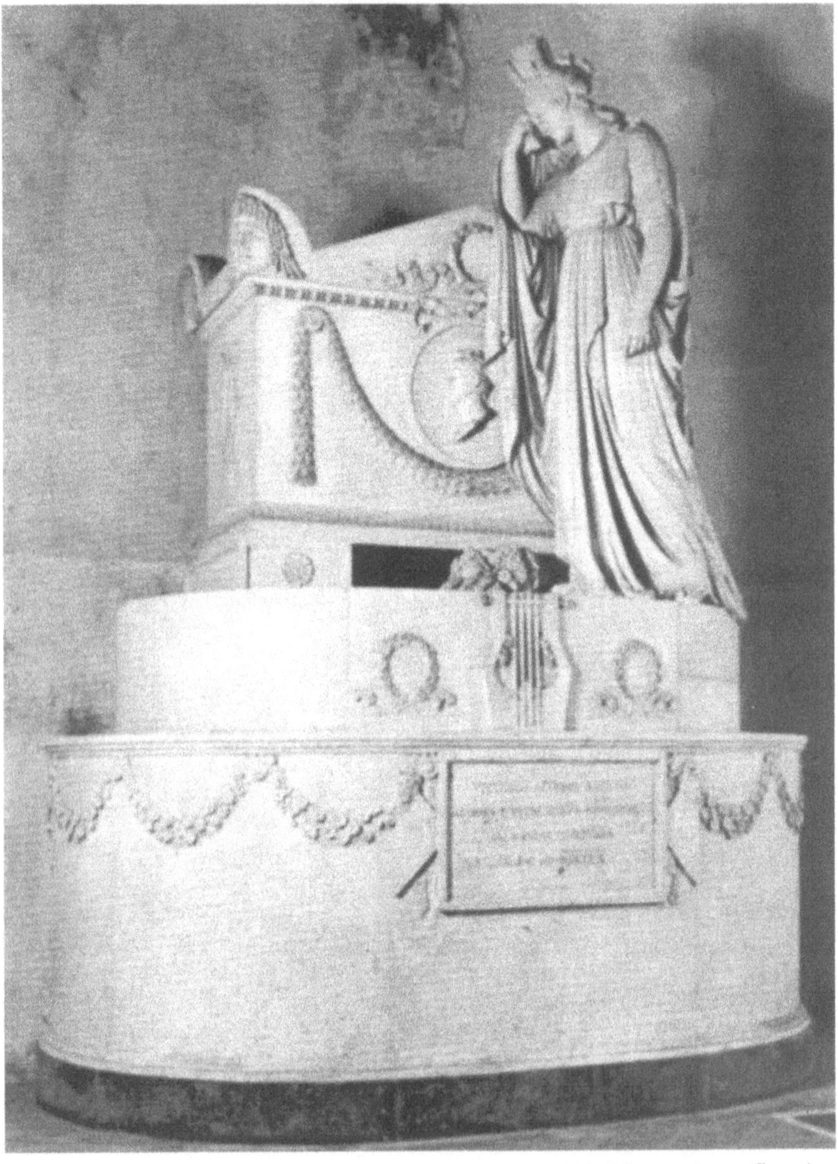

Abb. 14: Antonio Canova, Grabmal für Alfieri, 1806–1810 (Florenz, Santa Croce)

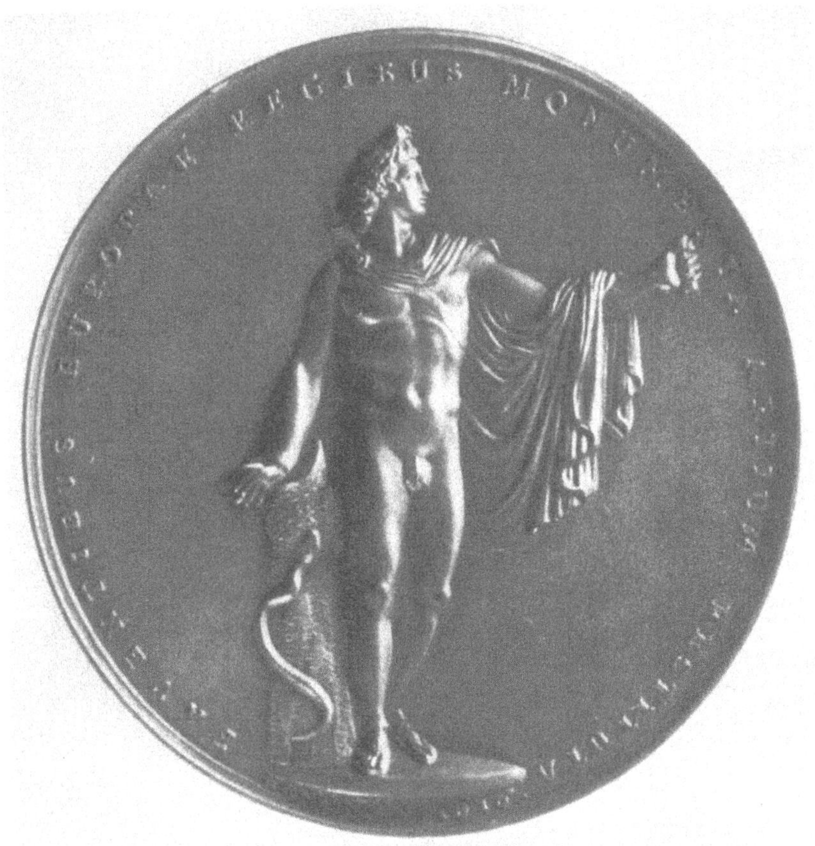

Abb. 15: Salvatore Passamonti, Apoll von Belvedere auf der Medaille zur Feier der Rückkehr der Kunstwerke, 1816 (Biblioteca Vaticana, Medagliere)

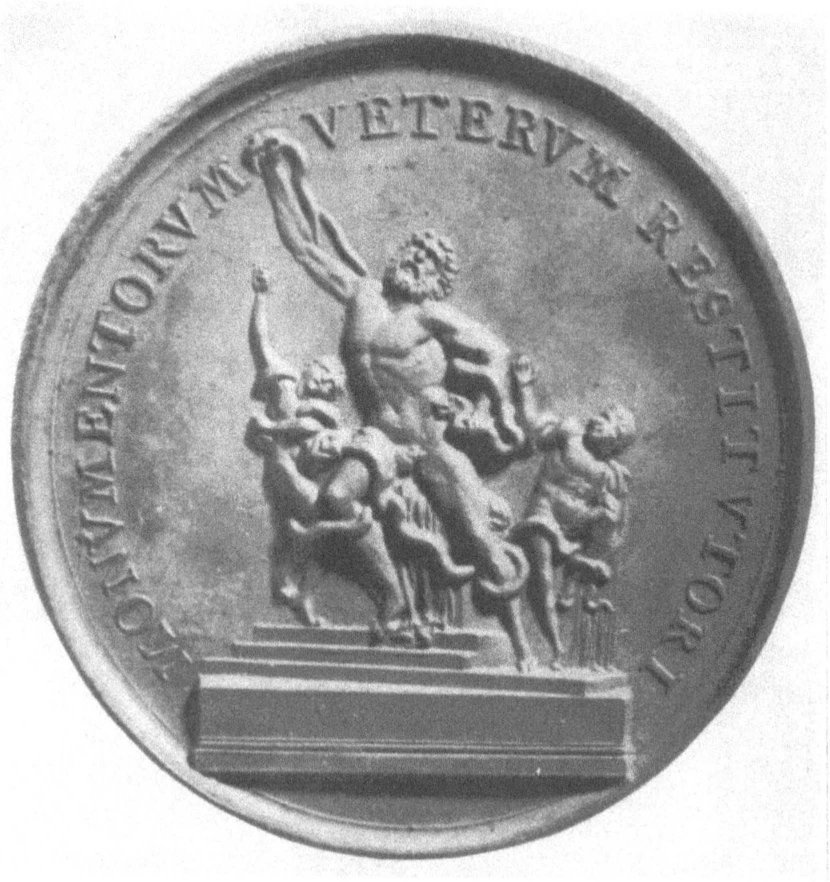

Abb. 16: Tommaso Mercandetti, Laokoon auf der Medaille zur Feier der Rückkehr der Kunstwerke, 1818 (Biblioteca Vaticana, Medagliere)

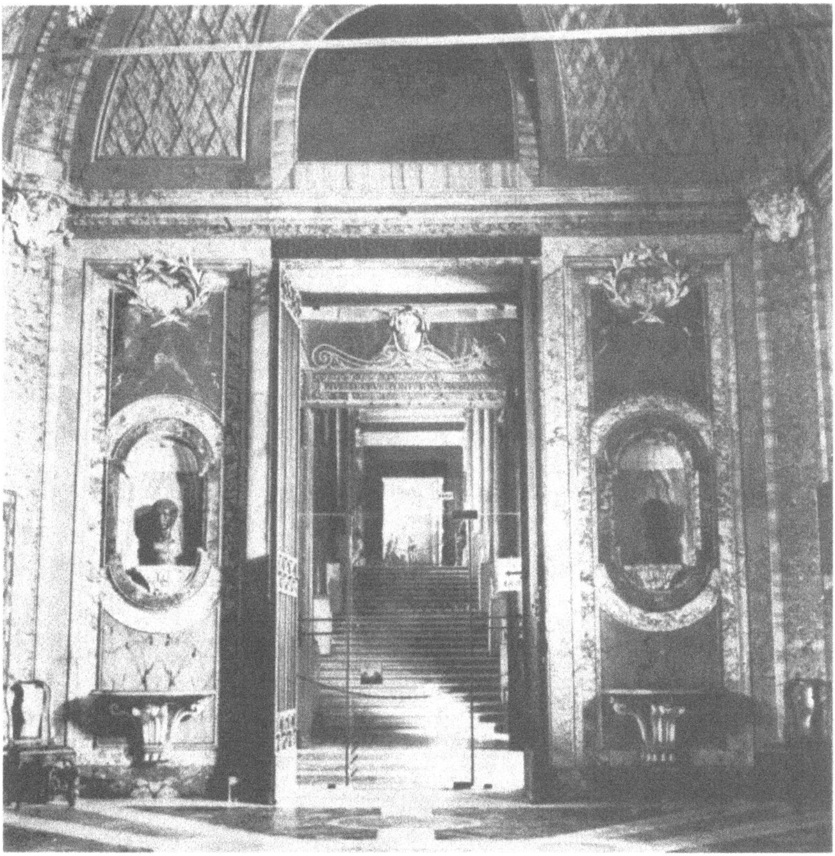

Abb. 17: Biblioteca Vaticana, Museo Profano, Blick nach Norden

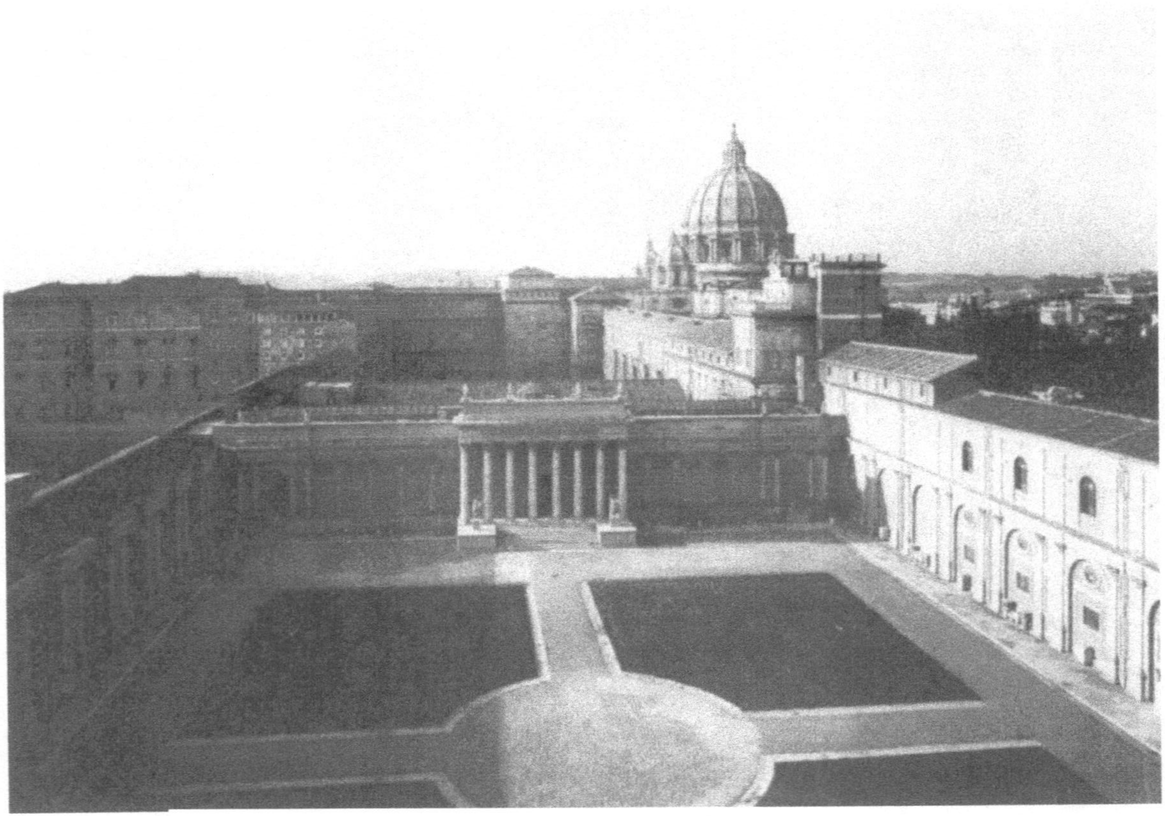

Abb. 18: Musei Vaticani, Nordfassade des Braccio Nuovo

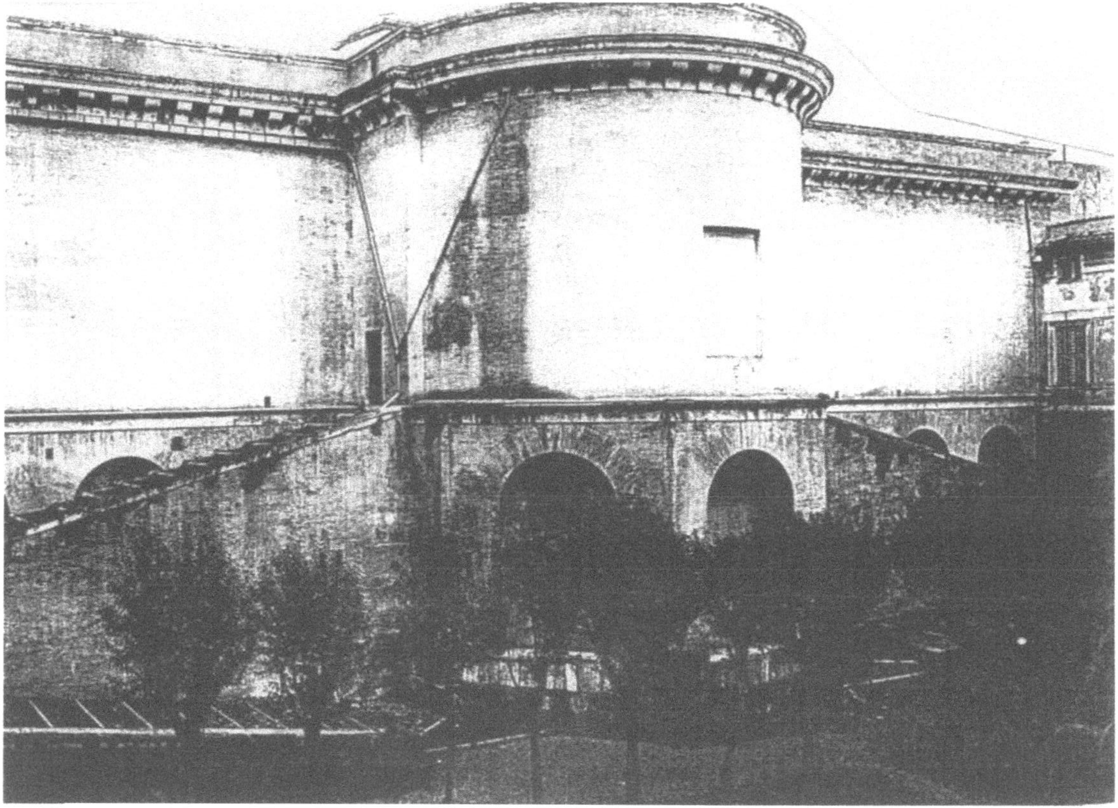

Abb. 19: Musei Vaticani, Südfront des Braccio Nuovo, Blick auf die Exedra

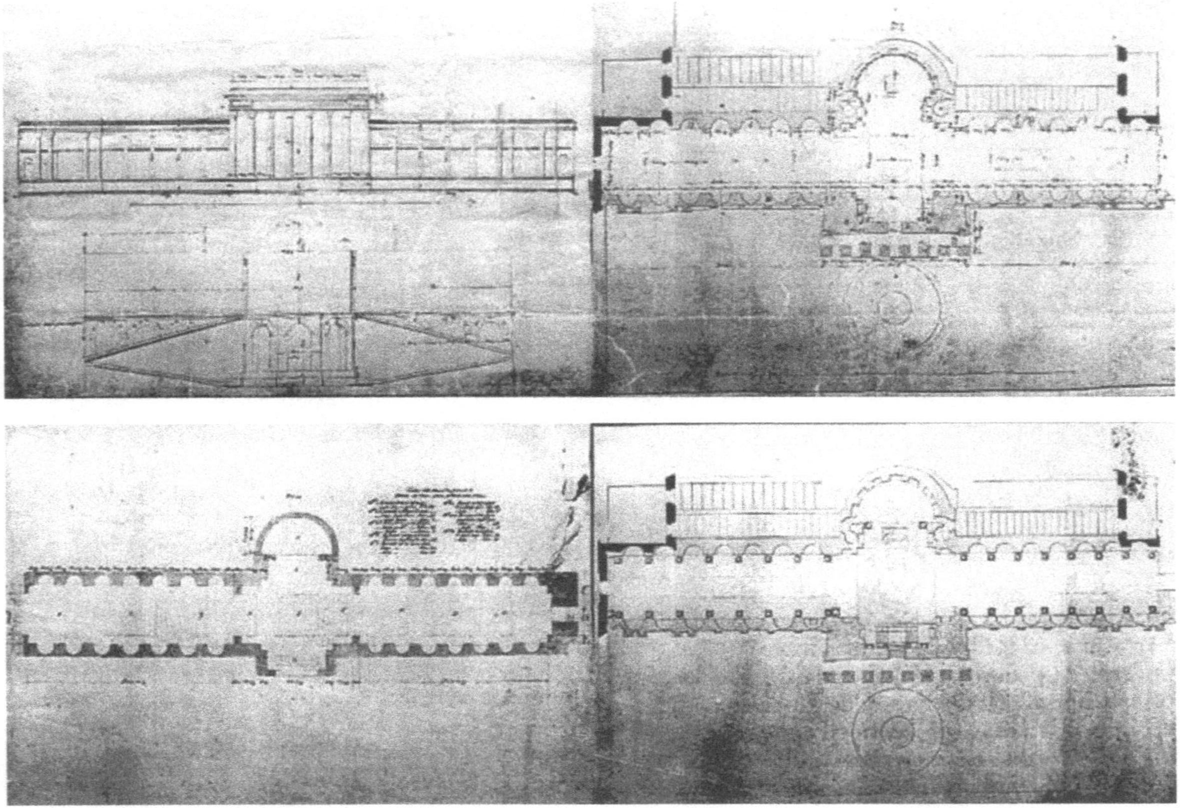

Abb. 20: Raffaele Stern, Projekte für den Braccio Nuovo (Musei Vaticani, Archivio fotografico)

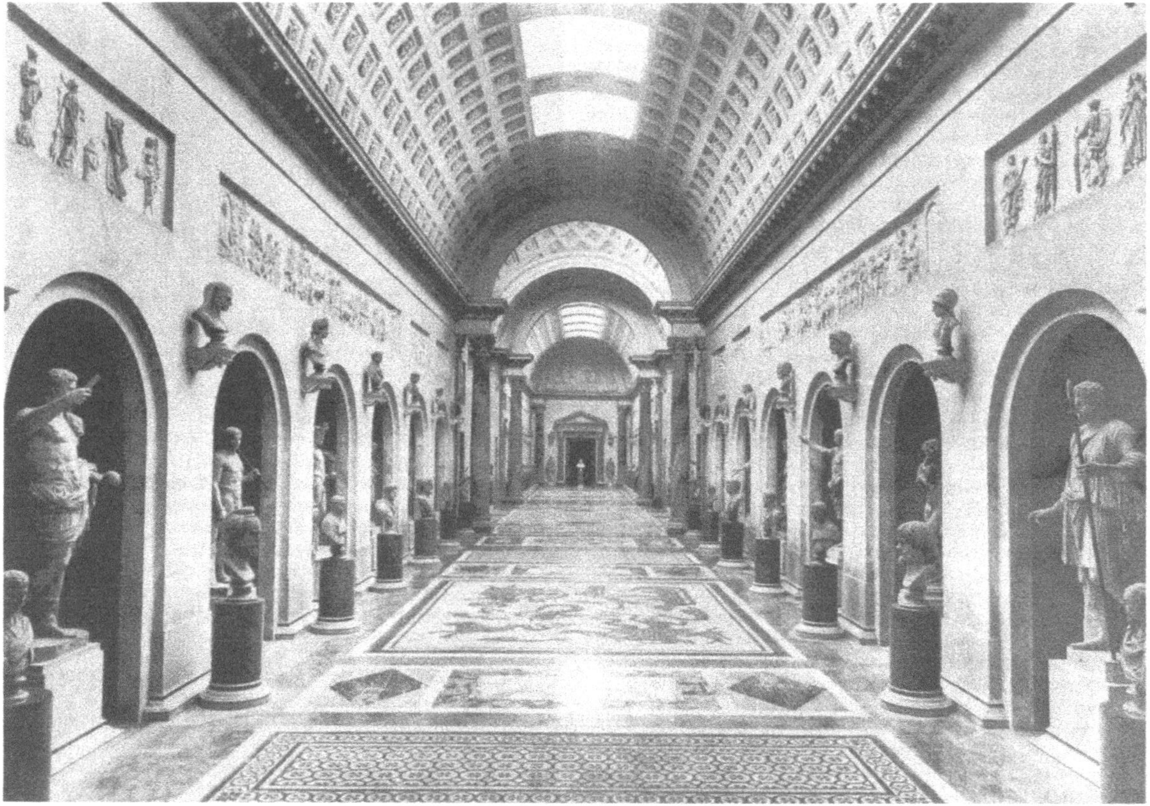

Abb. 21: Musei Vaticani, Blick vom Museo Chiaramonti in den Braccio Nuovo

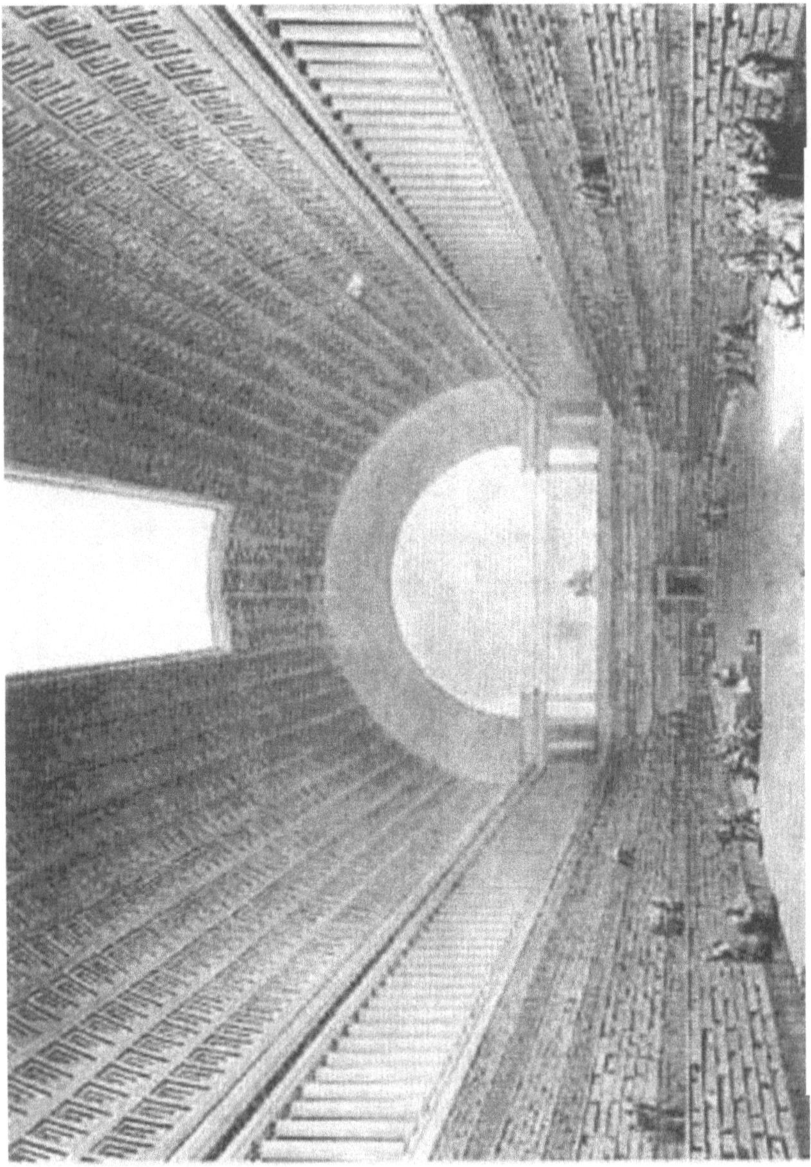

Abb. 22: Étienne-Louis Boullée, Projekt für die königliche Bibliothek in Paris, 1785

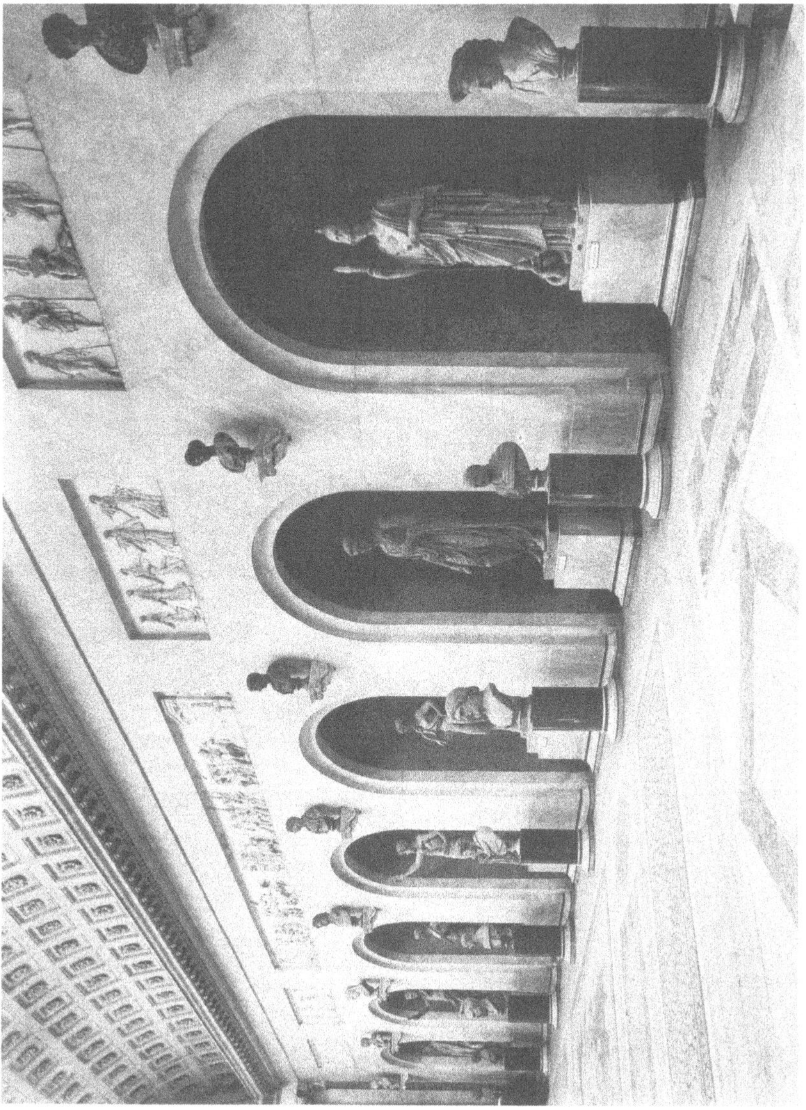

Abb. 23: Musei Vaticani, Blick auf Wandpartie im Braccio Nuovo

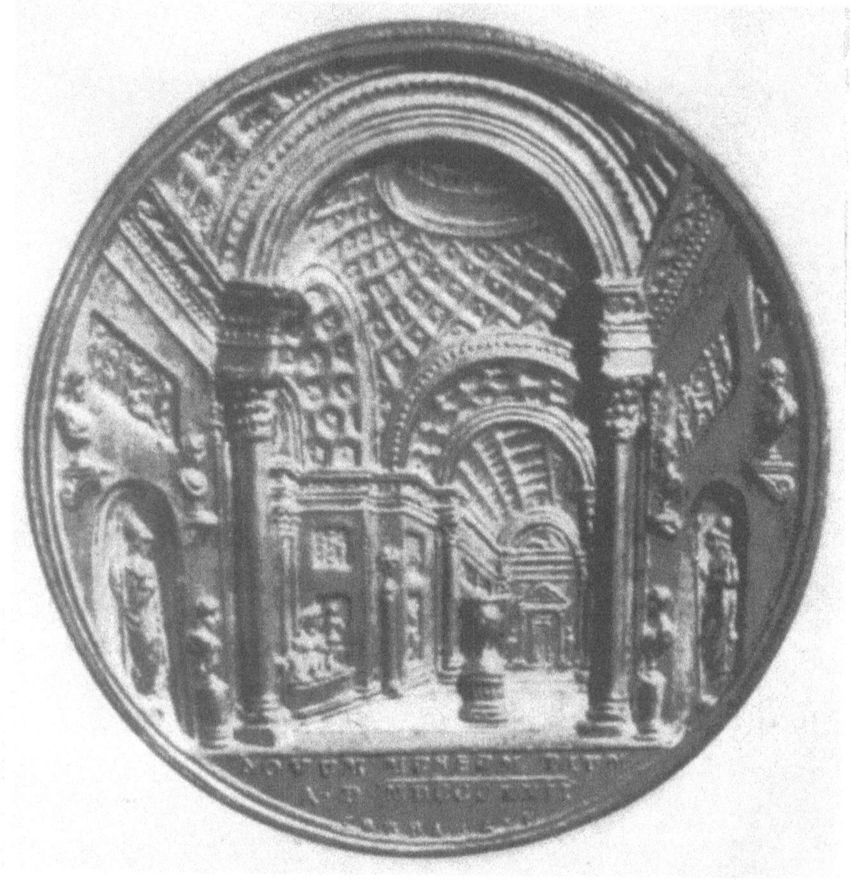

Abb. 24: Giuseppe Cerbara, Medaille mit Blick in den Braccio Nuovo zur Einweihung des Museums, 1822 (Biblioteca Vaticana, Medagliere)

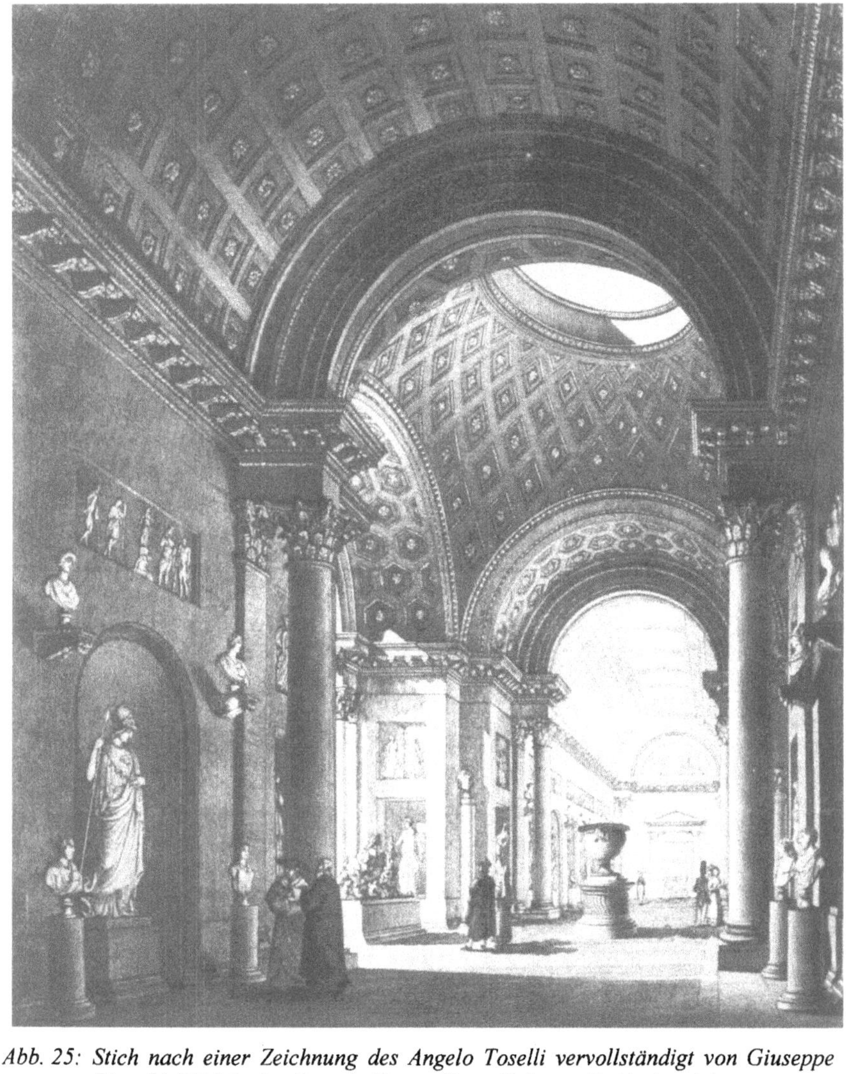

Abb. 25: Stich nach einer Zeichnung des Angelo Toselli vervollständigt von Giuseppe Bianchi, Blick in den Braccio Nuovo (Rom, Calcografia Nazionale)

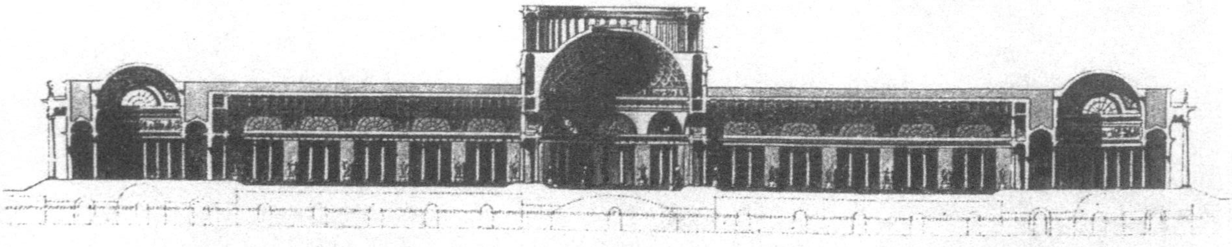

Abb. 26: François-Jacques Delannoy, Grand Prix-Entwurf für ein Museum, 1779

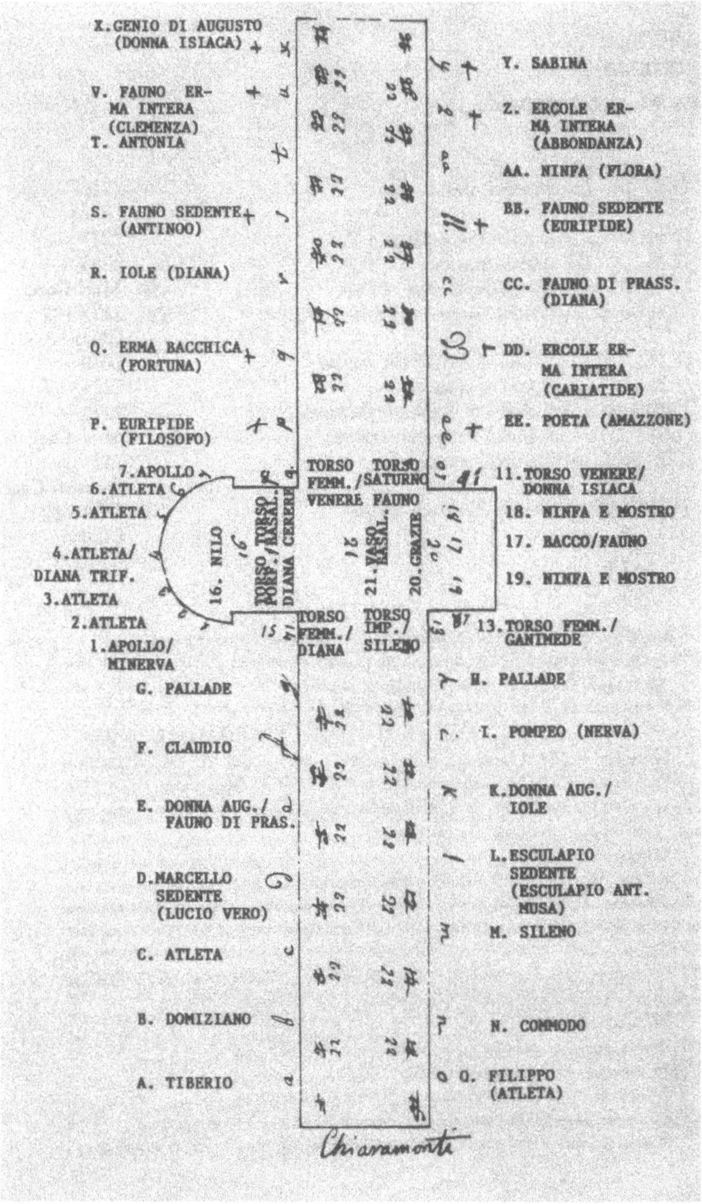

Abb. 27: Alessandro D'Este, Grundrißschema des Braccio Nuovo mit der ursprünglichen Aufstellung der Skulpturen (Musei Vaticani, Archivio Storico)

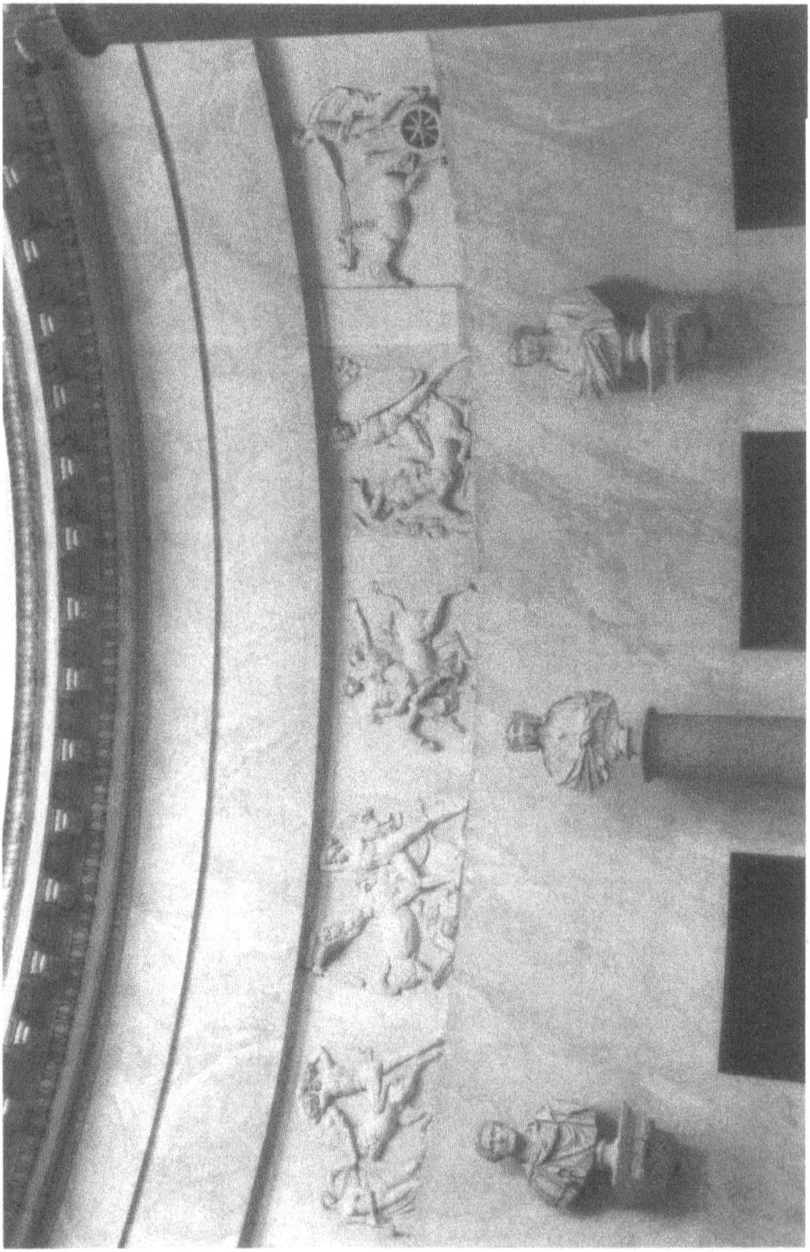

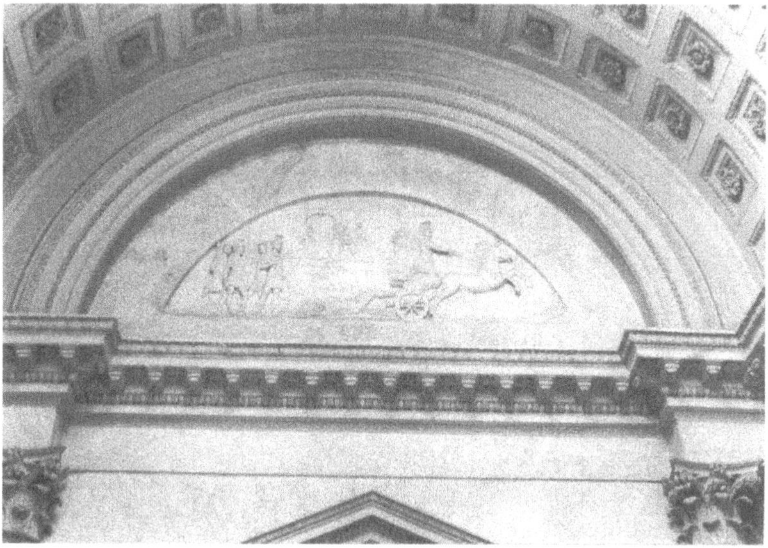

Abb. 29: Massimiliano Laboureur, Achill und Hektor, Lünette über dem südlichen Eingang des Braccio Nuovo (Musei Vaticani)

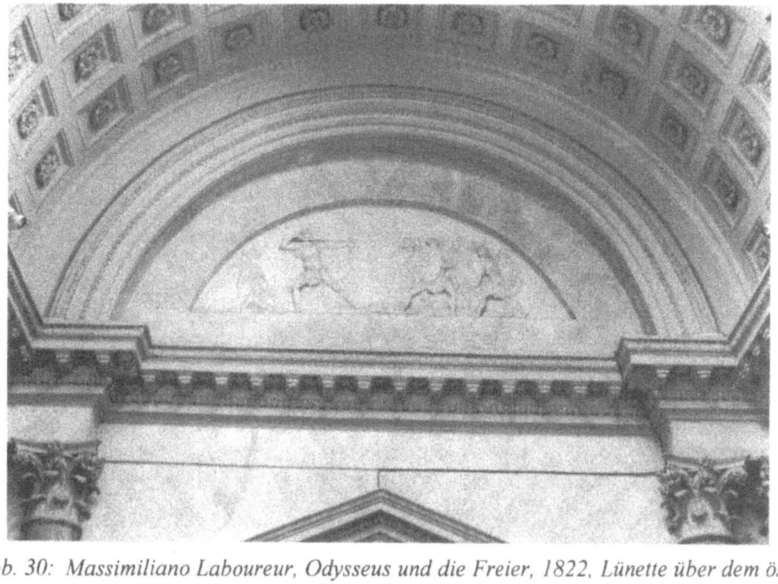

Abb. 30: Massimiliano Laboureur, Odysseus und die Freier, 1822, Lünette über dem östlichen Eingang des Braccio Nuovo (Musei Vaticani)

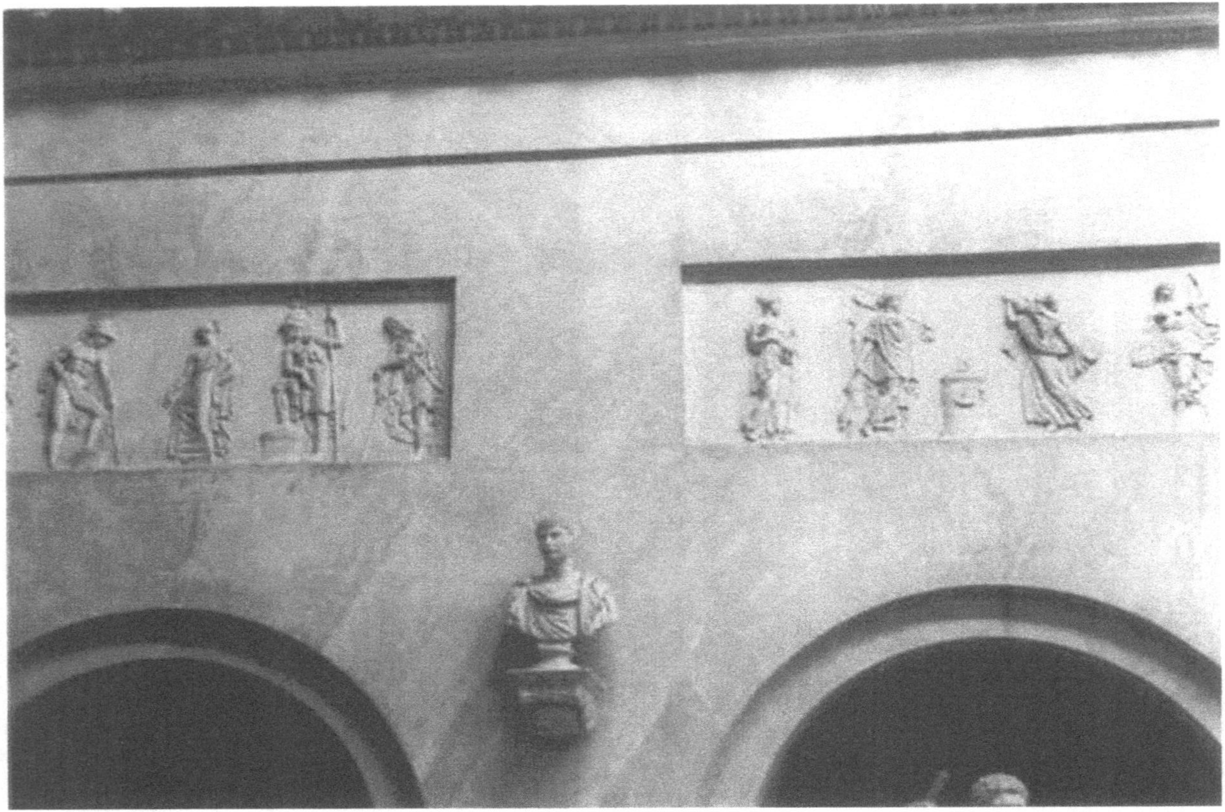

Abb. 31: Massimiliano Laboureur, Übergabe der Briseis, Relief im östlichen Seitenflügel des Braccio Nuovo (Musei Vaticani)

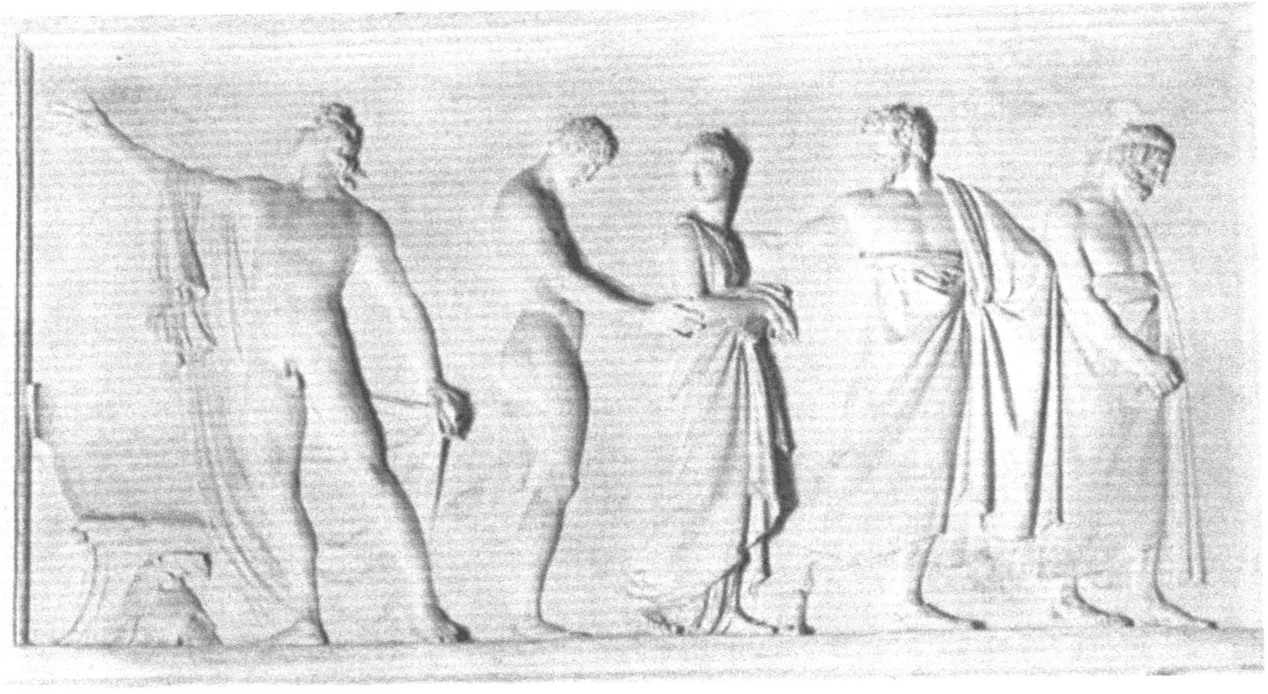

Abb. 32: Antonio Canova, Übergabe der Briseis (Possagno, Gipsoteca)

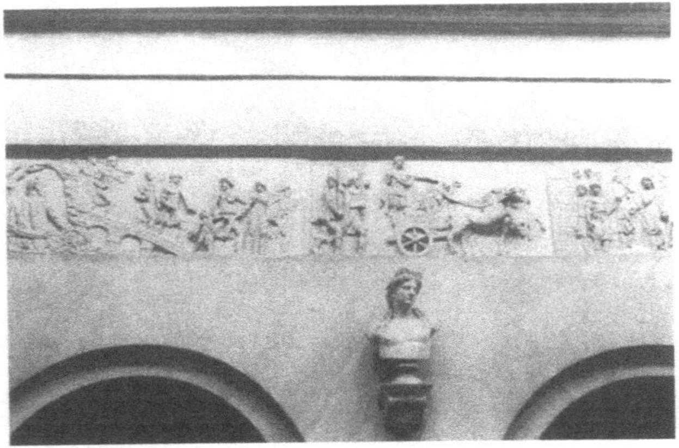

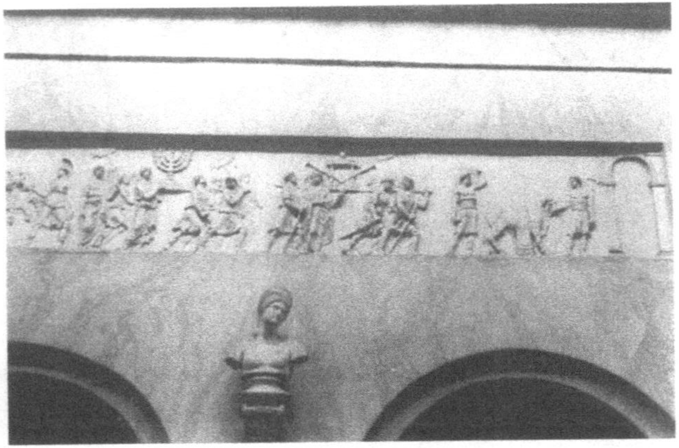

Abb. 33–34: Massimiliano Laboureur, Triumphzüge der Kaiser, Reliefs in den Seitenflügeln des Braccio Nuovo (Musei Vaticani)

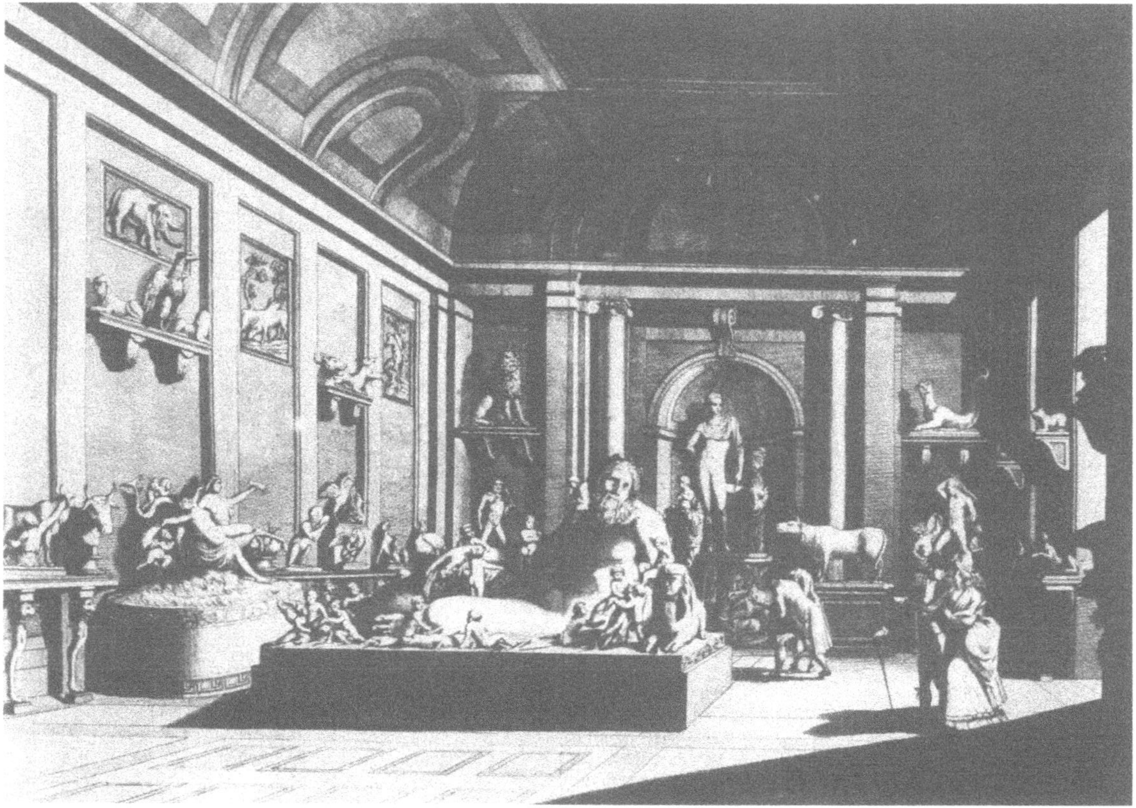

Abb. 35: Vincenzo Feoli, Nil in der Stanza degli Animali, Stich (Musei Vaticani)

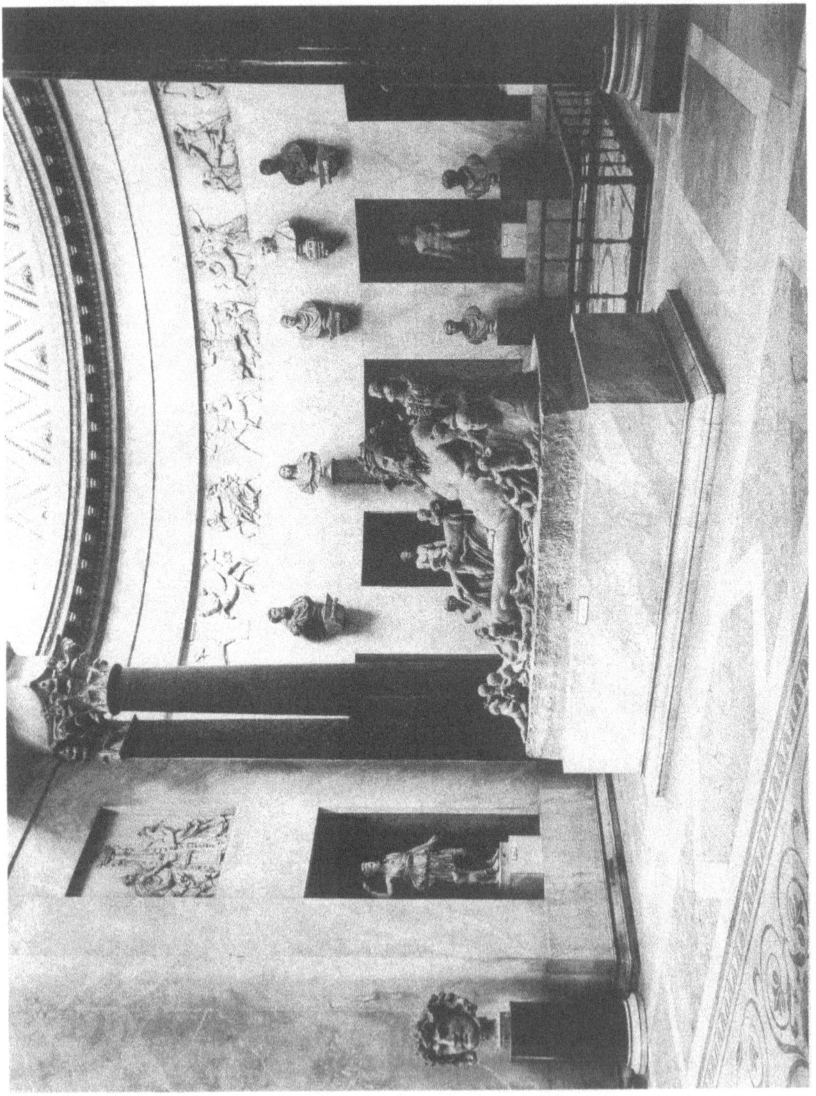

Abb. 36: Nil im Braccio Nuovo (Musei Vaticani)

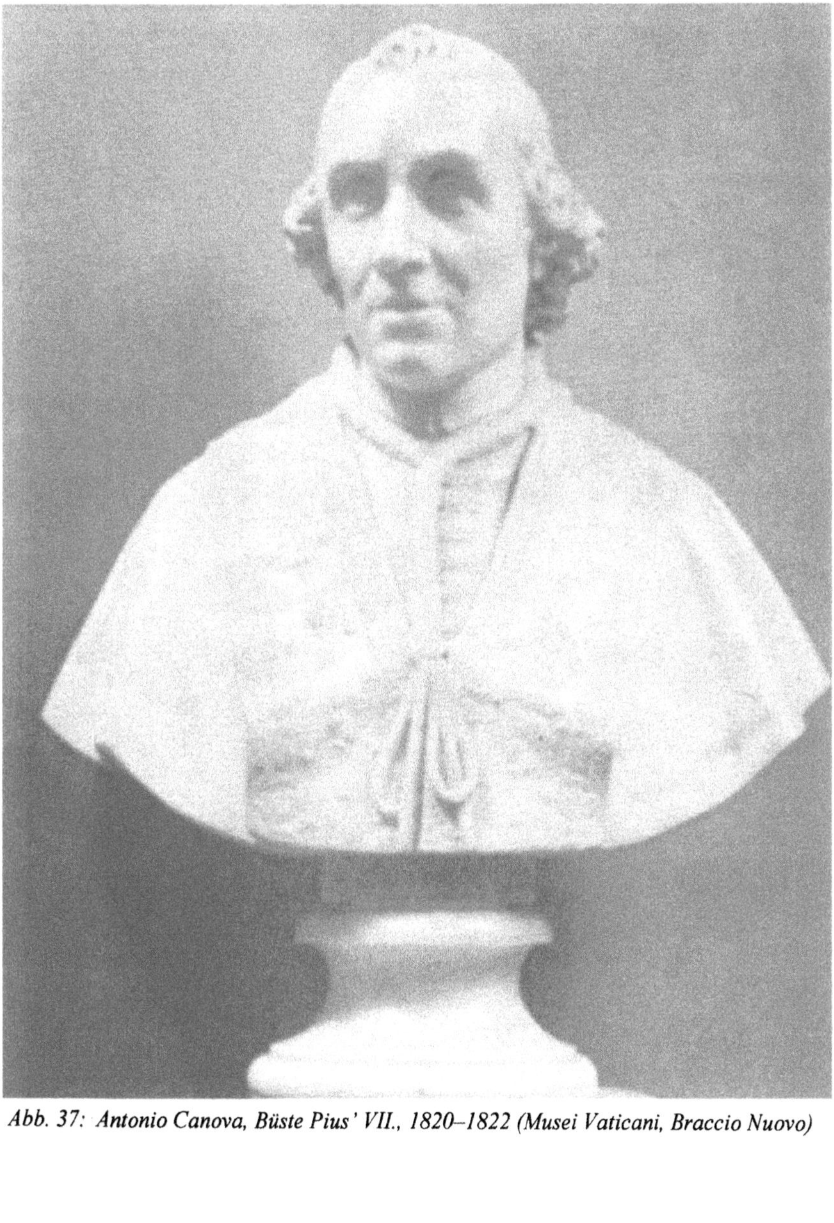

Abb. 37: Antonio Canova, Büste Pius' VII., 1820–1822 (Musei Vaticani, Braccio Nuovo)

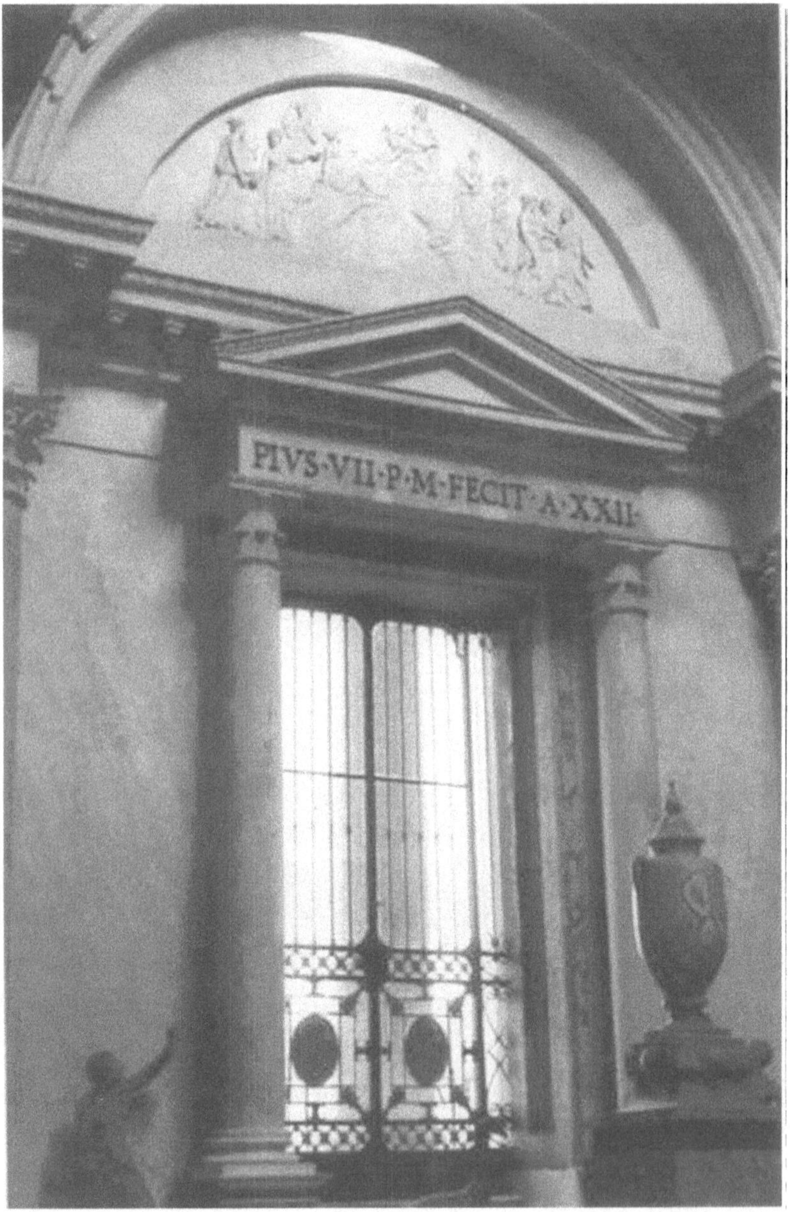

Abb. 38: Massimiliano Laboureur, Apotheose Homers, Lünette über dem nördlichen Eingang des Braccio Nuovo (Musei Vaticani)

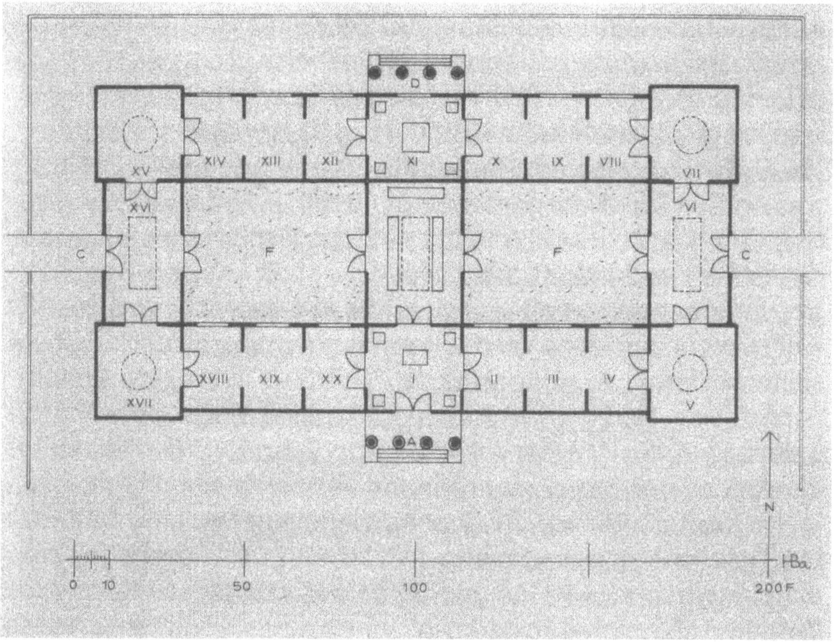

Abb. 39: Johann Martin Wagner, Grundriß der Glyptothek, Rekonstruktion von 1980 nach Wagners Beschreibung vom 12. Januar 1816 (München)

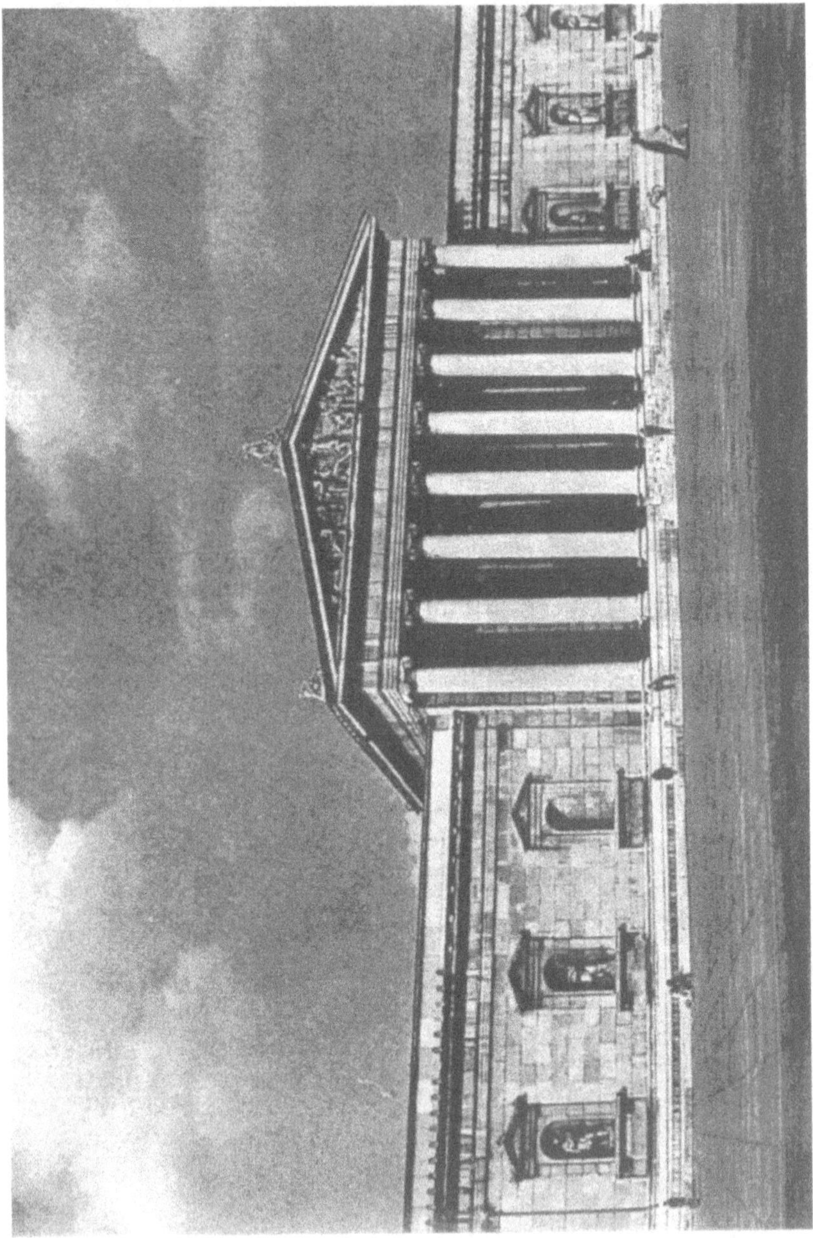

Abb. 40: Leo von Klenze, München, Säulenportikus der Glyptothek

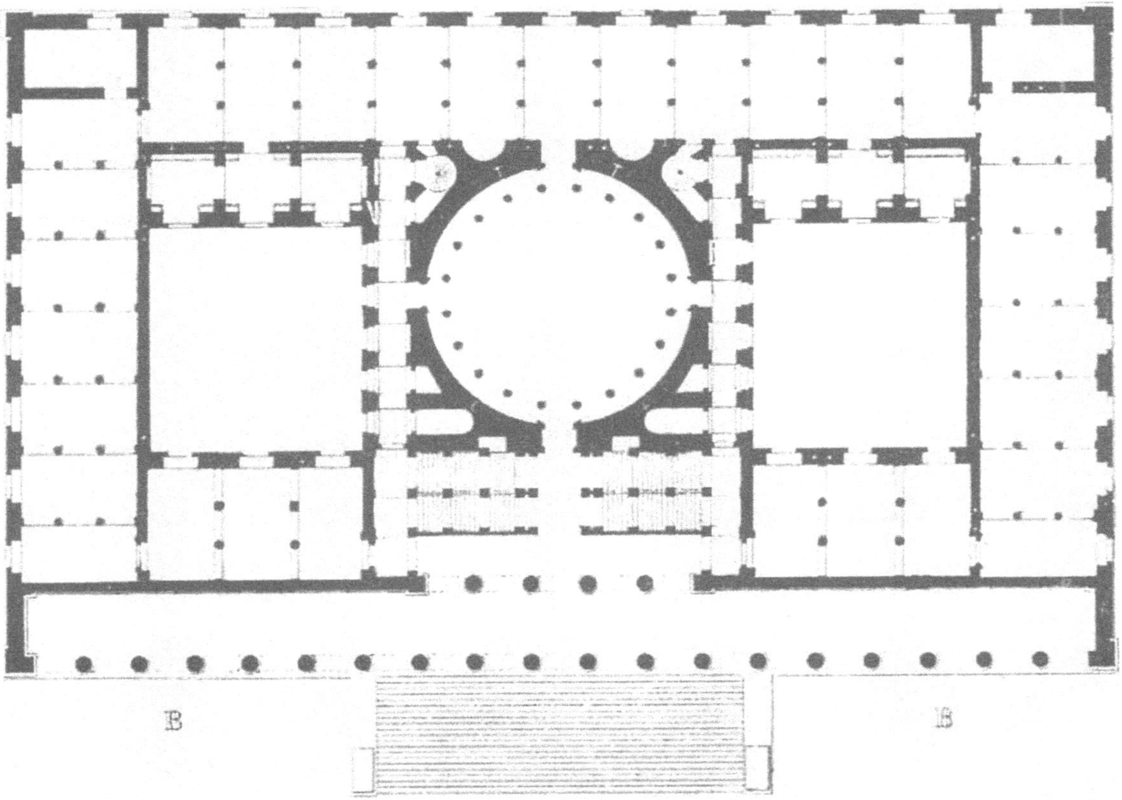

Abb. 41: Karl Friedrich Schinkel, Grundriß des Alten Museums, 1823–1830, nach Schinkels Sammlung architektonischer Entwürfe

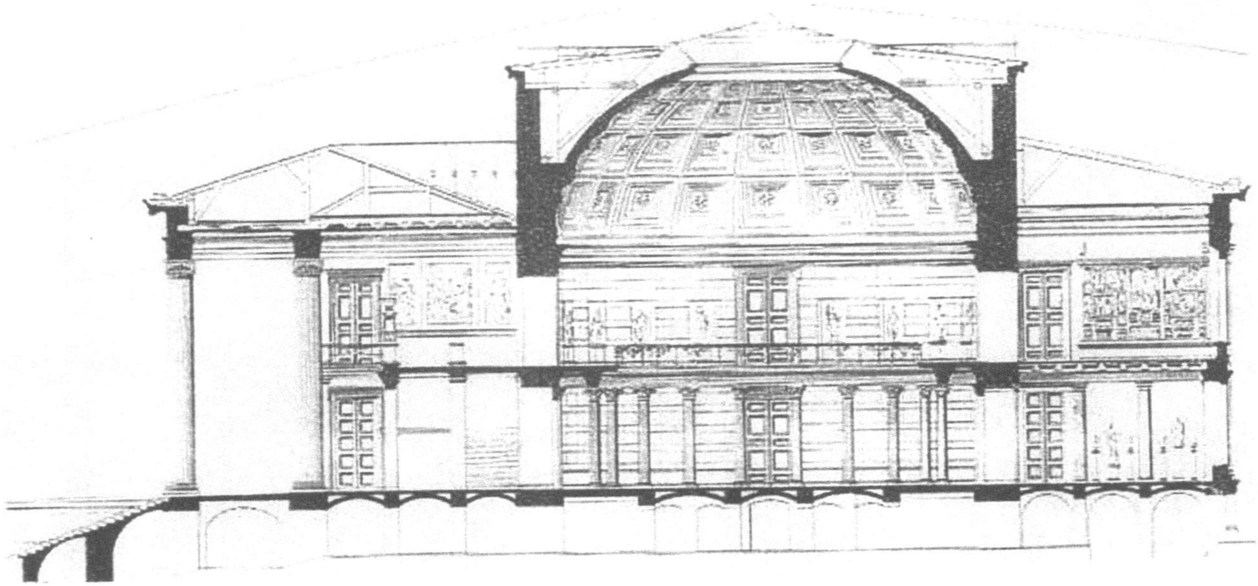

Abb. 42: Karl Friedrich Schinkel, Museum, 1823–1830, Querschnitt durch das Alte Museum mit Blick in die Rotunde, nach Schinkels Sammlung architektonischer Entwürfe

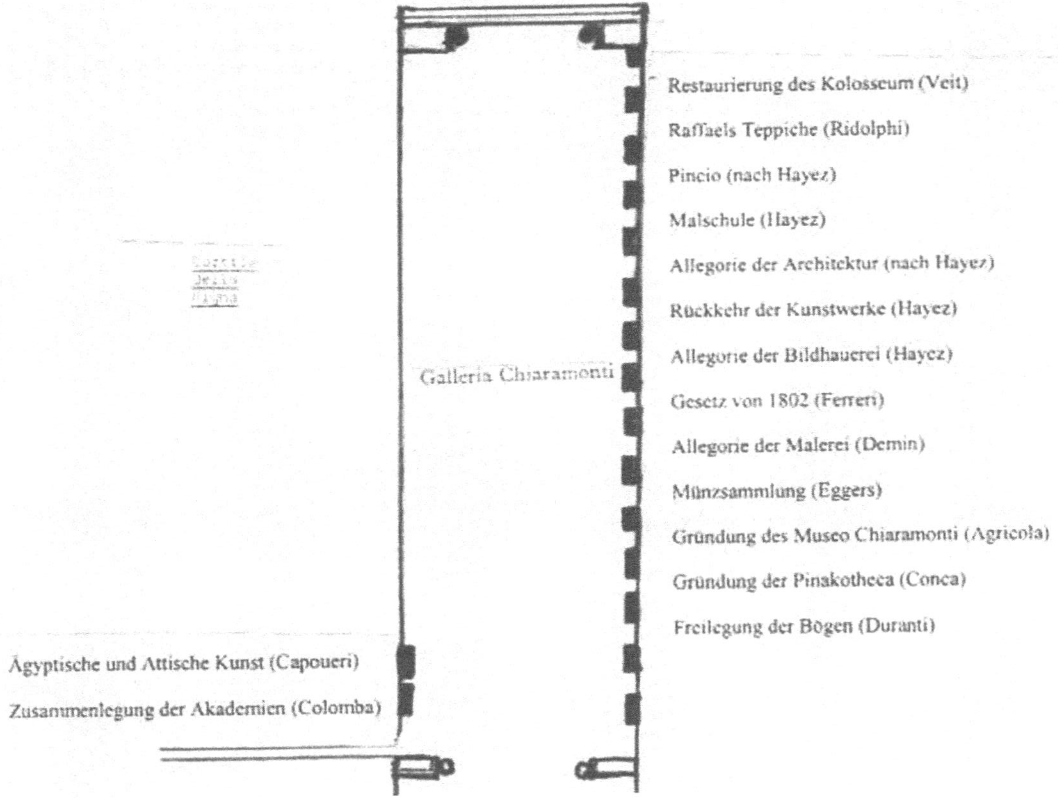

Abb. 43: Schema des Freskenzyklus im Museo Chiaramonti

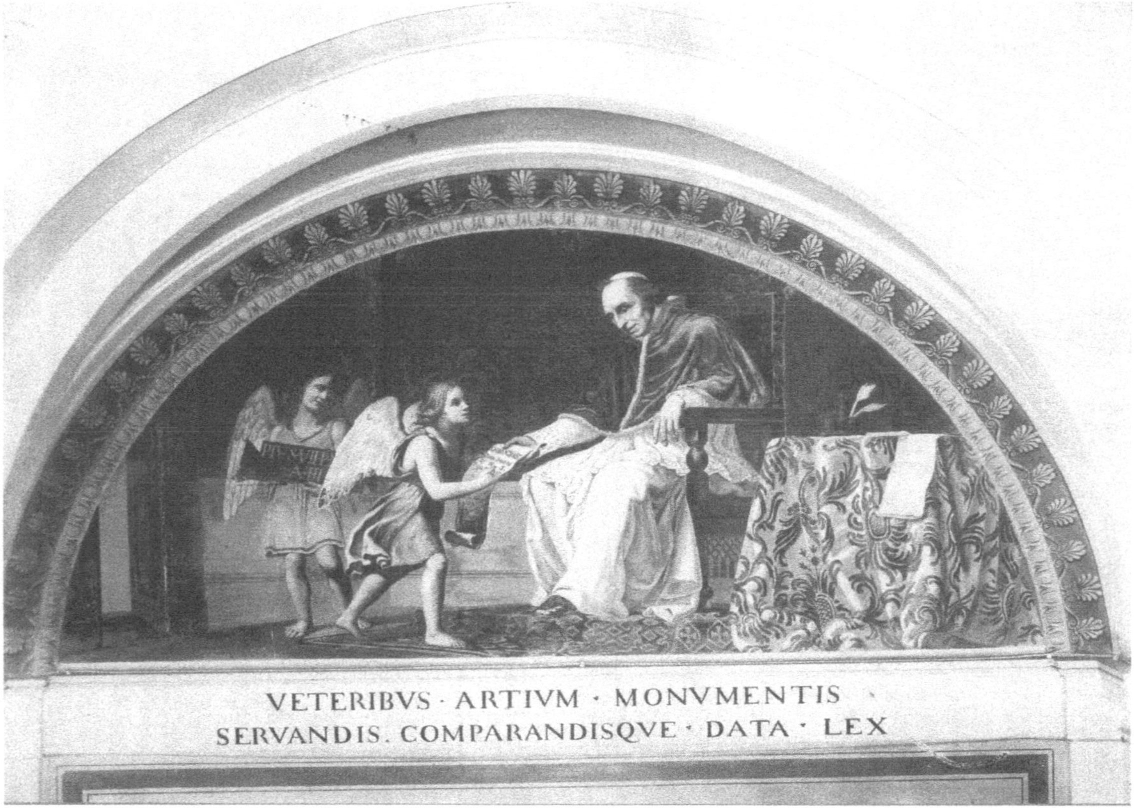

Abb. 44: Vincenzo Ferreri, Gesetz zum Schutz der Kunstwerke, 1816 (Musei Vaticani, Museo Chiaramonti)

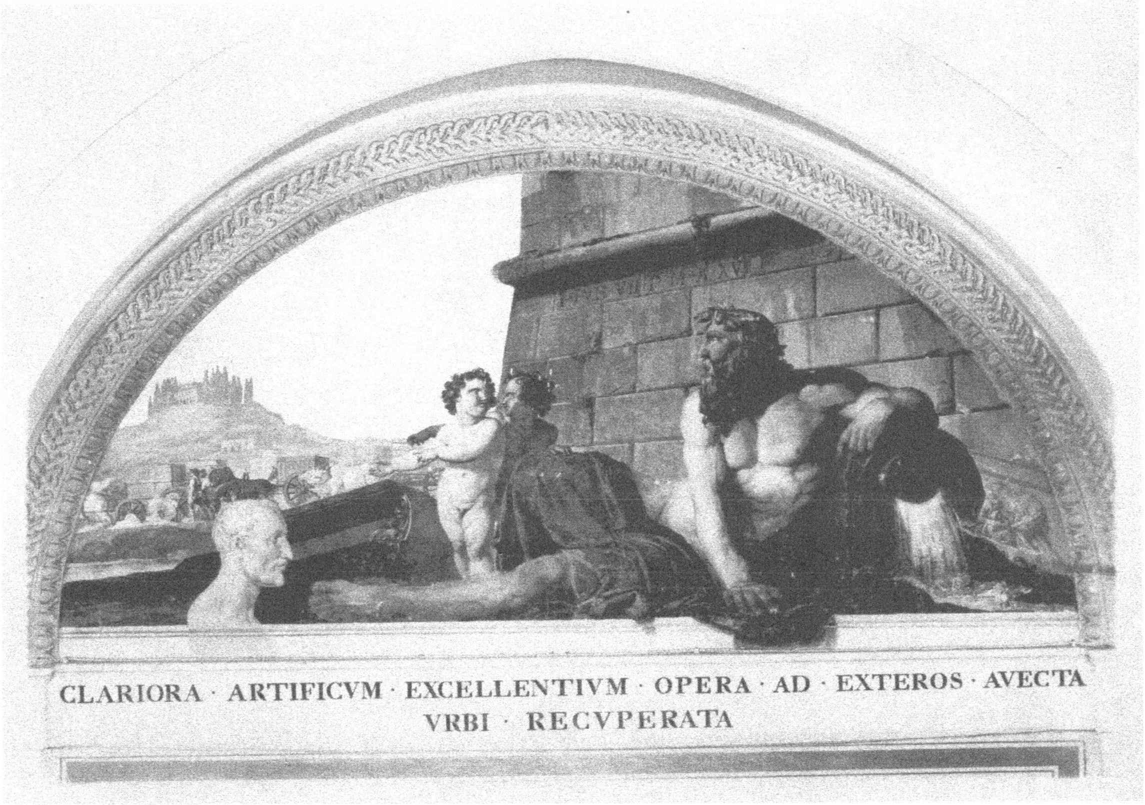

Abb. 45: Francesco Hayez, Rückkehr der Kunstwerke, 1818 (Musei Vaticani, Museo Chiaramonti)

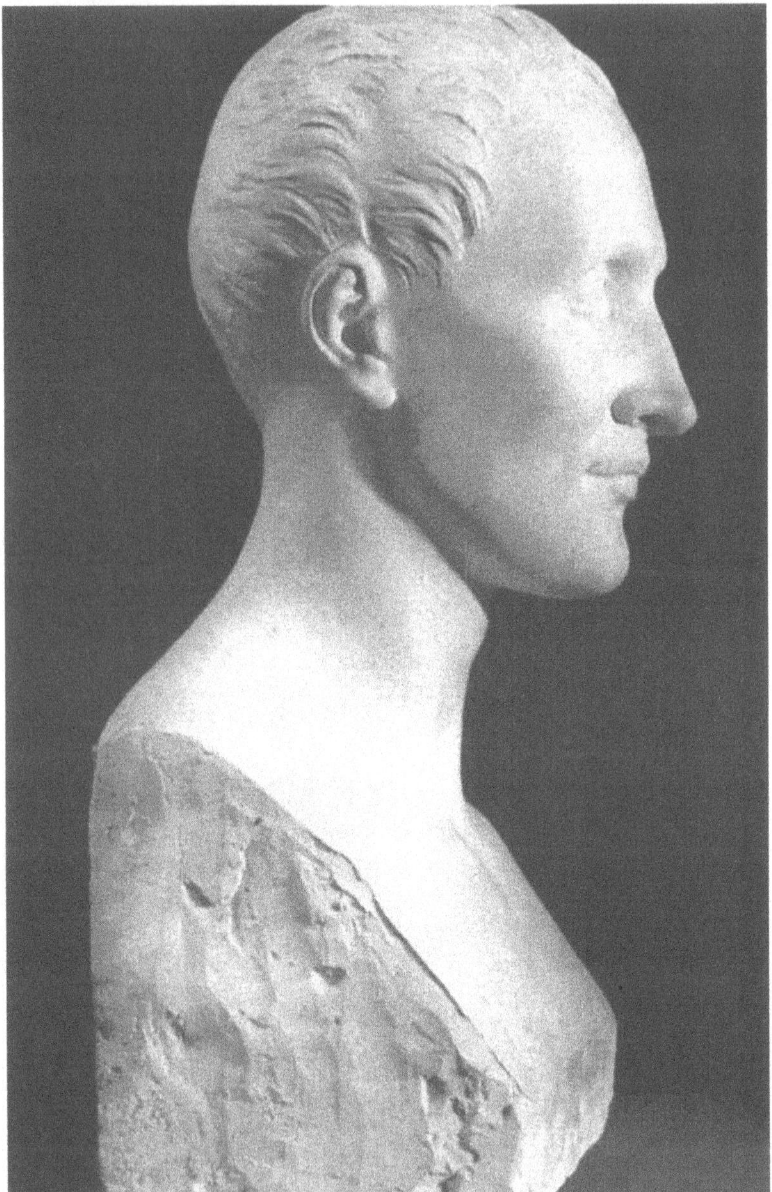

Abb. 46: Antonio Canova, Gipsbüste des Gavin Hamilton, 1789, Photo (Possagno, Gipsoteca)

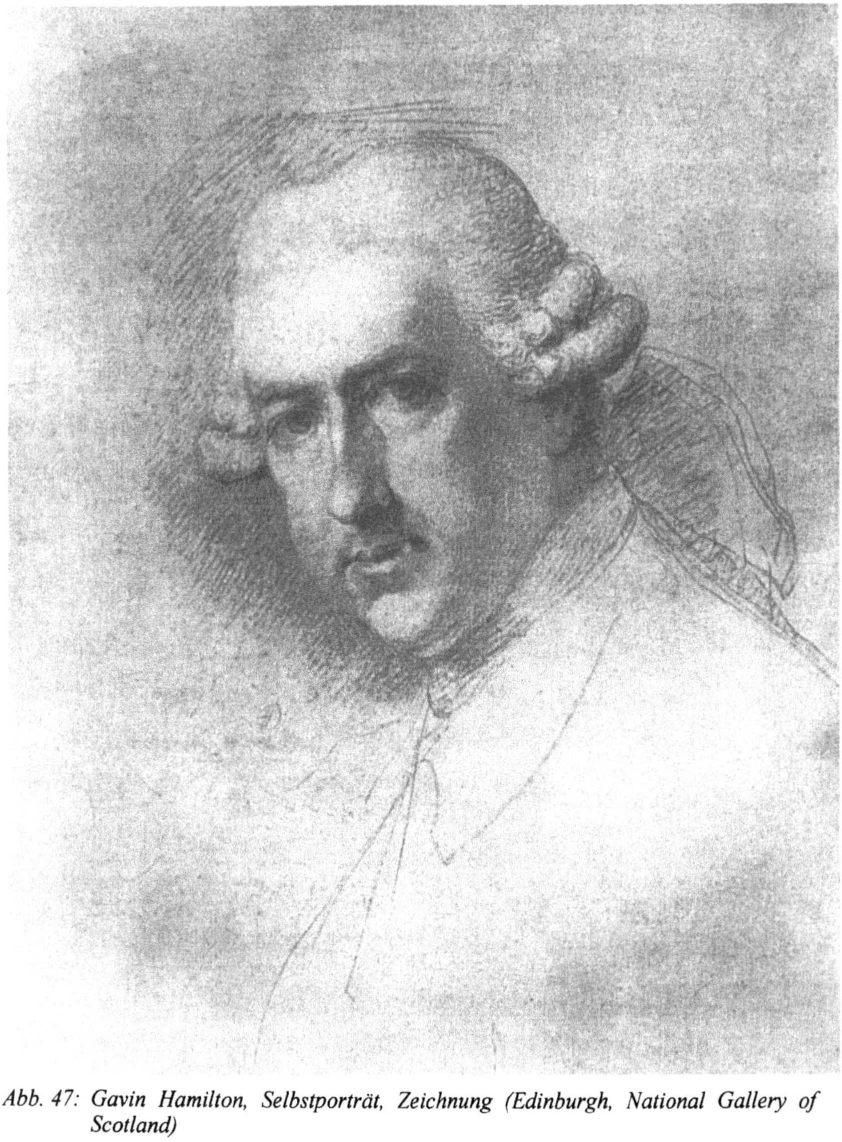

Abb. 47: Gavin Hamilton, Selbstporträt, Zeichnung (Edinburgh, National Gallery of Scotland)

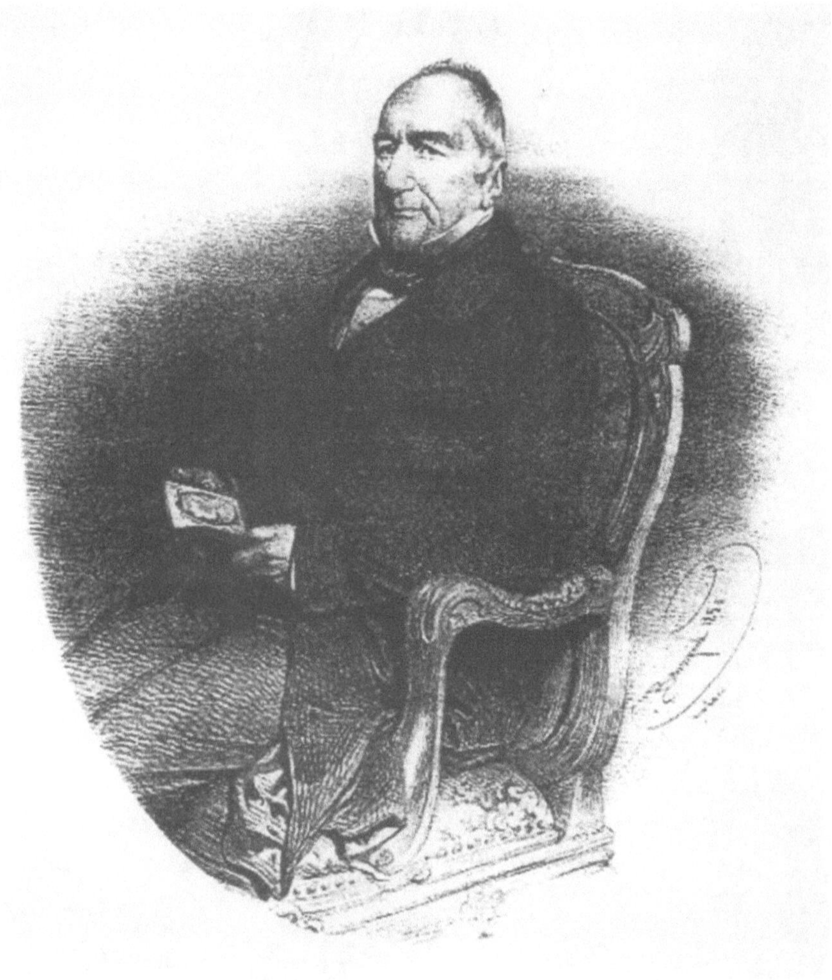

Abb. 48: Charles Baugniet, William Richard Hamilton, Lithographie, 1850 (Oxford, Ashmolean Museum)

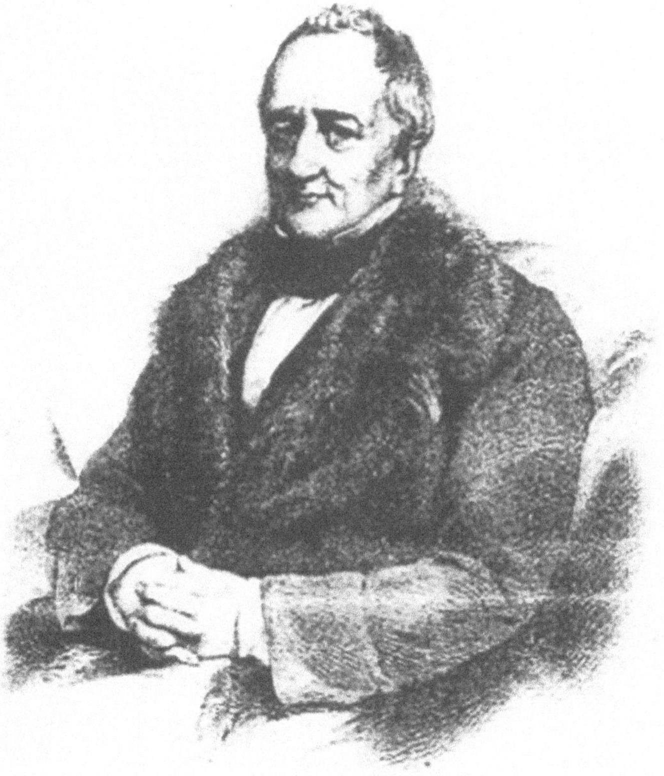

Abb. 49: Richard James Lane, Stich nach einem Porträt von Thomas Phillips (Privatsammlung)

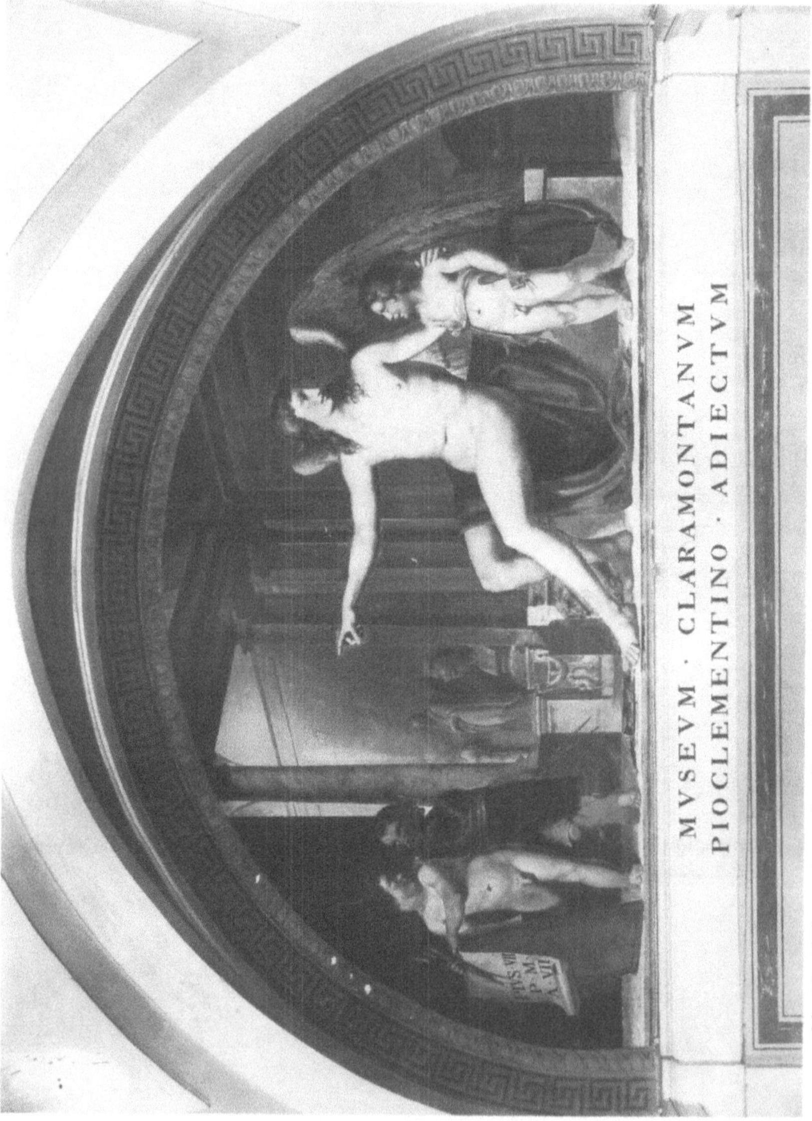

Abb. 50: Filippo Agricola, Gründung des Museo Chiaramonti (Musei Vaticani, Museo Chiaramonti)

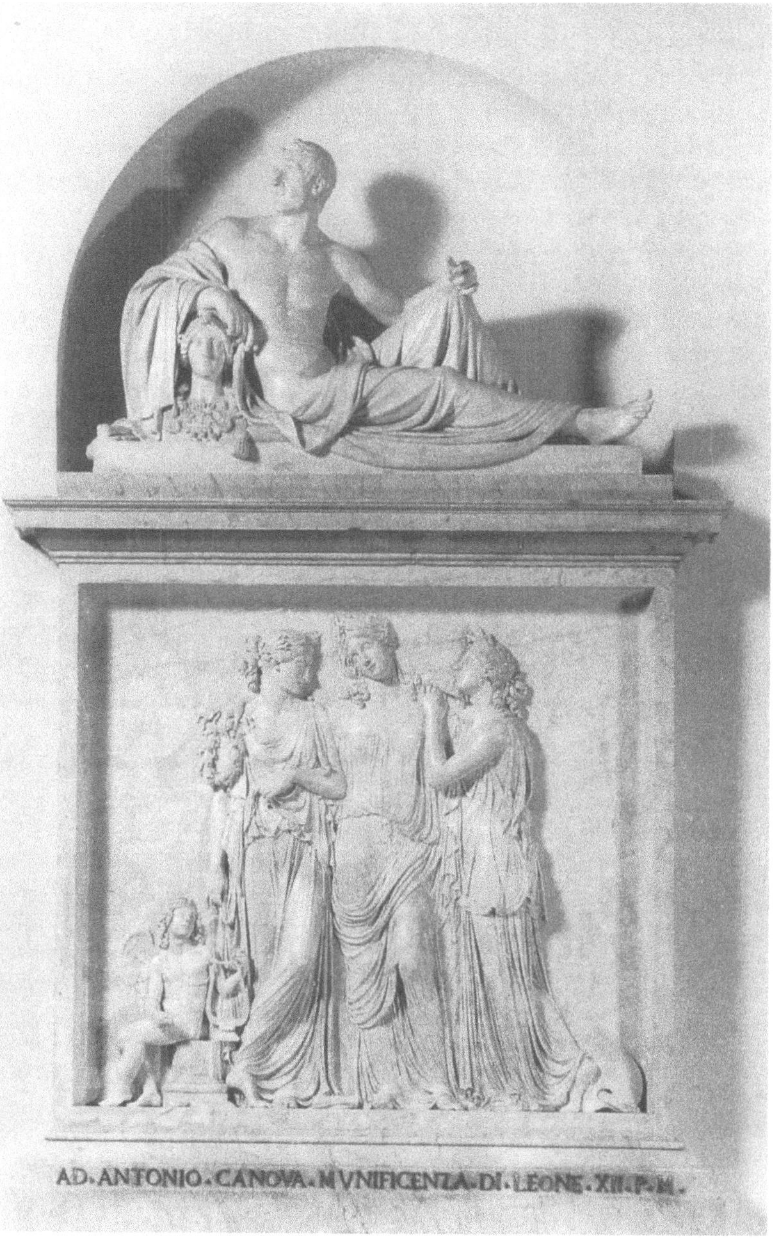

Abb. 51: Giuseppe de Fabris, Monument Canovas (Rom, Kapitol, Protomoteca)

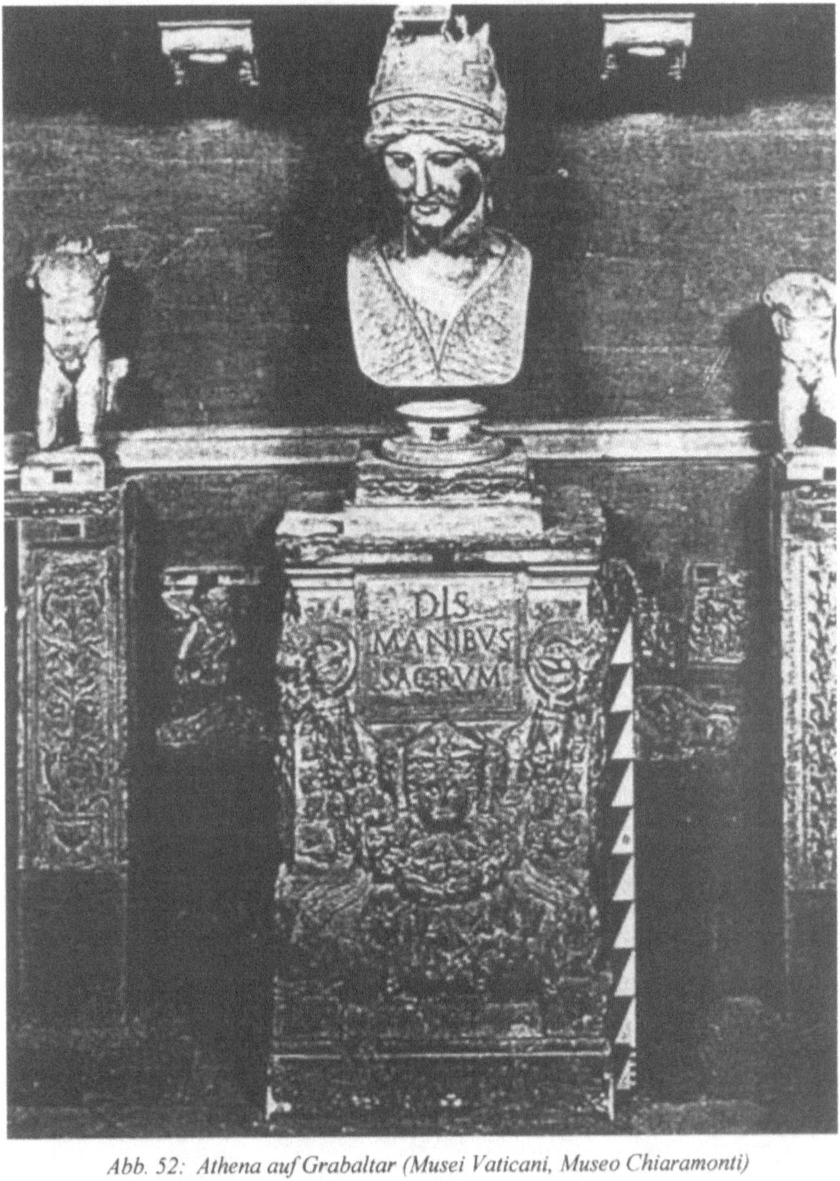

Abb. 52: Athena auf Grabaltar (Musei Vaticani, Museo Chiaramonti)

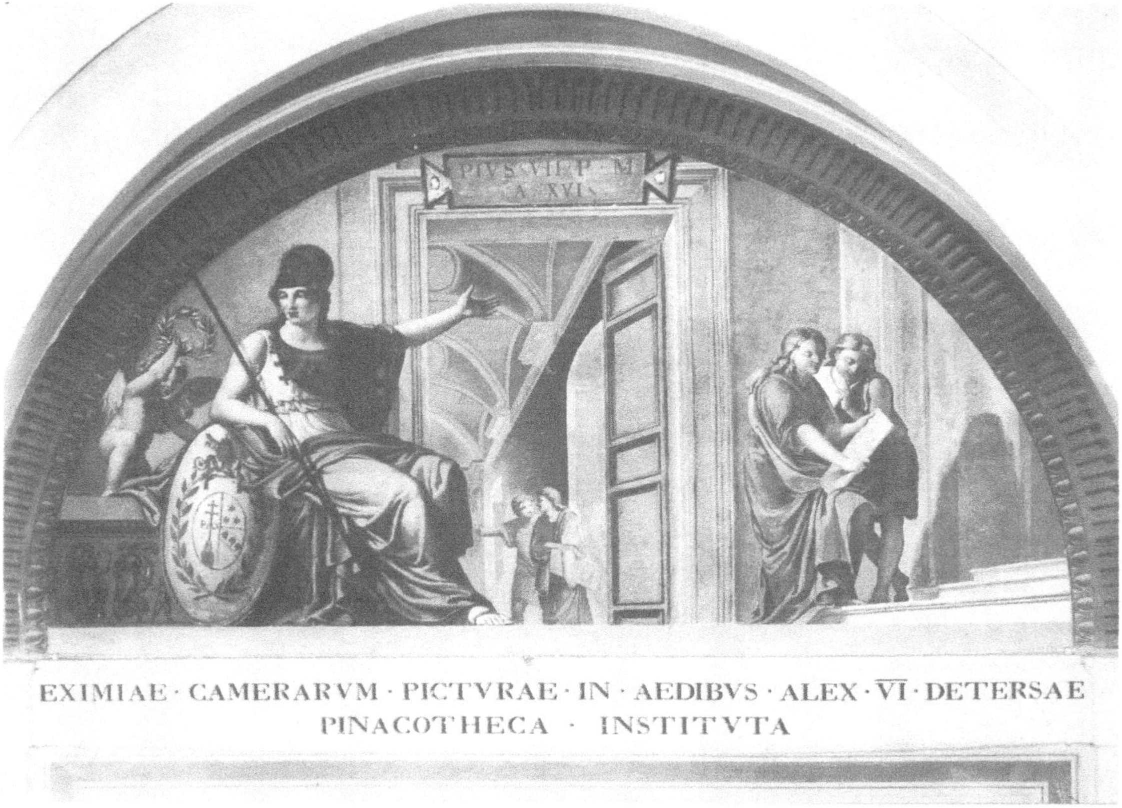

Abb. 53: Giacomo Conca, Gründung der Pinakothek (Musei Vaticani, Museo Chiaramonti)

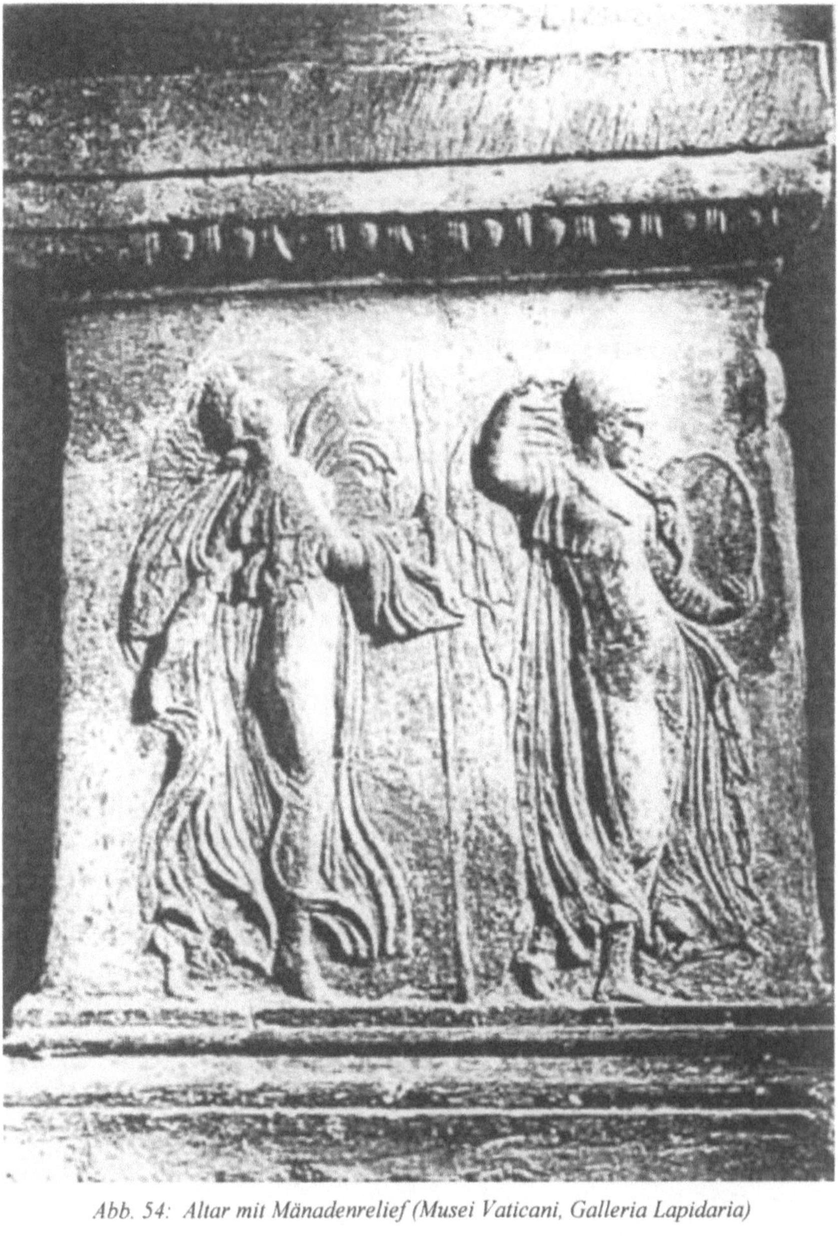

Abb. 54: Altar mit Mänadenrelief (Musei Vaticani, Galleria Lapidaria)

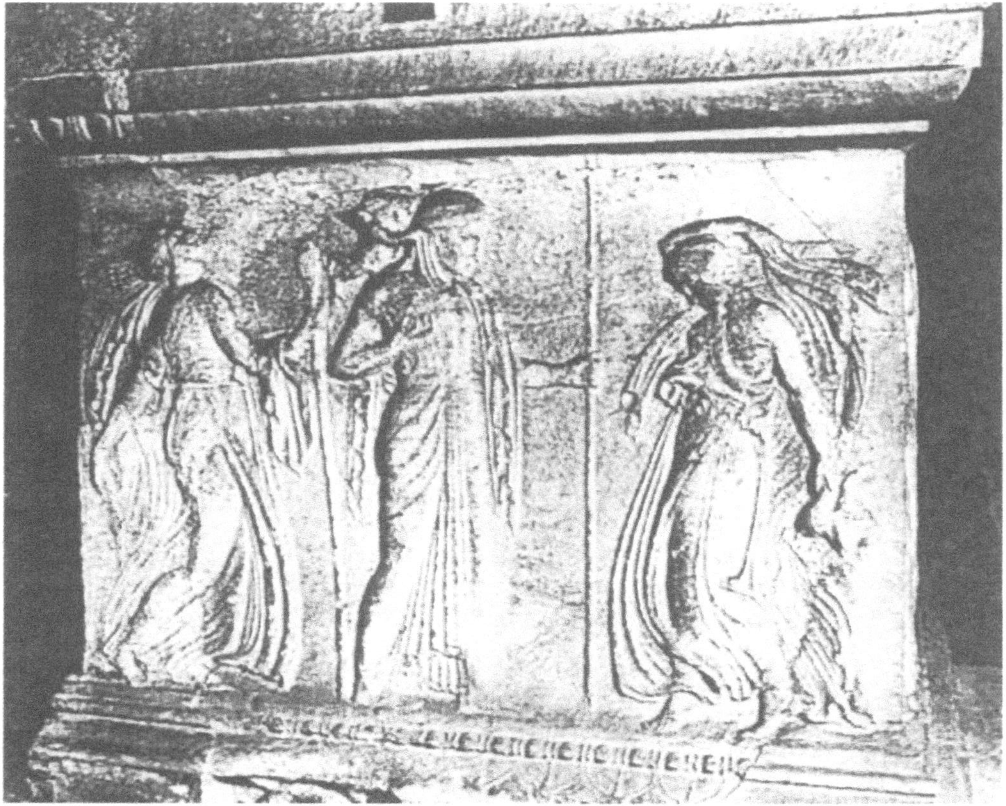

Abb. 55: Altar mit Mänadenrelief (Musei Vaticani, Galleria Lapidaria)

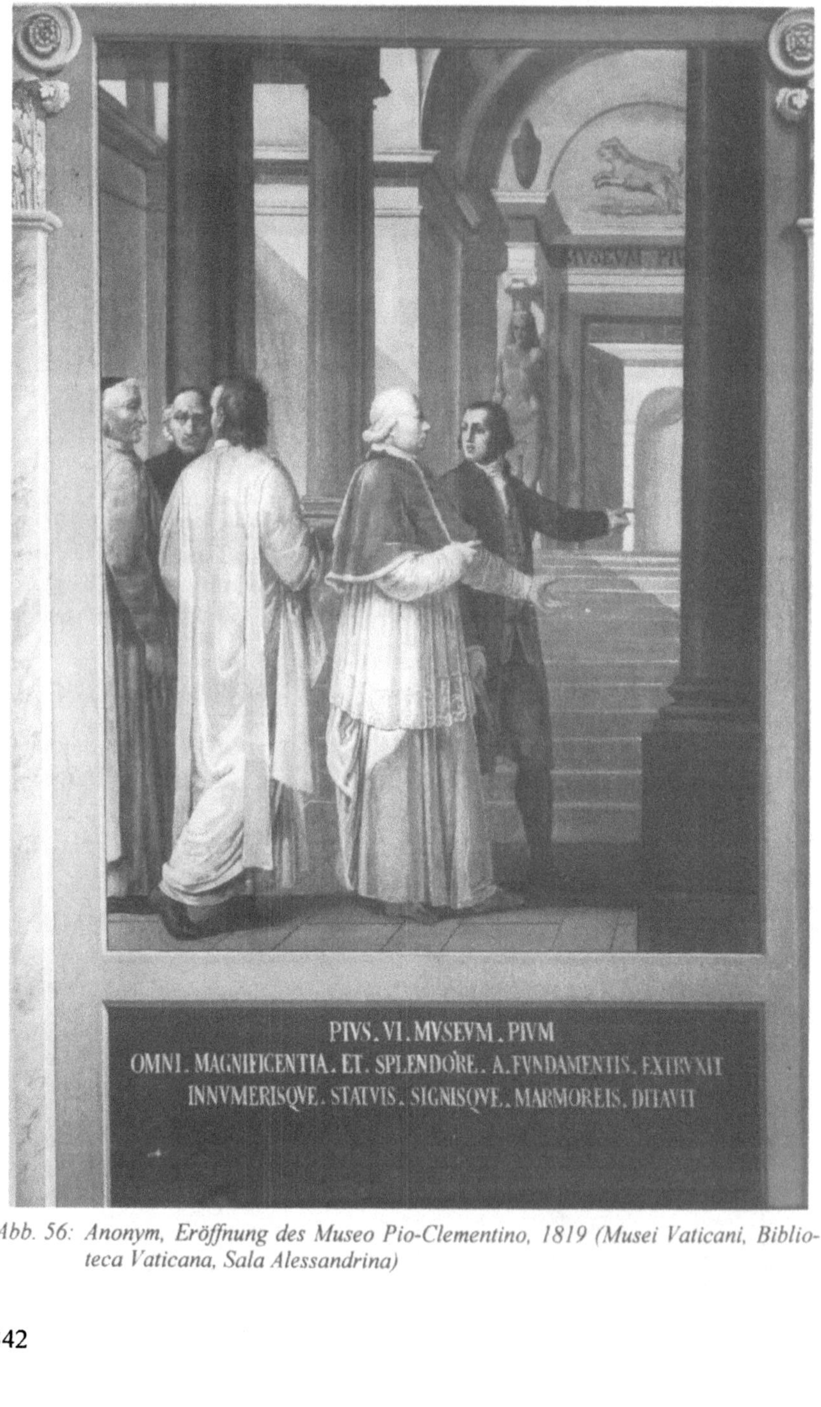

Abb. 56: Anonym, Eröffnung des Museo Pio-Clementino, 1819 (Musei Vaticani, Biblioteca Vaticana, Sala Alessandrina)

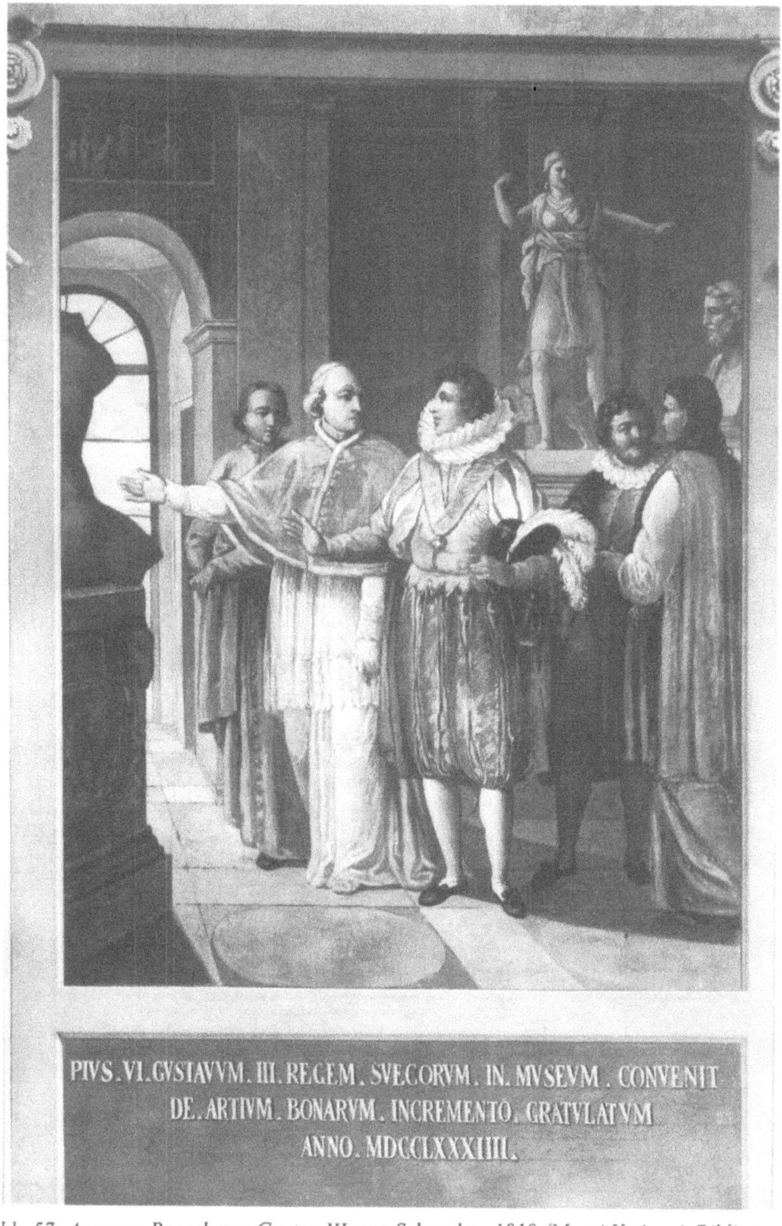

Abb. 57: Anonym, Besuch von Gustav III. von Schweden, 1819 (Musei Vaticani, Biblioteca Vaticana, Sala Alessandrina)

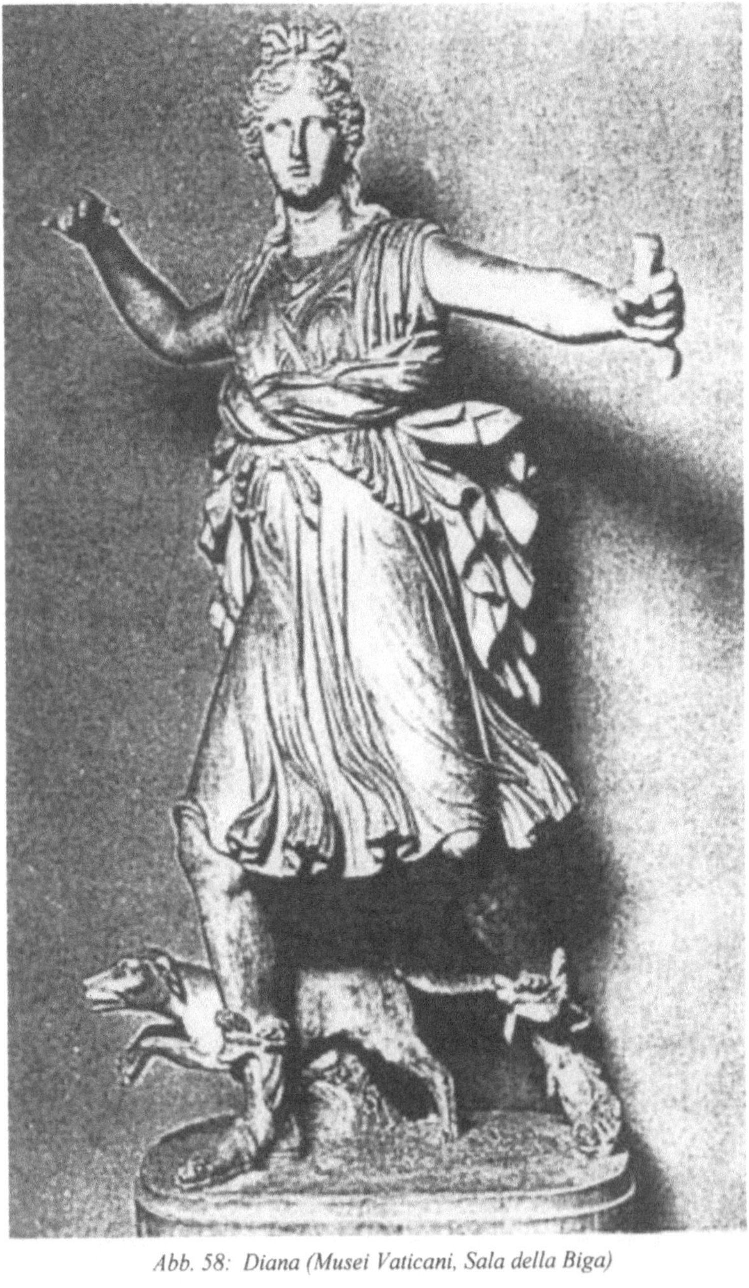

Abb. 58: Diana (Musei Vaticani, Sala della Biga)

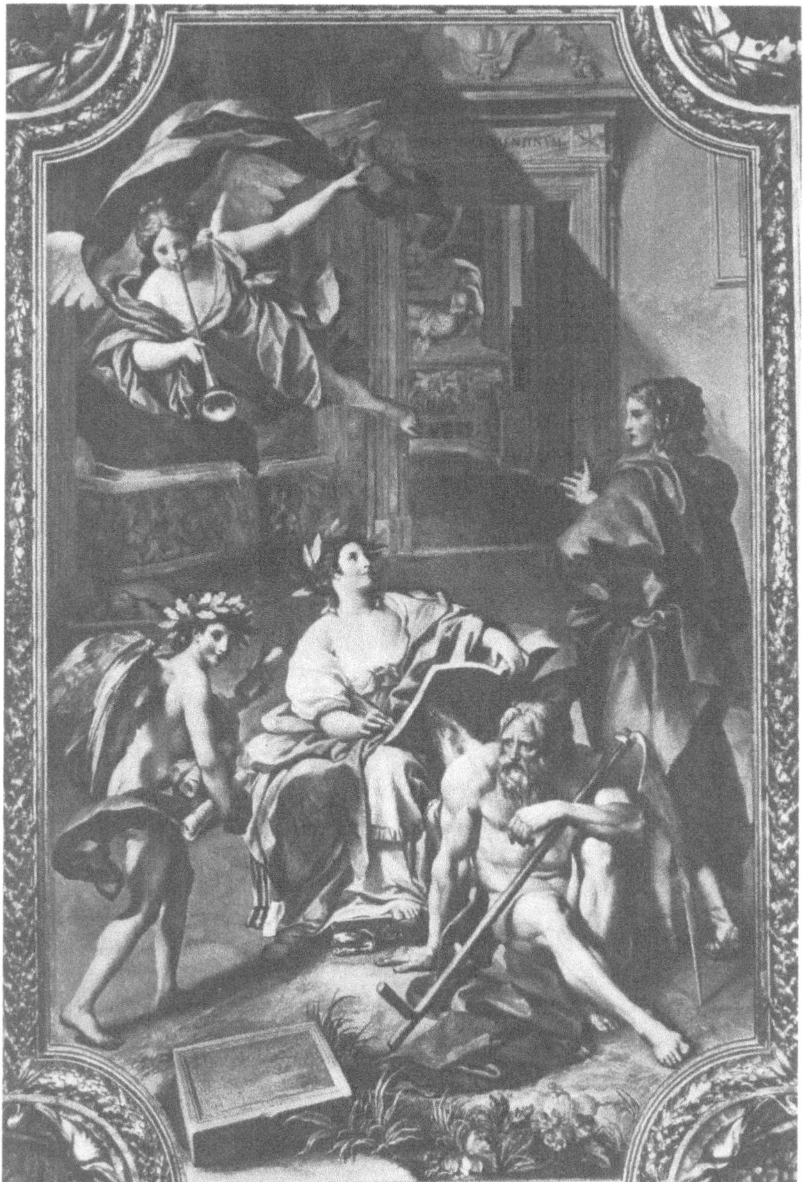

Abb. 59: Anton Raphael Mengs, Allegorie auf das Museum Clementinum, Deckenfresko in der Stanza dei Papiri (Musei Vaticani, Biblioteca Vaticana)

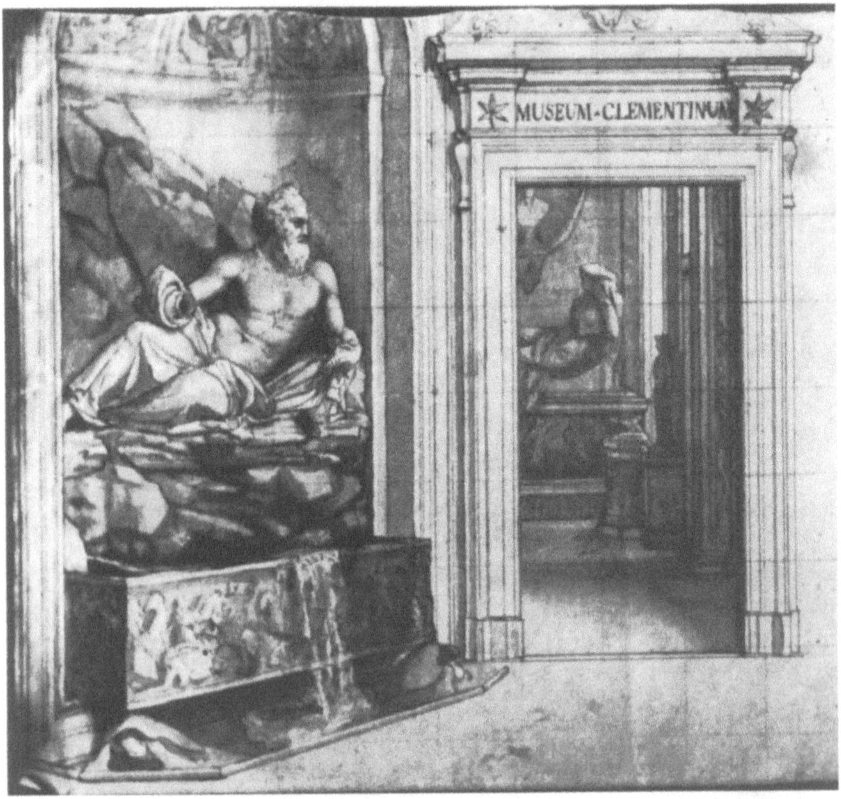

Abb. 60: Anton Raphael Mengs, Entwurf für Deckenfresko in der Stanza dei Papiri der Biblioteca Vaticana

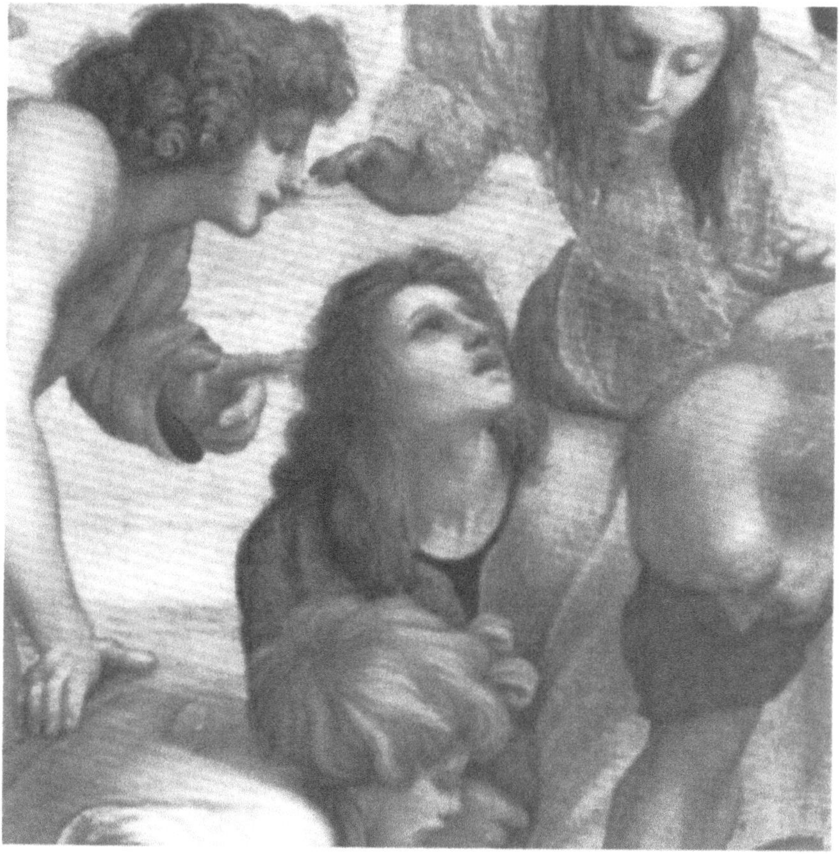

Abb. 61: Raffael, Schule von Athen, Ausschnitt (Musei Vaticani, Stanzen)

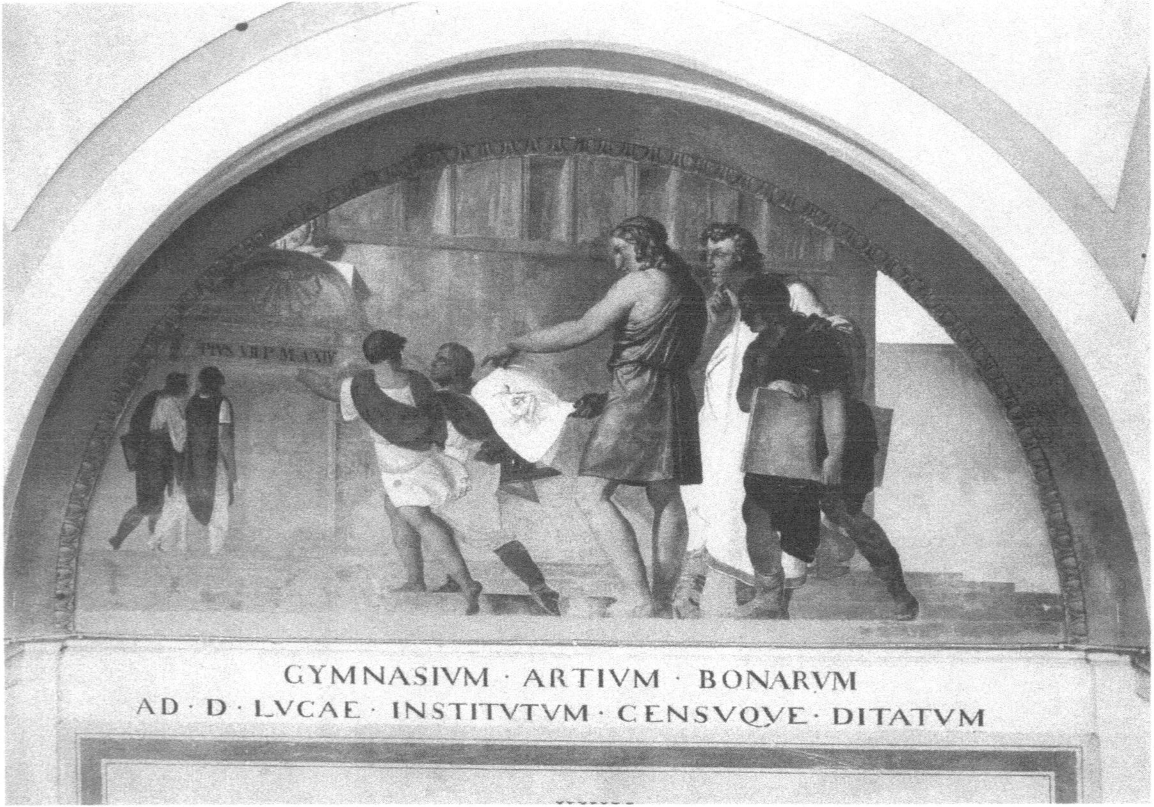

Abb. 62: Francesco Hayez, Malschule (Musei Vaticani, Museo Chiaramonti)

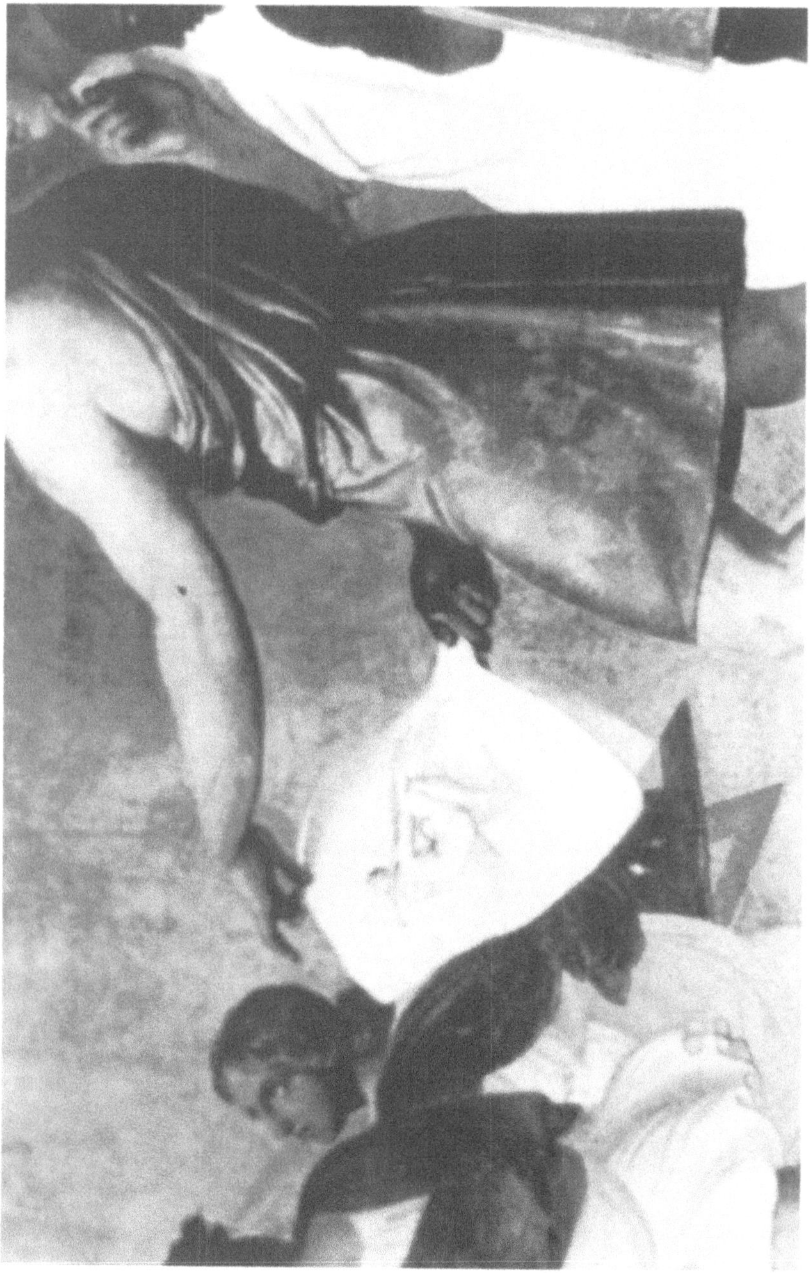

Abb. 63: Francesco Hayez, Malschule, Ausschnitt (Musei Vaticani, Museo Chiaramonti)

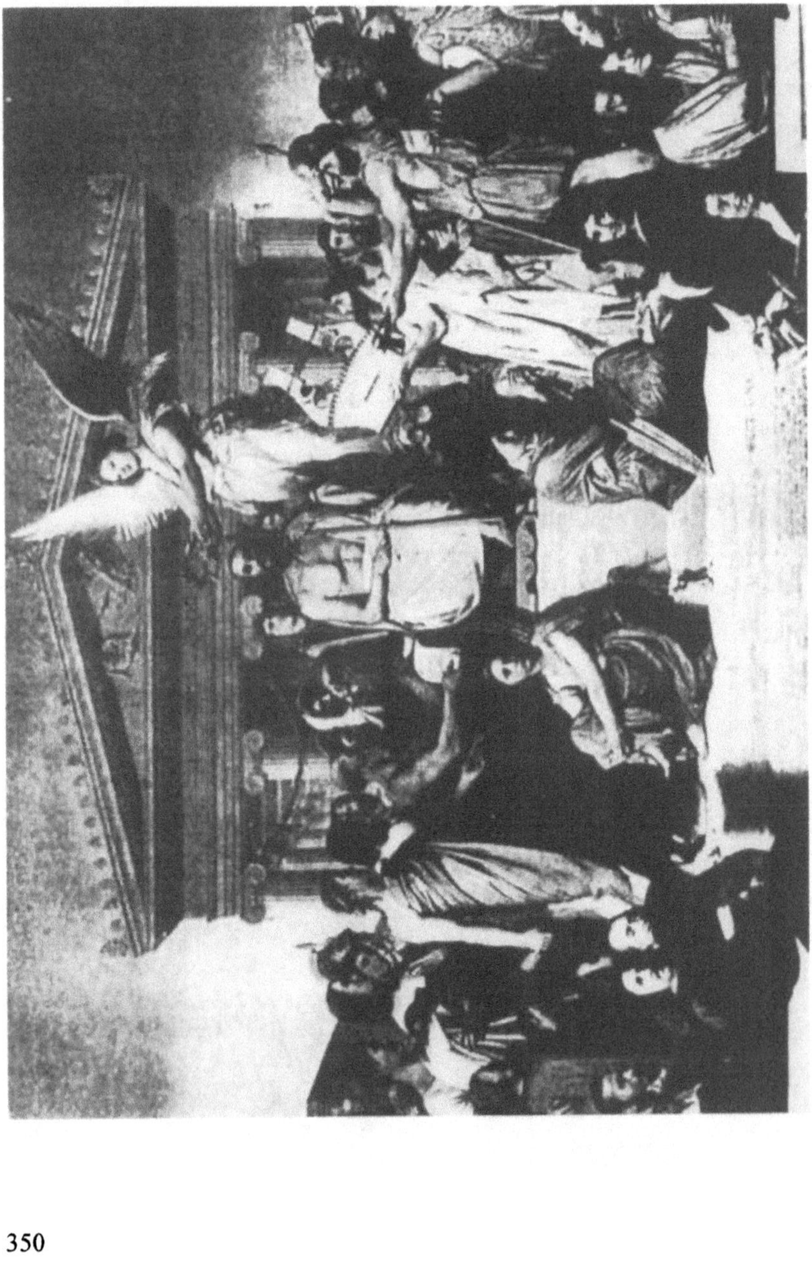

Abb. 64: Jean Auguste-Dominique Ingres, Apotheose des Homer, 1827 (Paris, Louvre)

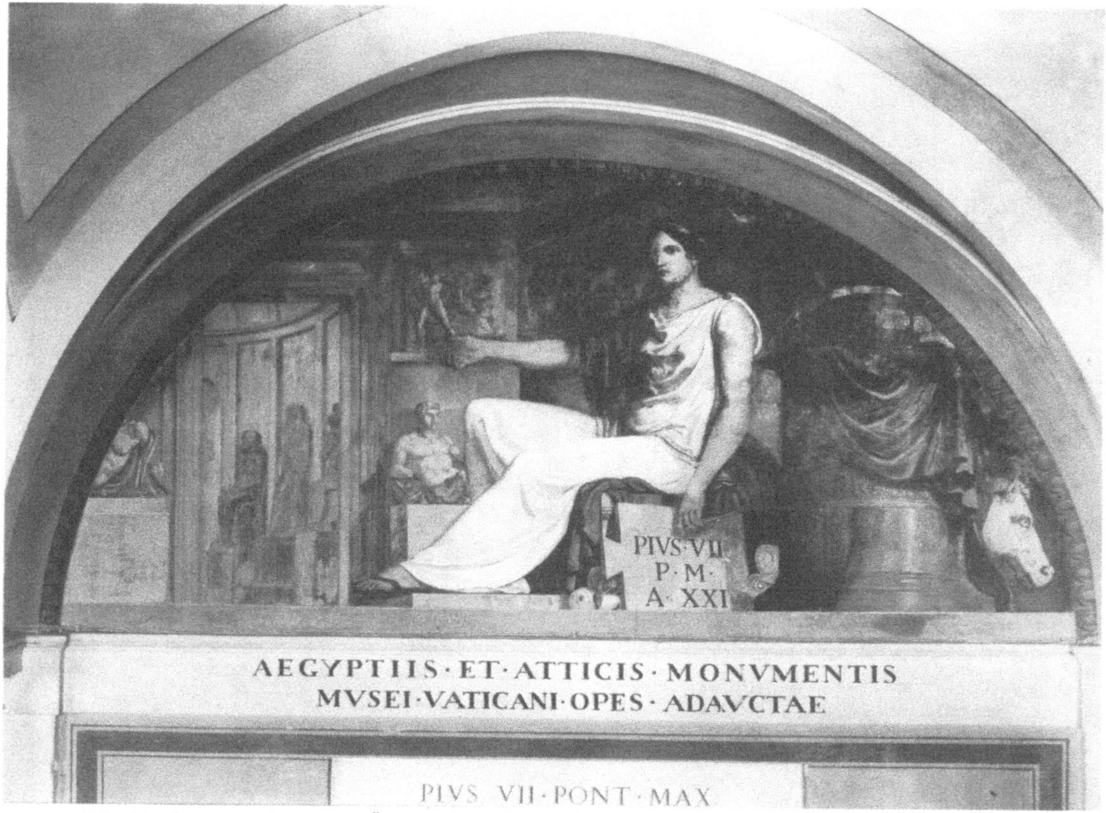

Abb. 65: Giuseppe Caponeri, Ägyptische und Attische Kunst (Musei Vaticani, Museo Chiaramonti)

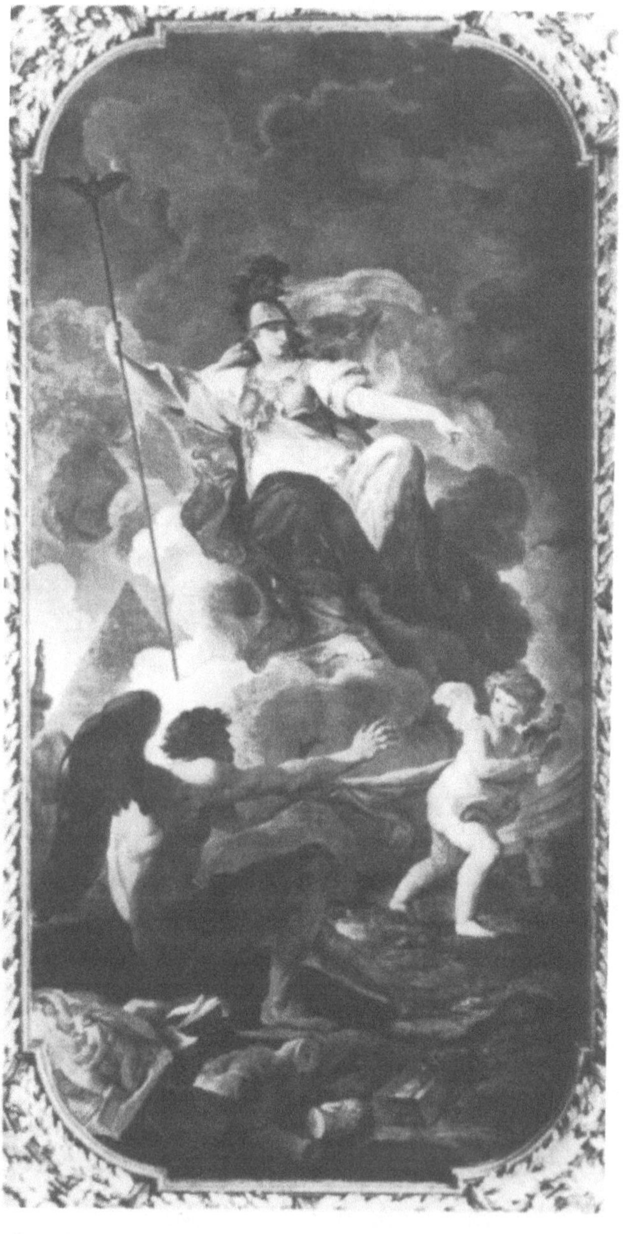

Abb. 66: Stefano Pozzo, Allegorie der Gründung des Museo Profano (Musei Vaticani, Biblioteca Vaticana)

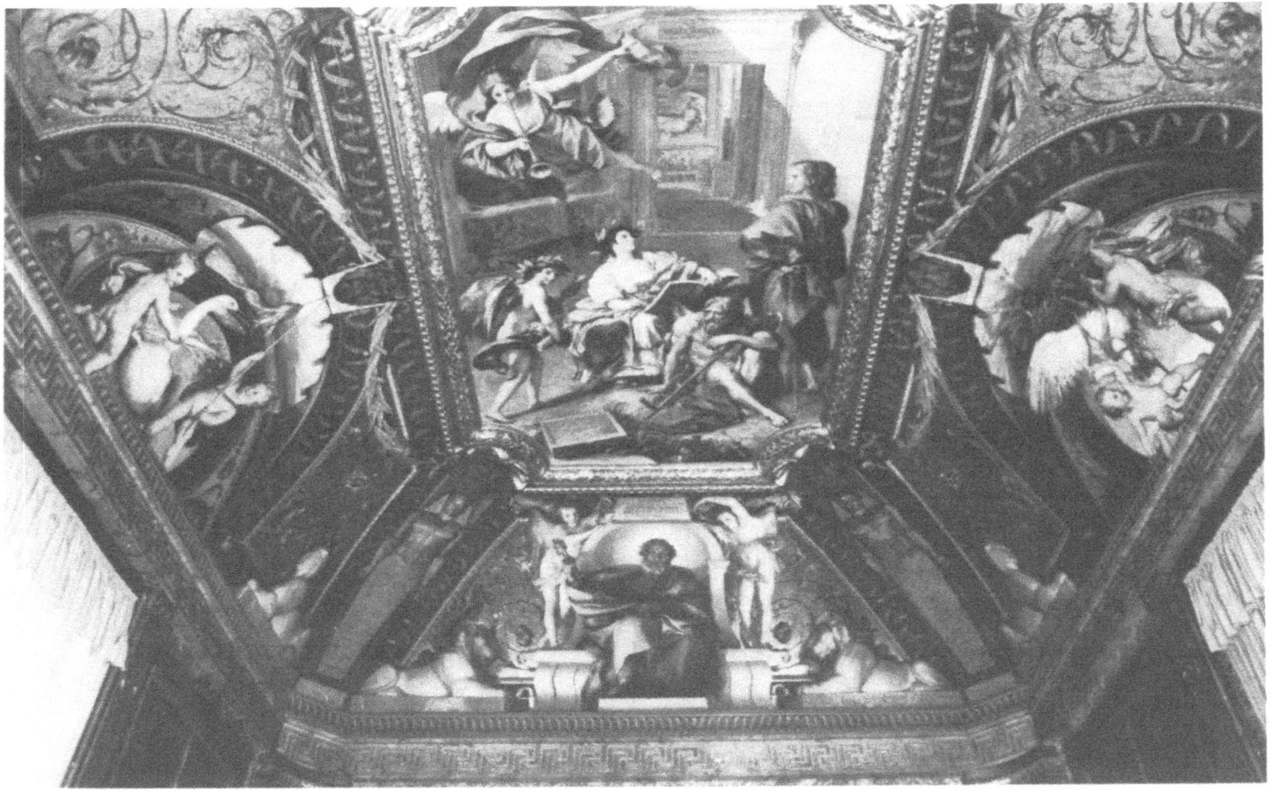

Abb. 67: Anton Raphael Mengs, Deckenfresko in der Stanza dei Papiri (Musei Vaticani, Biblioteca Vaticana, Nordseite)

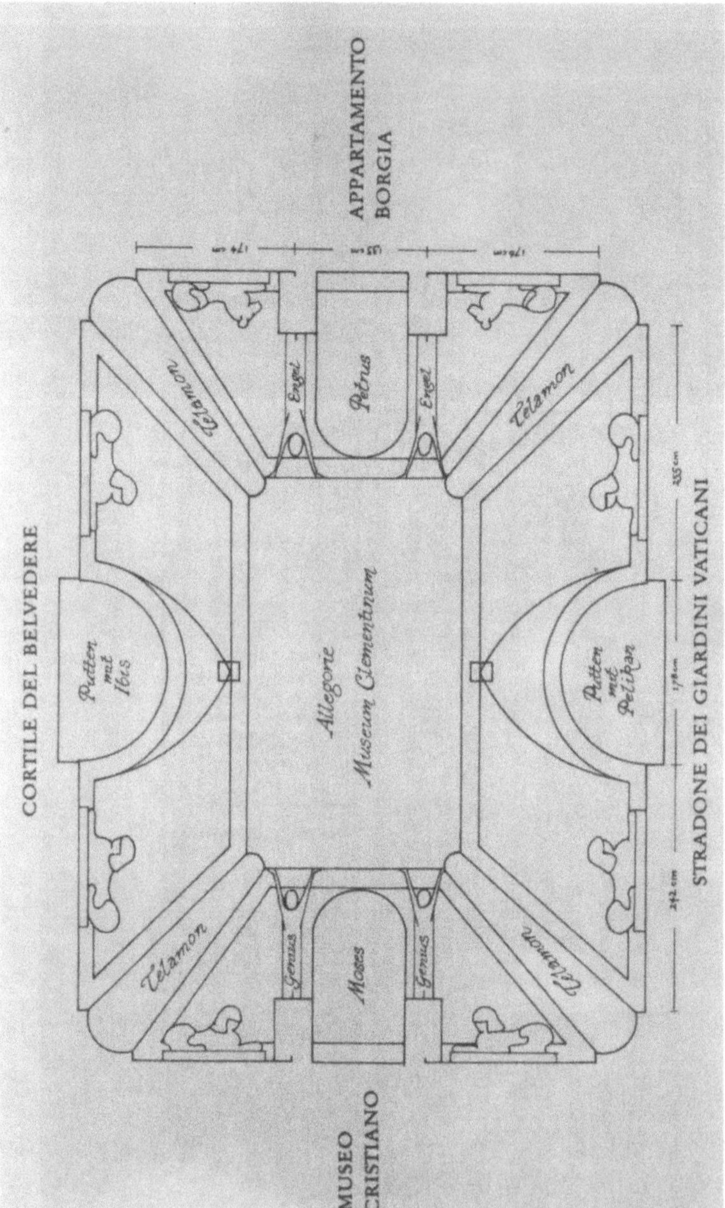

Abb. 68: Schema des Deckenfreskos der Stanza dei Papiri

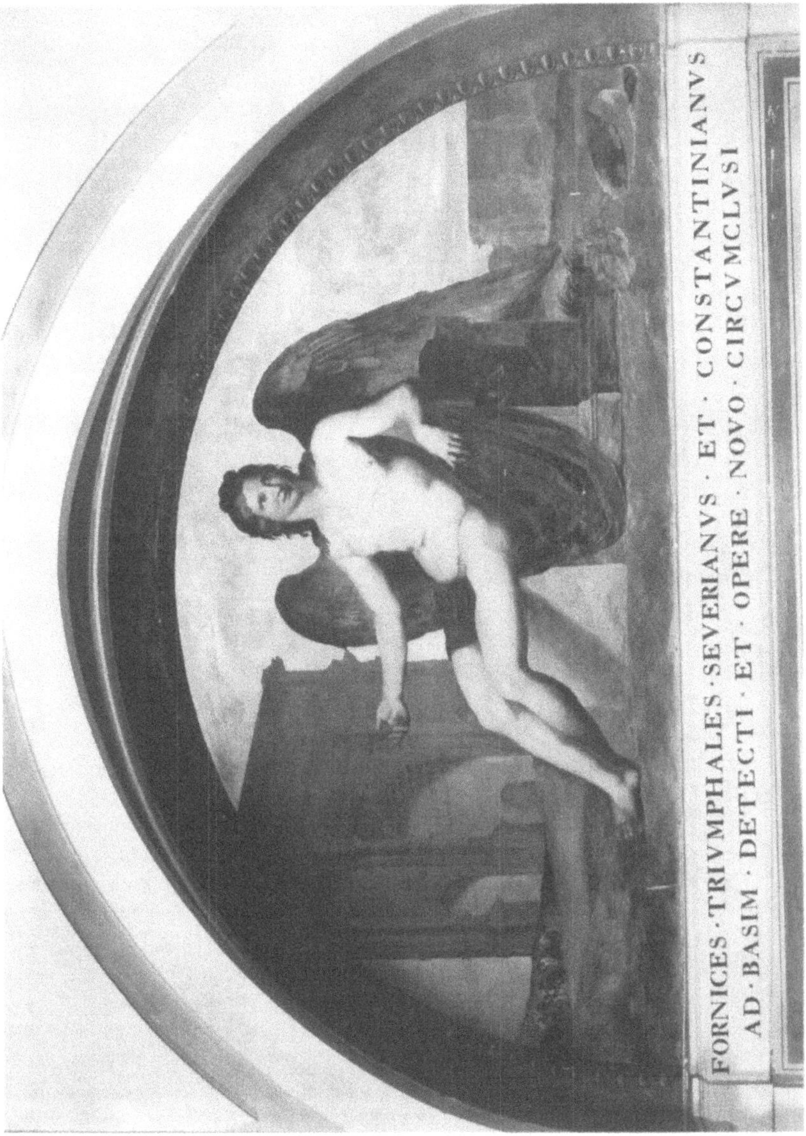

Abb. 69: Luigi Durantini, Freilegung der Bögen, 1818 (Musei Vaticani, Museo Chiaramonti)

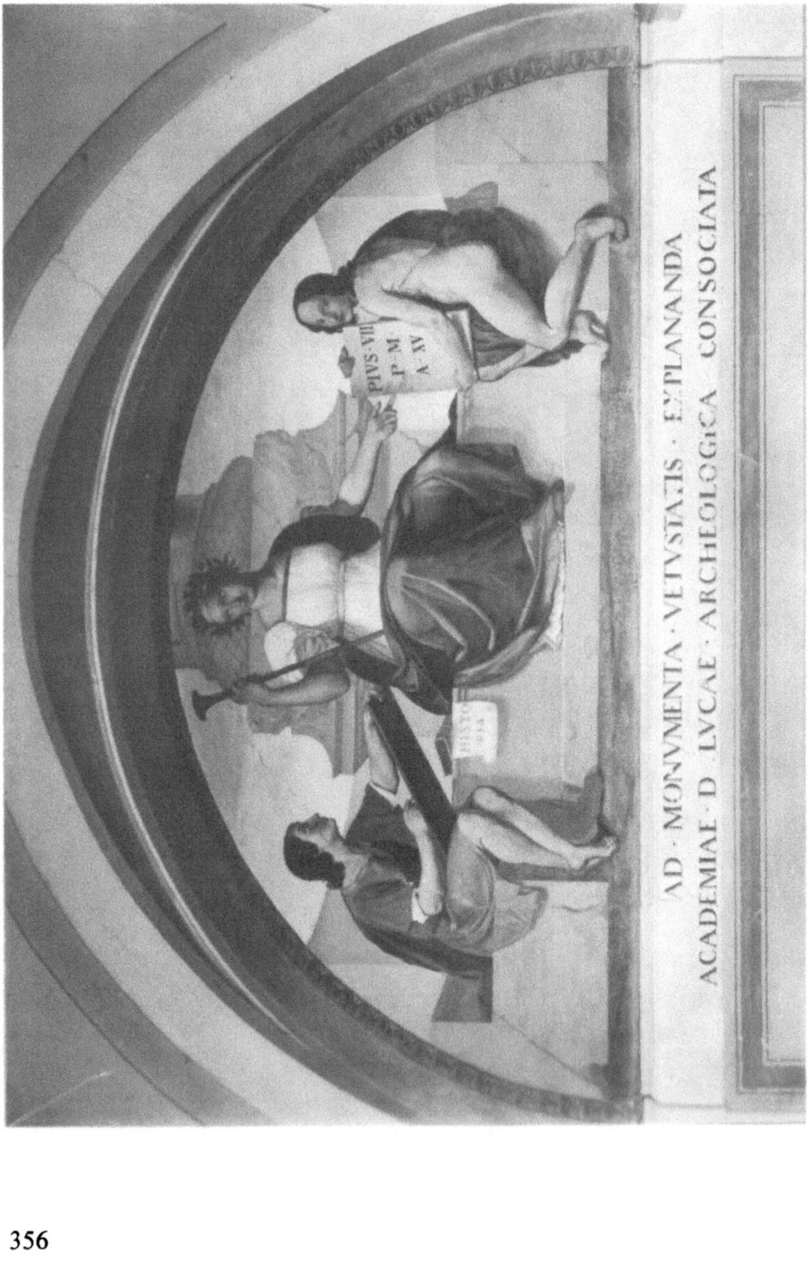

Abb. 70: Giovanni Colombo, Zusammenlegung der Akademien, 1818 (Musei Vaticani, Museo Chiaramonti)

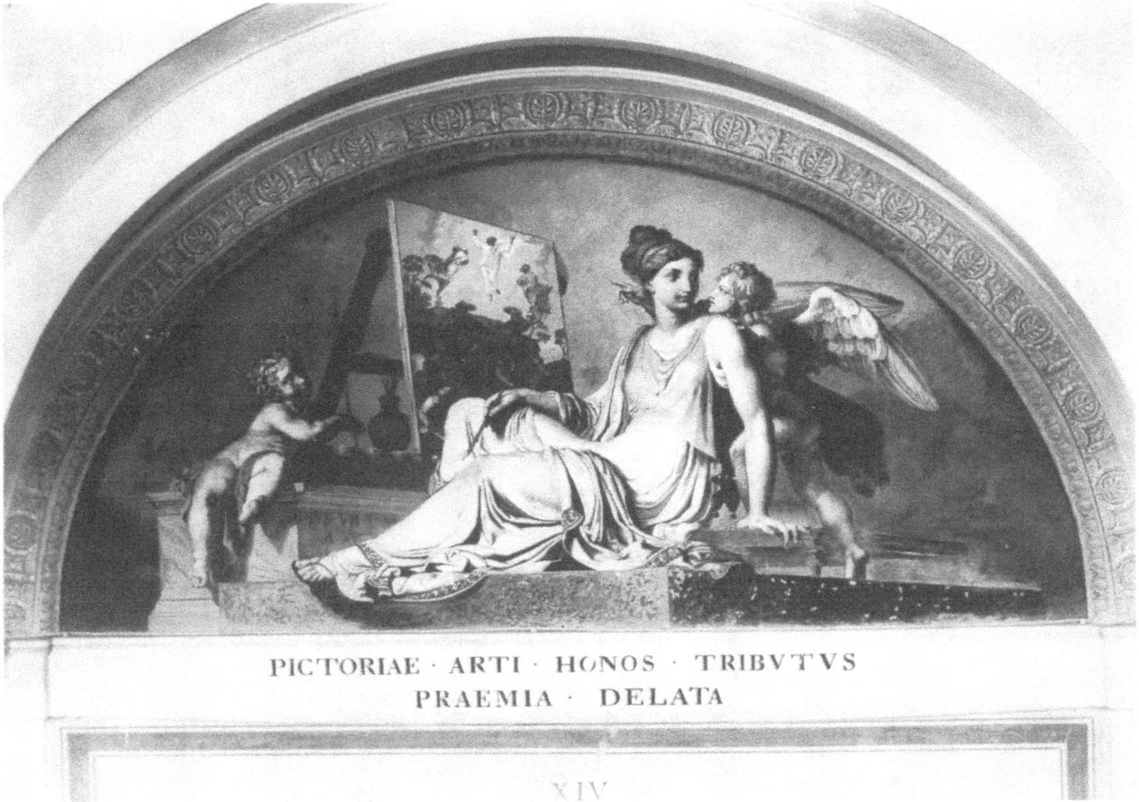

Abb. 71: Giovanni Demin, Allegorie der Malerei (Musei Vaticani, Museo Chiaramonti)

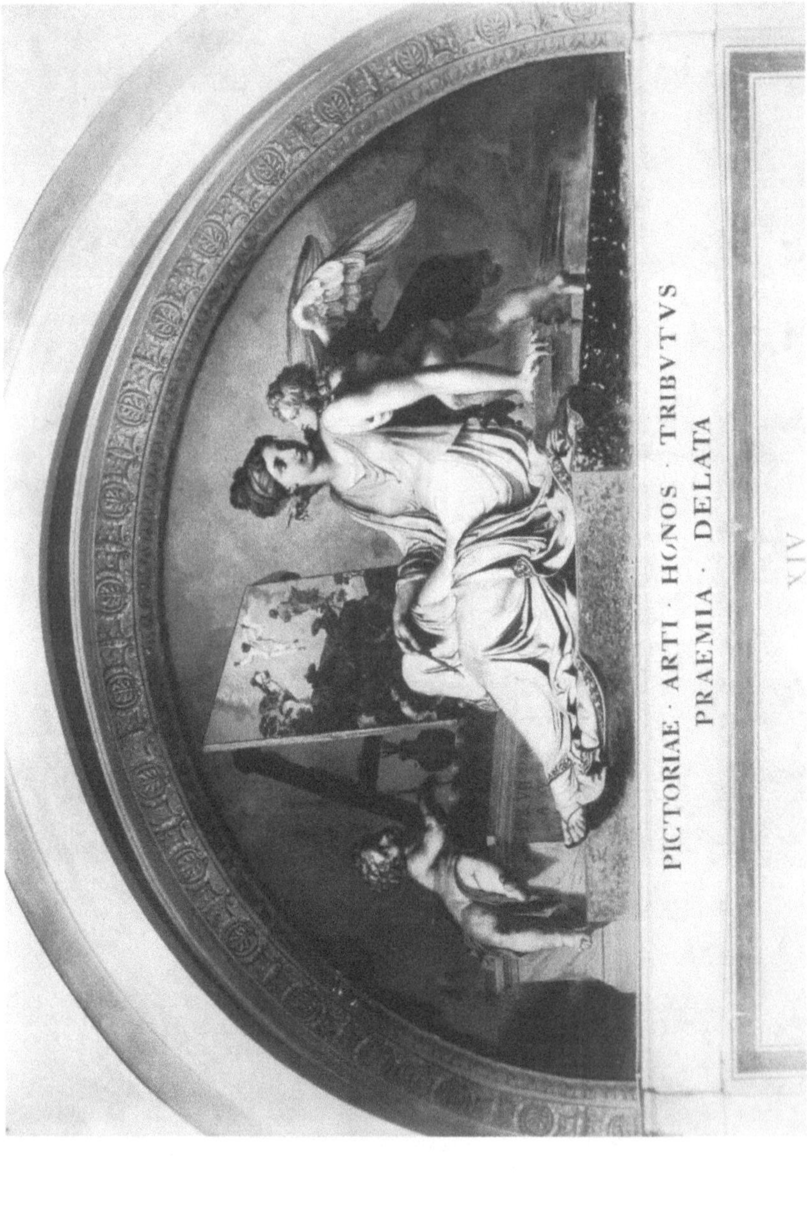

Abb. 71: Giovanni Demin, Allegorie der Malerei (Musei Vaticani, Museo Chiaramonti)

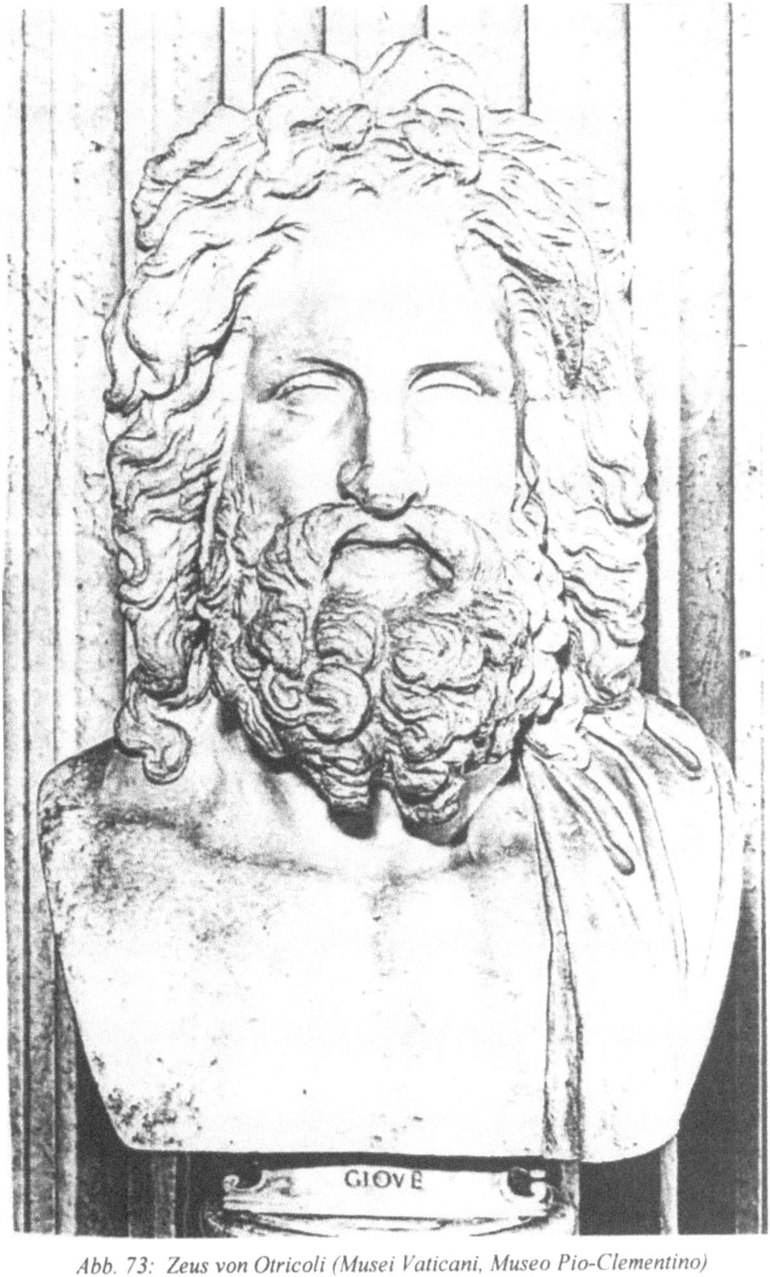

Abb. 73: Zeus von Otricoli (Museì Vaticani, Museo Pio-Clementino)

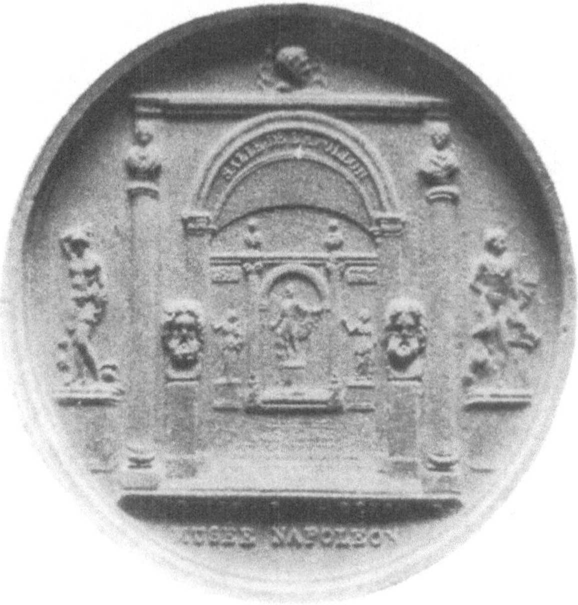

Abb. 74: Bertrand Andrieu, Medaille zur Einweihung des Salle d'Apollon (Évrard de Fayolle, Recherches sur Bertrand Andrieu, Paris 1902)

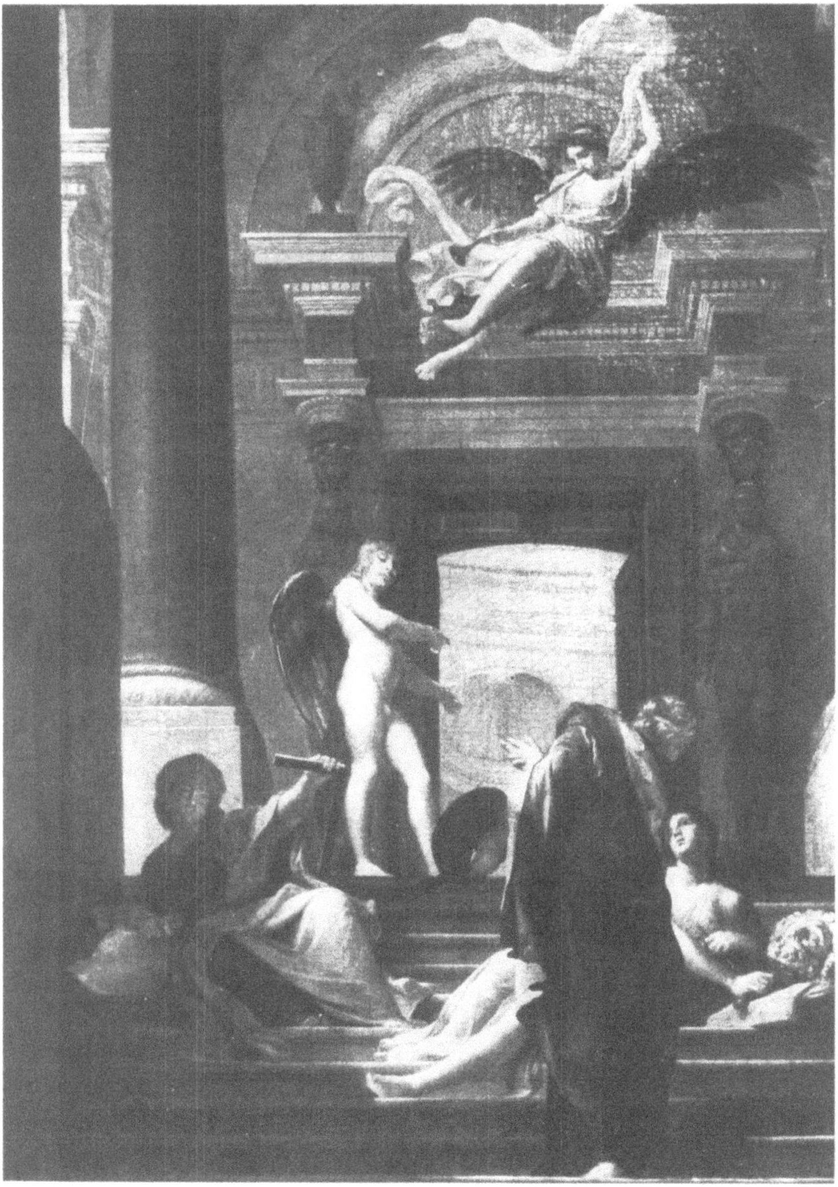

Abb. 75: Bernardino Nocchi, Allegorie auf das Museum Pium (Rom, Museo di Roma)

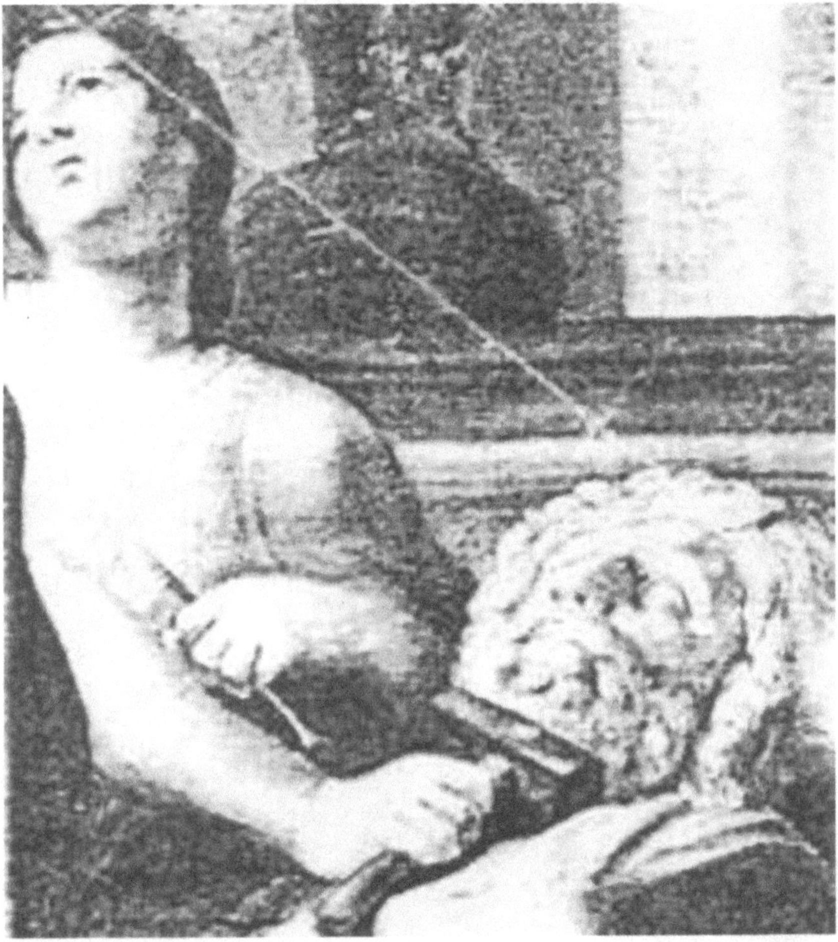

Abb. 76: Bernardino Nocchi, Allegorie auf das Museum Pium, Ausschnitt (Rom, Museo di Roma)

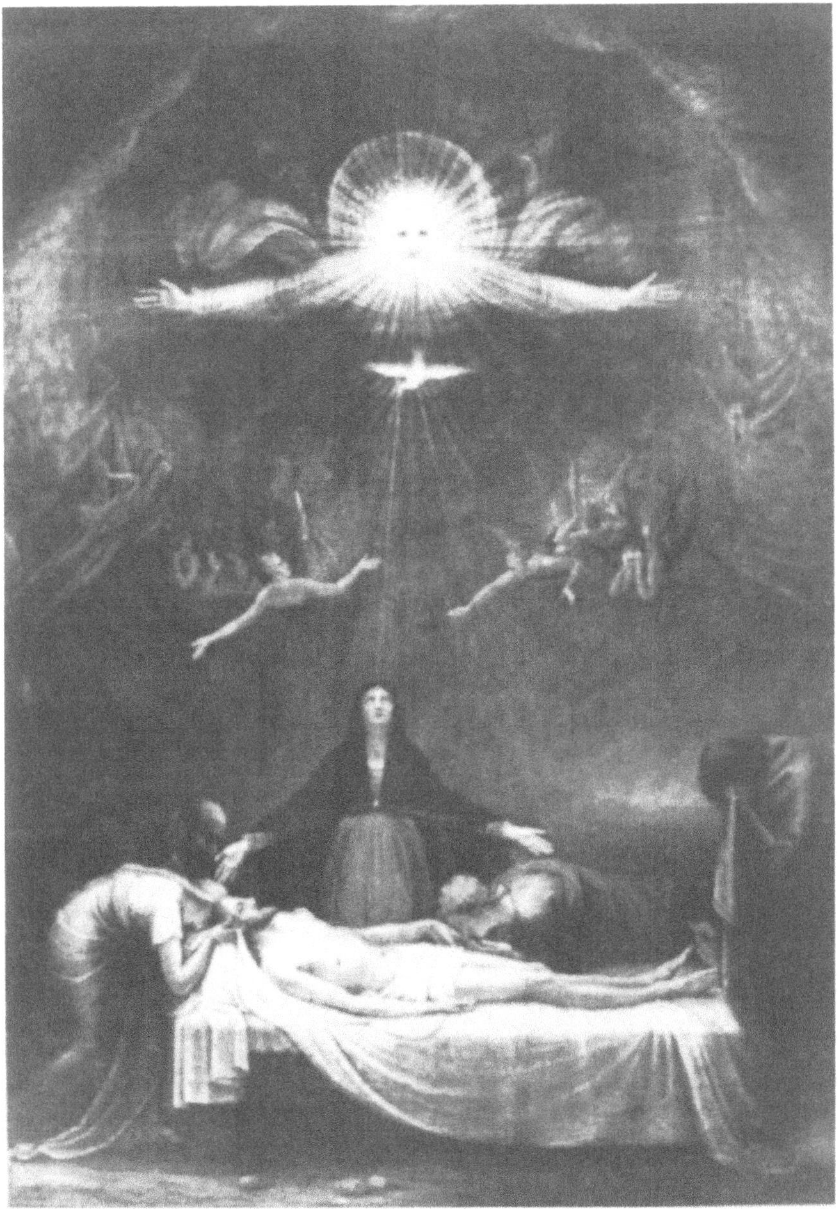

Abb. 77: Antonio Canova, Beweinung Christi, 1799–1821 (Possagno, Tempio)

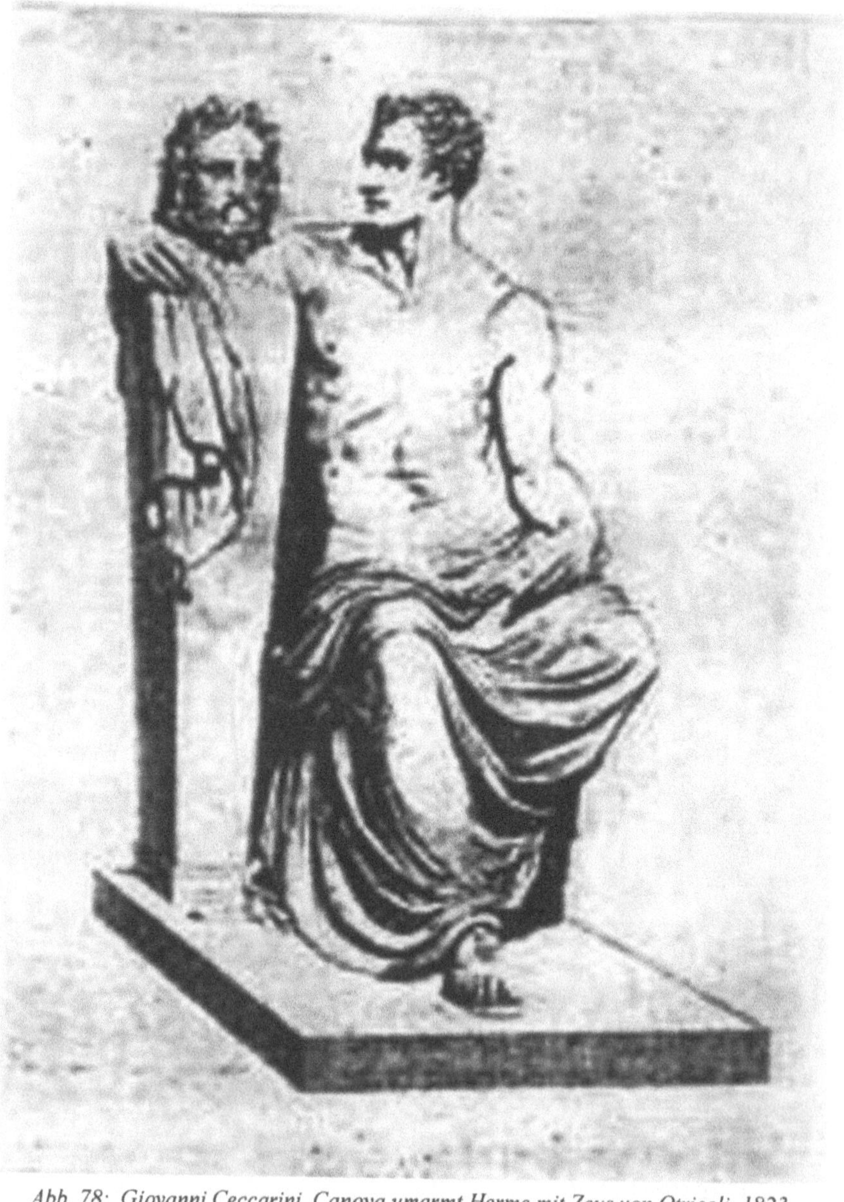

Abb. 78: Giovanni Ceccarini, Canova umarmt Herme mit Zeus von Otricoli, 1823

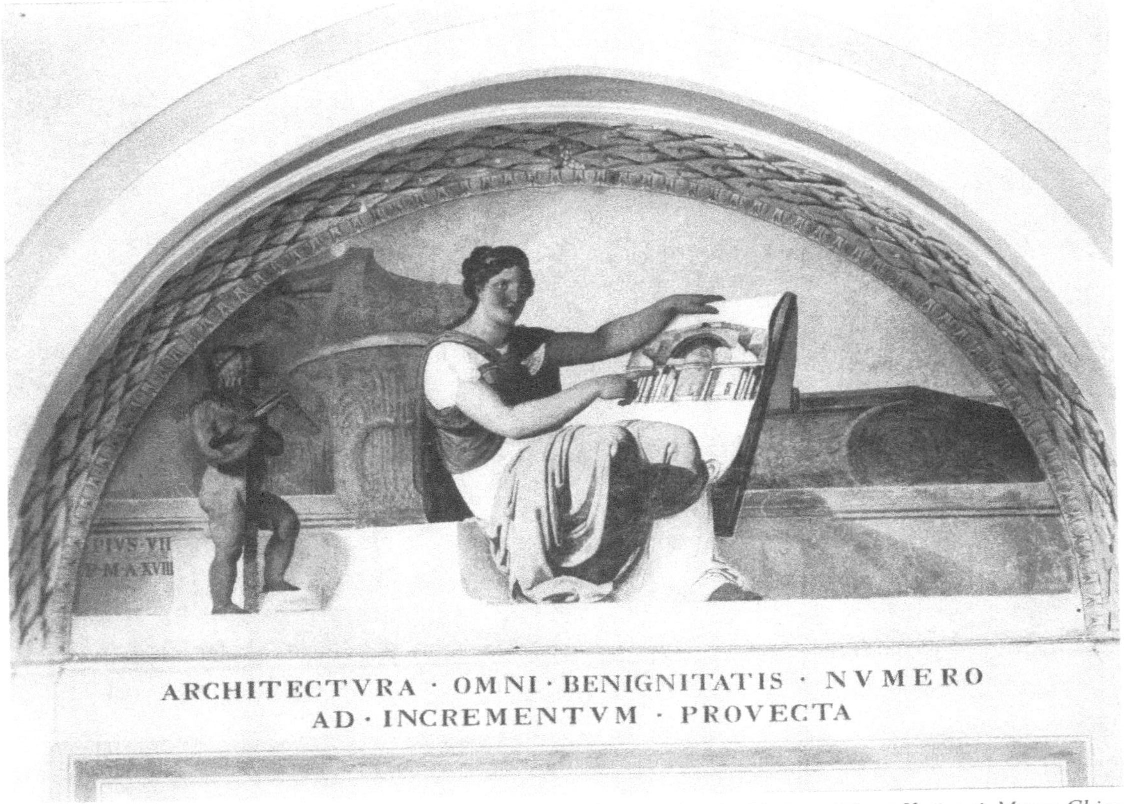

Abb. 79: Anonym (nach einer Zeichnung von Francesco Hayez), Allegorie der Architektur (Musei Vaticani, Museo Chiaramonti)

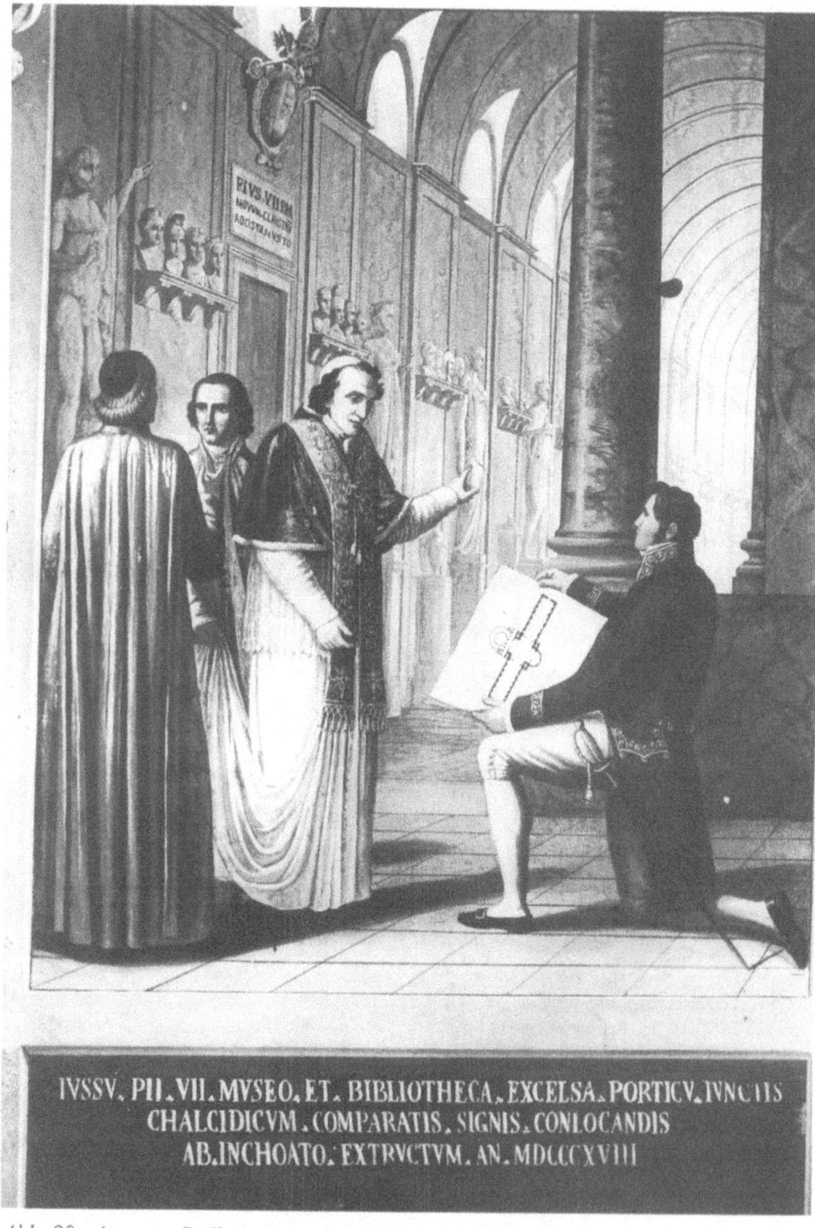

Abb. 80: Anonym, Raffaele Stern mit einem Grundriß des Braccio Nuovo vor dem Papst (Musei Vaticani, Biblioteca Vaticana, Galleria Clementina)

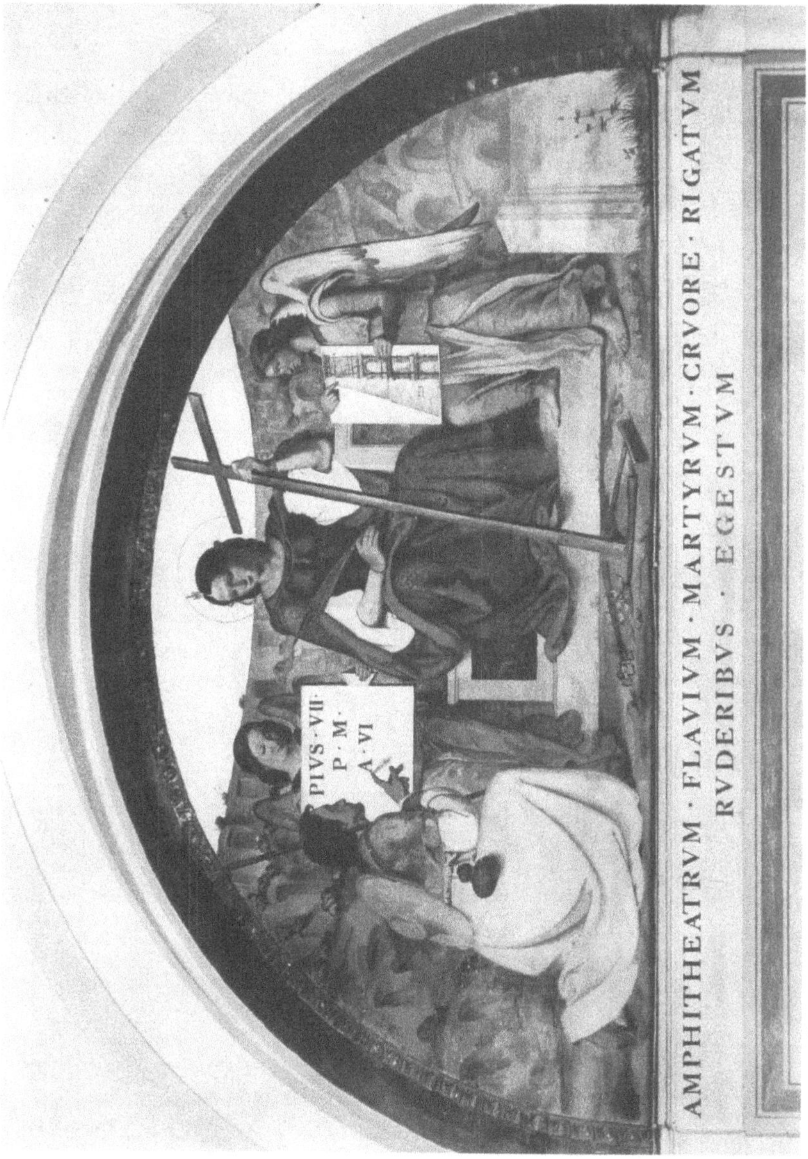

Abb. 81: Philipp Veit, Restaurierung des Kolosseums, 1818 (Musei Vaticani, Museo Chiaramonti)

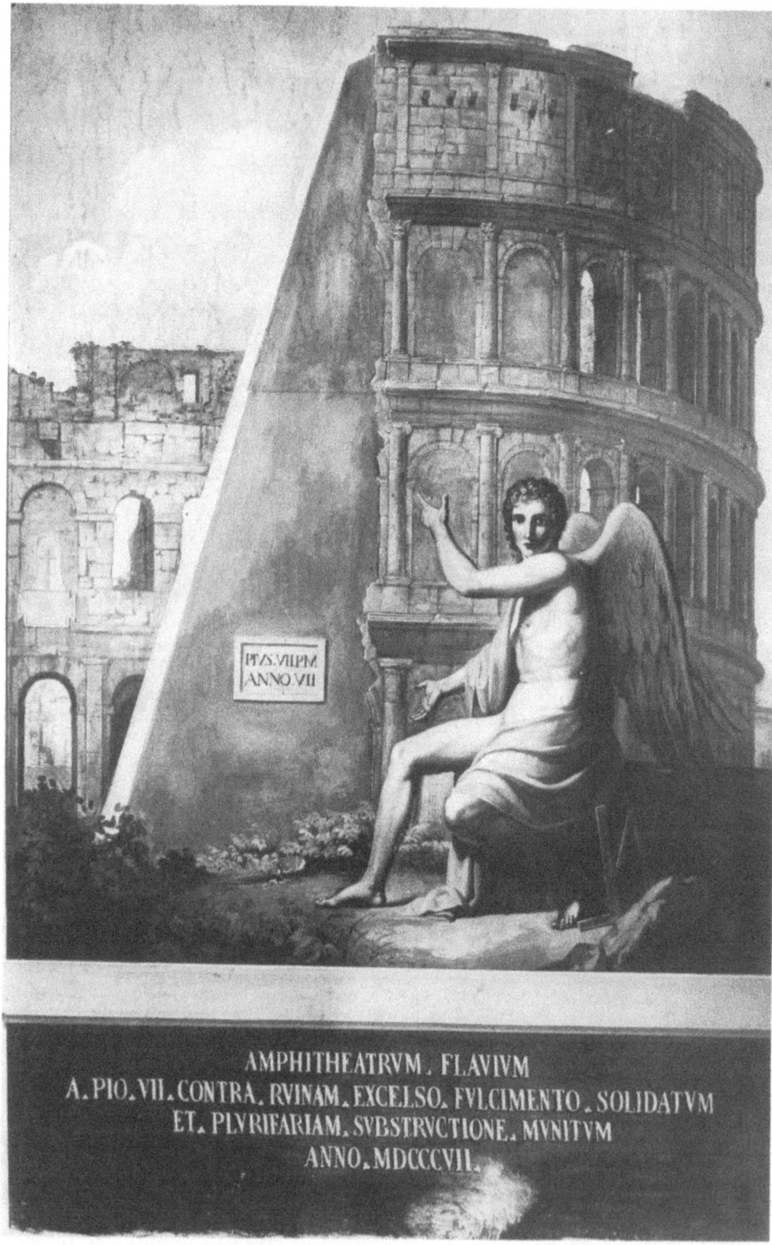

Abb. 82: Anonym, Kolosseum (Musei Vaticani, Biblioteca Vaticana, Sala Clementina)

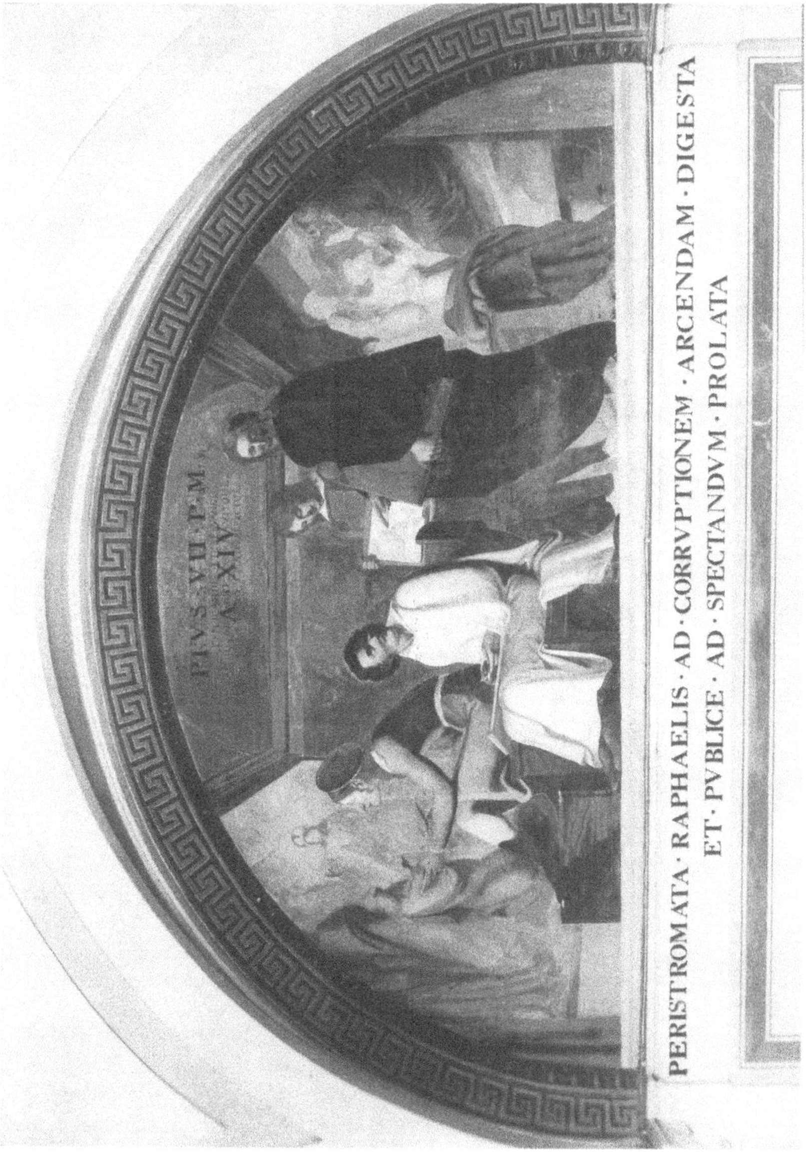

Abb. 83: Michele Ridolfi, Ausstellung der Raffaelteppiche (Musei Vaticani, Museo Chiaramonti)

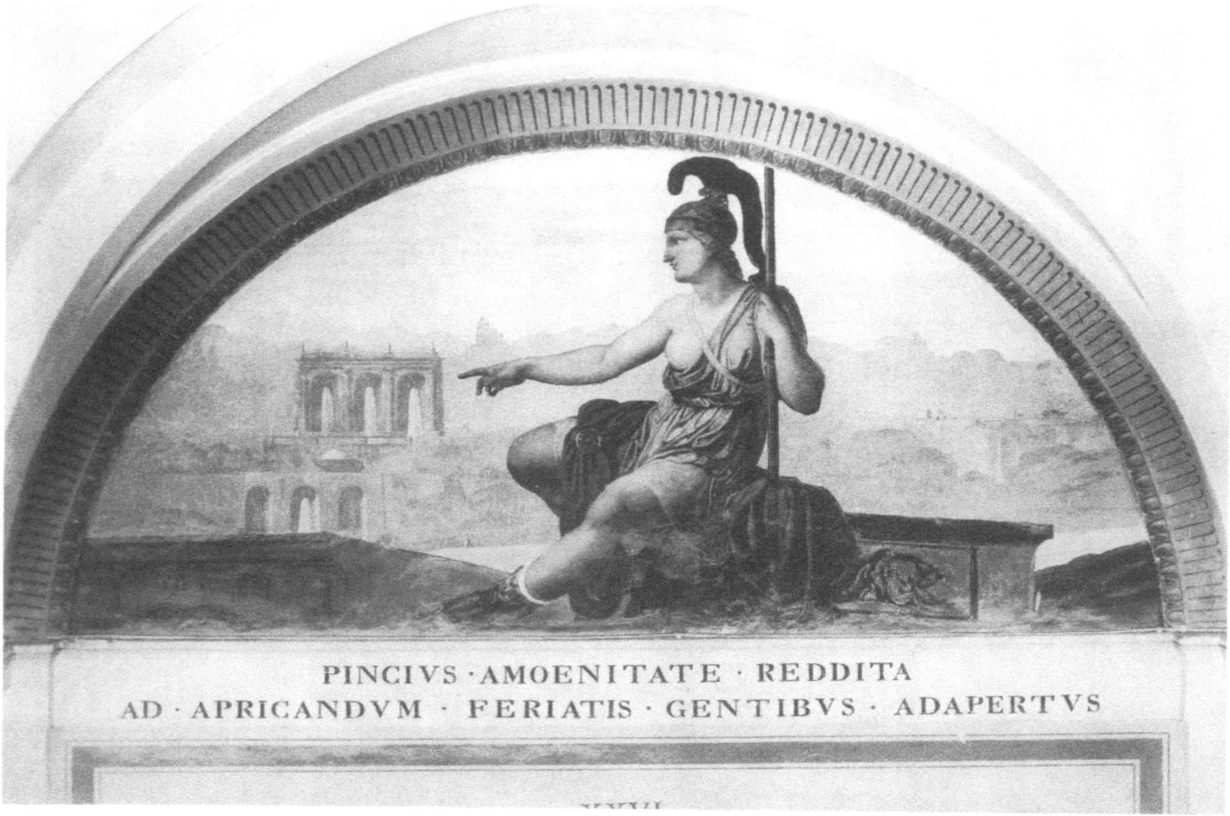

Abb. 84: Anonym (nach einer Zeichnung von Francesco Hayez), Eröffnung des Pincio (Musei Vaticani, Museo Chiaramonti)

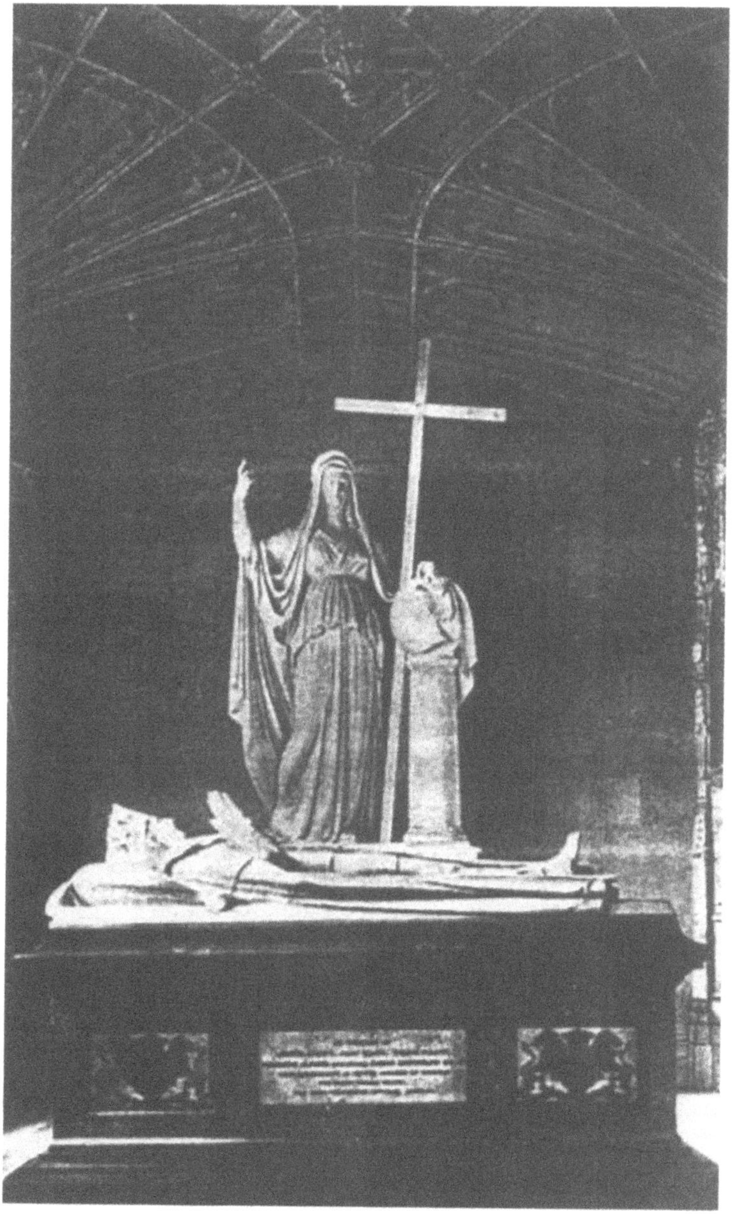

Abb. 85: Antonio Canova, Religion, Gipsmodell, 1814–1815 (Rom, Accademia di San Luca)

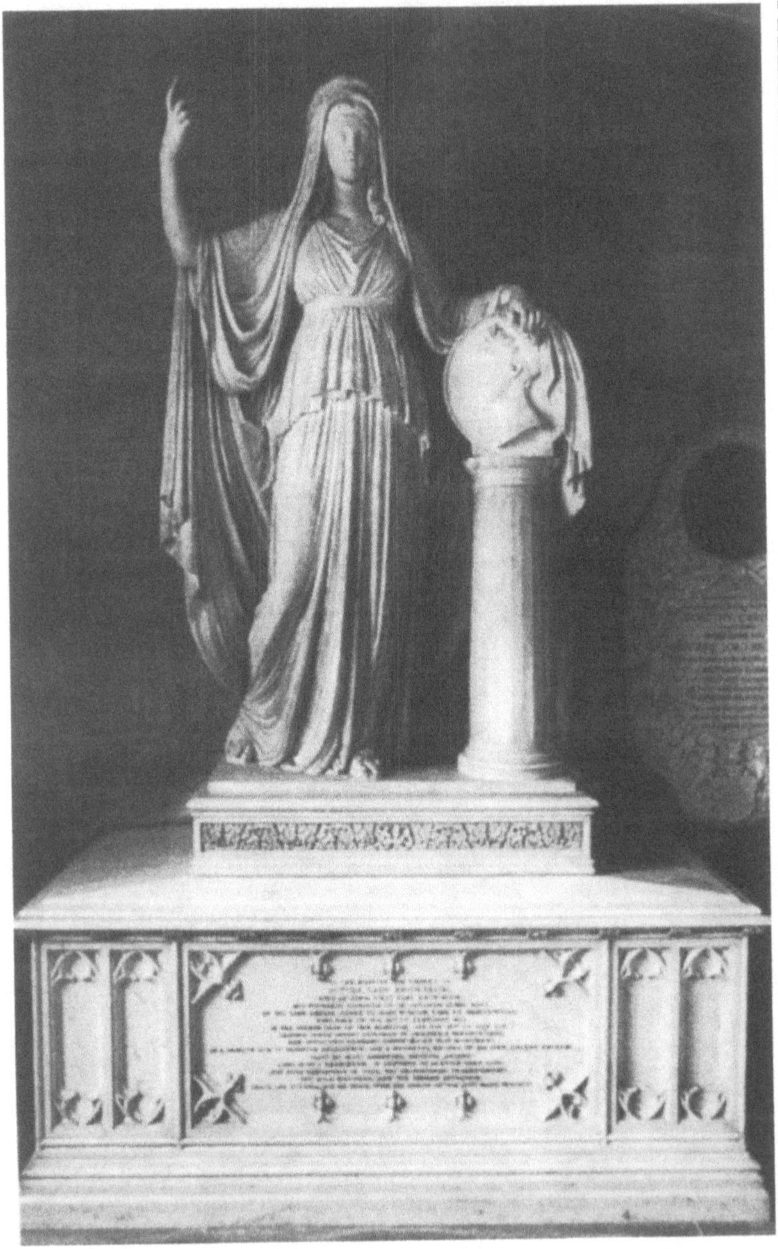

Abb. 86: Antonio Canova, Protestantische Religion, 1815–1816 (Belton Church, Lincolnshire)

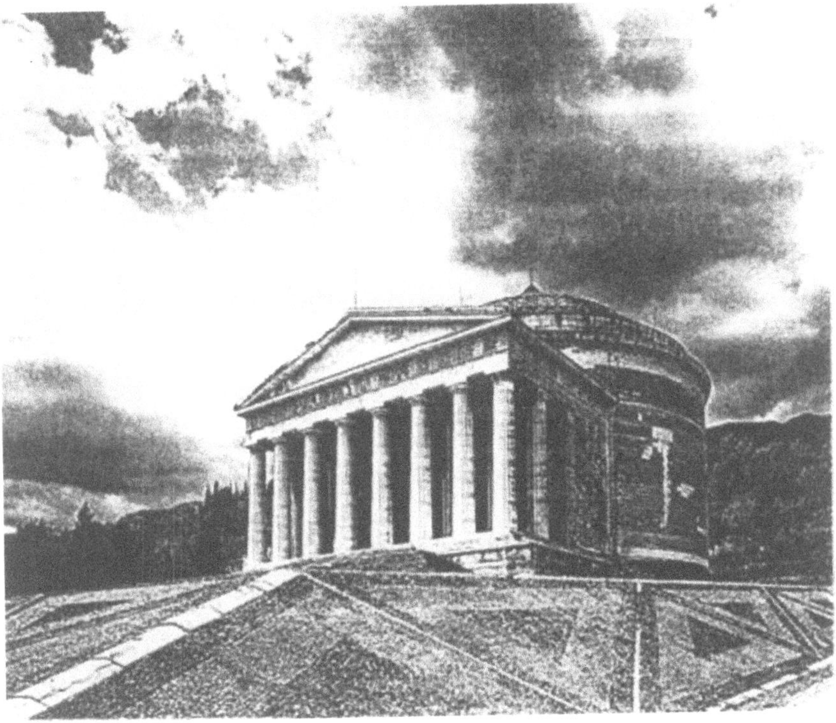

Abb. 87: Antonio Canova, Tempio in Possagno

Register

1. Personen

2. Orte

3. Kunstwerke

a. Antike

b. Mittelalter/Neuzeit

4. Quellen

a. Antike Texte

b. Inschriften

c. Medaillen

Italien in Geschichte und Gegenwart

Herausgegeben von
Luigi Vittorio Ferraris, Erik Jayme, Günter Trautmann (†),
Hartmut Ullrich

Band 1 Luigi Vittorio Graf Ferraris / Günter Trautmann / Hartmut Ullrich (Hrsg.): Italien auf dem Weg zur "zweiten Republik"? Die politische Entwicklung Italiens seit 1992. 1995.

Band 2 Friedemann Scriba: Augustus im Schwarzhemd? Die Mostra Augustea della Romanità in Rom 1937/38. 1995.

Band 3 Christian Vordemann: Deutschland – Italien 1949-1961. Die diplomatischen Beziehungen. 1994.

Band 4 Anne von Oswald: Die deutsche Industrie auf dem italienischen Markt 1882 bis 1945. Außenwirtschaftliche Strategien am Beispiel Mailands und Umgebung. 1996.

Band 5 Charis Pöthig: Die Reaktion der EG/EU auf den Umbruch in Mittel- und Osteuropa: Die Haltung Frankreichs und Italiens. 1996.

Band 6 Andrea Wolf: Telekratie oder Tele Morgana? Politik und Fernsehen in Italien. 1997.

Band 7 Paul W. Frey: Faschistische Fernostpolitik. Italien, China und die Entstehung des weltpolitischen Dreieckes Rom – Berlin – Tokio. 1997.

Band 8 Fabio Marri / Maria Lieber unter Mitwirkung von Christian Weyers: Lodovico Antonio Muratori und Deutschland. Studien zur Kultur- und Geistesgeschichte der Frühaufklärung. 1997.

Band 9 Eva Sabine Kuntz: Konstanz und Wandel von Stereotypen. Deutschlandbilder in der italienischen Presse nach dem Zweiten Weltkrieg. 1997.

Band 10 Andrea Hoffend: Zwischen Kultur-Achse und Kulturkampf. Die Beziehungen zwischen 'Drittem Reich' und faschistischem Italien in den Bereichen Medien, Kunst, Wissenschaft und Rassenfragen. 1998.

Band 11 Birgit Hanny: Italienische Reformen für die Europapolitik. Anpassungsversuche im europäischen Mehrebenensystem seit 1987. 1999.

Band 12 Ralf Magagnoli: Italien und die Europäische Verteidigungsgemeinschaft. Zwischen europäischem Credo und nationaler Machtpolitik. 1999.

Band 13 Richard Brütting / Sergio Sacco (Hrsg.): Dissens und Dialog / Dissenso e Dialogo. Italien, Deutschland und Rußland im interkulturellen Vergleich. Ergebnisse des 4. Internationalen Seminars 1997 / Italia, Germania, Russia: confronto interculturale. Atti del IV Seminario Internazionale, 1997. 1999.

Band 14 Fabio Marri / Maria Lieber (Hrsg.): Die Glückseligkeit des gemeinen Wesens. Wege der Ideen zwischen Italien und Deutschland im Zeitalter der Aufklärung. 1999.

Band 15 Charis Pöthig: Italien und die DDR. Die politischen, ökonomischen und kulturellen Beziehungen von 1949 bis 1980. 2000.

Band 16 Richard Brütting / Svetlana Kokoskina / Sergio Sacco (Hrsg.): Konflikt und Konsens / Conflitto e consenso. Deutschland, Italien und Russland auf dem Weg zum vereinten Europa. Ergebnisse des 5. Internationalen Seminars 1999 / La Germania, l'Italia e la Russia verso l'Europa unita. Atti del V Seminario Internazionale, 1999. 2001.

Band 17 Christine Scheib: Die italienische Diskussion über die deutsche Ost- und Entspannungspolitik (1966-1973). 2001.

Band 18 Hartmut Ullrich (Hrsg.): Verfassungsgebung, *partitocrazia* und Verfassungswandel in Italien vom Ende des II. Weltkrieges bis heute. 2001.

Band 19 Elia Morandi: Italiener in Hamburg. Migration, Arbeit und Alltagsleben vom Kaiserreich bis zur Gegenwart. 2004.

Band 20 Enrico Brissa: Die italienischen Streitkräfte und ihr internationales Engagement. Eine rechtliche, politikwissenschaftliche und historische Untersuchung. 2005.

Band 21 Werner Daum: Zeit der Drucker und Buchhändler. Die Produktion und Rezeption von Publizistik in der Verfassungsrevolution Neapel-Siziliens 1820/21. 2005.

Band 22 Damian Grasmück: Die *Forza Italia* Silvio Berlusconis. Geburt, Entwicklung, Regierungstätigkeit und Strukturen einer charismatischen Partei. 2005.

Band 23 Renato Cristin (cur./Hrsg.): Vie parallele / Parallele Wege. Italia e Germania 1944–2004 / Italien und Deutschland 1944–2004. 2005.

Band 24 Richard Brütting / Adrian La Salvia (Hrsg./cur.): Italien-Ansichten. Italien in Selbst- und Fremdwahrnehmung. Akten des 6. Internationalen Seminars. Belluno, 1.–5. Oktober 2001. Immaginario dell'Italia in patria e all'estero. Atti del VI Seminario Internazionale. Belluno, 1–5 ottobre 2001. 2005.

Band 25 Dagmar Reichardt (a cura di/Hrsg./ed.): L'Europa che comincia e finisce: la Sicilia. Approcci transculturali alla letteratura siciliana. Beiträge zur transkulturellen Annäherung an die Literatur Siziliens. Contributions to a Transcultural Approach to Sicilian Literature. In collaborazione con – Unter Mitarbeit von – With the collaboration of Anis Memon, Giovanni Nicoli, Ivana Paonessa. 2006.

Band 26 Yvonne zu Dohna: Canova und die Tradition. Kunstpolitik am päpstlichen Hof. 2006.

www.peterlang.de

FSC
www.fsc.org
MIX
Papier | Fördert gute Waldnutzung
FSC® C083411

Kolibri 360 GmbH
Ferdinand-Jühlke-Straße 7
99095 Erfurt, Deutschland
produktsicherheit@kolibri360.de

Druck:
CPI Druckdienstleistungen GmbH
im Auftrag der
Kolibri 360 GmbH
Ferdinand-Jühlke-Str. 7
99095 Erfurt